智慧交通系列教材 / 王昊主编

卫星导航定位原理与应用

The Principle and Application of Satellite Navigation and Positioning

于先文　高成发　庄　园　编著

东南大学出版社
SOUTHEAST UNIVERSITY PRESS
·南京·

内 容 摘 要

本书内容包括 GNSS 概述、GNSS 时间基准、GNSS 坐标基准、GNSS 卫星轨道运动及其坐标计算、GNSS 信号、GNSS 接收机工作原理、GNSS 观测值及其误差、GNSS 伪距定位、GNSS 载波精密单点定位、GNSS 载波精密相对定位、模糊度与周跳、CORS 网与信息增强服务、GNSS 测量控制网设计与外业施测、GNSS 测量控制网数据处理、GNSS 高程测量和 GNSS 工程应用。

本书在阐述基本概念的基础上,力求兼顾内容的严谨性与实用性,着重介绍了 GNSS 相关的数据处理方法与应用过程。本书可作为测绘科学与技术学科或相关学科本科生与研究生的教材,也可作为相关生产技术人员、设计人员与科研人员的参考用书。

图书在版编目(CIP)数据

卫星导航定位原理与应用 / 于先文,高成发,庄园编著. -- 南京 : 东南大学出版社,2025.6. --(智慧交通系列教材 / 王昊主编). -- ISBN 978-7-5766-2212-6

Ⅰ. P228.4

中国国家版本馆 CIP 数据核字第 2025F5W614 号

责任编辑:宋华莉　　责任校对:咸玉芳　　封面设计:小舍的　　责任印制:周荣虎

卫星导航定位原理与应用 Weixing Daohang Dingwei Yuanli Yu Yingyong

编　　著	于先文　高成发　庄　园
出版发行	东南大学出版社
出 版 人	白云飞
社　　址	南京市四牌楼 2 号　邮编:210096
网　　址	http://www.seupress.com
经　　销	全国各地新华书店
印　　刷	广东虎彩云印刷有限公司
开　　本	787 mm×1 092 mm　1/16
印　　张	23.5
字　　数	447 千字
版　　次	2025 年 6 月第 1 版
印　　次	2025 年 6 月第 1 次印刷
书　　号	ISBN 978-7-5766-2212-6
定　　价	88.00 元

(本社图书若有印装质量问题,请直接与营销部联系。电话:025-83791830)

前　言

　　全球导航卫星系统(Global Navigation Satellite System，GNSS)作为现代空间信息技术的核心组成部分，能够在全球范围内为各类用户提供高精度的定位、导航与授时服务。它包含空间卫星星座、地面监控系统以及用户接收设备等部分，用户接收机通过接收卫星发射的信号，实现对位置和时间信息的精确测定。凭借全天候、高精度、全球性和实时性等显著特点，GNSS已广泛应用于交通运输、测绘地理信息、农业、林业、地质勘探、智能城市建设等诸多领域，成为推动现代社会数字化和智能化进程的关键支撑技术之一，深刻改变着人们的生产生活方式以及对地理空间信息的认知与应用模式。

　　当前，GNSS正处于蓬勃发展的黄金时期，多系统并存与融合成为主流趋势。美国的GPS系统持续更新换代，其新一代卫星不断提升信号精度和抗干扰能力；俄罗斯的GLONASS系统逐步完善星座布局，增强系统的稳定性与可靠性；欧盟的Galileo系统建设稳步推进，致力于打造高精度、高可靠性的定位导航体系；中国的北斗卫星导航系统更是取得了举世瞩目的成就，已经全面建成并开通服务，在全球范围内提供高精度、高可用的定位导航授时服务，其短报文通信等特色功能独具优势，为全球用户提供了多样化的选择。

　　为了普及GNSS技术和知识，相关专家基于长期从事卫星导航定位技术教学和科研工作的经验，共同编写了此书。本书旨在为高等院校测绘工程、时空信息工程、导航工程、地理信息科学、智慧交通等专业的本科生、相关学科研究生提供一本系统全面的教材,同时也可供从事 GNSS 技术研究、开发与应用的专业技术人员参考学习。

在编写过程中,本书充分考虑了 GNSS 技术的系统性、前沿性和实用性,着重介绍了 GNSS 技术的基本原理、基本方法和工程应用,力求做到结构清晰完整、内容严谨易懂、使用方便快捷。

全书共分为十六章。第一章"GNSS 概述"由东南大学高成发教授编写;第二章"GNSS 时间基准"和第三章"GNSS 坐标基准"由东南大学于先文教授编写;第四章"GNSS 卫星轨道运动及其坐标计算"由东南大学高成发教授编写;第五章"GNSS 信号"和第六章"GNSS 接收机工作原理"由武汉大学庄园教授、东南大学于先文教授共同编写;第七章"GNSS 观测值及其误差"、第八章"GNSS 伪距定位"、第九章"GNSS 载波精密单点定位"、第十章"GNSS 载波精密相对定位"、第十一章"模糊度与周跳"、第十二章"CORS 网与信息增强服务"、第十三章"GNSS 测量控制网设计与外业施测"和第十四章"GNSS 测量控制网数据处理"由东南大学于先文教授编写;第十五章"GNSS 高程测量"和第十六章"GNSS 工程应用"由东南大学高成发教授编写。全书由于先文教授统稿。

书中带"﹡"章节为酌情选学内容。

在本书的撰写过程中,参考了大量相关书籍与文献,在此向原作者们致以诚挚的感谢。由于篇幅所限,书中未能一一注明参考文献,也请有关作者见谅。另外,编者的研究生王家福、王昊、穆宏波承担了大量文字校对工作,在此一并表示衷心感谢! 特别感谢国家自然科学基金面上项目(批准号:42474049、41974030)的资助。

鉴于编著者水平有限,书中不可避免地存在一些不足与错误之处,恳请广大读者与同仁批评指正,我们将不胜感激!

编者

2025 年 5 月 1 日

目　录

第一章
GNSS 概述

1.1　GNSS 的概念及系统组成 ·· (2)

1.2　GNSS 定位理论基础 ·· (4)

　　1.2.1　双曲线定位 ·· (4)

　　1.2.2　多普勒定位 ·· (5)

　　1.2.3　距离后方交会定位 ·· (6)

1.3　GPS 简介 ··· (7)

　　1.3.1　GPS 建设历程 ·· (7)

　　1.3.2　GPS 系统组成 ·· (8)

　　1.3.3　GPS 现代化 ·· (10)

1.4　BDS 简介 ·· (11)

　　1.4.1　北斗建设历程 ·· (11)

　　1.4.2　BDS 系统组成 ·· (12)

1.5　GLONASS 简介 ·· (13)

　　1.5.1　GLONASS 建设历程 ·· (13)

　　1.5.2　GLONASS 系统组成 ·· (14)

　　1.5.3　GLONASS 现代化 ·· (15)

1.6　Galileo 发展简介 ··· (15)

　　1.6.1　Galileo 建设历程 ··· (15)

　　1.6.2　Galileo 系统组成 ··· (16)

1.7　GNSS 各系统特点及其主要技术参数 ································ (17)

1.7.1 GPS 系统特点 ·· (17)

1.7.2 BDS 系统特点 ·· (17)

1.7.3 GLONASS 系统特点 ·· (18)

1.7.4 Galileo 系统特点 ·· (18)

1.8 GNSS 技术发展趋势及应用 ······································ (20)

1.8.1 技术发展趋势 ··· (20)

1.8.2 GNSS 主要应用领域 ·· (21)

第二章

GNSS 时间基准

2.1 一些基本概念 ··· (24)

2.1.1 时间 ·· (24)

2.1.2 时间基准 ··· (25)

2.1.3 守时与授时 ··· (25)

2.1.4 时钟的主要技术指标 ·· (26)

2.2* 太阳日 ··· (27)

2.3 原子时 ··· (28)

2.3.1 原子时的由来 ··· (28)

2.3.2 国际原子时 ··· (29)

2.3.3* 原子钟工作原理 ··· (29)

2.3.4* 原子钟的分类 ··· (31)

2.4 协调世界时 ··· (32)

2.5 各 GNSS 时间 ··· (33)

2.5.1 GPS 时 ·· (34)

2.5.2 GLONASS 时 ··· (34)

2.5.3 北斗时(BDT) ··· (35)

2.6* 长时间计时方法 ··· (36)

2.6.1 历法 ··· (36)

2.6.2 儒略日和简化儒略日 ·· (37)

第三章
GNSS 坐标基准

3.1* 地轴进动 …………………………………………………… （40）

3.2 天球三维直角坐标系 …………………………………… （43）

　　3.2.1 瞬时天球坐标系 ………………………………… （43）

　　3.2.2 历元平天球坐标系 ……………………………… （43）

3.3 地球坐标系 ……………………………………………… （44）

　　3.3.1 极移 ……………………………………………… （44）

　　3.3.2 地壳板块运动 …………………………………… （45）

　　3.3.3 瞬时地球坐标系 ………………………………… （45）

　　3.3.4 平地球坐标系 …………………………………… （46）

　　3.3.5 协议地球坐标系 ………………………………… （46）

3.4 天地直角坐标系变换 …………………………………… （48）

3.5 坐标形式变换 …………………………………………… （50）

　　3.5.1 地球椭球 ………………………………………… （50）

　　3.5.2 大地坐标系 ……………………………………… （51）

　　3.5.3 直角坐标与大地坐标之间的转换 ……………… （51）

　　3.5.4 椭球面坐标投影到高斯平面 …………………… （52）

3.6 常用的 GNSS 坐标系 …………………………………… （53）

第四章
GNSS 卫星轨道运动及其坐标计算

4.1 卫星运动的物理基础 …………………………………… （56）

　　4.1.1 卫星运动的作用力 ……………………………… （56）

　　4.1.2 开普勒三大定律 ………………………………… （57）

4.2 卫星的无摄运动 ………………………………………… （58）

　　4.2.1 轨道参数 ………………………………………… （58）

　　4.2.2 二体问题的运动方程 …………………………… （59）

4.2.3 真近点角计算 ……………………………………………… (60)

4.3 卫星的受摄运动 …………………………………………………… (62)

4.3.1* 各种作用力的特性及其影响 …………………………… (62)

4.3.2 卫星定位中摄动力的处理 ……………………………… (65)

4.4 GNSS 广播星历及其格式 ………………………………………… (66)

4.5 GPS 卫星坐标计算 ………………………………………………… (70)

4.6 北斗卫星坐标计算 ………………………………………………… (75)

4.7* 卫星坐标计算程序设计及其算例 ……………………………… (75)

4.8 IGS 简介与卫星精密星历 ……………………………………… (79)

4.8.1 IGS 简介 …………………………………………………… (80)

4.8.2 卫星精密星历 ……………………………………………… (82)

第五章

GNSS 信号

5.1 GNSS 信号概念 …………………………………………………… (86)

5.1.1 GNSS 信号组成及其相关技术 ………………………… (86)

5.1.2 GNSS 信号产生 …………………………………………… (88)

5.2 测距码 ………………………………………………………………… (90)

5.2.1 m 序列 ………………………………………………………… (91)

5.2.2 GPS 测距码 ………………………………………………… (94)

5.2.3 BDS 测距码 ………………………………………………… (96)

5.3 导航电文(数据码) ………………………………………………… (97)

5.3.1 GPS 导航电文的总体结构 ……………………………… (97)

5.3.2 GPS 导航电文第一子帧内容 …………………………… (98)

5.3.3 GPS 导航电文第二、三子帧内容 …………………… (101)

5.3.4 GPS 导航电文第四、五子帧内容 …………………… (102)

5.3.5 BDS 导航电文概述 ……………………………………… (103)

5.4 载波 …………………………………………………………………… (107)

5.4.1 波的基础知识 ……………………………………………… (107)

5.4.2 GNSS 载波主要频段 …………………………………… (107)

5.4.3* GNSS 信号频谱 ……………………………………………… (108)

5.5　信号调制 ………………………………………………………… (109)

第六章
GNSS 接收机工作原理

6.1　接收机组成 …………………………………………………… (114)

6.2* 接收天线 ……………………………………………………… (115)

6.2.1　天线工作原理 …………………………………………… (115)

6.2.2　低噪声放大器 …………………………………………… (117)

6.3* 射频前端 ……………………………………………………… (118)

6.3.1　射频信号调整 …………………………………………… (119)

6.3.2　下变频混频 ……………………………………………… (119)

6.3.3　中频信号滤波放大 ……………………………………… (121)

6.3.4　A/D 转换 ………………………………………………… (121)

6.4* 信号捕获 ……………………………………………………… (121)

6.5* 信号跟踪 ……………………………………………………… (124)

6.5.1　信号跟踪原理 …………………………………………… (124)

6.5.2　载波环 …………………………………………………… (125)

6.5.3　码环 ……………………………………………………… (126)

6.5.4　载波环和码环的组合 …………………………………… (127)

6.5.5　比特同步 ………………………………………………… (128)

6.6　观测量提取 …………………………………………………… (130)

第七章
GNSS 观测值及其误差

7.1　GNSS 观测值 ………………………………………………… (134)

7.1.1　伪距测量 ………………………………………………… (134)

7.1.2　载波相位测量 …………………………………………… (135)

7.2　GNSS 定位误差源 ·· (137)

　　7.2.1　随机误差 ··· (137)

　　7.2.2　系统误差 ··· (137)

7.3　和星端有关的误差 ·· (138)

　　7.3.1　卫星星历误差 ·· (138)

　　7.3.2　卫星钟误差 ·· (139)

　　7.3.3　相对论效应的影响 ···································· (140)

　　7.3.4　卫星硬件延迟 ·· (141)

　　7.3.5　天线相位缠绕 ·· (141)

　　7.3.6　天线相位中心偏差 ···································· (142)

　　7.3.7　卫星坐标地球自转改正 ································ (143)

7.4　和传播路径有关的误差 ···································· (143)

　　7.4.1　电离层延迟 ·· (143)

　　7.4.2　对流层延迟 ·· (147)

　　7.4.3　多路径效应误差 ······································ (149)

7.5　和测站端有关的误差 ······································ (152)

　　7.5.1　接收机钟误差 ·· (152)

　　7.5.2　天线相位中心位置偏差 ································ (152)

　　7.5.3　接收机硬件延迟 ······································ (153)

　　7.5.4　地球潮汐的影响 ······································ (153)

第八章

GNSS 伪距定位

8.1　伪距观测方程 ·· (156)

8.2　伪距单点定位 ·· (157)

　　8.2.1　误差方程列立 ·· (158)

　　8.2.2　定位解算 ·· (158)

　　8.2.3　定位精度评价 ·· (160)

8.3　相位平滑伪距定位 ·· (162)

8.4　差分定位 ·· (163)

8.4.1　位置差分模式 ………………………………………………（163）

8.4.2　伪距差分模式 ………………………………………………（164）

8.4.3　区域差分模式 ………………………………………………（165）

8.4.4　广域差分模式 ………………………………………………（165）

第九章
GNSS 载波精密单点定位

9.1　载波观测方程建立 …………………………………………………（170）

9.2　系统误差处理 ………………………………………………………（172）

9.2.1　卫星轨道和时钟误差 ………………………………………（173）

9.2.2　卫星硬件延迟 ………………………………………………（175）

9.2.3　电离层延迟 …………………………………………………（176）

9.2.4　对流层延迟 …………………………………………………（176）

9.2.5　相对论效应残余误差 ………………………………………（177）

9.2.6　其他误差 ……………………………………………………（177）

9.3*　随机模型 …………………………………………………………（178）

9.3.1　等权模型 ……………………………………………………（178）

9.3.2　高度角模型 …………………………………………………（179）

9.3.3　载噪比模型 …………………………………………………（181）

9.4*　点位解算 …………………………………………………………（181）

9.4.1　数据处理策略 ………………………………………………（182）

9.4.2　解算方法 ……………………………………………………（188）

第十章
GNSS 载波精密相对定位

10.1　载波相对定位原理 ………………………………………………（194）

10.1.1　技术思路 …………………………………………………（194）

10.1.2　相对定位观测方程 ………………………………………（195）

10.2　载波相对定位基线解算 ･･････････････････････････････ (198)

　　10.2.1　基线方程 ･･････････････････････････････････････ (198)

　　10.2.2　基线解算 ･･････････････････････････････････････ (201)

10.3　RTK 定位技术 ･･････････････････････････････････････ (203)

　　10.3.1　技术方法 ･･････････････････････････････････････ (203)

　　10.3.2　技术应用 ･･････････････････････････････････････ (205)

第十一章

模糊度与周跳

11.1　模糊度固定的过程 ･･････････････････････････････････ (208)

　　11.1.1　实数解解算 ････････････････････････････････････ (208)

　　11.1.2　模糊度候选整数解获得 ････････････････････････ (209)

　　11.1.3　模糊度候选整数解确认 ････････････････････････ (211)

　　11.1.4　定位整数解计算 ･･････････････････････････････ (211)

11.2　整数最小二乘解 LAMBDA 搜索 ････････････････････ (212)

　　11.2.1　降相关 ･･ (212)

　　11.2.2* 卡方值 χ^2 的确定 ･･･････････････････････ (213)

　　11.2.3* 整数搜索 ････････････････････････････････････ (214)

11.3　模糊度候选整数解确认方法 ･･････････････････････････ (215)

　　11.3.1　区分类的确认法 ･･････････････････････････････ (215)

　　11.3.2* 后验概率确认法 ･･････････････････････････････ (215)

11.4　周跳的概念与影响 ･･････････････････････････････････ (218)

　　11.4.1　周跳的概念 ････････････････････････････････････ (218)

　　11.4.2* 周跳的影响 ････････････････････････････････････ (219)

11.5　周跳的探测与修复 ･･････････････････････････････････ (221)

　　11.5.1　基于连续光滑条件 ････････････････････････････ (221)

　　11.5.2　基于伪距约束的方法 ････････････････････････ (223)

　　11.5.3　基于电离层延迟电子总量约束 ･･････････････ (224)

　　11.5.4　周跳修复 ･･････････････････････････････････････ (225)

11.6* 周跳修复值可靠性评价 ･･････････････････････････････ (227)

11.6.1　评价指标 ……………………………………………………………（227）

11.6.2　具体计算流程 ………………………………………………………（229）

11.6.3　算例展示 ……………………………………………………………（229）

第十二章
CORS 网与信息增强服务

12.1　CORS 的概念 …………………………………………………………（234）

12.1.1　CORS 的来源与发展 ………………………………………………（234）

12.1.2　CORS 系统的组成 …………………………………………………（236）

12.2　CORS 网解算 …………………………………………………………（237）

12.2.1* CORS 网的构建方法 ………………………………………………（237）

12.2.2　CORS 网的解算方法 ………………………………………………（239）

12.3　网络 RTK-VRS 算法 …………………………………………………（242）

12.3.1　VRS 技术原理 ………………………………………………………（242）

12.3.2　大气延迟误差内插方法 ……………………………………………（243）

12.3.3　虚拟观测值的生成方法 ……………………………………………（246）

12.3.4　用户流动站实时解算 ………………………………………………（248）

12.4　PPP-RTK 算法 ………………………………………………………（249）

12.4.1　PPP-RTK 基本原理 …………………………………………………（250）

12.4.2　服务端大气延迟产品生成方法 ……………………………………（251）

12.4.3* 用户端定位解算方法 ………………………………………………（255）

12.5* 信息增强服务方式 ……………………………………………………（259）

12.5.1　信息增强服务分类 …………………………………………………（259）

12.5.2　星基增强系统组成及功能 …………………………………………（261）

12.6* 北斗 B2b 星基增强服务 ……………………………………………（263）

12.6.1　PPP‑B2b 星基增强服务概述 ………………………………………（263）

12.6.2　PPP‑B2b 信息增强产品使用方法 …………………………………（264）

第十三章

GNSS 测量控制网设计与外业施测

13.1 GNSS 控制测量的概念及模式 ·· (268)

  13.1.1 GNSS 控制测量的概念 ·· (268)

  13.1.2 GNSS 控制测量的模式 ·· (269)

13.2 GNSS 测量控制网的技术设计 ·· (270)

  13.2.1 资料的收集与踏勘 ··· (270)

  13.2.2 GNSS 控制网等级确定 ·· (271)

  13.2.3 测量基准设计 ·· (273)

  13.2.4 图上选点及命名 ·· (274)

  13.2.5 GNSS 网形设计 ··· (275)

  13.2.6 技术设计书的编写 ··· (277)

13.3 GNSS 外业选点与埋石 ·· (278)

  13.3.1 外业选点 ··· (279)

  13.3.2 埋石 ··· (280)

13.4 GNSS 控制网施测前准备 ·· (282)

  13.4.1 仪器的选择与检验 ··· (282)

  13.4.2 同步环扩展及作业调度设计 ····································· (285)

13.5 GNSS 控制网的外业观测 ·· (287)

  13.5.1 基本技术规定 ·· (287)

  13.5.2* GNSS 观测作业 ·· (288)

  13.5.3* 外业成果记录 ··· (290)

  13.5.4* 仪器维护 ··· (292)

第十四章

GNSS 测量控制网数据处理

14.1 观测数据粗加工与预处理 ··· (294)

  14.1.1 数据粗加工 ··· (294)

14.1.2　数据预处理 ………………………………………… (295)

14.2　控制网基线解算 …………………………………………… (298)

14.2.1　双差方程构建 ……………………………………… (298)

14.2.2　基线向量解算 ……………………………………… (298)

14.2.3　基线解算质量提升 ………………………………… (299)

14.2.4　基线解算要求 ……………………………………… (300)

14.3* 观测成果的检核与重测 …………………………………… (301)

14.3.1　检核内容 …………………………………………… (301)

14.3.2　外业重测和补测相关规定 ………………………… (304)

14.4　控制网无约束平差 ………………………………………… (304)

14.5　坐标系转换 ………………………………………………… (307)

14.5.1　我国常用坐标系统 ………………………………… (307)

14.5.2　空间三维直角坐标转换 …………………………… (308)

14.5.3　二维直角坐标转换 ………………………………… (309)

14.6　GNSS 控制网约束平差 …………………………………… (310)

14.7* 成果整理与验收 …………………………………………… (312)

14.7.1　成果整理和技术总结编写 ………………………… (312)

14.7.2　成果验收与上交资料 ……………………………… (313)

第十五章

GNSS 高程测量

15.1　高程系统 ………………………………………………… (316)

15.1.1　参考基准面 ………………………………………… (316)

15.1.2　高程系统的分类 …………………………………… (318)

15.2　GNSS 高程测量误差来源 ………………………………… (320)

15.2.1　影响 GNSS 大地高测量精度因素 ………………… (320)

15.2.2　提高 GNSS 高程测量精度方法 …………………… (321)

15.3　GNSS 高程转换方法概述 ………………………………… (322)

15.4* 转换 GNSS 高程的二次曲面拟合法 …………………… (325)

15.4.1　计算模型 …………………………………………… (325)

15.4.2 实例分析 ·· (326)

15.5* 转换 GNSS 高程的神经网络方法 ···················· (329)

15.5.1 神经网络的基本原理 ························· (329)

15.5.2 神经网络 BP 算法 ···························· (329)

15.5.3 转换 GNSS 高程的改进 BP 算法 ············· (330)

第十六章*
GNSS 工程应用

16.1 GNSS 在智慧高速公路建设中的应用 ················ (336)

16.1.1 公路勘测首级控制网建设 ···················· (336)

16.1.2 网络 RTK 道路放样 ·························· (338)

16.1.3 GNSS 应用于形变监测 ······················ (340)

16.2 GNSS 在水深测量中的应用 ························· (342)

16.2.1 GNSS 水深测量的基本原理 ·················· (342)

16.2.2 GNSS 水深测量系统的组成 ·················· (343)

16.2.3 GNSS 水深测量系统的应用 ·················· (344)

16.3 GNSS 组合导航应用 ······························· (347)

16.3.1 DR 定位 ···································· (347)

16.3.2 GIS/MM 定位 ······························ (347)

16.3.3 GNSS/DR/GIS/MM 组合定位原理 ··········· (348)

16.4 GNSS 在车路协同自动驾驶中的应用 ··············· (348)

16.4.1 系统组成和技术手段 ························· (349)

16.4.2 GNSS 应用情况与特点 ······················ (349)

16.4.3 GNSS 在车路协同中的发展趋势 ·············· (350)

16.5 GNSS 在低空导航中的应用 ························· (351)

16.5.1 低空导航环境的特点 ························· (351)

16.5.2 无人机导航定位方案 ························· (352)

16.5.3 案例:山地果园无人机植保作业 ·············· (353)

参考文献 ·· (355)

◇ 第一章
GNSS 概述

卫星导航定位系统利用围绕地球运行的导航卫星所发射的无线电信号和星座信息，来完成对地球表面以及地球附近各种目标的定位、导航、监测和管理。凭借精度高、速度快、导航误差不随时间增长等优势，卫星导航定位系统已经成为目前使用最广泛、最廉价、最便捷的导航定位手段。系统作为时空信息服务的重要基础设施，不仅是经济建设、国防建设、交通运输领域的重要支撑，更是衡量一个国家是否为经济强国、科技强国和军事强国的重要标志。

1.1 GNSS 的概念及系统组成

GNSS 的全称是全球导航卫星系统（Global Navigation Satellite System），主要包括美国的 GPS（Global Positioning System）、中国的北斗系统（Beidou Navigation Satellite System，BDS）、俄罗斯的 GLONASS（Global Navigation Satellite System）、欧洲的 Galileo 系统（Galileo Navigation Satellite System）。

根据北斗卫星导航系统官网的定义，GNSS 不仅包括上述的全球性卫星导航系统，还包括区域性的卫星系统、增强性的卫星系统。区域性的导航系统如日本的准天顶系统（Quasi-Zenith Satellite System，QZSS）、印度区域导航卫星系统（Indian Regional Navigation Satellite System，IRNSS）等；增强系统如美国的广域增强系统（Wide Area Augmentation System，WAAS）、欧洲地球静止导航重叠服务（European Geostationary Navigation Overlay Service，EGNOS）和日本的多功能卫星增强系统（Multi-Functional Satellite Augmentation System，MSAS）等。此外，GNSS 还涵盖了在建和未来计划要建设的其他卫星导航系统。总之，广义的 GNSS 是一个多系统、多层面、多模式的复杂组合体系，如图 1.1 所示。

全球系统	区域系统	增强系统
GPS	QZSS	WAAS
GLONASS	IRNSS	MSAS
Galileo		EGNOS
BDS		GAGAN
		NIGCOMSAT-1

图 1.1　GNSS 体系

图片来源:自绘

由于全球性的卫星导航系统建设较为完备且使用率较高,本章主要介绍 GPS、BDS、GLONASS 和 Galileo 系统。

全球卫星导航系统由三部分构成:空间段、地面段和用户段,如图 1.2 所示。

——空间段(星座部分):由卫星或航天器(Space Vehicle,SV)组成,主要负责向用户发送测距信号和包含卫星轨道等信息的导航电文。

——地面段(控制部分):包括地面监测站、主控中心和注入站。地面监测站负责跟踪卫星信号、收集观测数据和大气层模型数据;主控中心用于计算导航电文和校正信息,并对卫星进行控制;注入站则将导航电文和控制指令发送给卫星。

——用户段(用户部分):包括各类接收卫星信号的芯片、模块、天线等基础产品,以及 GNSS 接收机、手机等终端产品。

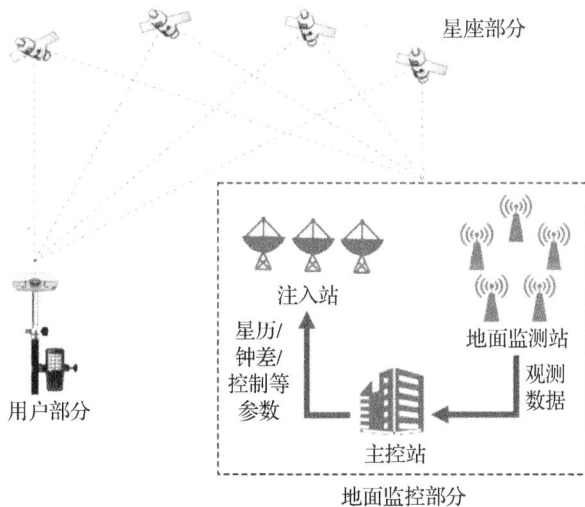

图 1.2　全球卫星导航系统组成

图片来源:自绘

GPS、BDS、GLONASS、Galileo 等系统在卫星数量、轨道、信号频率等方面有所差异,将在后续相关章节详细介绍。

1.2 GNSS 定位理论基础

全球导航卫星系统属于无线电定位系统,此处首先简要介绍无线电定位的三种方法,即双曲线定位、多普勒定位、距离后方交会定位。

1.2.1 双曲线定位

双曲线定位采用到达时间差(Time Difference of Arrival,TDOA)的方式,其原理是通过测量无线电波到达两个基站的时间差来测定待测点的坐标。待测点必然位于以两个基站为焦点的双曲线上。两条双曲线的交点即为待测点的二维位置坐标。确定待测点的二维位置坐标需要建立两个以上双曲线方程。

如图 1.3 所示,设 (X_a,Y_a) 为待测点的待估坐标,(X_i,Y_i) 为第 $i(i=1,2,3)$ 个基站的已知位置,则待测点和第 i 个基站之间的距离为:

$$R_i=\sqrt{(X_i-X_a)^2+(Y_i-Y_a)^2} \tag{1.1}$$

那么测量的距离差为:

$$\Delta R_{21}=ct_{21}=R_2-R_1=\sqrt{(X_2-X_a)^2+(Y_2-Y_a)^2}-\sqrt{(X_1-X_a)^2+(Y_1-Y_a)^2} \tag{1.2}$$

$$\Delta R_{31}=ct_{31}=R_3-R_1=\sqrt{(X_3-X_a)^2+(Y_3-Y_a)^2}-\sqrt{(X_1-X_a)^2+(Y_1-Y_a)^2} \tag{1.3}$$

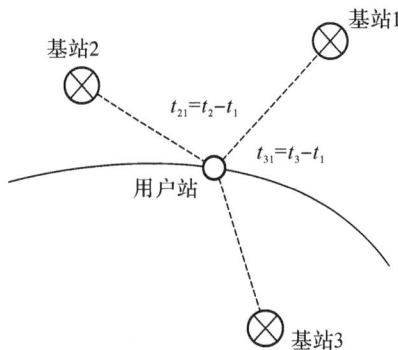

图 1.3　双曲线定位原理

图片来源:自绘

如果测得到达时间差 t_{21}、t_{31}，即可得距离差 ΔR_{21}、ΔR_{31}。对以上方程组进行求解，可得到用户站的坐标 (X_a, Y_a)。利用双曲线原理建立的无线电导航系统有罗兰A、罗兰 C、台卡和奥米伽等。

1.2.2　多普勒定位

波长或频率会因为观察者与声源的相对运动而产生变化，这就是所谓的多普勒效应，也称为多普勒频移。多普勒效应是为纪念奥地利物理学家及数学家多普勒 (Christian Johann Doppler) 而命名的，他于 1842 年首先提出了这一理论。当观察者位于运动的波源前面，波被压缩，波长变得较短，频率变得较高；而当观察者位于运动的波源后面时，会产生相反的效应，波长变得较长，频率变得较低。波源的速度越高，所产生的效应越大，根据频率变化的程度，可以计算出波源循着观测方向的运动速度。

多普勒效应不仅适用于声波，还适用于所有类型的波。卫星导航中，传播信息的载体是无线电波。因为卫星在绕地球高速运动，所以也有多普勒效应。

设信号的发射频率为 f，观测点的信号接收机持续跟踪信号，则接收机与发射器之间的相对运动 $\mathrm{d}s/\mathrm{d}t$ 产生的接收频率 $f_s(t)$ 随时间变化的关系为：

$$f_s(t) = f\left(1 - \frac{1}{c} \cdot \frac{\mathrm{d}s}{\mathrm{d}t}\right) \tag{1.4}$$

在这个公式的基础上推导，可以得到以下结论：定义多普勒频移值 f_d 为接收机接收频率与卫星信号发射频率的差值，设 v 为接收机与卫星之间的相对速度矢量，e 为接收机到卫星的单位观测矢量，则有

$$f_d = \frac{\boldsymbol{v} \cdot \boldsymbol{e}}{\lambda} = \frac{v}{\lambda}\cos\alpha \tag{1.5}$$

式中，v 与 e 之间是矢量点积运算，λ 为载波波长，$v = |\boldsymbol{v}|$，α 为 v 与 e 之间的夹角。

接收机内部的锁频环可以输出观测到的多普勒频移值 f_d，利用这个值可以进行多普勒测速。

对于某一颗卫星，在给定时间间隔 (t_j, t_k) 内连续观测到的频移 f_d，通过积分转换为距离差值 ΔR_P^{jk}：

$$\Delta R_P^{jk} = \int_{t_j}^{t_k} f_d \mathrm{d}t = \|\boldsymbol{R}^k - \boldsymbol{R}_P\| - \|\boldsymbol{R}^j - \boldsymbol{R}_P\| \tag{1.6}$$

式中，$\boldsymbol{R}^k$、$\boldsymbol{R}^j$ 为卫星在 t_k、t_j 时刻的坐标。

在三维空间中，一个动点 P 到两定点的距离差为一定值时，该动点 P 的轨迹处在

一旋转双曲面上。这两个定点就是该双曲面的焦点（双曲线定位仅考虑了平面坐标，求解三维坐标时则需要考虑双曲面）。于是以卫星所在的 $t_1,t_2,t_3,t_4,\cdots$ 时刻的任意两个相邻已知定点作焦点，未知点 P 作动点，可以构成对应的四个特定的旋转双曲面。其中，两个双曲面相交为一曲线（P 点必在该曲线上），该曲线与第三个双曲面相交于两点（其中一个点必为 P 点），第四个双曲面必与其中一个点相交，该点就是待定点 P 点。因此，要解算 P 点的三维坐标，必须对同一发射器进行四个积分间隔时段的观测，得出发射器在四个时段的视向位移，从而获得四个旋转双曲面，它们的公共交点就是待定点 $P(X,Y,Z)$。

1967 年开始民用的美国海军导航卫星系统（Navy Navigation Satellite System，NNSS）就是采用多普勒定位。该技术的缺点是不能连续实时导航、两次定位时间间隔太长、对高速移动物体的测量误差较大等。

1.2.3　距离后方交会定位

距离交会法是一种常用的测量学方法。以两个已知控制点为中心，分别以目标点与这两点的距离为半径画圆，两圆的交会点即为目标点的位置（需根据方向选择其中一个）。这种方法称为距离交会法。

对于 GNSS 而言，由于待求的是三维坐标，需要至少三个已知控制点进行距离交会。假定卫星的位置为已知，通过一定的方法准确测定出地面点 P 至各卫星的距离，那么 P 点一定位于以卫星为中心、以所测得距离为半径的圆球上。若能同时测得点 P 至另两颗卫星的距离，则该点一定处在三个球面的交点上，如图 1.4 所示。两个球面相交得到一个完整的圆，这个圆和第三个球面相交，有两个交点。根据地理知识，很容易确定其中一个点是我们所需要的点。用一句话来概括 GNSS 定位的基本原理，即动态空中后方距离交会。观测方程如下：

$$\begin{cases} \rho_1 = \sqrt{(X_a-X_1)^2+(Y_a-Y_1)^2+(Z_a-Z_1)^2} \\ \rho_2 = \sqrt{(X_a-X_2)^2+(Y_a-Y_2)^2+(Z_a-Z_2)^2} \\ \rho_3 = \sqrt{(X_a-X_3)^2+(Y_a-Y_3)^2+(Z_a-Z_3)^2} \end{cases} \tag{1.7}$$

式中，$\rho_i(i=1,2,3)$ 为测得的待测点到第 i 颗卫星的距离，(X_a,Y_a,Z_a) 表示待测点坐标，(X_i,Y_i,Z_i) 表示第 i 颗卫星的坐标。

在以上假设下，已知卫星位置并同时测定到三颗卫星的距离，即可进行定位。但由于 GNSS 卫星是分布在数万公里高空的运动载体，需要保证三个距离是在同一时间测定的。

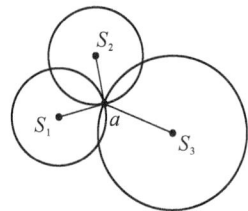

图 1.4　距离交会定位原理
图片来源：自绘

要实现同步,必须具有统一的时间基准。从解析几何的角度出发,GNSS 定位包括一个点的三维坐标与同步时间,共 4 个未知参数。因此,必须通过测定地面点到至少 4 颗卫星的距离才能完成定位。

由此,我们可以将 GNSS 定位的三要素概括为:卫星瞬时坐标的确定、星地距离的测定,以及定位解算。

1.3 GPS 简介

1.3.1 GPS 建设历程

在 1.2 节中我们已经知道了美国海军导航卫星系统(NNSS)采用多普勒定位技术。NNSS 于 1964 年 1 月研制成功,是世界上第一个卫星导航系统。由于该系统的卫星轨道均通过地极,因此又被称为"子午卫星系统"(Transit)。利用该卫星定位系统定位时,不论在地球表面的任何地方,无论气候条件如何,均能在一小时内测定其位置。其定位精度取决于卫星通过的观测次数范围在 1~500 m。

该系统在美国海军授权下,最初用于北极星核潜艇的导航定位,并逐步用于各种水面舰艇的导航定位。1967 年 7 月,经美国政府批准,对其广播星历解密,并提供民用服务,主要用于远洋船舶导航和海上定位。NNSS 采用 6 颗工作卫星,其主要参数如下:卫星轨道高度 1 000 km,卫星的运行周期 107 min,定位精度 1~500 m。

然而,该系统存在着较大缺陷,如:卫星数目少,可供观测的时间短,因此观测卫星所需等待的时间偏长(35~100 min),如果要使定位精度达到 1 m,需有效观测 40 次以上卫星通过(需数天),且需精密的星历支持等。这些限制使得 NNSS 无法满足实时动态、高精度定位的需求。

美国国防部在总结了 NNSS 的优劣以后,于 1973 年 12 月批准研制新一代的卫星导航系统——导航卫星定时测距全球定位系统(Navigation Satellite Timing and Ranging Global Positioning System),简称全球定位系统(Global Positioning System, GPS),其采用距离后方交会原理。它可以向全球不限数量的用户连续提供高精度的全天候三维坐标、三维速度以及时间信息,因而广泛地应用于飞机、船舶和各种载运工具的导航、高精度大地测量、精密工程测量、地壳形变监测、地球物理测量、海空救援、水文测量、近海资源勘探、航天发射及卫星回收等技术领域。

自 1974 年以来,GPS 系统的建立经历了方案论证、系统研制和生产试验等三个阶段,总投资超过 200 亿美元,这是继阿波罗计划、航天飞机计划之后的又一庞大的空间计划。1978 年 2 月 22 日,第一颗 GPS 试验卫星发射成功;1989 年 2 月 14 日,第一颗 GPS 工作卫星发射成功,宣告 GPS 系统进入了生产作业阶段;1994 年全部完成 24 颗工作卫星(含 3 颗备用卫星)的发射工作。GPS 与 NNSS 的主要特征如表 1.1 所示。

表 1.1　GPS 与 NNSS 的主要特征

项目	GPS 系统	NNSS 系统
载波频率/MHz	1 227.60,1 575.42	150～400
轨道高度/km	20 200	1 000
卫星数目/颗	24 颗(含 3 颗备用)	5～6
卫星运行周期/min	718	107
卫星钟	铯钟、铷钟	石英钟
定位方式	测距后方交会	多普勒定位
可用性	连续、实时	15～20 min

表格来源:自制

实践证明:GPS 对人类活动影响极大,应用价值极高,给导航和定位技术带来了巨大变革。以 GPS 为开端的 GNSS 技术,已广泛应用于大地测量、工程测量、运载工具导航和管制、地壳运动监测、工程变形监测、资源勘察、地球动力学等多学科领域,从而给测绘学科带来了一场深刻的技术变革。

1.3.2　GPS 系统组成

GPS 系统由三大部分组成:空间段、地面段、用户段。

(1) GPS 空间段

空间段至少由 24 颗卫星组成。卫星高度约 20 200 km,运行周期约 718 min。卫星速度约 3.9 km/s。卫星分布在 6 个轨道面上,轨道倾角为 55°。全球任何地点、任何时间都可以观测到 4 颗或更多 GPS 卫星(高度角 15°以上)。截至 2023 年,GPS 系统共有 34 颗在轨卫星,其中 31 颗卫星在轨服务(包括 7 颗 BLOCK ⅡR,7 颗 BLOCK ⅡR-M、11 颗 BLOCK ⅡF 和 6 颗 GPS Ⅲ卫星)。

迄今为止,美国已经开发了 7 类 GPS 卫星。

Block Ⅰ卫星:该卫星于 1978 年至 1985 年发射,共 11 颗,设计寿命为 5 年。Block Ⅰ卫星发射 L1 和 L2 两个波段信号,在 L1 上调制有民用信号 C/A 码和军用信号码,L2 上只调制有军用信号 P 码。

Block Ⅱ和 Block Ⅱ A 卫星：在 Block Ⅰ卫星基础上，美国研发了 Block Ⅱ和 Block Ⅱ A 卫星。该卫星设计寿命为 7.5 年，1989 年开始发射，共 28 颗。Block Ⅱ A 可以存储更多的导航电文，在没有地面站支持的情况下，仍可以提供 180 天的服务，只是精度将逐渐下降。

Block Ⅱ R 卫星：美国研发 Block Ⅱ R 卫星的核心动力是提高卫星的自主导航能力。该卫星设计寿命也是 7.5 年，1997 年开始发射，共 13 颗。Block Ⅱ R 具有星间测距功能，在没有地面站支持的情况下进行自主定轨，仍可以提供 180 天的服务，且精度无明显下降。Block Ⅱ R 上搭载有灾难预警卫星系统（Distress Alerting Satellite System，DASS)转发器。

Block Ⅱ R-M 卫星：美国研发 Block Ⅱ R-M 卫星的核心目的是抢占军民卫星导航市场。Block Ⅱ R-M 卫星 2005 年开始发射，共 8 颗，设计寿命为 7.5 年。Block Ⅱ R-M 新增了两类信号，即第二个民用信号 L2C，以及加载在 L1 和 L2 上的军用信号 L1M 和 L2M。

Block Ⅱ F 卫星：在 Block Ⅱ R-M 的基础上，美国又研发了 Block Ⅱ F 卫星，2010 年开始发射，发射 12 颗，设计寿命为 12 年。该卫星新增第三民用信号 L5。所有的 Block Ⅱ F 上都搭载 DASS 转发器。

GPSⅢ卫星：该卫星系列是 GPS 现代化计划的核心，共计划发射 32 颗，新增第 4 个民用信号 L1C。GPSⅢ卫星具有星间测距和通信能力，可以实现 15 min 的导航电文更新。GPSⅢ将全星座搭载 DASS 转发器，实现全球任何地方都至少有 4 颗搭载 DASS 的可视卫星。

（2）GPS 地面段

GPS 的地面段包括主控站、备份主控站、若干监测站和注入站。

主控站：主要任务是负责整个星座的管理和控制，包括监控卫星状态、星座维护及异常处理、监测和维持卫星服务性能、导航电文生成及上行注入等。

监测站：分布于全球，配备有原子钟的监测接收机，连续采集所有卫星的观测数据，并传送给主控站，用于卫星轨道、钟差等参数解算。GPS 最初只有 5 个监测站，为了提高系统性能，不断有新的监测站加入。2001 年增加 2 个，2005 年增加 6 个，2006 年又增加了 5 个。目前，每颗卫星至少可以被 3 个监测站观测，确保 GPS 卫星高精度轨道和钟差计算。

注入站：GPS 最初只有 3 个注入站，与监控站并址建设，主要任务是向 GPS 卫星发送各类指令，包括各类遥测遥控指令，以及主控站计算的卫星轨道、钟差等导航信息，通常 1 天上传 1 次，也可以根据需要 1 天上传 3 次。

根据 GPS 全球定位系统官网,截至 2023 年,监测站和注入站的数量均大幅增加,并进行了细分。

（3）GPS 用户段

用户段包括各类接收机及其用户集群。接收机的主要功能是接收并处理卫星信号,计算位置、速度和时间信息。根据功能,接收机大致可以分为导航型接收机、测量型接收机和定时型接收机。

1.3.3　GPS 现代化

目前,美国正在实施 GPS 现代化计划。在军用方面,提高系统的生存能力和战时的抗干扰能力;在民用方面,提高精度,增加完好性服务,提升国际竞争力。美国预计在 2030 年前实现 GPS 的现代化。主要措施有:增加新的民用频段;引入保密性和抗干扰能力强的军用信号;提高在轨卫星的寿命与可靠性;优化星上星间链路体制;增加星基增强系统;提高星上自主处理能力和原子钟性能等。

2022 年 4 月,美太空军发布了最新的 GPS 战略路线图,描述了到 2028 财年末各项任务的研制计划。其中,空间段包括 GPS Ⅲ 卫星和 GPS ⅢF 卫星的部署工作;地面控制段包括下一代运行控制系统(OCX)的升级;用户段围绕 M 码用户设备的研制、部署和试验展开,包括下一代专用集成电路(ASIC)、M 码卡、M 码接收机的研制,以及武器系统适配应用工作。最终,这些措施将提升 GPS 系统的功能和整体性能,保障其实现可靠可信的定位、导航与授时(PNT)体系。

（1）GPS Ⅲ 和后续卫星的部署和替代工作

GPS Ⅲ 卫星共计 10 颗,其将补充并最终取代现有的 GPS 卫星星座,维持系统能力并提供新的信号。较之前的卫星,GPS Ⅲ 的精度提升了 3 倍,抗干扰能力提升了 8 倍,并全面兼容 M 码,另外还增加了新的 L1C 民用信号。L1C 信号与欧洲的伽利略全球导航卫星系统的信号兼容,将提供更广泛的民用用户连接服务。截至 2023 年 9 月,已经有 6 颗 GPS Ⅲ 卫星在轨提供服务。

（2）运行控制系统升级

下一代运行控制系统(OCX)将取代现有的地面控制系统,升级目前的 GPS 主控制站以及世界各地的监测站。OCX 分为多个模块,包括 OCX Block 0、OCX Block 1、OCX Block 2。OCX Block 0 将提供发射和检验系统,并支持 GPS Ⅲ 卫星的初始测试,提供现代网络安全能力。OCX Block 1 和 OCX Block 2 将为前代卫星和 GPS Ⅲ 卫星提供指挥和控制,对当前和现代化信号进行监测和控制,并且具备全面的 M 码广播能力。

（3）信号频率

GPS 现代化后,三个信号频率分别为 L1(1 575.42 MHz)、L2(1 227.60 MHz)和 L5(1 176.45 MHz)。民用信号有 4 个,分别为 L1 C/A、L1C、L2C、L5;军用信号有 4 个,即 L1P、L2P、L1M、L2M。M 码为授权信号,最终将取代 P 码。M 码比 P 码更安全,授权使用更方便。它可以不依赖公开信号而实现直接捕获,并可采用点波束方式实现 20 dB 的功率增强。

1.4　BDS 简介

1.4.1　北斗建设历程

从 20 世纪 80 年代提出设想,到 2020 年北斗三号全球卫星导航系统建成并开通,几代北斗人经过 30 多年的实践探索,走过了北斗系统建设"三步走"的发展历程。北斗系统建设的"三步走",是结合我国在不同阶段技术、经济发展实际提出的发展路线。

第一步,建设北斗一号系统,又叫北斗卫星导航试验系统,实现卫星导航从无到有的突破。

1994 年,北斗一号系统建设正式启动。2000 年,发射 2 颗地球静止轨道卫星(Geosynchronous Earth Orbit,GEO),北斗一号系统建成并投入使用。2003 年,又发射了第 3 颗 GEO 卫星,进一步增强系统性能。北斗一号系统的建成,迈出了探索性的第一步,初步满足了中国及周边区域的定位、导航、授时需求。当时采用的是有源定位体制,也就是说,用户需要发射信号,系统才能对其定位,这个过程要依赖卫星转发器,所以有时间延迟,且容量有限,满足不了高动态的需求。但北斗一号巧妙设计了双向短报文通信功能,这种通信与导航一体化的设计是北斗系统的独创。北斗一号的建成,使中国卫星导航系统实现了从无到有的跨越,中国成为继美国、俄罗斯之后第三个拥有自主卫星导航系统的国家。

第二步,建设北斗二号系统,从有源定位到无源定位,实现区域导航服务覆盖亚太地区。

2004 年,北斗二号系统建设启动。北斗二号创新性地构建了中高轨混合星座架构。到 2012 年,完成了 14 颗卫星的发射组网。这 14 颗卫星中,有 5 颗地球静止轨道卫星（GEO）、5 颗倾斜地球同步轨道卫星（Inclined Geosynchronous Satellite Orbit，IGSO）和 4 颗中高度地球轨道卫星（Medium Earth Orbit，MEO）。北斗二号系统在兼容北斗一号有源定位体制的基础上，增加了无源定位体制，解决了用户容量限制问题，满足了高动态需求。北斗二号系统的建成，不仅服务中国，还可为亚太地区用户提供定位、测速、授时和短报文通信服务。

第三步，建设北斗三号系统，实现全球组网。

2009 年，北斗三号系统建设启动。2020 年，完成 30 颗卫星的发射组网，全面建成了北斗三号系统。这 30 颗卫星中，有 3 颗 GEO 卫星、3 颗 IGSO 卫星和 24 颗 MEO 卫星。北斗三号系统继承了有源定位和无源定位两种技术体制，并通过"星间链路"解决了全球组网需要全球布设监测站的问题。北斗三号在北斗二号的基础上，进一步提升了性能、扩展了功能，为全球用户提供定位导航授时、全球短报文通信和国际搜救等服务；同时在中国及周边地区提供星基增强、地基增强、精密单点定位和区域短报文通信服务。

1.4.2 BDS 系统组成

与 GPS 类似，北斗系统也由空间段、地面段和用户段三部分组成。

（1）BDS 空间段

北斗系统空间段由若干 GEO 卫星、IGSO 卫星和 MEO 卫星 3 种轨道卫星组成混合导航星座。3 颗 GEO 卫星的轨道高度 35 786 km，分别定点于东经 80°、110.5°和140°的地球赤道上空；IGSO 卫星的轨道高度 35 786 km，轨道倾角 55°；MEO 卫星的轨道高度 21 528 km，轨道倾角 55°，均匀分布于 3 个不同的轨道面上。系统视情况部署备份卫星。北斗二号基本星座采取 5GEO＋5IGSO＋4MEO 的形式；北斗三号采取3GEO＋3IGSO＋24MEO 的星座构成，卫星与卫星之间具备通信能力，可以在没有地面站支持的情况下自主运行。近些年，由于测试和实际需求，截至 2023 年，北斗二号实际在轨卫星数为 5GEO＋7IGSO＋3MEO。

（2）BDS 地面段

北斗系统地面段包括主控站、时间同步/注入站和监测站等若干地面站，以及星间链路运行管理设施。

主控站是北斗系统的运行控制中心，主要任务包括：收集各时间同步/注入站、监测站的导航信号监测数据，进行数据处理，生成导航电文；负责任务规划与调度，以及系统运行管理与控制；负责星地时间观测比对，向卫星注入导航电文参数；卫星有效载荷监测和异常情况分析等。时间同步/注入站主要负责完成星地时间同步测量，向卫星注入导航电文参数。监测站对卫星导航信号进行连续观测，为主控站提供实时观测数据。

北斗卫星导航系统的地面站数量及所处位置尚未被官方公示。根据北斗卫星导航系统官网，主控站位于北京，3个注入站按照原计划应分别位于北京、喀什和三亚，其中北京站与主控站并址建设。

（3）BDS用户段

用户终端部分常见的有手机内的定位芯片、手持接收机、车载接收机等。用户终端是整个卫星定位系统中完成位置、速度、时间（Position Velocity Time，PVT）解算功能的设备。根据兼容性的建设原则，北斗卫星导航系统用户终端能够很好地与其他全球卫星导航系统（如GPS、GLONASS和Galileo）进行兼容。目前，北斗用户终端已经在市场上得到了广泛应用。

1.5　GLONASS简介

1.5.1　GLONASS建设历程

就在美国兴师动众、投入巨资实施GPS研制计划时，受冷战思维的驱动，苏联于20世纪70年代中后期开始研制能与美国GPS系统抗衡的全球卫星导航系统，称为GLONASS。

GLONASS系统与GPS系统类似，也是一种能连续提供精确的三维位置、三维速度和时间信息的系统。当时，该系统的研制工作一直在极为保密的状态下进行。到了80年代，随着苏联国内改革开放政策的不断推进，其研制工作的进展、技术状态和各种数据才逐步向外界公布。1987年，苏联曾向国际民航和海事组织提议，要求使用其新一代全球卫星导航系统，其目的在于让国际组织承认GLONASS和美国的GPS同样有效。1988年5月，苏联代表团向国际民航组织申请登记，宣布其GLONASS民用码的具体细节，以期获得世界公认，并表示愿向国际民航组织提供服务。由此可以看出，他们要与美国的GPS开展竞争，争取世界信誉，开拓广阔的应用市场。

GLONASS系统从1982年开始发射试验卫星起，其研制工作一直比较顺利。1990年，GLONASS系统已有13颗卫星可供使用，1991年发射两次，每次发射3颗。整个系统于1996年上半年正式投入运行。后由俄罗斯继续建设，2009年面向全球提供服务。截至 2016 年，GLONASS 在轨卫星达到 30 颗。与 GPS 类似，GLONASS 也提供民用码和军用码两种服务。根据 2020 年《中俄联合测试报告》，GLONASS 的平面位置精度为 5～10 m，高程方向精度为 8～10 m。

1.5.2　GLONASS 系统组成

（1）空间段

GLONASS 的星座由 24 颗 GLONASS 卫星组成，其中正常工作的卫星为 21 颗，备份卫星 3 颗。随着俄罗斯对 GLONASS 的不断维护，目前在轨的 21 颗卫星均为 GLONASS-M 卫星或 GLONASS-K 卫星。这 24 颗卫星均匀地分布在 3 个轨道面上，每个轨道面互成 120°夹角，轨道倾角为 64.8°，轨道高度约 19 100 km，轨道偏心率为 0.01，运行周期为 11 h 15 min。每个轨道面上均匀分布 8 颗卫星。由于 GLONASS 卫星的轨道倾角大于 GPS 卫星的轨道倾角，因此 GLONASS 卫星在 50°以上的高纬度地区的可见性较好。这是因为 GLONASS 在设计建设时主要考虑俄罗斯国土面积较大且处于高纬度地区，为了确保全面覆盖，其卫星轨道必须有别于 GPS 的 6 个轨道面。在 GLONASS 星座完整的前提下，可以保证在地球任何地方、任何时刻都能收到至少 4 颗卫星信号，从而确保用户能够可靠地获取导航定位信息。

每颗 GLONASS 卫星上都有原子钟，以产生高稳定的时间和频率标准，并向所有星载设备提供高稳定的同步信号。星载计算机对地面控制部分上传的信息进行处理，生成导航电文、测距码和载波向用户广播。地面控制部分传给卫星的控制信息用于控制卫星在空间的运行。导航电文包括卫星的星历参数、卫星时钟相对于 GLONASS UTC 的时间偏移值、卫星健康状态和 GLONASS 卫星历书等。与 GPS 类似，GLONASS 卫星同时发射民用码和军用码。

（2）地面段

GLONASS 地面监控部分用以实现对 GLONASS 星座和卫星信号的整体维护和控制。它包括系统控制中心（位于莫斯科的戈利岑诺）和分散在俄罗斯整个领土上的跟踪控制站网络。地面监控部分负责跟踪、处理 GLONASS 卫星的轨道和信号信息，并向每颗卫星发送控制指令和导航电文。

随着苏联的解体，GLONASS 由俄罗斯航天局管理，地面支持段已经减少到只有俄罗斯境内的场地。地面控制部分包含如下 6 个组成单元：系统控制中心（SCC）、遥测跟踪与指挥站（TT&C）、上行注入站（ULS）、监测站（MS）、中央时钟（CC）、激光跟踪站(SLR)。

　　地面监控部分的作用主要包括如下 6 个方面:①测量和预测各颗卫星的星历;②进行卫星跟踪、控制与管理;③将预测的星历、时钟校正值和历书信息注入每颗卫星,以便卫星生成导航电文;④确保卫星时钟与 GLONASS 系统时间同步;⑤计算 GLONASS 系统时间和 UTC(SU)之间的偏差;⑥监测 GLONASS 导航信号。

（3）用户段

　　GLONASS 的用户设备(即接收机)能接收卫星发射的导航信号,包括伪随机噪声码和载波相位,并测量其伪距和伪距变化率。同时,用户设备从卫星信号中提取并处理导航电文。通过对导航电文和伪距信息的处理来计算用户所在的位置、速度和时间信息。

1.5.3　GLONASS 现代化

　　GLONASS 用户设备发展比较缓慢,除了历史原因导致的 GLONASS 星座不完善、系统运行不稳定外,还因为 GLONASS 采用频分多址技术,使得用户设备比较复杂。此外,苏联对其技术保密,致使 GLONASS 接收机的研制和生产成本较高。这些因素共同造成了 GLONASS 接收机种类少、功能有限、功耗大、便携性差、可靠性差等劣势,进而使市场占有率低。但是作为与 GPS 同期发展并且功能相当的全球卫星导航系统,GLONASS 的应用潜力随着俄罗斯对其系统的不断完善而不断增加。

　　目前,俄罗斯也正在积极推进 GLONASS 系统的现代化计划,以提升系统服务性能。在军用方面,提高系统战时生存能力和抗干扰能力;在民用方面,提高系统服务性能。主要措施有:增加新的码分多址(CDMA)信号,加强与 GPS、Galileo 系统的兼容与互操作;引入激光星间链路,实现自主导航能力;研制 GLONASS-K、GLONASS-KM 新型卫星,提升卫星在轨寿命和可靠性,提高星上原子钟性能;升级地面段软硬件体系,新建备份主控站,扩展监测网络等。

1.6　Galileo 发展简介

1.6.1　Galileo 建设历程

　　卫星导航的巨大商业利益促使欧洲空间局(ESA)和欧盟委员会(EC)决定发展和部署卫星无线电导航系统,即 Galileo 系统。欧盟于 1999 年首次公布 Galileo 系统计划,2003 年底正式启动 Galileo 系统计划。2005 年和 2008 年分别发射 2 颗 GIOVE（Galileo In-Orbit Validation Element）卫星,并构建有代表性的地面系统,搭建了 Galileo 系统验证平台（这 2 颗卫星已经报废）;之后 2011 年 10 月和 2012 年 10 月,又分别用一箭双星模式发射了 4 颗 Galileo（IOV）卫星,配合地面验证网进行了最简 Galileo 信号的定位、授时试验验证,这 4 颗卫星也是正式成为星座的工作卫星。2016 年 12 月,完成了 18 颗工作卫星的发射,具备了早期操作能力（EOC）,并计划在 2019 年具备完全操作能力（FOC）,2020 年完成全部 30 颗卫星的发射计划（调整为 24 颗工作卫星,6 颗备份卫星）。截至 2023 年 8 月,Galileo 系统已经发射了 28 颗卫星,实际在轨运营的卫星数为 23 颗。

1.6.2　Galileo 系统组成

Galileo 系统同样由空间段、地面段和用户段三部分组成。

（1）空间段

欧盟委员会计划发射 30 颗 Galileo 卫星,实现全面服务能力的星座设计为 24 颗,6 颗卫星作为在轨备份。卫星均匀分布在 3 个轨道面上,采用 Walker 24/3/1 星座。相比于 GPS 的轨道面设计,这种轨道设计有利于卫星在轨维持与更新,也便于一箭多星组网发射。轨道高度约 23 200 km,轨道倾角 56°,运行周期约 14 h 4 min 42 s。

基于 Galileo 系统的 24 颗卫星组成的基本星座,全球任何地方的用户在任何时刻都可以观测到 6～11 颗 Galileo 卫星。在高度截止角为 5°的情况下,平均可观测卫星数为 8 颗,水平精度衰减因子（HDOP）约为 1.3,垂直精度衰减因子（VDOP）约为 2.3。

（2）地面段

Galileo 系统的地面段由 12～15 个参考站、5 个注入站和 2 个控制中心组成,还包括 16～20 个监测站、3 个完好性注入站和 2 个完好性处理中心站。地面段主要职能包括卫星星座管理维护、卫星轨道精密确定、时间同步,以及在全球范围内的完好性监测及播发等。系统设计指标为水平精度 4 m、高程精度 8 m,空间信号的用户测距误差（URE）优于 0.5 m。

（3）用户段

用户部分主要是用户接收机及其等同产品。Galileo 系统可以与 GPS、GLONASS 实现较好的兼容与互操作。因此,用户接收机大部分是多用途、兼容性接收机。

1.7　GNSS 各系统特点及其主要技术参数

1.7.1　GPS 系统特点

（1）全球覆盖

GPS 的空间段有 24 颗卫星，星座设计合理，卫星均匀分布。轨道高达 20 200 km，因此能够保证在地球上和近地空间的任何一点，均可同步观测 4 颗以上卫星，从而实现全球、全天候连续导航定位。

（2）发展最早、最为成熟

在全球导航卫星系统中，美国的 GPS 是发展最早且最成熟的，也是应用最为广泛、覆盖范围最广的导航系统。该定位系统于 20 世纪 70 年代开始研制，历时 20 年，于 1994 年全面建成。2011 年调整后实现了"24＋3"的星座模式，大大拓展了原有系统的影响范围，也提高了卫星的运行效率。

1.7.2　BDS 系统特点

（1）分阶段实施

北斗系统的建设经历了试验系统、区域覆盖（亚太地区）、全球覆盖三个阶段。每个阶段都在当时的技术条件下承担了相应的任务，并为北斗三号（BDS－3）的建成积累了宝贵经验。

（2）短报文通信功能

北斗系统还可以提供双向通信功能，用户与中心控制系统之间均可实现双向简短数字报文通信。通过北斗二号（BDS－2），用户一次最多可以传输 120 个字符；北斗三号继承并扩展了这一功能，将通信容量增加到 1 200 个汉字。

（3）高中轨分层布设

北斗系统空间段采用由三种轨道卫星组成的混合星座架构。与其他卫星导航系统相比，北斗系统中高度角较高的卫星更多，抗遮挡能力强，尤其在低纬度地区的性能优势更为明显。

（4）全系统三频民用信号

北斗系统提供多个频点的导航信号，BDS－2 和 BDS－3 均有至少三个民用频点。通过多频信号组合使用，能够显著提高服务精度。

（5）星间链路系统

星间链路主要是为了降低导航卫星对地面运控系统的依赖。通过星间测距、星间通信和星上数据处理，星间链路能够实现导航星历的自主更新。对于我国北斗卫星导航系统而言，星间链路的意义绝不仅限于此。由于受各方因素限制，北斗系统不可能像 GPS 一样实现全球布站以支持系统的日常运行和控制。星间链路使导航卫星成为移动的观测站，极大地弥补了监测站分布的局限性和稀疏性，降低了对星座精密星历确定的不利影响。

1.7.3　GLONASS 系统特点

（1）频分多址

GLONASS 卫星的识别方式与其他三个全球导航系统有所不同。GPS 采用码分多址方式，每颗卫星使用相同的载波频率发射信号。而 GLONASS 采用频分多址方式，每颗卫星使用不同的频率发射信号。2005 年前，GLONASS 卫星的频段部分已超越国际电信联盟（ITU）的规定。根据 ITU 的要求，俄罗斯开始实施 GLONASS 改频计划并已于 2005 年完成转频计划。

（2）导航电文直观

GPS 以开普勒轨道根数的形式播发导航星历，每隔 2 h 更新一次。用户依据开普勒轨道方程，并考虑卫星的摄动效应，计算 GPS 卫星在 WGS－84 标系中的瞬时位置。GLONASS 是直接给出参考历元的卫星位置、速度，以及日月对卫星的摄动加速度，每隔 30 min 更新一组星历参数。用户据此计算 GLONASS 卫星在 PZ－90 坐标系中的瞬时位置。

1.7.4　Galileo 系统特点

（1）第一个商业性质的卫星系统

Galileo 系统在整个建设和维护过程中没有军方直接参与，是第一个完全商业性质的卫星导航系统。这是 Galileo 系统的最大特点,可以为各类用户提供更广阔的应用空间。

（2）注重完备性设计

由于现代用户对系统稳定、连续工作性能的高要求,Galileo 系统从概念设计阶段就非常注意系统的完备性。针对卫星导航系统可能出现的失效问题,Galileo 从系统结构设计的角度对该现象加以处理,最大限度地保证系统的可用性,并及时地为指定用户提供系统的完备性信息。这使得用户在使用过程中能够更及时、更具体地了解系统的状态和性能。

（3）卫星发射信号功率大

Galileo 系统的卫星发射信号功率比 GPS 大,可以在一些 GPS 不能实现定位的区域完成定位。如果某一区域用户需要附加服务,Galileo 系统也可以通过使用虚拟卫星来提供,当用户接收到的信号不满足定位要求时(4 个不同的卫星信号),可以通过虚拟卫星转发卫星信号来补充。

（4）SAR 服务

Galileo 系统还提供一种搜索和救援服务(SAR)。此服务通过用户接收机和卫星完成:用户向卫星发射救援信号,信号由卫星发给 COSPAS/SARSAT 地面同步卫星,然后转发到地面救援系统。地面站救援系统接收到救援信号并确认后,会通过原路反馈信息给用户,同时展开救援行动。

目前,卫星导航系统呈现多元化发展的局面。在 GNSS 多星座、多频数据融合下,卫星和测距信号数量显著增加,导航定位授时性能指标大幅提升。各个卫星系统呈现出不同的特点,在轨道、卫星、信号等技术参数层面存在不小的差异,在数据融合时需要特别注意。

各 GNSS 系统参数比较如表 1.2 所示。

表 1.2 各 GNSS 系统参数比较

对比项目	GPS	GLONASS	Galileo	BDS-3
标准卫星数	24 MEO	24 MEO	24 MEO	3 GEO/3 IGSO/24 MEO

对比项目	GPS	GLONASS	Galileo	BDS－3
在轨服务卫星数（2023 年 9 月）	31	24	23	30
轨道数	6	3	3	3(中圆轨道)
轨道高度/km	20 200	19 100	23 200	35 786/35 786/21 528
轨道倾角/°	55	64.8	56	0/55/55
运行周期	11 h 58 min	11 h 15 min 44 s	14 h 4 min 42 s	24 h/24 h/12 h 53 min
星历数据表达方式	开普勒轨道根数	直角坐标系中的位置速度时间	开普勒轨道根数	开普勒轨道根数
空间基准	WGS－84	PZ－90	GTRF-ITRS96	CGCS-2000
时间基准	UTC(USNO)	UTC(SU)	UTC/ATI	UTC/BDT
多址方式	CDMA	FDMA	CDMA	CDMA
调制方式	QPSK＋BOC	BPSK	QPSK＋BOC	QPSK＋BOC
载波频率/MHz	L1：1 575.42 L2：1 227.60 L5：1 176.45	G1：1 602.562 5～1 615.5 G2：1 246.437 5～1 256.5 G3：1 202.025	E1：1 575.420 E5：1 191.795 E6：1 278.750	B1C：1 575.420 B1I：1 561.098 B2a：1 176.450 B3I：1 268.520

表格来源：自制

1.8 GNSS 技术发展趋势及应用

1.8.1 技术发展趋势

GNSS 主要有两种定位方式：绝对定位方式和相对定位方式。GNSS 发展到今天，经历了四个技术时代，如图 1.5 所示。第一代，基本实现了伪距单点定位（SPS）和载波相位的相对定位；第二代，实现了广域差分定位和载波相位实时定位；第三代，基本实现了精密单点定位（PPP）和网络 RTK；第四代，即正在发展的技术时代，实现了广域实时精密单点定位,并将全球网络 RTK 与精密单点定位相融合。

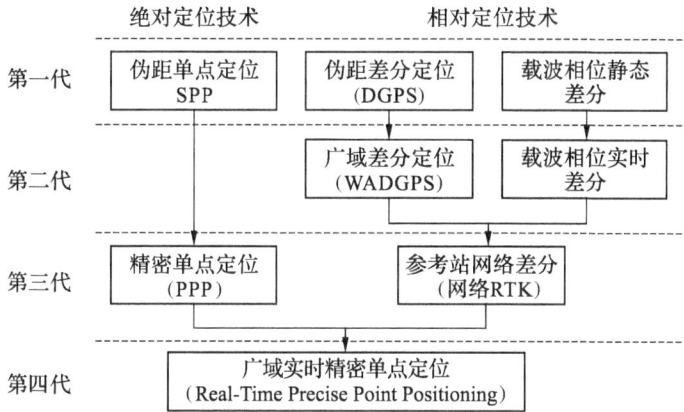

图 1.5　GNSS 定位技术发展趋势

图片来源:自绘

总之,GNSS 技术将朝着高精度、实时性、简便性的方向发展,同时实现多系统、多频、动态高精度定位。

1.8.2　GNSS 主要应用领域

GNSS 作为一种先进的空间定位技术,已经渗透到现代社会的各个角落,为众多行业提供了精准的时空信息服务。

(1) 交通运输

无论是汽车、船舶还是飞机,GNSS 都能提供实时的位置信息和导航引导,大大提高行车的安全性和效率。例如,在汽车导航系统中,GNSS 可以精确引导驾驶员前往目的地,避开拥堵路段,减少行车时间。在航空领域,GNSS 则用于飞行导航、航线规划和飞行控制,确保飞行安全。

(2) 测绘与地理信息

GNSS 的高精度定位功能使其成为测绘和地理信息领域的重要工具。利用GNSS 技术,可以进行大地控制测量、地形测量以及工程测量等。

(3) 精准农业

借助高精度的 GNSS 定位,农田管理实现了从粗放式向精准式的转变。农田管理者能够精确划定田块边界、监测土壤与作物状况,从而实现种植计划的精准制定与执行。这不仅显著提升了农作物的产量与品质,还通过减少化肥、农药的使用,降低了农业生产对环境的负面影响,促进了农业的可持续发展。

（4）灾害监测与救援

在地质灾害监测方面,GNSS 可以实时监测地表形变和运动情况,为地震、滑坡等自然灾害的预警和防治提供数据支持。在灾害发生后,GNSS 还能用于灾区的快速测绘和评估工作,为救援和重建提供精确的地理信息。

（5）海洋研究

GNSS 技术为海洋科学研究、海洋资源开发和海上安全提供了重要支持。通过安装在船舶、浮标或海底设备上的 GNSS 接收器,可以实时监测海洋表面的位置变化,进而研究海流、海浪和潮汐等海洋动力现象。

（6）时间同步

可用于 5G 基站、光纤通信的时间同步,金融交易的时间同步,电网设备的时间同步与故障定位。

（7）军事与国防

用于武器制导,实现导弹、无人机等武器的精确打击;用于部队调度,通过实时定位实现在战场环境下的指挥协同。

（8）科学研究

用于地球物理研究,如地壳运动、极地冰川变化监测;用于大气监测,如通过信号延迟分析电离层和对流层状态;用于空间科学研究,如卫星轨道测定与深空探测支持。

（9）大众消费与娱乐

通过智能穿戴设备,实现运动轨迹记录、健康监测(如跑步、骑行)。在游戏中,基于 GNSS 定位实现游戏现实增强。航拍、物流无人机的导航与避障;野生动物迁徙路径的追踪。

此外,GNSS 技术还被广泛应用于智能设备导航、安防监控、电力通信以及智慧城市等多个领域,为人们的生活带来极大便利。随着技术的不断进步和应用需求的不断增加,GNSS 将在更多领域发挥重要作用,推动社会的科技进步和产业升级。

◇第二章
GNSS 时间基准

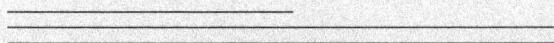

2.1　一些基本概念

时间是基本物理量之一,它反映了物质运动的顺序性和连续性。在 GNSS 测量中,对时间提出了很高的要求。如,描述载体和天体的运动时,需要知道与其位置对应的时刻和时间系统;利用 GPS 卫星发射的测距信号来测定卫星至接收机之间的距离时,若要求测距误差小于等于 1 cm,则测量信号传播时间的误差必须小于等于 3×10^{-11} s(即 0.03 ns)。

2.1.1　时间

时间有两重含义:时间间隔和时刻。时间间隔是指两个瞬时状态之间所经历的时间历程。例如,某运动员在 100 m 决赛中的成绩为 9.86 s,是指从裁判员的起跑发令枪响至该运动员到达终点撞线这两个事件间所经历的时间。而时刻是指某一事件发生的具体时间。例如,神舟八号飞船于 2011 年 11 月 1 日 5 时 58 分 10 秒点火发射。所谓的时刻实际上也是一种时间间隔,即该事件与约定的起始时刻之间的时间间隔,而时间间隔则为某一过程的始末两个时刻之间的差值。测定时刻也被称为绝对时间测量,而时间间隔测量被称为相对时间测量。

时间系统规定了时间测量的标准,包括时刻的参考基准(起点)和时间间隔测量的尺度基准。时间系统是由定义和相应规定从理论上进行阐述的,而时间系统的框架则是通过守时、授时,以及时间频率测量和比对技术在全球范围内或某一区域内实现和维持统一的时间系统。在实际使用中,有时对这两个不同的概念并不加以严格区分。

2.1.2　时间基准

时间测量需要一个公共的标准尺度,称为时间基准或时间频率基准。一般来说,任何一个能观测到的周期性运动,只要能满足下列条件,都可以作为时间基准:

(1) 能做连续的周期性运动,且运动周期十分稳定;

(2) 运动周期具有很好的复现性,即在不同的时间和地点,这种周期性的运动都可以通过观测和实验来予以复现。

自然界中具有上述特性的自然现象常常被用来作为度量时间的工具。如早期的燃香和沙漏,后来的钟摆摆动,以及近代利用石英晶体压电效应产生的振荡信号周期,原子跃迁时发出的电磁波振荡信号的振荡周期及脉冲星的自转周期等。迄今为止,实际应用的较为精确的时间基准有:

(1) 地球自转周期。它是建立平太阳时和恒星时所用的时间基准,其稳定度约为 10^{-8}。

(2) 行星(地球)绕日公转及月球绕地球公转的周期。根据天体力学所建立的轨道方程,可由历书时求出该时刻行星或月球在轨道上的位置。反之,如果通过天文观测确定了行星或月球在轨道上的位置后也能求出观测瞬间的历书时。这种建立在天体公转运动基础上的时间系统比建立在地球自转基础上的时间系统有更好的稳定性(约为 10^{-10})。

(3) 原子中的电子从某一能级跃迁至另一能级时所发出(或吸收)的电磁波信号的振荡频率(周期)。它是建立原子时所用的时间基准,其稳定度约为 10^{-14}。目前,最好的铯原子喷泉钟的稳定度已达到 10^{-16} 级。

(4) 脉冲星的自转周期。最好的毫秒脉冲星的自转周期的稳定度有可能达到 10^{-19} 或更高。目前,世界各国的科学家们还在努力探索,以建立比原子时更高精度的脉冲星时。

2.1.3　守时与授时

守时是指通过高精度的时钟设备和相关技术,保持一个稳定、准确的时间基准,以确保当地时间的准确性和连续性。守时系统还可以通过时间频率测量和比对技术来评价该系统内不同时钟的稳定度和准确度,并据此给各时钟以不同的权重,以便用多台钟来共同建立和维持时间系统框架。

授时是指将标准的时间信号从时间基准源传递到需要时间同步的设备或系统的过程,目的是使不同地方设备或系统都能依据统一的标准时间进行工作。授时系统可以通过电话、电视、计算机网络系统、专用的长波和短波无线电信号、搬运钟以及卫星等设备实现,时间系统所维持的时间信息和频率信息可通过这些方式传递给用户。不同用户之间也可以通过上述设施和方法实现高精度的时间比对。

目前,国际上有许多单位和机构负责建立和维持各种时间系统,并通过各种方式将有关的时间和频率信息传递给用户,这些工作统称为时间服务。在中国,时间服务由国家授时中心(NTSC)提供。

2.1.4 时钟的主要技术指标

时钟是一种重要的守时工具。利用时钟可以连续地向用户提供任一时刻所对应的时间。由于任何一台时钟都存在误差,因此需要通过定期或不定期地与标准时间进行比对,求出比对时刻的钟差。经数学处理(如简单的线性内插)后,可以估计出任一时刻的钟差并加以改正,以便获得较为准确的时间。

评价时钟性能的主要技术指标为频率准确度、频率漂移率和频率稳定度。

(1) 频率准确度

一般而言,时钟是由频率标准(频标)、计数器、显示和输出装置等部件组成。其中,频标通常采用具有稳定周期的振荡器(例如晶体振荡器)。计数器则用来记录振荡的次数,然后经分频后形成高精度的秒脉冲信号输出。频率准确度是指振荡器所产生的实际振荡频率与其理论值(标准值)之间的相对偏差。

(2) 频率漂移率(频漂)

频率准确度在单位时间内的变化量被称为频率漂移率,简称频漂。据单位时间的取值不同,频漂率分为日频漂率、周频漂率、月频漂率和年频漂率。频漂反映了钟速的变化率,也称老化率。

(3) 频率稳定度

频率稳定度反映频标在一定的时间间隔内所输出的平均频率的随机变化程度。在时域测量中,频率稳定度是用采样时间内平均相对频偏的阿伦方差的平方根来表示。

频率的随机变化是在频标内部各种噪声的影响下产生的。各类噪声对频率随机变化的影响程度和影响方式是不同的,因此采样时间不同,所获得的频率稳定度也是不同的。在给出频率稳定度时,必须同时给出采样时间,例如日稳定度为 10^{-13} 等。

频率准确度和频漂反映了钟的系统误差,其数值即使较大,也可通过与标准时间进行比对来确定并加以改正;而频率稳定度则反映了钟的随机误差,我们只能从数理统计的角度来估计其大小,而无法进行改正,因而是反映钟性能的一个关键指标。

2.2* 太阳日

地球自转周期是一种重要的时间基准。太阳日就是太阳连续两次在同地中天所需的时间。太阳日的长度不仅取决于地球自转周期,而且受到地球公转的影响。地球自转可以被认为是近似均匀的,但是公转的影响是非均匀的。太阳每日的赤经差因季节而变化,导致太阳日的长度发生季节变化:每日赤经差愈大,太阳日便愈长;反之,则太阳日愈短。因而,太阳日的长度会因季节而略有变化。

造成太阳每日赤经差的季节变化,有两方面原因:

(1) 首要原因是黄赤交角的存在。如图 2.1,太阳周年运动的路线是黄道。因此,首先变化的是太阳的黄经。但直接影响真太阳日长短的,则是黄经差所引起的赤经差。这是因为时角与赤经是等量的。在每年的春秋二分,黄经差与赤经差的关系,犹如直角三角形中一个锐角的斜边与邻边之间的关系。反之,在每年的冬夏二至,这一段黄道同天赤道平行,黄经差与赤经差之间的关系,犹如等腰梯形的上底与下底之间的关系。

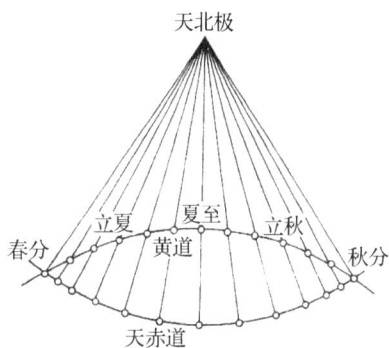

图 2.1　黄赤交角与视太阳日长度
图片来源:自绘

每个节气的太阳黄经差都是 $15°$。由于黄赤交角的存在,它们造成的赤经差却不同:二分最小,视太阳日最短;二至最大,视太阳日最长。

综上所述,即使太阳的周年运动是均匀的,每日有不变的黄经差,但由于黄赤交角的存在,它的赤经差会有周年变化,从而导致真太阳日长度的周年变化。

(2) 其次的一个原因是地球的椭圆轨道。由于日地距离的变化,地球公转的速度不等,造成太阳每日黄经差本身的周年变化。在近日点(1月初),地球公转速度最快,造成每日约为 $59'+2'=61'$ 的黄经差,相应地赤经差增大 $2'$,真太阳日增长 8 s,这是全年的极大值。反之,在远日点(7月初),地球公转速度最慢,造成每日约为 $57'$ 的黄经差,相应地赤经差减少 $2'$,真太阳日减少 8 s,这是全年的极小值。因此,即使不存在黄赤交角,不同的黄经差也会造成每日赤经差的周年变化,从而造成真太阳日长度的周年变化。

事实上,黄赤交角和椭圆轨道这两个因素是同时起作用并相互叠加的。前者使真太阳日长度发生±21 s的变化;后者使真太阳日长度发生±8 s的变化。两者之中,前者是主要的。因此,真太阳日长度的变化大体上是二至最长,二分最短。由于两个因素的叠加,全年最长的真太阳日是24 h 0 min 29 s,发生于冬至后(12月23日);最短的真太阳日是23 h 59 min 39 s,发生于秋分前(9月17日)。

这种因季节而变化的太阳日,叫真太阳日。真太阳日的全年平均值,叫平太阳日(即平均太阳日)。作为时间单位的太阳日是平太阳日,其长度与太阳赤经差的平均值相关。

2.3 原子时

2.3.1 原子时的由来

现代计量中的基本时间单位是秒(s)。秒长原是从自然单位真太阳日派生出来的。1日等分为24 h,每小时等分为60 min,每分又等分为60 s。日长的1/86 400为1 s。然而,由于黄赤交角和地球椭圆轨道的影响,真太阳日的长度有微小的周年变化,秒长也就没有固定的长度。

针对这个问题,1820年,法国科学院正式提出了平太阳秒的定义:全年中所有真太阳日的平均长度的1/86 400为1 s。

平太阳秒长曾经被认为是稳定的。20世纪30年代,石英钟问世,发现地球自转速度存在变化。地球自转速度有长期减慢、周期变化和不规则变化。这一发现从根本上动摇了平太阳秒作为客观不变时间标准的地位。

经过长期天文观测发现,地球公转的速度虽因日地距离的不同而变化,但是,地球公转的周期却是相当稳定的。人们于是想到,如果把地球公转周期的若干分之一定为1 s,这样的秒长也许会相当均匀的。1958年,国际天文学联合会决议,将秒长定义为1900年1月0日12时的正回归年长度的1/31 556 925.974 7。不管以后回归年的秒数怎样变化,天文历书所采用的永远是这一秒长,被称为历书秒。

从理论上说,历书秒是一种均匀不变的秒长单位。但实际上要得到这样的秒长是十分困难的。经过数年的观测,所得到的精度比平太阳秒提高了不到10倍,仍不能满足现代科学技术对于时间精度的要求。当宏观时间标准(天体运动)不能适应科学发展需要的时候,人类的认识便向着微观世界深入。

当原子中的电子从某一能级跃迁至另一能级时,会发出或吸收电磁波。这种电磁波的频率非常稳定,而且上述现象又很容易复现,所以是一种理想的时间基准。1955年,英国国家物理实验室(NPL)与美国海军天文台(USNO)合作,精确地测定了铯原子基态两个超精细能级间在零磁场中跃迁时所发出的电磁波信号的振荡频率为9 192 631 770 Hz。1967 年 10 月,第十三届国际计量大会通过决议:位于海平面上的铯—133(Cs^{133})原子基态两个超精细能级间在零磁场中跃迁辐射振荡 9 192 631 770 周所持续的时间定义为原子时的 1 s。

2.3.2　国际原子时

原子时是由原子钟来确定和维持的。但由于电子元器件及外部运行环境的差异,同一瞬间每台原子钟所给出的时间并不严格相同。为了避免混乱,有必要建立一种更为可靠、更为均匀、能被世界各国共同接受的统一时间系统——国际原子时(Temps Atomique International,TAI)。TAI 是由国际时间局于 1971 年建立的。目前,国际原子时是由国际计量局(Bureau International des Poids et Mesures,BIPM)依据全球 58 个时间实验室(截至 2006 年 12 月)中大约 240 台自由运转的原子钟所给出的数据,采用 ALGOS 算法得到原子时加权平均值(EAL),再经时间频率基准钟进行频率修正后求得。每个时间实验室每月都要把 UTC(k)与每个钟的比对数据[UTC(k)-clock(k,i)]的值发送给 BIPM。其中,UTC(k)为该实验室所维持区域性协调世界时(Coordinated Universal Time,UTC),k 是该实验室的编号,i 为各原子钟的代码。它反映了实验室内各台原子钟与该实验室统一给出的区域性协调世界时之间的差异,是表征原子钟性能的一项重要指标。BIPM 就是根据这些数据,通过特定算法得到高稳定度、高准确度的"纸面"时间尺度 TAI。

原子时定义的秒是现代国际单位制中时间的基本单位。其时间测量精度要比天文标准高出一千倍以上,称得上时间度量史上一次无声的革命。至此,长期以来一直占统治地位的宏观天文时间标准逐渐退出了历史舞台。

2.3.3[*]　原子钟工作原理

根据原子在能级跃迁时所产生或吸收的电磁波的固有且稳定的频率所制作的时钟称为原子钟,通常由原子频标、石英晶体振荡器及伺服电路等部件组成。原子钟是当代第一个基于量子力学原理制作而成的计量器具。

最近几十年来,随着半导体激光技术、原子的激光冷却与囚禁技术、离子囚禁技术、相干布居囚禁理论、锁模飞秒脉冲技术(简称飞秒光梳)、原子的光晶格囚禁理论和技术、超稳窄线宽激光技术等新理论和新技术的应用,原子钟正处于飞速发展的阶段。原子钟的性能指标不断被刷新,精度平均每 10 年提高一个数量级。原子钟已成为国家战略资源,在相当大的程度上反映了一个国家的科学技术水平。

（1）铯原子钟的工作原理

如图 2.2 所示，铯原子经电炉加热后汽化，经不均匀磁场 A 后被分离，具有合适能级的铯原子继续右行进，经过一个强微波场，其他能级的铯原子则被分离出去。该微波场是由晶体振荡器所产生的频率在 9 192 631 770 Hz 左右的微波振荡信号形成的，该晶体振荡器所产生的信号频率可在小范围内进行调整。若振荡信号的频率正好为 9 192 631 770 Hz 时，其能量就能被铯原子吸收使其产生跃迁。若不等于上述频率时，就不能使铯原子产生跃迁。从微波场出来后的铯原子经不均匀磁场 B 后，未发生跃迁的铯原子被分离出去，而发生跃迁后的铯原子则经热线电离器、质量分光计和电子倍增器（图中未画出）后到达探测器。探测器可输出一个信号，其强度与接收到的发生跃迁的铯原子数成正比。该信号可作为一个反馈信号送入晶体振荡器，以便对其产生的振荡信号的频率进行微调，使探测器所接收到的铯原子达到并保持最大。通过上述伺服装置就能使晶体振荡器保持正确的信号频率。将输出信号的频率除以 9 192 631 770 后就能形成正确的秒脉冲信号。

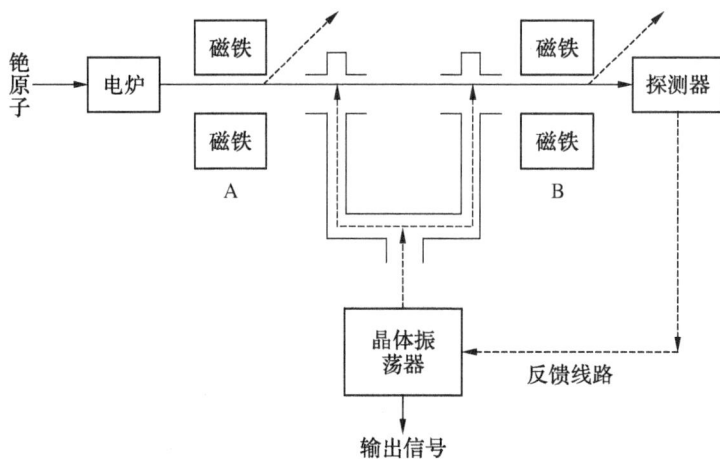

图 2.2　铯原子钟工作原理图

图片来源：自绘

（2）铷原子钟和氢原子钟的工作原理

除铯原子钟外，目前实际使用的原子钟还有铷原子钟和氢原子钟。其中，铷原子钟结构较为简单，体积小、重量轻，结构坚固耐用。其基本工作原理如下：被加热成气态的铷原子（Ru^{87}）被存储在原子共振腔中。由晶体振荡器产生的频率近似等于铷原子的跃迁频率（6 834 682 605 Hz）的微波信号被射入共振腔，当射入的微波信号的频率正好等于铷原子的跃迁频率时，铷蒸气对光的吸收率达到最大值。因此，只要在共振腔的一端安装一个灯,在另一端安装一个光敏二极管,就能根据二极管所接收到的光强来判断晶体振荡器的振荡频率是否等于铷原子的跃迁频率。光敏二极管根据接收到的光量产生一个反馈信号调整晶体振荡器的信号频率。通过上述伺服电路就能保持晶体振荡器总是输出 6 834 682 605 Hz 的微波信号。

氢原子钟的精度好,但一般体积较大,重量较重。其基本工作原理如下:氢气分子在气体排放管中被分解为氢原子,这些氢原子通过一个磁选择器来进行选择,只允许高能级的氢原子进入共振腔。在共振腔中,具有较高能级的氢原子会自动回到低能级的基态中去,同时发射频率为 1 420 405 757.68 Hz 的微波信号。当由晶体振荡器产生的微波信号射入时,若晶体振荡器信号正好等于氢原子的跃迁频率时,两个信号就能叠加,使叠加信号的强度最大。该叠加信号的强度可以作为反馈信号,据此来调整晶体振荡器频率。

2.3.4* 原子钟的分类

(1) 基准型原子钟

基准型原子钟是在实验室环境中运行的(对运行的外部条件有很高要求的)、具有自我评价能力的最高精度的时间频率标准。自 1995 年法国巴黎天文台(OP)的铯原子喷泉钟投入运行以来,目前在全球已有 15 台正在运行或正在研制的冷原子喷泉钟。其中巴黎天文台(OP)、美国标准与技术研究院(NIST)、英国国家物理实验室(NPL)、德国物理技术研究院(PTB)和意大利国家电子研究院(INRiM)的铯原子喷泉钟在建立和维持国际原子时(TAI)中起到了关键性作用。在这些基准钟中,巴黎天文台的三台喷泉钟和美国标准与技术研究院研制的喷泉钟的精度和日稳定度都已进入 10^{-16} 量级。

基准型原子钟在建立和维持一个国家或地区的时间频率标准时具有极其重要的作用。

(2) 应用型原子钟

①守时型原子钟。它是一种在实验室环境下运行的、能长期连续运行的稳定可靠的频标,用于时间记录和保持。守时钟主要是传统的小型磁选态铯束频标和氢原子钟。

②星载原子钟。随着空间技术的发展,特别是卫星导航系统的发展,星载原子钟得到了广泛应用。一般来说,铷原子钟在体积、重量、功耗、造价、寿命等方面均有优

势,其短期稳定度也比铷原子钟好,但存在长期频率漂移。氢原子钟的短期稳定度和长期稳定度都较好,但体积大、重量重、结构复杂。

此外,还出现了芯片级原子钟,体积约为 1 cm³,能耗仅为 30 mW,长期稳定度约为 10^{-11},可满足精度要求不是太高的用户需求,也有广阔的应用前景。

除了导航卫星以及少量地面卫星跟踪站使用原子钟外,绝大部分用户设备仍使用石英钟。石英钟是利用石英晶体的压电效应工作,其振荡频率取决于石英晶体的形状和尺寸。石英晶体振荡器的短期稳定度较好,但长期稳定度较差。

2.4 协调世界时

世界时(Universal Time,UT)是全球通用的时间,是以地球自转为基准的。但随着科学的不断进步,科学家发现地球的自转并不均匀,有时快一点,有时慢一点。这种不均匀性给许多需要高精密时间的领域带来了麻烦。如在高速飞行时,一秒钟之差可能导致飞行距离相差几百米,因此在航空业中需要使用一种更精确的时间标准。20 世纪初,科学家发现了原子共振现象,原子振动频率的稳定性和精确性都超过了地球自转。用原子钟来度量时间的精确度比普通的时间系统要准确许多倍,甚至可以做到上千年不差一秒。稳定性和复现性都很好的原子时能满足高精确度时间间隔测量的要求,因此被广泛应用于高精度频率服务以及一切需要高精度的均匀时间的物理学研究等领域。

但大地测量、天文导航以及空间飞行器的返航、回收等领域又都需要用到以地球自转为依据的世界时。由于原子时是一种均匀的时间系统,而地球自转则存在长期变慢的趋势,因而世界时的秒长将变得越来越长。原子时和世界时之间的差异也将变得越来越显著。估计到 21 世纪末,这两种时间系统之差将达 2 min 左右。

原子时的秒长有极高稳定性,但它的时刻却没有实际的物理意义。相比之下,世界时的秒长虽不固定,但它的时刻对应于太阳在天空中的特定位置,反映了地球在空间中的瞬时角位置。这对于日常生活、大地测量、天文导航以及对人造卫星和宇宙飞船的跟踪观测等工作具有重要的实际应用价值。而精密校频等物理学测量,则要求有稳定的时间间隔,即原子秒长。

时间服务部门要同时满足性质迥异的两种要求,需要寻找一个两全其美的办法。最终是物理学家向天文学家达成了一种妥协,采用一种介乎原子时和世界时之间的时间标准来播发时号。它以原子时为基础,但在时刻上尽量接近世界时。这就是说,地球钟不能随意拨动,只好拨动原子钟,让它尽量靠近地球钟。这种时间标准实际上是原子时的秒长与世界时的时刻相互协调的产物,称为协调世界时(UTC)。具体的协调方法是:保持原子时的秒长不变,而对它的时刻则按实际情形适当进行调整。一方面,协调世界时与原子时的差值总是完整的秒数,秒以下的小数始终保持同原子时一样。做到这一点,协调世界时的秒长严格等于原子秒长。另一方面,协调世界时与世界时的差值始终保持在±0.9 s 以内。超出这个限度时,便仿照历法上的置闰,在协调世界时中插入一个跳秒,即它对原子时的差值跳过 1 s。跳秒也叫闰秒,或增加 1 s(正闰秒),或减少 1 s(负闰秒),以适应地球自转速度的变化。

闰秒的具体时间由国际地球自转服务局提前至少 6 个月通知各国的时间服务机构,届时世界各国统一调整 UTC 时间。闰秒一般被安排在当年的 12 月 31 日或 6 月 30 日的最后一分钟末尾。由于地球自转总趋势是不断变慢,平太阳秒逐渐变长,所以,通常情形下的闰秒是正闰秒。如,服务机构给出的时间为:12 月 31 日 23 时 59 分 59 秒,1 秒后为 12 月 31 日 23 时 59 分 60 秒,再过 1 秒后为 1 月 1 日 0 时 0 分 0 秒。

1979 年 12 月 UTC 正式取代世界时作为无线电通信中的标准时间。目前,包括我国在内的许多国家都已采用 UTC 作为自己的时间系统,并按 UTC 时间来播发时号。为了使用方便、及时,各时间实验室通常都会利用本实验室内的多台原子钟来建立和维持一个局部性的 UTC 系统,供本国或本地区使用。为加以区分,这些区域性的 UTC 系统后要加一个括号,注明是由哪一个时间实验室建立和维持的。例如,由美国海军天文台(USNO)建立和维持的 UTC 系统,写为 UTC(USNO)。在 GPS 卫星导航电文中,给出了 GPS 时间与由美国海军天文台所维持的 UTC 时间[即 UTC(USNO)]之差,并用多项式进行拟合,直接给出的是多项式的系数。而国际计量局利用全球各个实验室的数据建立起来的全球统一的协调世界时,直接标注为 UTC,后面不加括号。

第 13 届国际计量大会所定义的一个原子时秒长与 1 900.0 时历书时的 1 s 长度是相同的。由于地球自转存在长期变慢的趋势,世界时的秒长将变得越来越长。经过 100 多年后,目前世界时秒长与原子时秒长之间已有了明显的差异,因此跳秒也变得越来越频繁(现在大约每年需调整 1 s),给使用带来许多不便。有人建议重新定义原子时的秒长,以便其与当前世界时的秒长尽量一致,从而减少跳秒的次数,使 UTC 在一个较长的时间段内能保持连续。但"秒"是一个非常重要的基本物理量,它的定义变化后,会引起光速等一系列参数发生变化,所以也存在不少反对意见。

2.5　各 GNSS 时间

现有的各种卫星导航定位系统都是通过测定测距信号的传播时间来获得卫星至接收机间的距离,因而无一例外地均采用精确且均匀的原子时秒长作为系统的时间单位。国际原子时(TAI)虽然精度最高,但是一种事后才能提供的时间系统,无法满足卫星导航系统对实时性的要求。为了保证卫星导航系统高效、可靠地运转,各卫星导航系统的研制和管理方通常都是独立地用国内若干台原子钟来建立和维持自己的时间系统。在一些具体做法上(如时间系统起点的选择,是否跳秒等)也各不相同,使用时应特别注意。

2.5.1 GPS 时

GPS 时是全球定位系统(GPS)使用的一种时间系统。它是由 GPS 的地面监控系统中的一组原子钟建立和维持的。其起点为 1980 年 1 月 6 日 0 时 0 分 0 秒。在起始时刻,GPS 时与 UTC 对齐,这两种时间系统所给出的时间是相同的。由于 UTC 存在跳秒,因而经过一段时间后,这两种时间系统中就会相差 n 个整秒,n 是这段时间内 UTC 的积累跳秒数,将随时间的变化而变化。

由于在 GPS 时的起始时刻 1980 年 1 月 6 日,UTC 与国际原子时(TAI)已相差 19 s,故 GPS 时与国际原子时之间总会有 19 s 的差异,即:

$$t_{TAI} - t_{GPST} = 19 \text{ s} \tag{2.1}$$

从理论上讲,TAI 和 GPST 都是原子时,且都不跳秒,因而这两种时间系统之间应严格相差 19 s。但 TAI(UTC)是由 BIPM 在全球的约 240 台原子钟来共同维持的时间系统,而 GPST 是由全球定位系统中的若干台原子钟来维持的一种局部性的原子时。这两种时间系统之间除了相差若干整秒之外,还会有微小的差异,即:

$$t_{TAI} - t_{GPST} = 19 \text{ s} + C_0$$
$$t_{UTC} - t_{GPST} = n_{整秒} + C_0 \tag{2.2}$$

国际上有专门单位负责测定并公布 C_0 值,其数值一般可保持在 10 ns 以内。由于 GPS 已被广泛应用于时间比对,用户通过上述关系即可获得高精度的 UTC 或 TAI 时间。

2.5.2 GLONASS 时

与 GPS 时相类似,俄罗斯的 GLONASS 为满足导航和定位的需要也建立了自己的时间系统,称为 GLONASS 时。该系统采用的是莫斯科时间(第三时区区时),与 UTC 存在 3 小时的偏差。GLONASS 时也存在跳秒,且与 UTC 保持一致。同样由于 GLONASS 时是由该系统自身建立的原子时,故它与由国际计量局(BIPM)建立和

维持的 UTC 之间(除时差外)还会存在细微的差别 C_1。它们之间有下列关系:

$$t_{\text{UTC}} + 3^h = t_{\text{GLONASS}} + C_1 \tag{2.3}$$

用户可据此将 GLONASS 时换算为 UTC,也可以将其与 GPS 时建立联系关系式。同样 C_1 值也有专门机构加以测定并予以公布,其值一般为数百个纳秒。

美国海军天文台一直在密切关注并迅速测定自己所维持的 UTC(USNO)与 GPS 时之差以及与 GLONASS 时之差。此外,国际计量局还给出在过去 90 天中[UTC-UTC(USNO)]的平滑值以及外推(预报)未来的 73 天的插值,同时以表格和图形的形式给出。预报值的精度稍差些,但可满足实时和准实时用户的需要。利用上述资料,用户最终可求得相对于由国际计量局所提供的 UTC 的钟差。

GPS 或 GLONASS 已被广泛用于精密授时。需要指出的是,利用 GPS 或 GLONASS 测得的时间分别是 GPS 时和 GLONASS 时。用户若需要获得精确的 UTC 时,除考虑 n 个整秒(3 小时)的差异外,还应顾及 C_0 和 C_1 值。

2.5.3 北斗时(BDT)

BDT 是北斗卫星导航系统所使用的时间系统。其起点时刻为 UTC 时 2006 年 1 月 1 日 0 时 0 分 0 秒,在该时刻 BDT 与 UTC 相等。即:

$$(t_{\text{BDT}})_{2\,006.0} = (t_{\text{UTC}})_{2\,006.0} \tag{2.4}$$

与 GPS 时类似,BDT 也不跳秒,是一个连续的时间系统。由于在 2006 年 1 月 1 日 0 时,UTC 与 TAI 间已相差 33 s,所以 BDT 与 TAI 间也有 33 s 的差异。BDT 与 NTSC 所维持的 UTC(NTSC)之差在 20 ns 以内。而 UTC(NTSC)与国际计量局所维持的 UTC 之差则可保持在 100 ns 以内。利用北斗卫星导航系统进行时间比对时,也能采取类似于 GPS 和 GLONASS 的方法来求得与 TAI、UTC 之间的差值。

$$t_{\text{TAI}} - t_{\text{BDT}} = 33 \text{ s} + C_3$$
$$t_{\text{UTC}} - t_{\text{BDT}} = n_{\text{整秒}} + C_3 \tag{2.5}$$

式中的 $n_{\text{整秒}}$ 为从 2006 年 1 月 1 日 0 时至今 UTC 所累积下来的跳秒数。C_3 为由北斗卫星导航系统中的一组原子钟所维持的时间系统 BDT 与全球约 240 台原子钟所维持的国际原子时(TAI)之间(除定义上的 33 s 以外)的微小差值。C_3 值也有专门机构进行测定。

同样,Galileo 系统也建立了自己的时间系统,原则上也可采用上述方法,将其归算为 TAI 和 UTC 时间。

2.6* 长时间计时方法

在卫星导航中,还会碰到一些计量长时间间隔的计时方法和计时单位,如年、月、日、儒略日、简化儒略日、年积日等,它们有的涉及历法,有的则是天文学中的术语。

2.6.1 历法

历法是规定年、月、日的长度以及它们之间的关系、制定时间序列的一套法则。由于地球绕日公转周期和月球绕地球公转的周期均不为整天数,而历法中规定的年和月的长度则只能为整天数,所以需要有一套合适的方法来加以编排。目前,各国使用的历法主要有阳历、阴历和阴阳历三种。

(1) 阳历

阳历(Solar Calendar)也称公历,是以太阳的周年视运动为依据而制定的。太阳中心连续两次通过春分点所经历的时间间隔为一个回归年。

①儒略历

儒略历是古罗马皇帝儒略·恺撒在公元前46年下令进行的历法改革,并于公元前45年1月1日正式实施的一种阳历。该历法规定一年分为12个月。其中,1、3、5、7、8、10、12月为大月,每月31日;4、6、9、11月为小月,每月30日;2月在平年为28日,闰年为29日。凡年份能被4整除的定为闰年,不能被4整除的定为平年。按照上述规定,平年的长度为365日,闰年为366日,其平均长度为365.25日。一个儒略世纪则为36 525日。在天文学和空间大地测量中,计算一些变化非常缓慢的参数时,经常会采用儒略世纪作为单位。

②格里历

格里历为现行的公历,被世界各国广泛采用。为了使每年的平均长度尽可能与回归年的长度一致,1582年,罗马教皇格里高利提出了格里历,以取代儒略历。新的历法对闰年规则进行了调整,规定只有能被400整除的世纪年才算闰年。这样,1700年、1800年、1900年等年份在儒略历中均为闰年,但在格里历中却都成为平年,而2000年则成为闰年。这样,公历中每400年就要比儒略历中的400年少3天。即儒略历中400年有146 100日,而公历的400年只有146 097日。公历的平均每年的长度为365.242 5日,与回归年的长度更为近。

（2）阴历

阴历(Lunar Calendar)是根据月相的变化周期(朔望月)制定的一种历法。该历法规定,单月为 30 日,双月为 29 日,每月平均为 29.5 日,与朔望月的长度 29.530 59 日很接近。以新月始见为首,12 个月为一年,总共 354 日。而 12 个朔望月的长度为 354.367 08 日,比阴历多 0.367 08 日。经过 30 年要多出 11.012 4 日。故阴历每 30 年要设置 11 个闰年,规定在第 2、5、7、10、13、16、18、21、24、26、29 年的 12 月底各加上一天,即闰年中有 355 日。伊斯兰国家所用的回历就是一种阴历。

（3）阴阳历

阴阳历(Luni-Solar Calendar)是一种兼顾阳历和阴历特点的历法。阴阳历中的年以回归年为依据,而月则按望月为依据。阴阳历中的月仍采用大月为 30 日,小月为 29 日,平均每月为 29.5 日。为了使阴阳历中年的平均长度接近回归年的长度,该历法规定每 19 年中有 7 年为闰年。闰年中增加一个月,称为闰月。历史上,我国长期使用阴阳历。1912 年后,中国正式采用阳历,但阴阳历也未被废止,在民间仍被广泛使用,称为农历。

2.6.2　儒略日和简化儒略日

（1）儒略日

儒略日(Julian Day,JD)是一种不涉及年、月等概念的长期连续的记日法,在天文学、空间大地测量和卫星导航定位中经常使用。这种方法是由 J. J. Scaliger 于 1583 年提出,为纪念他的父亲儒略而命名为儒略日。儒略日的起点为公元前 4713 年 1 月 1 日中午 12 时,然后逐日累加。我国天文年历中有本年度内公历日期与儒略日的对照表,供用户查询。在计算跨越许多年的两个时刻之间的间隔时,采用这种方法会显得特别方便。

（2）简化儒略日

儒略日的计时起点距今已超过 67 个世纪,当前的时间用儒略日表示时数值很大,使用不便。为此,1973 年,国际天文学联合会(International Astronomical Union,IAU)提出了一种更为简便的连续计时法——简化儒略日(Modified Julian Day,MJD)。MJD 是采用 1858 年 11 月 17 日平子夜(JD＝2 400 000.5)作为计时起点的一

种连续计时法,它与儒略日之间的关系为:

$$MJD = JD - 2\,400\,000.5 \tag{2.6}$$

表示近期的时间时,使用 MJD 较为简便。

(3) 年积日

年积日(Day of Year,DOY)是一种仅在一年内使用的连续计时法。每年的 1 月 1 日计为第 1 日,2 月 1 日为第 32 日,以此类推。平年的 12 月 31 日为第 365 日,闰年的 12 月 31 日为第 366 日。用它可方便地求出一年内两个时刻间的时间间隔。公历中的月日与对应的年积日之间的相互转换可通过查表或编制一个小程序来实现。

◇第三章
GNSS 坐标基准

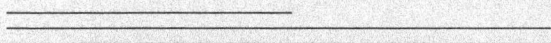

3.1* 地轴进动

地轴在宇宙空间的运动,叫地轴进动。"进动"一词,原是物理学的术语,是指转动物体的转动轴环绕另一根轴的圆锥形运动。地轴进动是指地轴绕黄轴的圆锥形运动。

玩具陀螺是这种运动的一个生动实例。陀螺旋转时有保持轴线方向不变的特性。如果我们把旋转着的陀螺轻轻地推一下,使陀螺的自转轴倾斜,这时,重力产生的力矩会使陀螺有倒向地面的趋势。但由于陀螺在旋转,它并不倒向地面,而是在重力作用下产生进动:如图 3.1(a)所示,它的旋转轴会绕铅垂线缓慢地摇晃,并在空间画出一个圆锥面,进动方向与自转方向相同。随着陀螺旋转速度减慢,到一定时候,重力的作用才会使陀螺倒地。

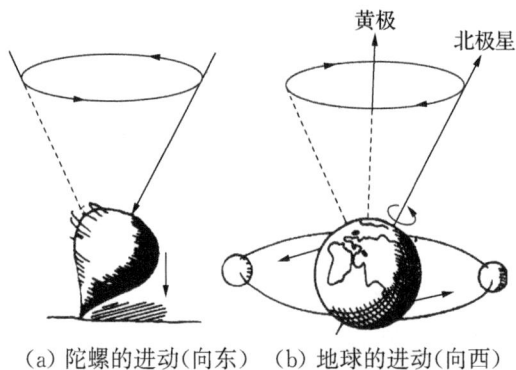

(a) 陀螺的进动(向东) (b) 地球的进动(向西)

图 3.1　陀螺的进动和地球的进动

图片来源:自绘

如图 3.1(b)所示,地轴进动的原理与陀螺的进动相同,它的发生同地球的形状、黄赤交角和地球自转有关。

　　地球是一个明显的扁球体,它的赤道部分由于自转的惯性离心力的作用而形成环形隆起。月球和太阳对赤道隆起产生附加引力。由于黄赤交角(以及黄白交角)的存在,月球和太阳经常在赤道平面以外对赤道隆起施加引力。如图 3.2 所示,月球对两部分赤道隆起施加引力,以地心为中心,分别产生力矩 M_1(向月部分)和 M_2(背月部分)。力矩 M_1 的作用是把赤道面"拉"回到黄道面,使地轴垂直于黄道面;力矩 M_2 的作用则是使地轴倒向黄道面。但因距离的不同,向月一侧的引力要大于背月一侧的引力,因而 $M_1 > M_2$。如果没有其他方面原因,合力矩最终会使地轴趋近黄轴,或使赤道面重合于黄道面。

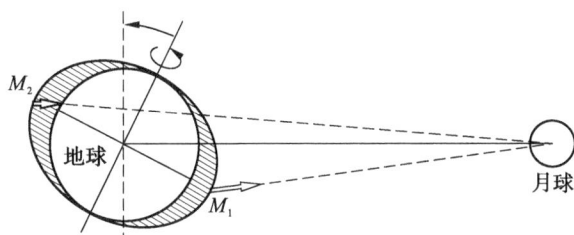

图 3.2　力矩 $M_1 > M_2$,合力矩使地轴趋近黄轴

图片来源:自绘

　　由于地球的自转,合力矩的作用使地球产生了进动。与陀螺的进动相比,地球所受的合力矩与陀螺所受重力矩的方向相反。因此,两者的进动方向相反:陀螺的进动方向与其旋转方向相同;而地轴进动方向与地球自转方向相反,即向西。按物理学术语,当转动物体受到垂直于其自转轴的外力矩作用时,其自转轴便向外力矩的正方向靠拢。按右手螺旋法则,这个方向垂直于纸面向外。

　　地轴进动有多方面的表现:

　　——地轴进动表现为天极的周期性圆运动。在北半球看来,北天极以北黄极为中心,以 $23°26'$ 为半径,由东向西做圆周运动,每年移动 $50.29''$,历经 25 800 年完成一周。

　　——地轴进动表现为赤道面(和天赤道)的系统变化。赤道面垂直于地轴,当然要随着地轴的进动而进动,从而使天赤道与黄道的交点(二分点)以同样的方向(向西)和速度(每年 $50.29''$)在黄道上移动,约 71 年 7 个月移动 $1°$。这被称为"交点退行"。

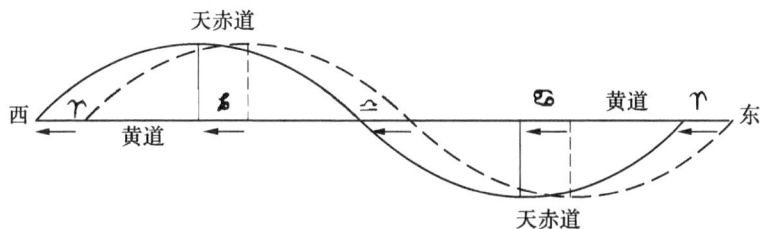

图 3.3　二分二至点因地轴进动而在黄道上不断西移

图片来源:自绘

如图 3.3 所示,实线表示旧天赤道,虚线表示新天赤道,以新旧天赤道的变化,表示二分二至点的西移。

由于交点退行,春分点沿着黄道缓慢西移,使以春分点为参考点度量的回归年略短于恒星年。这样,太阳巡行一周的时间,有别于季节上的一年,其差值约为 20 min。我国古时把地轴进动(或交点退行)的这种表现称为岁差,意为岁岁微差。

地轴的进动首先是由月球的引力引起的,其次是太阳的引力。这种由太阳和月球引起的地轴长期运动称为日月岁差。日月岁差使春分点沿黄道每年西移约 50.37″。除太阳和月球的引力外,地球还受到太阳系内其他行星的吸引,但由于行星距离远,质量又小,其引力会引起春分点微量东进。这种位移称为行星岁差,行星岁差使春分点沿赤道每年东进约 0.13″。这样,日月岁差和行星岁差共同导致黄道和天赤道位置的变化。

地轴进动是一种复杂的现象。上述岁差现象只考虑了黄赤交角的存在,而没有考虑黄白交角的存在。当考虑黄白交角的存在时,就会带来另外一种地轴运动现象——章动。天极在一个运动着的平均位置附近做短周期的微小摆动,这种微小摆动就是章动。

引起章动的主要原因是月球轨道面(白道面)位置的变化。白道(白道面在天球相交的大圆)和黄道并不重合,两者有 5°09′ 的交角。白道与黄道相交于正相对的两点,月球由黄道南天穿过黄道而转入北天的一点称为升交点,另一点与其相反,称为降交点。由于太阳对月球的引力作用,月球轨道面不断变化。白道的升交点沿黄道向西运动,每年约移动 20°,约 18.6 年绕行一周。因而月球对地球的引力作用也有同一周期的变化,从而引起相应周期的章动。在 18.6 年周期内,天极环绕进动的平均路径描绘出一个小的椭圆,这个椭圆的长半轴指向黄极,长度为 9.2″。

图 3.4 展示了章动与岁差合成的情况。

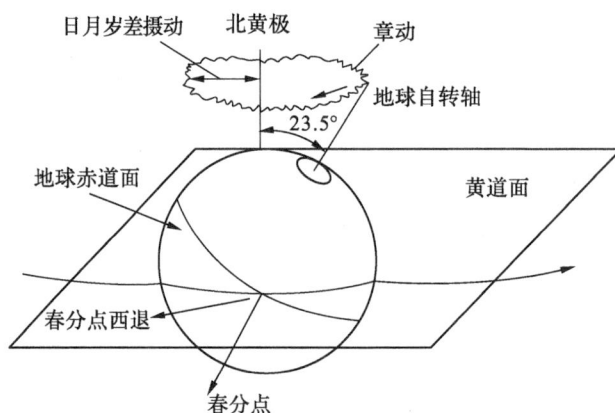

图 3.4 章动与岁差

图片来源:自绘

3.2 天球三维直角坐标系

球面坐标系的参数是经纬度,其没有尺度的概念,属于二维曲面坐标。为了表示人造卫星等天体的具体位置,需要使用空间三维坐标。于是进一步扩展天球坐标的概念,建立天球三维直角坐标系。

3.2.1 瞬时天球坐标系

如图 3.5 所示,瞬时天球坐标系也称真天球(赤道)坐标系:原点位于地球质心,z 轴指向瞬时地球自转方向,x 轴指向瞬时春分点,y 轴取向构成右手坐标系。由于地球自转轴在空间中产生进动,从而使春分点(黄道与赤道的交点)发生变化。真天极和真春分点的方向不断变化,导致瞬时天球坐标系的坐标轴指向在惯性空间中不断变化。

由于坐标原点和 z 轴指向与地球坐标系相同,瞬时天球坐标系可以方便地与地球坐标系相互变换。

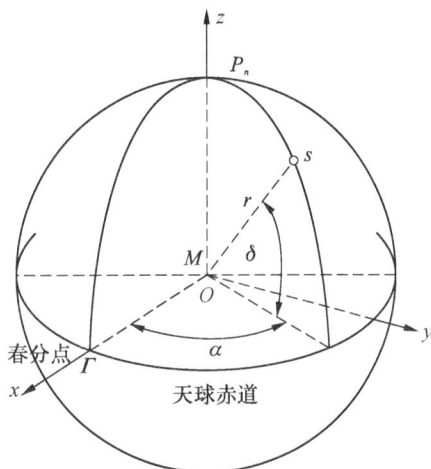

图 3.5 瞬时天球坐标系

图片来源:自绘

3.2.2 历元平天球坐标系

由于章动和岁差的影响,瞬时天球坐标系的坐标轴指向在惯性空间中是不断变化的,也就是说它是一个不断旋转的坐标系。在这样的非惯性坐标系中,不能直接使用牛顿第二定律,这对研究卫星的运动是很不方便的。因此,需要建立一个三轴指向在惯性空间中保持不变的天球坐标系,以便在这个坐标系内研究人造卫星的运动(例如计算卫星的位置)。而在这个坐标系中所得到的卫星位置,又可以方便地变换为瞬时天球坐标系中的值。

历元平天球坐标系(简称平天球坐标系)就是一个三轴指向在惯性空间中保持不变的坐标系。如图 3.6 所示,选择某一个历元时刻,以此瞬间的地球自转轴和春分点方向为基础,扣除该瞬间的章动值作为 z 轴和 x 轴的指向,y 轴的取向与 x 轴和 z 轴构成右手坐标系,坐标系原点与真天球坐标系相同。这样的坐标系称为该历元时刻的平天球坐标系,或协议天球坐标系,也称协议惯性坐标系(Conventional Inertial System,CIS)。

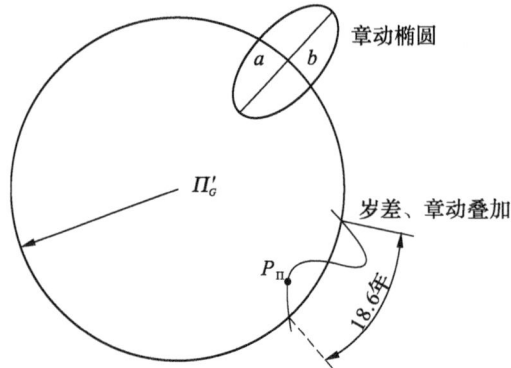

图 3.6 瞬时天球坐标系与平天球坐标系 z 轴指向关系

图片来源:自绘

国际上约定,自 1984 年 1 月 1 日起启用的协议天球坐标系,其坐标轴的指向是以 2000 年 1 月 1.5 日太阳质心力学时(TDB)为标准历元(标以 J2000.0)的赤道和春分点定义的。

3.3 地球坐标系

对于地球外的天体,便于使用与地球自转无关的天球坐标系表示;但对于地球上随地球自转的点,用随地球自转的地球坐标系表示更为方便。但地球坐标系的建立受到极移和板块运动的影响。

3.3.1 极移

由于日、月的引力作用,以及大气、海洋的运动和地球内部物质分布不均匀、地球形状的不规则,地球的瞬时自转轴在地球本体内发生运动。地轴在地球内部位置的变化,使地球两极在地表的位置发生位移,这种现象称为极移。极移的范围不大,换算成距离不超过 17 m。

极移是一种包含着多种周期性因素的复杂运动,其轨迹是一条弯曲而不闭合的复杂曲线。图

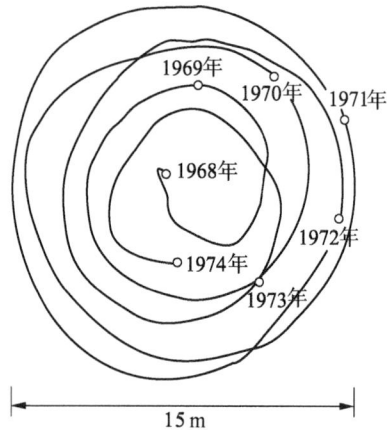

图 3.7 1968—1974 年的极移轨迹

图片来源:自绘

3.7 是 1968—1974 年的极移轨迹。从图中可以看出,极移的轨迹是连续不断的圆圈,大体上反映出一种不规则周期性运动。圆圈的大小不一,这表明各种因素相互干扰。每一年的轨迹都不是完整的一个圆圈,因为它的主要周期超过一年。地极的移动幅度是在变化的,

极移的范围一般不超过±0.4″,相当于地表面积的 $15 \times 15 = 225 (m^2)$左右。这对于整个地球来说,这种移动是极其微小的。因此,在一般情况下,地极的这种移动很难被察觉。

由于极移是地极的移动,不涉及天极在天球上位置的变化,因此,极移不改变天极和天赤道在恒星之间的位置,对天体的赤道坐标和黄道坐标没有影响。极移的结果,只使地表各地的地理坐标发生了变化。当然,由于地极在地表的移动范围很小,地理坐标的变化也很微小。人们正是通过各地纬度和经度的变化来研究极移的状况。

3.3.2　地壳板块运动

板块构造学说认为,地球岩石圈并非整体一块,而是分裂成许多块,这些大块岩石称为板块。全球被分为欧亚、美洲、非洲、太平洋、印度洋、南极洲六大板块;随着研究的深入,又进一步在大板块中划分出许多小板块。

全球所有板块都在不停地运动,它们既有绝对运动,也有相互之间的相对运动。当两个板块相撞时,会产生很大的挤压力,使一个板块对另一个板块向下俯冲或向上仰冲,从而引起板块的地表形态发生剧烈变化,如山脉的形成、海陆的变迁等。这种地表形态变化按其运动方向可分为垂直运动和水平运动。

垂直运动常表现为大面积的上升、下降或升降交替运动,它会造成地表地势高差的改变,进而引起海陆变迁等。水平运动常表现为地壳或岩石圈块体的相互分离拉开、相向靠拢挤压或呈剪切平移错动,它可造成岩层的褶皱与断裂,在岩石圈的一些软弱地带则可形成巨大的褶皱山系。

卫星大地测量结果表明,全球各大陆间或洲际间的板块相对水平运动速率一般为每年数毫米到数厘米。

总之,地面点的位置在板块运动,以及由此带来的地表形变的综合影响下,也在不断发生变化。

3.3.3　瞬时地球坐标系

原点位于地球质心,z 轴指向瞬时地球自转轴方向,x 轴指向瞬时赤道线和过格林尼治天文台子午线的交点,y 轴构成右手坐标系取向。

瞬时天球坐标系与瞬时地球坐标系的原点及 z 轴指向相同,x 轴指向间存在一个夹角,该夹角为格林尼治子午面的真春分点的时角,处于赤道面内,如图 3.8 所示。

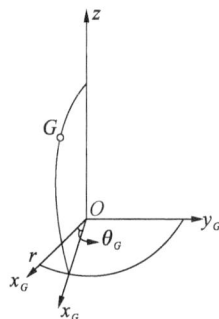

图 3.8　瞬时天球与瞬时地球坐标系的关系图

图片来源:自绘

图中 θ_G 为对应格林尼治子午面的真春分点时角。

3.3.4 平地球坐标系

瞬时地球坐标系是依据瞬时地球自转轴定向的。由于极移现象的存在,地球上的点在该坐标系内不能得到一个确定不变的坐标值。与天球坐标系一样,需要定义一个在地球上稳定不变的坐标系。这一稳定不变的坐标系与瞬时地球坐标系应能方便地进行坐标转换。

1900 年,国际大地测量与地球物理联合会以 1900.00 至 1905.05 年地球自转轴瞬时位置的平均位置作为地球的固定极,称为国际协议原点(Conventional International Origin,CIO)。定义平地球坐标系的 z 轴指向国际协议原点。

由于地球不是刚体及其他一些地球物理因素的影响,地球瞬时极相对于协议原点(也称平地极)的运动十分复杂,难以用解析式表示它们之间的关系。取平地极为原点,x_p 轴指向格林尼治平子午圈,即指向经度为 0°的方向,y_p 轴指向经度为 270°的方向。国际极移服务(International Polar Motion Service,IPMS)通过观测于事后公布各时刻瞬时极的坐标(x_p,y_p)。图 3.9 为瞬时极与平极的关系图。

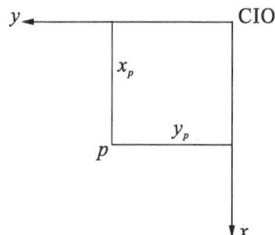

图 3.9 瞬时极与平极的关系
图片来源:自绘

3.3.5 协议地球坐标系

由于地壳板块的运动,国际协议原点(CIO)相对于地壳整体也存在移动。因此,需要定义一个既与地球固连,又顾及地球极移和板块运动的地固坐标系。从理论上讲,这种坐标系也有许多种选择方法。然而,为防止出现各种坐标系,仍需要通过协商,由国际上权威机构统一作出规定,这就是国际地球参考系(International Terrestrial Reference System,ITRS)。按照国际大地测量学和地球物理学联合会(International Union of Geodesy and Geophysics,IUGG)的决议,ITRS 由国际地球自转服务局(International Earth Rotation Service,IERS)负责定义,其具体规定如下:

(1) 坐标原点位于包括海洋和大气层在内的整个地球的质量中心;

(2) 尺度为广义相对论意义下的局部地球框架内的尺度;

(3) 坐标轴的指向由 BIH 1984.0 确定;

(4) 坐标轴指向随时间的变化应满足"地壳无整体旋转"这一条件。

ITRS 是由 IERS 采用甚长基线干涉测量(VLBI)、卫星激光测距(SLR)、GPS、多普勒轨道测量与定位系统（DORIS）等空间大地测量技术来实现和维持。ITRS 的具体实现称为国际地球参考框架（International Terrestrial Reference Frame，ITRF）。该坐标框架通常采用空间直角坐标系的形式来表示。ITRF 由一组 IERS 测站的站坐标(X,Y,Z)、站坐标的年变化率$(\Delta X/年，\Delta Y/年，\Delta Z/年)$以及相应的地球定向参数（Earth Orientation Parameter，EOP）来实现。ITRF 是目前国际上公认的精度最高的地球参考框架。

随着测站数量的增加、观测精度的提高、观测资料的累积、数据处理方法的改进，IERS 也在不断对框架进行改进和完善。迄今为止，IERS 共公布了 14 个不同的 ITRF 版本。这些版本用 $ITRF_{yy}$ 的形式表示，其中 yy 表示建立该版本所用到的资料的最后年份。例如，$ITRF_{97}$ 表示该版本是 IERS 利用截至 1997 年底所获得的各类相关资料建立的。其公布和使用的时间是在 1997 年以后。这 14 个不同的 ITRF 版本分别是 $ITRF_{88}$、$ITRF_{89}$、$ITRF_{90}$、$ITRF_{91}$、$ITRF_{92}$、$ITRF_{93}$、$ITRF_{94}$、$ITRF_{96}$、$ITRF_{97}$、$ITRF_{2000}$、$ITRF_{2005}$、$ITRF_{2008}$、$ITRF_{2014}$ 和 $ITRF_{2020}$。不难看出，在 1997 年以前，ITRF 几乎是每年更新一次。此后，随着框架精度的提高而渐趋稳定，版本的更新周期在逐渐增长。

不同版本间的坐标转换可采用 7 参数空间相似变化模型（布尔莎模型）来进行，计算公式如下：

$$\begin{pmatrix}X_2\\Y_2\\Z_2\end{pmatrix}=\begin{pmatrix}X_1\\Y_1\\Z_1\end{pmatrix}+\begin{pmatrix}T_1\\T_2\\T_3\end{pmatrix}+\begin{pmatrix}D&-R_3&R_2\\R_3&D&-R_1\\-R_2&R_1&D\end{pmatrix}\begin{pmatrix}X_1\\Y_1\\Z_1\end{pmatrix} \tag{3.1}$$

表 3.1 给出了从 $ITRF_{2005}$ 转换为 $ITRF_{2000}$ 时的转换参数。

表 3.1　从 $ITRF_{2005}$ 转换至 $ITRF_{2000}$ 的 7 个转换参数

转换参数	T_1/mm	T_2/mm	T_3/mm	$D/10^{-9}$	R_1/mas	R_2/mas	R_3/mas
参数值	0.1	−0.8	−5.8	0.40	0.000	0.000	0.000
参数精度	±0.3	±0.3	±0.3	±0.05	±0.012	±0.012	±0.012
参数的年变化率	−0.2	0.1	−1.8	0.08	0.000	0.000	0.000
年变化率的精度	±0.3	±0.3	±0.3	±0.05	±0.012	±0.012	±0.012

表格来源：自制

表 3.1 中给出了空间相似变换中的 7 个参数（3 个平移参数 T_1、T_2、T_3，3 个旋转参数 R_1、R_2、R_3，1 个尺度比参数 D）以及它们的年变化率，同时还给出了上述 14 个参数的精度。从表中可以看出，3 个平移参数的精度为 ±0.3 mm，3 个旋转参数的精度

为±0.012 mas,尺度比参数的精度则可达 5×10^{-11}。

对于地面点,需顾及点位随板块运动等因素。其在某一 ITRF 框架中的坐标可表示为:

$$\boldsymbol{X}(t) = \boldsymbol{X}_0 + \boldsymbol{V}_0(t - t_0) + \sum \delta \boldsymbol{X}_i(t) \tag{3.2}$$

式中,$\boldsymbol{X}_0$ 和 $\boldsymbol{V}_0$ 分别为地面测站在 t_0 时刻于 ITRF 框架中的位置矢量和速度矢量;$\delta \boldsymbol{X}_i(t)$ 是随时间变化的各种改正数。

3.4　天地直角坐标系变换

由于地球自转,地球坐标系并不是一个惯性坐标系,而卫星轨道计算是建立在牛顿力学的基础上的。因此,定轨工作不能在地球坐标系中进行。地心天球参考系(Geocentric Celestial Reference System,GCRS)是参考时刻 $t_0 = J2000.0$ 时的平天球坐标系,是一个相当不错的准惯性坐标系,定轨工作一般都在该坐标系中进行。但是,用户利用卫星导航定位系统最终是为了求得在地球坐标系中的位置和速度,因而还必须把 GCRS 中所求得的卫星轨道(卫星位置和速度)转换到地球参考系(ITRS)中去。

ITRS 与 GCRS 之间有下列转换关系:

$$\begin{pmatrix} X \\ Y \\ Z \end{pmatrix}_{\text{GCRS}} = [\boldsymbol{P}][\boldsymbol{N}][\boldsymbol{R}][\boldsymbol{W}] \begin{pmatrix} X \\ Y \\ Z \end{pmatrix}_{\text{ITRS}} \tag{3.3}$$

$$\begin{pmatrix} X \\ Y \\ Z \end{pmatrix}_{\text{ITRS}} = [\boldsymbol{W}]^{-1}[\boldsymbol{R}]^{-1}[\boldsymbol{N}]^{-1}[\boldsymbol{P}]^{-1} \begin{pmatrix} X \\ Y \\ Z \end{pmatrix}_{\text{GCRS}} \tag{3.4}$$

式中,$[\boldsymbol{P}]$ 为岁差矩阵,$[\boldsymbol{N}]$ 为章动矩阵,$[\boldsymbol{R}]$ 为地球自转矩阵,$[\boldsymbol{W}]$ 为极移和地壳整体旋转矩阵。

为了便于理解,下面进行分步解释。

（1）把 GCRS 转换至观测时刻 t_i 的平天球坐标系

要把它转换为观测时刻时的平天球坐标系,只要考虑 $(t_0 - t_i)$ 时间段内的岁差改正,即乘 $[\boldsymbol{P}]^{-1}$ 矩阵。

（2）把 t_i 时的平天球坐标系转换为同一时刻的真天球坐标系

要把观测时刻 t_i 时的平天球坐标系转换为真天球坐标系,只需顾及该时刻的章动,即只需乘$[\boldsymbol{N}]^{-1}$矩阵。

（3）把 t_i 时的真天球坐标系转换为同一时刻的真地球坐标系

我们知道,真天球坐标系 X 轴是指向该时刻的真春分点的,而真地球坐标系的 X 轴是指向起始子午线与赤道的交点,两者之间的夹角称为格林尼治真恒星时 t_{GAST}。其计算公式如下:

$$
\begin{aligned}
t_{\text{GAST}} = \frac{360°}{24^h} \times & (t_{\text{UT1}} + 6_h 41_m 50.548\ 41_s + 8\ 640\ 184.812\ 866s \cdot t + \\
& 0.093\ 104 \cdot t^2 - 6.2 \times 10^{-6} \cdot t^3) + \delta\psi_黄 \cos(\varepsilon_交 + \delta\varepsilon_交)
\end{aligned} \tag{3.5}
$$

式中,t 为离 J2000.0 的儒略世纪数;$\varepsilon_交$ 为仅考虑岁差时的黄赤交角,$\varepsilon_交 = 23°26'21.448'' - 46.815''t - 0.000\ 59''t^2 + 0.001\ 813''t^3$;$\delta\psi_黄$ 为黄经章动;$\delta\varepsilon_交$ 为交角章动;t_{UT1} 则可根据观测时的 t_{UTC} 和 $(t_{\text{UTC}} - t_{\text{UT1}})$ 值求得。

把真天球坐标系绕 Z 轴旋转 GAST 角后就能转换到真地球坐标系,旋转矩阵为:

$$
[\boldsymbol{R}]^{-1} = \begin{pmatrix} \cos t_{\text{GAST}} & \sin t_{\text{GAST}} & 0 \\ -\sin t_{\text{GAST}} & \cos t_{\text{GAST}} & 0 \\ 0 & 0 & 1 \end{pmatrix} \tag{3.6}
$$

（4）把 t_i 时的真地球坐标系转换为 ITRS

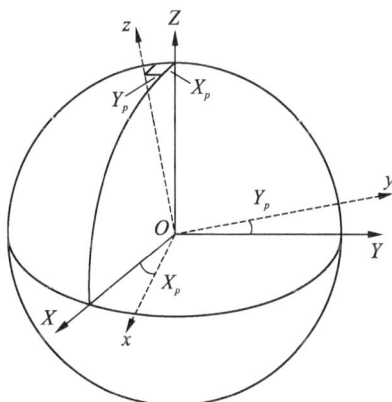

图 3.10　极移和地壳整体运动改正

图片来源:自绘

从图 3.10 可以看出,根据公布的角 X_P、Y_P 只需要将 t_i 时的真地球坐标系绕 y 轴旋转 $-X_P$ 角,然后绕 x 轴旋转 $-Y_P$ 角后,就可以把真地球坐标系转换为 ITRS 坐标系。旋转矩阵为

$$[\boldsymbol{W}]^{-1}=\boldsymbol{R}_x(-Y_p)\boldsymbol{R}_y(-X_p)=\begin{pmatrix}1 & 0 & 0\\ 0 & \cos Y_p & -\sin Y_p\\ 0 & \sin Y_p & \cos Y_p\end{pmatrix}\begin{pmatrix}\cos X_p & 0 & \sin X_p\\ 0 & 1 & 0\\ -\sin X_p & 0 & \cos X_p\end{pmatrix}$$

$$\tag{3.7}$$

由于 X_p 和 Y_p 都是小于 $0.5''$ 的微小值，因此 $\cos X_p=\cos Y_p=1$，$\sin X_p=X_p$，$\sin Y_p=Y_p$，于是有：

$$[\boldsymbol{W}]^{-1}=\begin{pmatrix}1 & 0 & 0\\ 0 & 1 & -Y_p\\ 0 & Y_p & 1\end{pmatrix}\begin{pmatrix}1 & 0 & X_p\\ 0 & 1 & 0\\ -X_p & 0 & 1\end{pmatrix}=\begin{pmatrix}1 & 0 & X_p\\ 0 & 1 & -Y_p\\ -X_p & Y_p & 1\end{pmatrix}\tag{3.8}$$

3.5 坐标形式变换

一个空间点用三维直角坐标表示是合适的。但在地球上的某点，有时候用球面坐标或平面坐标表示将更为直观，应用起来也更为方便。因此，常需要将空间点的三维直角坐标转换成二维坐标。

3.5.1 地球椭球

地球表面 70% 以上被海水覆盖。平均海水面无限延伸所形成的面称为大地水准面，大地水准面所包围的封闭体称为大地体。大地水准面虽然连续且光滑，但难以用数学公式精确表示。通过对大地体的研究发现，其形状非常接近一个椭球。考虑到椭球面容易用数学公式表示，因此用一个最接近大地体的椭球来表示地球，这个椭球称作地球椭球。

地球椭球是一个具有合适的形状和大小的椭圆绕短轴旋转一周后所形成的一个旋转椭球，如图 3.11 所示。短轴的两个端点分别称为北极（N）和南极（S）；短轴的中点称为椭球中心，它也是整个旋转椭球的几何中心；过椭球中心 O 作一个垂直于短轴 NS 的平面，称为赤道平面；该平面与椭球面的交线为一个大圆，称为赤道圈；通过椭球面上任意一点 K 和短轴 NS 所作的平面称为过 K 点的子午面；这个平面与椭球面的交线为一椭圆，称为过 K 点的子午圈。由

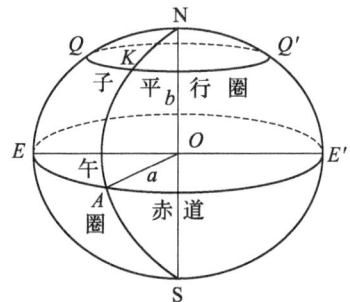

图 3.11 地球椭球的几何参数
图片来源：自绘

于地球椭球是一个旋转椭球,因而过任意一点的子午圈的形状和大小均相同。过短轴 NS 上任一点作一个与短轴垂直的平面,该平面与椭球面的交线称为平行圈或纬圈, 平行圈是一个圆。

描述地球椭球的形状和大小的基本参数有:

(1) 椭球长半径 a:椭球赤道的半径,如图 3.11 中的 OA;

(2) 椭球短半径 b:椭球短轴长的一半,如图 3.11 中的 ON 或 OS。

3.5.2 大地坐标系

大地坐标系是大地测量学与导航学中常用的一种坐标系,亦称地理坐标系或椭球 坐标系。它是以经过定位后的地球椭球作为基本参考面的一种坐标系。如图 3.12 所 示,地面上任意一点 P' 在大地坐标系中的位置由三个坐标分量:大地纬度 B、大地经 度 L 和大地高 H 来表示的。它们统称为 P' 点的大地坐标。其中,大地纬度 B 是过 P' 点的椭球面法线与椭球赤道面之间的夹角,取值为 $0°\sim90°$。北半球的点,自赤道向 北量取,称为北纬;南半球的点,自赤道向南量取,称为南纬。大地经度 L 是过 P' 点的 大地子午面与大地起始子午面间的夹角,取值为 $0°\sim180°$。从起始子午面向东量取, 称为东经,从起始子午面向西量取,称为西经。大地高 H 是 P' 点沿法线至椭球面间 的垂直距离。(B,L) 称为大地坐标中的水平分量,H 称为大地坐标中的垂直分量(高 程)。

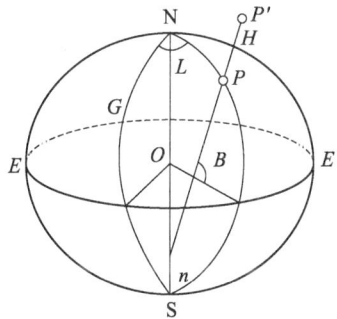

图 3.12　大地坐标系

图片来源:自绘

3.5.3 直角坐标与大地坐标之间的转换

地球椭球中心与三维直角坐标系原点重合,椭球短轴与 Z 轴重合,起始子午面包 含 X 轴。于是,空间三维直角坐标向大地坐标的转换公式为:

$$L = \arctan\left(\frac{Y}{X}\right)$$

$$B = \arctan\left(\frac{Z(N+H)}{\sqrt{(X^2+Y^2)\left[N(1-e^2)+H\right]}}\right) \tag{3.9}$$

$$H = \frac{Z}{\sin B} - N(1-e^2)$$

这里，$N = \dfrac{a}{\sqrt{1-e^2\sin^2 B}}$，$e^2 = \dfrac{a^2-b^2}{a^2}$。

于是，得到基于椭球的大地坐标系坐标维度 B、经度 L。由式(3.9)可见，获得的大地坐标不仅和 X、Y、Z 有关，还和椭球的长半轴 a 和短半轴 b 有关。因此，如果椭球的长半轴 a、短半轴 b 或某一点的 X、Y、Z 发生变化，所求得的大地坐标也会发生变化，同时椭球面上点间的距离也会改变。

当然，由大地坐标也可得到该点的直角三维坐标：

$$\begin{cases} X = (N+H)\cos B \cos L \\ Y = (N+H)\cos B \sin L \\ Z = \left[N(1-e^2)+H\right]\sin B \end{cases} \tag{3.10}$$

3.5.4 椭球面坐标投影到高斯平面

为了获得各点的平面坐标，我们需把各点从椭球面投影到平面上。该过程通常采用的是高斯投影。

图 3.13 比较清楚地说明了高斯投影的过程。高斯投影属于正形投影，赤道投影为 Y 轴，中央子午线投影为 X 轴。从该图我们可以看到投影的几何过程，下面我们直接给出 P 点的投影解析公式：

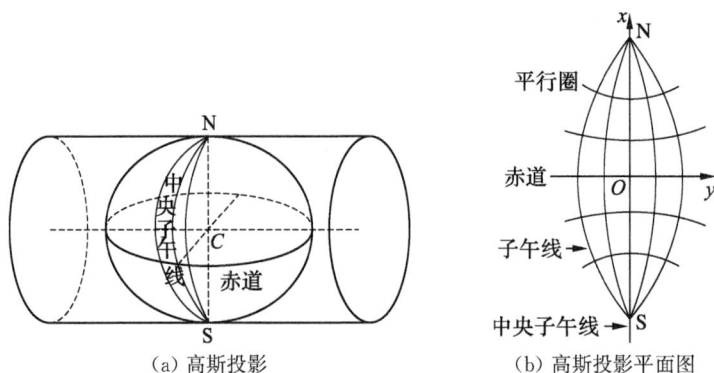

(a) 高斯投影　　　　　　(b) 高斯投影平面图

图 3.13　高斯投影原理

图片来源：自绘

$$x = l(B) + \frac{t}{2}N\cos^2 B l^2 + \frac{t}{24}N\cos^4 B(5 - t^2 + 9\eta^2 + 4\eta^4)l^4 +$$

$$\frac{t}{720}N\cos^6 B(61 - 58t^2 + t^4 + 270\eta^2 - 330t^2\eta^2)l^6 +$$

$$\frac{t}{40\ 320}N\cos^8 B(1\ 385 - 3\ 111t^2 + 543t^4 - t^6)l^8 + \cdots$$

$$y = N\cos B t + \frac{1}{6}N\cos^3 B(1 - t^2 + \eta^2)l^3 +$$

$$\frac{1}{120}N\cos^5 B(5 - 18t^2 + t^4 + 14\eta^2 - 58t^2\eta^2)l^5 + \qquad (3.11)$$

$$\frac{1}{5040}N\cos^7 B(61 - 479t^2 + 179t^4 - t^6)l^7 + \cdots$$

式中:B 为点 P 的地理纬度;$l(B)$ 为从赤道到纬度 B 的子午弧长;N 为卯酉圈曲率半径;t 为纬度正切值;η 表示椭球形状对卯酉圈影响参数,$\eta = e'\cos B$;e' 为第二偏心率;l 为中央经线与投影点经线之间的经度差。

从式(3.11)我们可以看到,此处忽略了大地高,这是三维能变换到二维的原因所在。在这个过程中,椭球面上两点的距离投影到平面后会变大。对于这个问题,我们可以采用分带投影及选择合适的中央子午线来控制变形。

3.6　常用的 GNSS 坐标系

四大全球导航卫星系统均采用的是地心地固协议地球坐标系。

(1) GPS 坐标系

GPS 采用的是 WGS-84 坐标系。

WGS-84 坐标系的坐标原点为地球质心,其地心空间直角坐标系的 Z 轴指向 BIH(国际时间服务机构)1984.0 定义的协议地球极(CTP)方向;X 轴指向 BIH 1984.0 的零子午面和 CTP 赤道的交点;Y 轴与 Z 轴、X 轴垂直构成右手坐标系。

椭球参数如下:

长半径:$a = 6\ 378\ 137$ m;

扁率:$f = 1/298.257\ 223\ 563$;

地心引力常数:$GM = 3.986\ 005 \times 10^{14}$ m³/s²;

地球自转角速度:$\omega_e = 7.292\ 115 \times 10^{-5}$ rad/s。

(2) BDS 坐标系

BDS 采用的是 CGCS2000 坐标系。

CGCS2000 是以 ITRF$_{97}$ 参考框架为基准,参考框架历元为 2000.0。坐标原点位于地球质心;Z 轴指向历元 2000.0 的地球参考地极方向,该历元的指向由 BIH 给定的历元为 1984.0 的初始指向推算,定向的时间演化保证相对于地壳不产生残余的全球旋转;X 轴由原点指向格林尼治参考子午线与地球赤道面(历元 2000.0)的交点;Y 轴与 Z 轴、X 轴构成右手正交坐标系。采用广义相对论意义下的尺度。

椭球参数如下:

长半径:$a=6\ 378\ 137$ m;

扁率:$f=1/298.257\ 222\ 101$;

地心引力常数:$GM=3.986\ 004\ 418\times10^{14}$ m^3/s^2;

地球自转角速度:$\omega_e=7.292\ 115\times10^{-5}$ rad/s。

(3) GLONASS 坐标系

GLONASS 采用的是 PZ - 90 坐标系。

PZ - 90 坐标系是在 1993 年以前 GLONASS 系统采用的 1985 年地心坐标系(SGS - 85)基础上改进而来的,是一个地心地固坐标系(ECEF),属于协议地球坐标系。坐标原点位于地球质心;Z 轴指向 IERS 推荐的协议地极方向;X 轴指向赤道面与 BIH 1984.0 定义的零子午面的交点;Y 轴垂直于 XZ 平面,并与 Z、X 轴构成右手坐标系。

椭球参数如下:

长半径:$a=6\ 378\ 136$ m;

扁率:$f=1/298.257\ 839\ 303$;

地心引力常数:$GM=3.986\ 005\times10^{14}$ m^3/s^2;

地球自转角速度:$\omega_e=7.292\ 115\ 146\ 7\times10^{-5}$ rad/s。

(4) Galileo 坐标系

Galileo 采用的是 Galileo 地球参考框架(GTRF)。

GTRF 是以 ITRF$_{96}$ 参考框架为基准。坐标原点位于地球质心;Z 轴指向 IERS 推荐的协议地极方向;X 轴指向赤道面与 BIH 1984.0 定义的零子午面的交点;Y 轴垂直于 XZ 平面,并与 Z、X 轴构成右手坐标系。

椭球参数如下:

长半径:$a=6\ 378\ 137$ m;

扁率:$f=1/298.257\ 222\ 101$;

地心引力常数:$GM=3.986\ 004\ 418\times10^{14}$ m^3/s^2;

地球自转角速度:$\omega_e=7.292\ 115\ 146\ 7\times10^{-5}$ rad/s。

◇第四章
GNSS 卫星轨道运动及其坐标计算

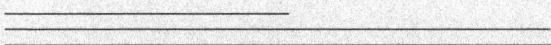

在利用 GNSS 系统进行导航和定位时,GNSS 卫星作为空中动态已知点,需要计算它在协议地球坐标系中的瞬时坐标。而实现这项计算的基础,就是 GNSS 卫星的轨道运动理论。因此,本章主要介绍 GNSS 卫星轨道运动理论、卫星星历及卫星坐标计算等内容。

4.1 卫星运动的物理基础

4.1.1 卫星运动的作用力

人造地球卫星绕地球的运动状态取决于它所受到的各种作用力。这些作用力主要有:地球对卫星的引力,太阳和月球对卫星的引力,大气阻力,太阳光压,地球潮汐力等。在这些作用力中,地球引力是主要的。如果将地球引力视为 1,则其他作用力均小于 10^{-5}。

在多种力的作用下,卫星在空间运行的轨迹极其复杂,难以用简单而精确的数学模型表达。为了研究卫星运动的基本规律,可将卫星受到的作用力分为两类。第一类是地球质心引力,即将地球看作密度均匀或由无限多密度均匀的同心球层所构成的圆球,可以证明它对球外一点的引力等效于质量集中于球心的质点所产生的引力,这种引力叫作中心引力。然而,地球实际为非球形对称(近似为椭球体),这种非球形对称的地球引力场对卫星产生非中心的引力,加上日、月引力,大气阻力,太阳光压,地球潮汐力等,便产生了第二类名为摄动力的非中心引力。与中心引力相比,摄动力仅为 10^{-3} 量级。

我们可以把卫星只受地心中心引力作用作为一种近似,来研究卫星的运动。忽略所有的摄动力,仅考虑地球质心引力的情况下来研究卫星相对于地球的运动,在天体力学中,称之为二体问题。虽然二体问题下的卫星运动是一种近似描述,但能得到卫星运动的严密分析解。在此基础上,再加上摄动力,即可推求卫星受摄运动的轨道。在摄动力的作用下,卫星的运动将偏离二体问题的运动轨道,常将此称为考虑了摄动力作用的受摄运动。

4.1.2　开普勒三大定律

卫星在地球中心引力作用下的运动称为无摄运动,也称开普勒运动,其规律可用开普勒定律来描述。开普勒通过对前人获得的天体观测数据进行分析,总结出了行星运动的规律,统称为开普勒三大定律。

（1）开普勒第一定律

卫星运行的轨道为一椭圆,该椭圆的一个焦点与地球质心重合。此定律阐明了卫星运行轨道的基本形态及其与地心的关系。由万有引力定律可知卫星绕地球质心运动的轨道方程,表示为式(4.1),其中:r为卫星的地心距离,a为开普勒椭圆的长半径,e为开普勒椭圆的第一偏心率,V为

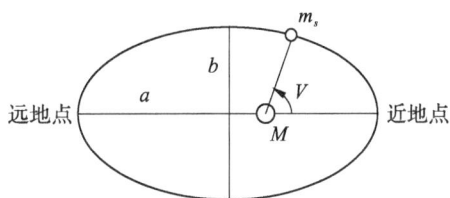

图 4.1　开普勒轨道椭圆

图片来源:自绘

真近点角,它描述了任意时刻卫星在轨道上相对于近地点的位置,是时间的函数。如图4.1所示为开普勒轨道椭圆示意图。

$$r = \frac{a(1-e^2)}{1+e\cos V} \tag{4.1}$$

（2）开普勒第二定律

卫星的地心向径在单位时间内所扫过的面积相等,如图4.2所示。这表明卫星在椭圆轨道上的运行速度是不断变化的,在近地点处速度最大,在远地点处速度最小。

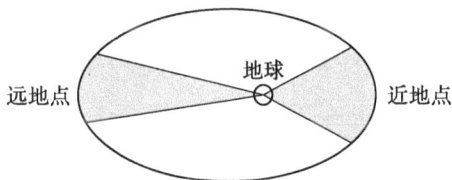

图 4.2　卫星地心向径在单位时间扫过的面积相等

图片来源:自绘

（3）开普勒第三定律

卫星运行周期T的平方与轨道椭圆长半径a的立方之比为一常量,该常数为$4\pi^2$

与地球引力常数 $Gm_地$ 的比值,即

$$\frac{T^2}{a^3}=\frac{4\pi^2}{Gm_地}$$

(4.2)

式中,G 为万有引力常数,$m_地$ 为地球质量。

假设卫星运动的平均角速度为 n,则 $n=2\pi/T$,可得:

$$n=\left(\frac{Gm_地}{a^3}\right)^{1/2}$$

(4.3)

当开普勒椭圆的长半径确定后,卫星运行的平均角速度也随之确定,且保持不变。

4.2 卫星的无摄运动

只考虑地球质心引力作用的卫星运动称为卫星无摄运动。在研究卫星的无摄运动中,将地球和卫星看作两个质点,作为二体问题研究两个质点在万有引力作用下的运动。

4.2.1 轨道参数

卫星 S 围绕地球质心 O 的运动关系如图 4.3 所示。

由开普勒定律可知,卫星运行的轨道是通过地心平面上的椭圆,且椭圆的一个焦点与地心重合。确定椭圆形状和大小需要两个参数,即椭圆的长半径 a 及其偏心率 e(或椭圆的短半径 b)。另外,为了确定任意时刻卫星在轨道平面上的位置,还需要一个参数,可以取真近点角 V(在轨道平面上卫星与近地点之间的地心角距)。

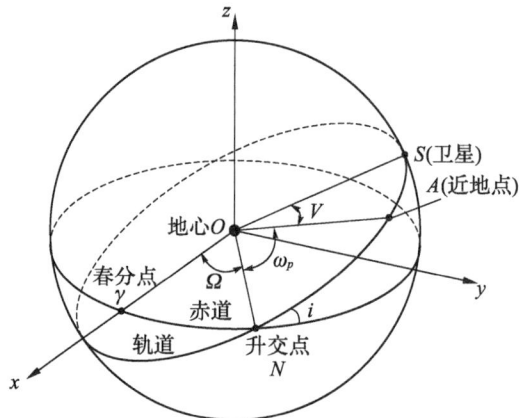

图 4.3 卫星轨道参数

图片来源:自绘

参数 a、e 和 V 唯一地确定了卫星轨道的形状、大小以及卫星在轨道上的瞬时位置。但是,这时卫星轨道平面与地球体的相对位置和方向还无法确定。为了确定该椭圆在天球坐标系中的方向,尚需其他三个参数,它们是:

Ω——升交点的赤径,即在地球赤道平面上,升交点 N 与春分点 r 之间的地心夹角。升交点 N,即当卫星由南向北运动时,其轨道与地球赤道面的交点。

i——轨道面的倾角,即卫星轨道平面与地球赤道面之间的夹角。

Ω、i 两个参数唯一地确定了卫星轨道平面与地球体之间的相对定向。

ω_P——近地点角距,即在轨道平面上近地点 A 与升交点 N 之间的地心角距。这一参数表达了开普勒椭圆在轨道平面上的定向。

卫星的无摄运动,一般可通过一组适宜的参数来描述,虽然这组参数的选择并不是唯一的,但上述的一组参数应用最为广泛,因此通常将参数 a、e、V、Ω、i、ω_P 称为开普勒轨道参数,或称轨道根数。

顺便指出,用上述 6 个参数来描述卫星的轨道运动,一般来说是合理而必要的。但在特殊情况下,例如当卫星轨道为一圆形轨道,即 $e=0$ 时,参数 ω_P 和 V 便失去意义。对于 GNSS 卫星来说,$e\approx0.01$,所以采用上述 6 个轨道参数是合适的。至于参数 a、e、Ω、i、ω_P 的大小,则是由卫星的发射条件决定的。

4.2.2 二体问题的运动方程

研究卫星 S 绕地球 O 的运动,主要是研究卫星运动状态随时间的变化规律。根据物理学中牛顿定律可以很方便地得到二体问题的卫星运动方程。

在图 4.3 中,O 为地球质心,S 为卫星,设 $m_{地}$ 和 m_S 分别为地球和卫星的质量,r 为 O 与 S 之间距离。根据万有引力定律,O 与 S 之间的引力大小为 $Gm_{地}m_S/r^2$。二体问题中,地球 O 和卫星 S 两个质点均受到万有引力的作用,它们的大小相等、方向相反。

用 $\boldsymbol{F}_S$、$\boldsymbol{F}_{地}$ 分别表示卫星与地球所受到的引力作用力,$\boldsymbol{r}^\circ$ 表示卫星在地心坐标系中的单位矢量。则有:

$$\boldsymbol{F}_S=-(Gm_{地}m_S/r^2)\boldsymbol{r}^\circ \tag{4.4}$$

$$\boldsymbol{F}_{地}=+(Gm_{地}m_S/r^2)\boldsymbol{r}^\circ \tag{4.5}$$

式中 G 为万有引力常数,$G=6.674\,30\times10^{-11}$ N・m^2・kg^{-2}。

设 $\boldsymbol{a}_S$、$\boldsymbol{a}_O$ 分别为 S、O 在万有引力作用下所产生的加速度,则根据牛顿第二定律,可得卫星与地球的运动方程:

$$\boldsymbol{a}_S=-(Gm_{地}/r^2)\boldsymbol{r}^\circ \tag{4.6}$$

$$\boldsymbol{a}_O=+(Gm_S/r^2)\boldsymbol{r}^\circ \tag{4.7}$$

因牛顿第二定律只适用于惯性坐标系,故式(4.6)和式(4.7)为 O 和 S 在某一惯性坐标系内的运动方程。若要讨论卫星 S 相对于地球质心 O 的运动,必须将坐标系原点移至地球质心,并设 $\boldsymbol{a}$ 为卫星 S 相对于 O 的加速度,则:

$$\boldsymbol{a}=\boldsymbol{a}_S-\boldsymbol{a}_O=-[G(m_{地}+m_S)/r^2]\boldsymbol{r}^\circ \tag{4.8}$$

式(4.8)即为卫星 S 相对于地球质心 O 的运动方程。

当讨论卫星与地球这样的二体问题时,由于地球质量(约 5.97×10^{21} t)远远大于

卫星质量,通常略去卫星质量 m_S 项,式(4.8)可写成:

$$\boldsymbol{a} = -(Gm_{地}/r^2)\boldsymbol{r}^{\circ} \qquad (4.9)$$

通常取 $\mu = Gm_{地}$ 为地球引力常数,此时式(4.9)可写为:

$$\boldsymbol{a} = (-\mu/r^2)\boldsymbol{r}^{\circ} \qquad (4.10)$$

设以 O 为原点的直角坐标系为 $O-XYZ$,S 点的坐标为 (X,Y,Z),则卫星 S 的地心向径 $\boldsymbol{\rho} = (X,Y,Z)$,加速度 $\boldsymbol{a} = (\ddot{X},\ddot{Y},\ddot{Z})$,代入式(4.10)即得:

$$\left.\begin{aligned} \ddot{X} &= -\mu X/r^3 \\ \ddot{Y} &= -\mu Y/r^3 \\ \ddot{Z} &= -\mu Z/r^3 \end{aligned}\right\} \qquad (4.11)$$

式中,$r = \sqrt{X^2+Y^2+Z^2}$ 为卫星到原点的几何距离。

式(4.11)就是卫星大地测量中常用的在地心直角坐标系中二体问题分量形式的微分方程。它是三个二阶非线性常微分方程组。根据微积分理论,解算一个二阶微分方程需要两个积分常数。对于式(4.11)三个二阶微分方程,必须找出六个相互独立的积分常数,这六个积分常数可以用上述六个轨道根数代替。其解 $r(X,Y,Z)$ 的一般形式为:

$$\left.\begin{aligned} \boldsymbol{r} &= g(a,e,i,\Omega,\omega_P,V) \\ \mathrm{d}\boldsymbol{r}/\mathrm{d}t &= g'(a,e,i,\Omega,\omega_P,V) \end{aligned}\right\} \qquad (4.12)$$

式中,a、e、Ω、i、ω_P 取决于卫星的发射条件,真近点角 V 用于给出卫星在平面轨道的位置,与时间 t 有关。

从式(4.12)可以看出,在二体问题情况下,给定六个轨道根数,即可确定任意时刻 t 的卫星位置及其运动速度。

4.2.3　真近点角计算

由于卫星的轨道是一个椭圆,因此真近点角 V 随时间的变化是非线性的,且函数关系较为复杂。为了方便计算,引入两个辅助参数:偏近点角 E 和平近点角 M。

(1) 真近点角 V 与偏近点角 E 的关系

图 4.4 表示偏近点角 E 与真近点角 V 的关系。在卫星轨道椭圆上,以椭圆中心 O' 为圆心,以椭圆长半径 a 为半径作一辅助圆 $O'-AS'A'$,过卫星点 S 作 OA 的垂线

SR，延长 RS 交辅助圆 S'，连接 $O'S'$，则 $O'S'$ 与 $O'A$ 的夹角 E 称为偏近点角。

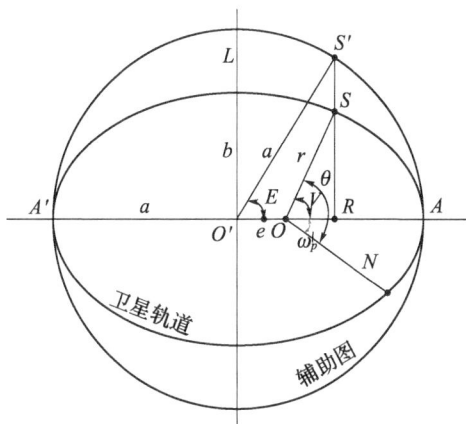

图 4.4　偏近点角 E 与真近点角 V

图片来源：自绘

不难证明，$OR = r\cos V = a(\cos E - e)$，将其代入轨道方程（4.1）可得：

$$r = a(1 - e\cos E) \tag{4.13}$$

这就是以偏近点角 E 表示的轨道方程。进一步可以推导出 V 与 E 的关系式：

$$\left. \begin{array}{l} \cos V = (\cos E - e)/(1 - e\cos E) \\ \tan(V/2) = \sqrt{(1+e)/(1-e)}\,\tan(E/2) \end{array} \right\} \tag{4.14}$$

由于 V 与 E 之间仅存在几何变换，因此偏近点角 E 也是一个随时间非均匀变化的辅助参数，下面将通过开普勒方程将其转换为与时间线性相关的变量。

（2）偏近点角 E 与平近点角 M 的关系

平近点角 M 是一个假设量，如果卫星在轨道上运动的平均角速率为 n，则平近点角 M 的定义为：

$$M = n(t - t_0) \tag{4.15}$$

其中，t_0 为卫星过近地点的时刻；t 观测卫星的时刻。平均角速率 n 的定义为：

$$n = \sqrt{\frac{Gm_{地}}{a^3}} \tag{4.16}$$

在 4.1.2 节，我们已经根据开普勒定律进行了推导，此处用 n 表示平均角速率是为符合卫星定位领域的习惯。

可见 n 是一个常量，平近点角 M 只与时间 t 有关，是时间的线性函数。因此，在卫星星历中，通常用平近点角 M 描述卫星在 t 时刻的位置。

建立以地球质心为坐标原点，x 轴指向近地点，y 轴重合于轨道的短轴，z 轴为轨道平面的法线方向，构成右手坐标系。在此坐标系内列出卫星运动的微分方程并求解，可以得出著名的开普勒轨道方程：

$$M = E - e\sin E \tag{4.17}$$

（3）真近点角迭代计算

在计算卫星位置时，我们是利用平近点角 M 计算偏近点角 E 的值。此时，开普勒轨道方程可写为：

$$E = M + e\sin E \tag{4.18}$$

式(4.18)是一个超越方程。已知偏近点角 E 求解平近点角 M 很容易，但知道平近点角 M 求解偏近点角 E 却很困难，一般通过迭代法求解。

迭代法的初值可取 $E_0 = M$，然后进行迭代计算，第 i 次的迭代公式为：

$$E_i = M + e\sin(E_{i-1}) \tag{4.19}$$

当 $|E_i - E_{i-1}| < \varepsilon$ 时，迭代算法收敛。其中，ε 为某一预定微小量，如 1×10^{-13}。对于 GNSS 卫星而言，由于 e 是一个小量，一般迭代 3 次就会收敛。

至此，我们便可根据卫星的平近点角 M，首先由式(4.19)采用迭代方法计算得到相应的偏近点角 E，再由式(4.14)计算相应的真近点角 V。

4.3 卫星的受摄运动

只考虑中心引力作用的卫星运动轨道称为二体问题轨道(或开普勒轨道)，4.2 节我们已经对其进行了讨论，确定 6 个轨道根数后便可通过数学模型精确计算卫星的位置和速度。然而，由于受到多种非地球中心引力的影响，卫星的运行轨道实际上是偏离开普勒轨道的，这些力称为摄动力。考虑了摄动力作用的卫星运动称为卫星的受摄运动。

摄动力主要包括地球非球形引力摄动、日月引力摄动、太阳光压摄动、地球潮汐(包括固体潮和海潮)摄动以及相对论效应摄动等。

4.3.1* 各种作用力的特性及其影响

（1）地球非球形引力摄动

地球引力场对卫星的引力包括地球质心引力和地球引力场摄动力两部分。其中，地球引力场摄动力是由于地球形状不规则及其质量分布不均匀而引起的。地球引力场摄动力是一种保守力,其计算可以借助摄动位函数 R 完成。由于地球形状很不规则且内部质量分布不均匀,摄动位函数 R 不能用一个简单的封闭公式表示,但可用无穷级数(球函数展开式)来表示。这里直接给出略去 10^{-6} 及更小量级的地球引力场摄动力的位函数:

$$R = -J_2 \left[(0.5 - 0.75\sin^2 i) + 0.75\sin^2 i \sin 2(\omega + V) \right] / r^3 \qquad (4.20)$$

式中,J_2 是地球引力场位函数的二阶带谐系数,其余参数都是前文提及的轨道根数。

地球引力场摄动力主要影响升交点赤经 Ω、近地点角距 ω_p 和平近点角 M。

J_2 项摄动力导致卫星轨道平面在空间产生旋转,表现为升交点沿天球赤道缓慢进动,使升交点赤经 Ω 产生变化,其变化率为:

$$\dot{\Omega} = -\frac{3nJ_2}{2} \left[\frac{a_e}{a(1-e^2)} \right]^2 \cos i \qquad (4.21)$$

式中,a_e 为地球椭球长半轴。

J_2 项摄动力还导致卫星轨道椭圆以不变的形状在轨道平面内产生长期旋转,表现为长半轴在轨道面内缓慢旋转,使卫星的近地点角距 ω_p 产生变化。其变化率为:

$$\dot{\omega}_p = -\frac{3nJ_2}{4} \left[\frac{a_e}{a(1-e^2)} \right]^2 (1 - 5\cos^2 i) \qquad (4.22)$$

平近点角 M 是一个假设量,同样受摄动力发生改变,其变化率为:

$$\dot{M} = -\frac{3nJ_2}{4} \left[\frac{a_e}{a(1-e^2)} \right]^2 (1 - 3\cos^2 i)\sqrt{1-e^2} \qquad (4.23)$$

(2) 太阳引力和月球引力

卫星和地球同时受到日、月的引力。日、月引力造成卫星相对于地球的摄动力可表示为:

$$\boldsymbol{F}_S + \boldsymbol{F}_m = Gm_s \left[(\boldsymbol{r}_s - \boldsymbol{r}) / |\boldsymbol{r}_s - \boldsymbol{r}|^3 - \boldsymbol{r}_s / |\boldsymbol{r}|^3 \right] + $$
$$Gm_m \left[(\boldsymbol{r}_m - \boldsymbol{r}) / |\boldsymbol{r}_m - \boldsymbol{r}|^3 - \boldsymbol{r}_m / |\boldsymbol{r}|^3 \right] \qquad (4.24)$$

式中,m_s,m_m 分别表示太阳与月球的质量,$\boldsymbol{r}_s$,$\boldsymbol{r}_m$ 与 $\boldsymbol{r}$ 分别表示太阳、月球和卫星的位置矢量。

日、月引力的量级约为 5×10^{-6} m/s²,在五天弧段内对卫星位置的影响可达 $1 \sim 3$ km。这意味着需要以 $10^{-4} \sim 10^{-5}$ 的相对精度来确定这些引力,即精确至 10^{-10} m/s²。因此,太阳、月亮位置的计算也应满足这一相对精度要求。

（3）太阳辐射压力

卫星在运动中受到的太阳光辐射的压力为：

$$\boldsymbol{F}_P = -K\rho_P S\boldsymbol{e}_s^{\circ} \tag{4.25}$$

式中，K 为卫星表面反射系数；ρ_P 为光压强度，在与太阳的距离约等于地球轨道半径时，太阳光压强度通常取为 $4.560\ 5\times 10^{-6}$ N/m；S 为垂直于太阳光线的卫星截面积；$\boldsymbol{e}_s^{\circ}$ 为太阳在坐标系中的位置单位矢量。

对于 GPS 卫星五天弧段，太阳辐射压力可使卫星位置的偏差达到约 1 km。当卫星运行至地影区域内时，由于地球的遮挡，卫星不受太阳辐射压力的影响。

（4）地球潮汐作用力

在日、月引力的影响下，地球的弹性形变表现为固体潮、海潮和大气潮。在地球非球形摄动中描述的地球引力场模型对应的是一个不变形的刚体地球，但实际上地球并非刚体。在外部引力作用(主要是日、月)引起的潮汐形变影响下，地球的质量分布会发生变化。

在月球和太阳引力的作用下，地球的陆地部分会发生弹性形变，这种形变称为固体潮。在月球和太阳引潮力的作用下，海洋发生潮汐的涨落的现象称为海潮。大气潮对卫星运动的影响比固体潮和海潮小两个量级以上。因此，在一般情况下，主要考虑固体潮和海潮的影响。地球潮汐的这种变化使得作为地球内部结构和质量分布表征的引力场模型的球谐系数不再是常数，而是随时间变化的函数。地球的这种形变摄动可以通过对引力场模型的球谐系数进行修正，在地球非球形摄动计算中一并给出。其中，由固体潮引起的地球引力位的变化称为固体潮附加位。海潮的动力学影响也可通过对球谐系数的修正来描述。可以将这种变化视为在不变的地球引力场中附加了一个小的摄动力——潮汐作用力。在五天的弧段中，潮汐作用力对 GNSS 卫星位置的影响可达 1 m。表 4.1 总结了各种摄动力对卫星轨道位置产生的影响。

表 4.1　各种摄动力对卫星轨道的影响

主要作用力	摄动加速度/(m/s^2)	对卫星轨道的影响	
		2 h	3 d
中心引力	0.56	—	—
非球形摄动二阶带谐项	5×10^{-5}	2 000 m	14 000 m
非球形摄动其他调谐项	3×10^{-7}	50～80 m	100～1 500 m

续表

主要作用力	摄动加速度/(m/s²)	对卫星轨道的影响	
		2 h	3 d
日、月摄动	5×10^{-6}	$5 \sim 150$ m	$1\,000 \sim 3\,000$ m
固体潮摄动	1×10^{-9}	—	$0.5 \sim 1.0$ m
海潮摄动	5×10^{-10}	—	$0.0 \sim 2.0$ m
太阳光压摄动	1×10^{-7}	$5 \sim 10$ m	$100 \sim 800$ m

表格来源：自制

4.3.2　卫星定位中摄动力的处理

以上只是给出了摄动力的模型或计算方法，对于研究卫星运动而言，最终目标是推导出轨道根数的变化率与这些摄动力的关系。与研究二体问题的方法类似，首先按卫星受到的各种作用力的物理特性导出其数学表达式，然后建立受摄动力的微分方程，最后解算微分方程而得出卫星运动的方程。由于摄动力的复杂性，这一过程相较于二体问题更为复杂，此处不再赘述。

从卫星定位的视角来看，卫星系统的数据处理中心或地面控制站，会运用精密的数学模型，并结合长期的监测数据与拟合分析，精确计算出必要的修正参数。这些参数以星历数据的形式直接播发给 GNSS 用户。用户可以直接应用这些修正参数进行摄动改正，从而获得准确的卫星位置。

目前，卫星星历中常用的摄动改正数有 9 个，按照计算方式的不同可以分为两组：

（1）6 个周期改正项参数

利用 6 个周期性的改正项对升交点角距、卫星地心距和轨道倾角进行摄动改正。这些周期改正项主要是由 J_2 项摄动、地球引力场高阶带谐系数的周期项影响，以及月球引力摄动等其他摄动力引起的。用户可以按照经验公式直接计算：

$$\begin{cases} \delta_u = C_{uc} \cos 2\Phi + C_{us} \sin 2\Phi \\ \delta_r = C_{rc} \cos 2\Phi + C_{rs} \sin 2\Phi \\ \delta_i = C_{ic} \cos 2\Phi + C_{is} \sin 2\Phi \end{cases} \tag{4.26}$$

式中，δ_u、δ_r、δ_i 分别表示升交点角距、卫星地心距和轨道倾角的摄动改正值；$\Phi = V + \omega_p$ 表示任一时刻的升交点角距；C_{uc}、C_{us}、C_{rc}、C_{rs}、C_{ic}、C_{is} 为广播星历给出的摄动改正项振幅。

（2）3个摄动线性改正项

3个摄动线性改正项:平均运动角速率改正值 Δn、升交点赤经的变化率 $\dot{\Omega}$、轨道倾角变化率 $\dot{i}$。它们分别对3个轨道根数平近点角 M、升交点赤经 Ω、轨道倾角 i 进行摄动改正。这3个参数是通过卫星精密定轨技术反推得出的,因此在一定时间内表现为常量。用户可以将这些参数乘相应的时间,然后直接加到对应的轨道根数上,就可以得到摄动改正后的轨道根数。

这里简单介绍影响各改正项的摄动力。平均运动角速率改正值 Δn 主要受 J_2 项摄动项、日月引力摄动和太阳光压摄动影响,升交点赤经的变化率 $\dot{\Omega}$ 主要由 J_2 项摄动和极移运动造成,轨道倾角变化率 $\dot{i}$ 是摄动力对轨道面法向正反两个方向综合作用的结果。

4.4　GNSS广播星历及其格式

卫星星历是描述卫星运动轨道的信息,也可以理解为卫星星历就是一组对应某一时刻的轨道根数及其变化率。有了卫星星历,就可以计算出任一时刻的卫星位置及其速度。GNSS卫星星历分为广播星历和精密(事后处理)星历两种。

对于导航定位用户而言,使用的导航卫星广播星历有两种代表性的表达方式:一种是开普勒轨道根数加摄动改正表达法,典型代表是GPS、BDS和Galileo系统的广播星历参数形式,由开普勒轨道参数及若干摄动参数组成;另一种是状态矢量表达法,典型代表是GLONASS的广播星历参数形式,由卫星在地固标系下的位置、速度以及日、月引力加速度等9个参数组成。

（1）GPS广播星历

注入站每天向GPS各卫星注入多组广播星历,一般一天注入一次。卫星播发的广播星历通常每2 h更新一次。在选择可用性(SA)开启时,广播星历的精度约为5 100 m,接收机的导航精度在水平方向上约为100 m、高程方向约为150 m;在SA关闭之后,广播星历的精度为5~10 m。

GPS的广播星历由6个开普勒轨道参数、9个摄动参数和2个时间参数共17个参数组成。在新公布的接口控制文件中,提出了新的GPS民用导航电文CNAV/CNAV2(原有的导航电文称作NAV),对GPS广播星历参数做了一些修改。新的CNAV/CNAV2电文改变了一些参数的描述形式,绝大部分具有相同意义的星历参数在CNAV/CNAV2电文中比在NAV电文中占据更多比特,并增加了2个参数。

GPS 广播星历参数的符号及其定义如下：

t_{oe}——星历表参考历元(单位:s)，

IODE(AODE)——星历表数据龄期 N，

M_0——按参考历元 t_{oe} 计算的平近点角(单位:rad)，

Δn——由精密星历计算得到的卫星平均角速度与按给定参数计算所得的平均角速度之差(单位:rad)，

e——轨道第一偏心率，

$\sqrt{a}$——轨道长半径的平方根，

Ω_0——按参考历元 t_{oe} 计算的升交点赤径(单位:rad)，

i_0——按参考历元 t_{oe} 计算的轨道倾角(单位:rad)，

ω_p——近地点角距(单位:rad)，

$\dot{\Omega}$——升交点赤径变化率(单位:rad/s)，

$\dot{i}$——轨道倾角变化率(单位:rad/s)，

C_{uc}——升交矩角的余弦调和项改正的振幅(单位:rad)，

C_{us}——升交矩角的正弦调和项改正的振幅(单位:rad)，

C_{rc}——卫星矢径的余弦调和项改正的振幅(单位:m)，

C_{rs}——卫星矢径的正弦调和项改正的振幅(单位:m)，

C_{ic}——轨道倾角的余弦调和项改正的振幅(单位:rad)，

C_{is}——轨道倾角的正弦调和项改正的振幅(单位:rad)，

GPD——周数(单位:周)，

T_{gd}——电离层延迟改正(单位:s)，

IODC——星钟数据龄期，

a_0——卫星钟差(单位:s)，

a_1——卫星钟速(单位:s/s)，

a_2——卫星钟漂(单位:s/s^2)，

卫星精度——(N)，

卫星健康——(N)。

其中 C_{uc}、C_{us}、C_{rc}、C_{rs}、C_{ic}、C_{ic} 是用于修正升交矩角、卫星矢径和轨道倾角的摄动改正的经验公式的六个调和改正振幅。具体计算公式请见式(4.26)。

星历表的参考历元 t_{oe} 是从星期日子夜零点开始计算的参考时刻。星历表数据龄期 IODE 是从 t_{oe} 时刻至用于预报星历的测量的最后观测时刻之间的时间,故 IODE 是预报星历的外推时间间隔。

目前,GPS 星历采用 RINEX 2 版本。表 4.2 即为 RINEX 2 格式的 GPS 卫星广播星历数据（时间：2023 年 9 月 9 日 0 时 0 分 0 秒）。

　　"END OF HEADER"以上的信息为广播星历的头文件，分别给出了数据类型，参数 ALPHA、BETA、A0、A1、T、W 的值，以及采样间隔等信息。第一行的"2.0"是 RINEX 版本号，"NAVIGATION DATA"是指本文件类型为广播星历。第二行是生成该文件的程序名称、机构名称及文件形成日期。表头注释为"ION ALPHA"和"ION BETA"的两行分别给出了电离层改正参数。注释为"DELTA-UTC：A0，A1，T，W"的行给出的是用于计算 UTC 时间的历书参数；注释为"LEAP SECONDS"的行给出了 GPST 和 UTC 之间的跳秒数。在表头结束前可插入无限多的注释行，注释行的说明为"COMMENT"。值得注意的是，有些机构发布的广播星历文件中只给出第 1～2 行，第 3～7 行属于可选项。

　　"END OF HEADER"以下为 GPS 广播星历信息，表 4.3 给出了数据块部分每一行信息所代表的意义，每个单元格表示一个参数，除第一行外，按照每行 4 个参数进行排列。部分参数说明较长，采用英文缩写表示。cflgl2（L2 上的 C/A 码伪距指示）；weekno（GPS 星期数）；pflgl2（L2 上的 P 码伪距指示）；svacc（本星的精度指示）；svhlth（卫星健康指标）；T_{gd}（电离层群延迟改正参数）；IODC（卫星钟改正参数的数据龄期）；ttm（信息传输时间）；f_i 为星历拟合区间标志（若未知则置零）；两个 spare 为备用位置。

表 4.2　GPS 卫星广播星历

```
    2.0              NAVIGATION DATA               RINEX VERSION / TYPE
CCRINEXN V1.6.0 UX   CDDIS              10-SEP-23 23:31   PGM / RUN BY / DATE
IGS BROADCAST EPHEMERIS FILE                             COMMENT
    0.2049D-07   0.2235D-07 -0.1192D-06 -0.1192D-06      ION ALPHA
    0.1249D+06   0.3277D+05 -0.2621D+06   0.2621D+06     ION BETA
    0.000000000000D+00 0.621724893790D-14    61440    2279 DELTA-UTC: A0,A1,T,W
    18                                                  LEAP SECONDS
                                                        END OF HEADER
 1 23  9  9  0  0  0.0 0.165978446603D-03-0.102318153950D-11 0.000000000000D+00
    0.250000000000D+02 0.198750000000D+02 0.366765277246D-08 0.250662540392D+01
    0.847503542900D-06 0.128726712428D-01 0.341236591339D-05 0.515363651085D+04
    0.518400000000D+06 0.912696123123D-07 0.514395127376D+00-0.188127160072D-06
    0.990465742177D+00 0.327156250000D+03 0.992888925535D+00-0.768960601724D-08
    0.996470078407D-10 0.100000000000D+01 0.227800000000D+04 0.000000000000D+00
    0.200000000000D+01 0.630000000000D+02 0.512227416039D-08 0.250000000000D+02
    0.511218000000D+06 0.400000000000D+01 0.000000000000D+00 0.000000000000D+00
    ……
```

表格来源：自制

表 4.3　RINEX 2 格式的广播星历各位置数据含义

卫星 PRN 号	年 月 日 时 分 秒	a_0	a_1	a_2
	IODE	C_{rs}	Δn	M_0
	C_{uc}	e	C_{us}	$\sqrt{a}$
	t_{oe}	C_{ic}	Ω_0	C_{is}
	i_0	C_{rc}	ω_p	$\dot{\Omega}$
	$\dot{i}$	cflgl2	weekno	pflgl2
	svacc	svhlth	T_{gd}	IODC
	ttm	f_i	spare	spare

表格来源：自制

每颗卫星每个时刻对应一个数据块，占据以上八行数据，按照一定的时间间隔循环，直到观测结束为止。排序方式存在时间优先和卫星号优先两种，读取文件时应充分考虑。此外，不同机构、不同版本的格式存在一定差异，具体的格式说明可在 IGS 官网上下载（网址：https://files.igs.org/pub/data/format/）。

Galileo 系统的数据格式和 GPS 系统高度相似，仅有个别参数有所不同，此处不再赘述，读者可自行下载查阅。

（2）BDS 广播星历

北斗区域卫星导航系统采用 GEO、MEO、IGSO 三类卫星的混合星座。卫星的广播星历采用开普勒轨道参数加摄动改正表达法，其导航电文星历参数与 GPS 的 NAV 导航电文星历参数相同。表 4.4 给出了 BDS 广播星历每一行信息所代表的意义（3.04 版本）。

表 4.4　RINEX 3 格式的 BDS 广播星历各位置数据含义

卫星 PRN 号	年 月 日 时 分 秒	a_0	a_1	a_2
	AODE	C_{rs}	Δn	M_0
	C_{uc}	e	C_{us}	$\sqrt{a}$
	t_{oe}	C_{ic}	Ω_0	C_{is}
	i_0	C_{rc}	ω_p	$\dot{\Omega}$
	$\dot{i}$	spare	weekno	spare
	svacc	svhlth	$T_{gd}(B1/B3)$	$T_{gd}(B2/B3)$
	ttm	AODC	spare	spare

表格来源：自制

AODE 表示星历数据龄期；AODC 表示时钟数据龄期；$T_{gd}(B1/B3)$ 和 $T_{gd}(B2/B3)$

分别表示 B1 频点和 B2 频点的卫星端时延。其他缩写见 GPS 卫星广播星历说明。

需要注意的是,由于 GEO 卫星轨道与地球赤道平面重合,无法确定升交点,卫星定轨时需要将赤道面旋转 5°作为虚拟赤道面进行计算。因此,GEO 卫星坐标计算步骤略有不同,但是星历参数的意义是相同的。详细的计算步骤见 4.6 节。

（3）GLONASS 广播星历

GLONASS 播发的导航电文中,卫星星历的描述方式与 GPS 不同。它只包括位置信息、时间信息及太阳和月亮摄动加速度之和等参数,没有电离层改正、大气折射改正等信息,其所有卫星的历书播发一遍仅需 2.5 min。在 GLONASS 导航电文中,卫星位置直接采用地固坐标系中的位置、速度和速度变化量,以及基准时间参数的表述方式,内容较为简洁。GLONASS 广播星历每隔半小时更新一次。GLONASS 的广播星历一共有 10 个参数,如表 4.5 所示。

表 4.5 RINEX 2 格式的广播星历数据含义

参数	意义
t_b	参考时刻
$X_n(t_b), Y_n(t_b), Z_n(t_b)$	t_b 时刻的卫星位置
$\dot{X}_n(t_b), \dot{Y}_n(t_b), \dot{Z}_n(t_b)$	t_b 时刻的卫星速度
$\ddot{X}_n(t_b), \ddot{Y}_n(t_b), \ddot{Z}_n(t_b)$	由太阳和月亮引力引起的加速度

表格来源:自制

4.5 GPS 卫星坐标计算

利用广播星历计算卫星位置,是实现用户实时定位的必要步骤。根据星历参数计算卫星在地心地固坐标系中的瞬时坐标的总体思路如图 4.5 所示。

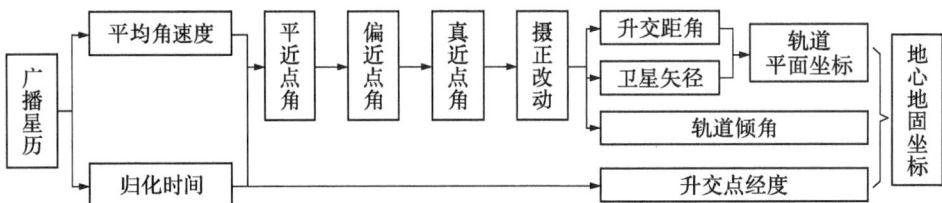

图 4.5 卫星瞬时坐标计算流程

图片来源:自绘

可以将其分为 4 个基本步骤:

①首先按"二体问题"计算观测时刻的轨道根数;

②然后,根据导航电文给出的轨道摄动参数,计算摄动修正后的轨道根数;

③接着,计算卫星在轨道平面坐标系中的瞬时坐标;

④最后,考虑地球自转的影响(忽略章动、岁差和极移等影响),将轨道平面坐标系中的坐标进一步转换到地心地固坐标系中。

具体来说,计算步骤可分为以下 11 步:

(1) 计算卫星运行的平均角速度 n

首先按下式计算未经摄动修改的平均角速度 n_0:

$$n_0 = \sqrt{Gm_\text{地}/a^3} = \sqrt{\mu}/(\sqrt{a})^3 \tag{4.27}$$

式中,$\mu = Gm_\text{地} = 3.986\,005 \times 10^{14} \text{ m}^3/\text{s}^2$,$a$ 为卫星椭圆轨道的长半径。

然后根据导航电文给出的摄动改正数 Δn,计算经摄动修正后的平均角速度 n,

$$n = n_0 + \Delta n \tag{4.28}$$

(2) 计算归化观测时间 t_k

导航电文中给出的卫星轨道参数是对应于参考时刻 t_{oe} 的。对于某时刻 t 观测卫星,需将观测时刻 t 归化为 t_k(以参考时刻 t_{oe} 为基准的归化观测时间):

$$t_k = t - t_{oe} \tag{4.29}$$

需要注意的是,t_k 在每周的周六或周日零点置零,这可能导致 t_{oe} 在第 $N+1$ 周的开始,而 t 在第 N 周的末尾的情况。此时的 t_k 是一个接近 604 800 s(整周)的大值。要将 t_k 规划到下 一周,就需要在上式的结果上减去 604 800 s,这种情况下必有 $t_k >$ 302 400 s(3.5 天),一般将这个条件作为判断依据;反之,当 $t_k < -302\,400$ s 时,说明 t_{oe} 在第 N 周的末尾,t 在第 $N+1$ 周的开始,应加上 604 800 s。

(3) 计算观测时刻的卫星平近点角 M_k

$$M_k = M_0 + nt_k \tag{4.30}$$

式中,M_0 为导航电文中给出的参考时刻 t_{oe} 的平近点角。

(4) 计算观测时刻的偏近点角 E_k

$$E_k = M_k + e\sin E_k \tag{4.31}$$

显然,该值需要利用迭代法进行计算。

解算方法是:首先赋予 E_k 初值为 M_k,代入上式计算第一步迭代值。由于 GPS 卫星轨道偏心率 e 较小(约为 0.01),故迭代 2~3 次即可求得准确的 E_k 值。

注意:式(4.31)中 E_k、M_k 均以 rad(弧度)为单位。

(5)计算真近点角 V_k

根据"二体问题"公式:

$$\begin{cases} \cos V_k = (\cos E_k - e)/(1 - e\cos E_k) \\ \sin V_k = (\sqrt{1-e^2}\sin E_k)/(1 - e\cos E_k) \end{cases} \tag{4.32}$$

则 V_k 的计算公式为:

$$V_k = \arctan\frac{\sqrt{1-e^2}\sin E_k}{\cos E_k - e} \tag{4.33}$$

(6)计算升交距角 Φ_k

$$\Phi_k = V_k + \omega_p \tag{4.34}$$

式中,ω_p 为导航电文中给出的近地点角距。

(7)计算摄动改正项 δ_u、δ_r 和 δ_i

δ_u、δ_r、δ_i 见式(4.26)。

(8)计算经摄动改正后的升交距角、卫星矢径和轨道倾角

$$\begin{cases} u_k = \Phi_k + \delta_u \\ \boldsymbol{r}_k = a(1 - e\cos E_k) + \delta_r \\ i_k = i_0 + \delta_i + \dot{i}t_k \end{cases} \tag{4.35}$$

(9)计算卫星在轨道平面坐标系中的坐标位置

$$\begin{cases} x_k = \boldsymbol{r}_k\cos u_k \\ y_k = \boldsymbol{r}_k\sin u_k \\ z_k = 0 \end{cases} \tag{4.36}$$

此坐标是卫星在轨道平面直角坐标系中的位置。该坐标系的 z 轴指向轨道平面的法线方向,x 轴指向升交点方向,y 轴与 x、z 轴构成右手坐标系,如图 4.6 所示。

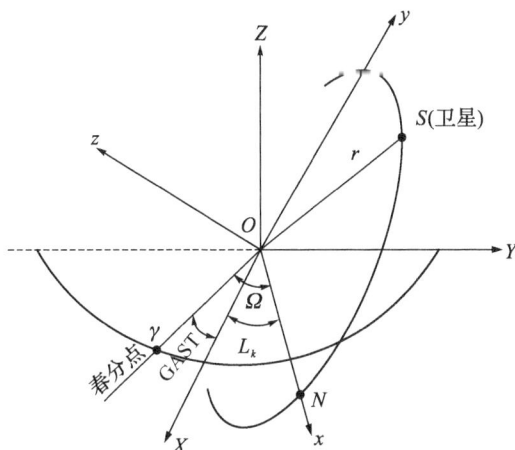

图 4.6 卫星轨道示意图

图片来源：自绘

（10）计算观测时刻 t 的升交点大地经度 L_k

卫星轨道参数是以地心赤道坐标系（惯性系）为基准的，其升交点赤经 Ω 是由春分点 γ 起算的。因此，要将卫星在轨道坐标系中的坐标 (x_k, y_k, z_k) 转换为 WGS-84 坐标系的坐标，首先要计算出升交点在观测时刻 t 的大地经度 L_k。

图 4.6 绘出了观测时刻 t 的 WGS-84 坐标系、卫星轨道坐标系以及春分点方向的关系。其中，春分点方向为惯性系 X 坐标轴方向，而 WGS-84 坐标系则是随地球旋转的大地坐标系。

由图 4.6 可知，观测时刻的升交点 N 的大地经度 L_k 等于该时刻升交点赤经 Ω 与格林尼治恒星时 t_{GPST}（春分点与起始子午线间的角矩）之差，即

$$L_k = \Omega - t_{\mathrm{GPST}} \tag{4.37}$$

观测时刻的升交点赤经为

$$\Omega = \Omega_{oe} + \dot{\Omega} t_k \tag{4.38}$$

式中，Ω_{oe} 为参考时刻 t_{oe} 的升交点赤经；$\dot{\Omega}$ 为升交点赤经的变化率。

卫星电文仪提供了一个星期的历元开始时刻 t_{oe} 的格林尼治恒星时 $t_{\mathrm{GPST},\omega}$。因为地球自转，t_{GPST} 随之不断增加，其速率即为地球自转的角速度 ω_e（其值为 $7.292\,115 \times 10^{-5}\,\mathrm{rad/s}$）。故观测时刻 t 的格林尼治恒星时为：

$$t_{\mathrm{GPST}} = t_{\mathrm{GPST},\omega} + \omega_e t \tag{4.39}$$

将式（4.38）和式（4.39）代入式（4.37），得

$$L_k = \Omega_{oe} + \dot{\Omega} t_k - t_{\text{GPST},\omega} - \omega_e t \tag{4.40}$$

若令

$$\Omega_0 = \Omega_{oe} - t_{\text{GPST},\omega} \tag{4.41}$$

则式(4.40)变为

$$L_k = \Omega_0 + \dot{\Omega} t_k - \omega_e t \tag{4.42}$$

因 $t_k = t - t_{oe}$，则上式变为

$$L_k = \Omega_0 + (\dot{\Omega} - \omega_e)t - \omega_e t_{oe} \tag{4.43}$$

此即计算升交点大地经度的公式。式中 Ω_0、$\dot{\Omega}$ 和 t_{oe} 均是由卫星导航电文中得到。由式(4.41)可知，Ω_0 既不是参考时刻 t_{oe} 升交点的赤经，也不是准确的经度，故称为准经度。如此编排是为了计算简便。

（11）计算卫星在地心地固坐标系中的坐标位置

根据图 4.6，对卫星在轨道坐标系中的坐标 (x_k, y_k, z_k) 进行坐标转换，即可算得观测时刻卫星在 WGS-84 坐标系中的坐标：

$$\begin{pmatrix} X_k \\ Y_k \\ Z_k \end{pmatrix} = \boldsymbol{R}_Z(-L_k) \cdot \boldsymbol{R}_X(-i_k) \begin{pmatrix} x_k \\ y_k \\ z_k \end{pmatrix} \tag{4.44}$$

式中，$z_k = 0$；$\boldsymbol{R}_X$、$\boldsymbol{R}_Z$ 为坐标旋转矩阵，计算方法如下：

$$\boldsymbol{R}_X(\varphi) = \begin{pmatrix} 1 & 0 & 0 \\ 0 & \cos\varphi & \sin\varphi \\ 0 & -\sin\varphi & \cos\varphi \end{pmatrix}, \boldsymbol{R}_Z(\varphi) = \begin{pmatrix} \cos\varphi & \sin\varphi & 0 \\ -\sin\varphi & \cos\varphi & 0 \\ 0 & 0 & 1 \end{pmatrix} \tag{4.45}$$

将坐标旋转矩阵代入式(4.44)，并顾及 $z_k = 0$ 得：

$$\begin{pmatrix} X_k \\ Y_k \\ Z_k \end{pmatrix} = \begin{pmatrix} x_k \cos L_k - y_k \cos i_k \sin L_k \\ x_k \sin L_k + y_k \cos i_k \cos L_k \\ y_k \sin i_k \end{pmatrix} \tag{4.46}$$

式(4.46)为计算观测时刻卫星在 WGS-84 坐标系中三维位置的公式。

最后应指出两点：①以上所有计算，其时间均为统一的 GPS 时间；②卫星位置计算只考虑了地球自转的影响，没有顾及章动、岁差和极移等影响，因而是不严密的。但

对广播星历来说，其误差很小，可忽略，而且计算简便。

4.6　北斗卫星坐标计算

北斗导航系统广播星历用户算法与 GPS 广播星历用户算法基本一致。但是需要注意的是，北斗导航系统用户算法中使用的时间和坐标分别属于 BDT 和 CGCS2000，而 GPS 导航系统采用的是 GPS 时和 WGS‑84 坐标系。在使用时，应当采用对应的参数。在北斗导航系统卫星位置计算中，$Gm_地$ 和 ω_e 分别为 CGCS2000 规定采用的地心引力常数和地球自转角速度，即 $Gm_地 = 3.986\ 004\ 418 \times 10^{14}\ \mathrm{m^3/s^2}$，$\omega_e = 7.292\ 115 \times 10^{-5}\ \mathrm{rad/s}$。

北斗 MEO/IGSO 卫星位置计算公式与 GPS NAV 星历的 17 参数广播星历计算完全相同，详见式（4.29）～式（4.45）。需要注意的是，由于 GEO 卫星轨道与地球赤道平面重合，无法确定升交点。卫星定轨时需要将赤道面旋转 5° 作为虚拟赤道面进行计算，因此 GEO 卫星坐标计算与上述方法略有不同。在第九步计算出 GEO 卫星在轨道平面直角坐标系中的位置 x_k、y_k 之后，卫星位置在虚拟参考轨道面上，需要进行旋转变换才能获得 GEO 卫星的真实位置。

计算历元 k 时刻升交点的经度为：

$$L_k = \Omega_0 + \dot{\Omega} t_k - \omega_e t_{oe} \tag{4.47}$$

计算 GEO 卫星在自定义惯性系中的坐标，用式（4.46）。

计算 GEO 卫星在 CGCS2000 中的坐标：

$$\begin{pmatrix} X_{Gk} \\ Y_{Gk} \\ Z_{Gk} \end{pmatrix} = \boldsymbol{R}_Z(\omega_e t_k) \boldsymbol{R}_X(-5°) \begin{pmatrix} x_k \\ y_k \\ z_k \end{pmatrix} \tag{4.48}$$

式中，$\boldsymbol{R}_X$、$\boldsymbol{R}_Z$ 的计算方法见式（4.45）。

实际进行坐标转换时，必须与广播星历参数拟合前使用的旋转角一致，且它们是互为逆变换的。北斗全球系统 B1C、B2a 频点的广播星历用户算法与 GPS L1C、L5 的广播星历用户算法基本相同。

4.7* 　卫星坐标计算程序设计及其算例

卫星坐标计算的流程较为烦琐，但是优点在于流程固定，非常适合利用计算机程序进行计算。GNSS 导航、定位等功能需要提供连续的位置服务，也必须依赖计算机程序实现自动化。想要深入学习 GNSS，必然离不开计算机语言和程序设计。

卫星坐标计算是实现定位功能的基础，相关的算法和程序已经相当成熟，且实现方式多种多样。本节将围绕卫星坐标计算程序的实现展开介绍，主要包括以下四个方面：计算界面设计简介、数据文件的读写操作、数组与容器简介、卫星坐标计算程序设计流程。

（1）计算界面设计简介

界面设计是软件设计的重要组成部分。简洁美观的软件界面能够使软件更加生动，让使用者操作便捷，更易于上手。一些较为通用的界面设计原则如下：

①易用性原则。按钮和菜单的名称应该通俗易懂，用词准确，使用户的认知负担降到最低。对于 GNSS 相关的程序来讲，还要考虑与 GNSS 相关的术语保持一致。各控件的功能和作用应有必要的说明，以方便用户明确使用方法和获取信息的方式。最理想的情况是让用户在不查阅帮助文档的情况下也能进行相应操作。

②一致性原则。界面的结构要清晰且一致，风格也应该和程序功能相一致。对于相似的功能（如"打开精密星历文件"和"打开广播星历文件"），应该保证操作逻辑和流程基本一致。一致的设计能够让用户更快的认知和熟悉程序的设计模式，并且在此基础上快速适应整体的体验。

③合理布设原则。常用的功能应该放在最容易获取的地方，如果有必要，最好有对应的快捷键，以方便用户频繁调用。在用户操作时，尽可能消除所有对用户没有帮助的元素，包括不常用的功能和控件。不相关的信息会在界面中引入噪声，干扰相关的信息的可见性，增加用户的负担加重。

④美观与协调性原则。这是所有程序都应考虑的问题。界面的布局应符合美学观点，让用户感觉协调舒适。如在卫星坐标计算程序中，需要考虑计算结果的展示形式、星空图占据界面的比例等问题。字体、颜色、图形设计等都是设计的一部分。要做一个美观协调的界面不仅需要一定的经验积累，还需要培养审美甚至进行专业学习。

结合卫星坐标计算程序的实际功能，卫星坐标计算程序的界面应具有以下几点元素：

①基础的功能按钮。打开文件、开始计算、保存计算结果等基础按钮。

②编辑区。文件路径、参数设置（如要求解的时刻、测站坐标等）等需要编辑的内容。

③结果展示窗口。用于显示计算结果的表格、用于绘制星空图的控件等，用于将计算结果可视化。

参考界面如图 4.7 所示。

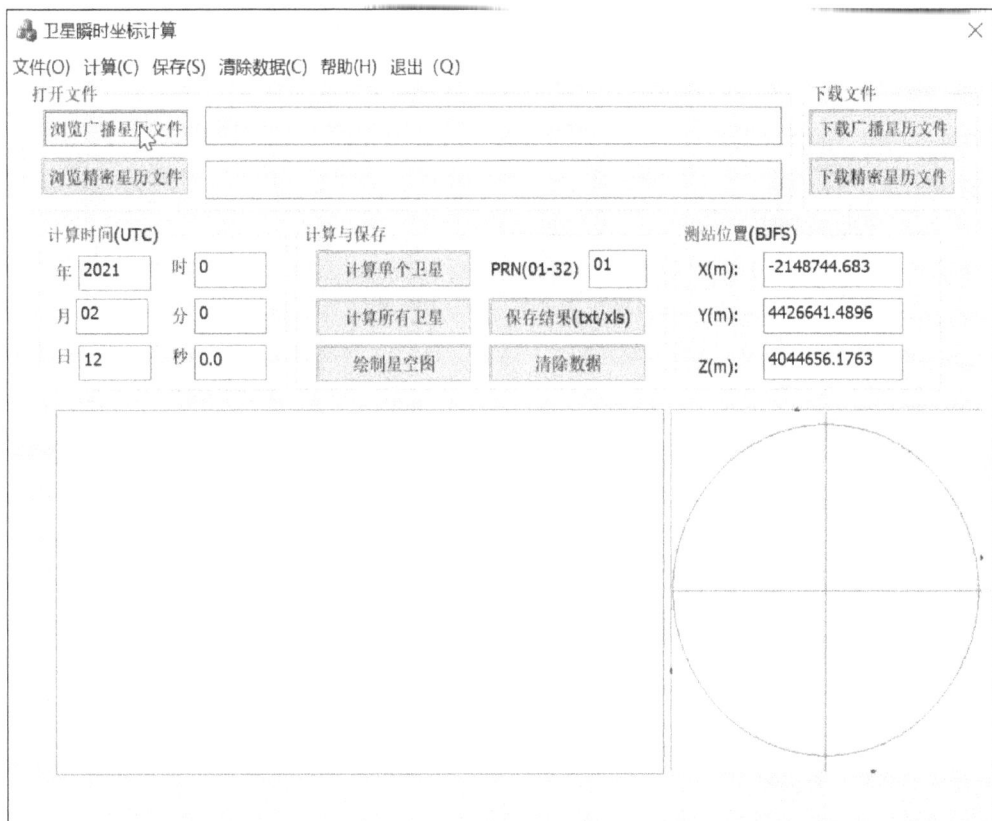

图 4.7 程序界面参考
图片来源:自绘

(2) 数据文件的读写操作

在计算卫星坐标前,应获取包括该时刻卫星的星历文件。在程序设计中,该部分需要处理文件读取和写入方面问题。

在 C++面向对象编程中,文件读取可能涉及的类和函数如图 4.8 所示。

主要的类包括:输入文件、打开对话框、文件的读写类等。常用的文件读取函数包括:打开文件函数、按行读取函数和关闭文件函数。可能涉及的字符串操作函数包括:字符串截取 CString.Mid();字符串与数值型的转换_ttof(CString);字符串转换为宽字符_T(CString);等等。

当计算完成后,可以对计算结果进行输出,方便计算结果的后续使用。在 C++面向对象编程中,文件输出可能涉及的类和函数如图 4.9 所示。

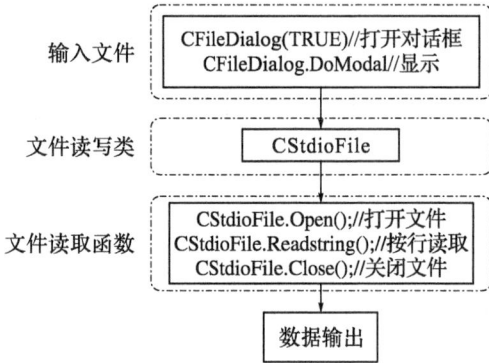

图 4.8　文件读取可能涉及的类和函数

图片来源：自绘

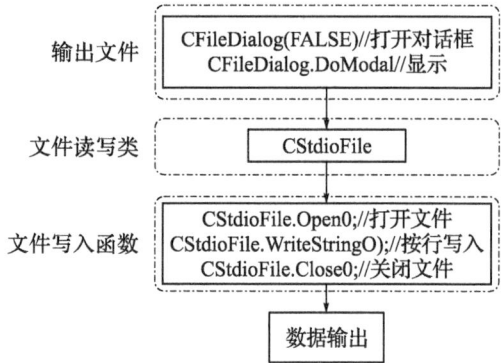

图 4.9　文件输出可能涉及的类和函数

图片来源：自绘

输出时需要将数值转换为字符串，并做格式化处理。以下是一个常用的数值转换为字符串的函数：CString.Format(_T("%lf %d")，double ，int)。

（3）数组与容器简介

数据存储结构与程序计算效率相关，良好的存储结构能够使程序有更高的计算效率。

数组是一种用于存放相同类型对象的集合，其大小一般确定不变，不能随意向其中增加元素。它的特点是运算效率比较高，但应用范围相对有限。例如，在广播星历中，包含的 8 个电离层参数均为浮点型，且位置固定，因此可以考虑用数组来存储。

容器也是存放相同类型对象的集合，但其大小可以变化，便于添加和删除元素。但是，容器的效率相对较差。

考虑到星历文件的格式特点，存储卫星星历数据可以采用以下结构：

①单个卫星在某一历元的观测数据为基本单元，该单元包括卫星星历参数和状态信息参数。采用数组的形式对数据进行存储。

②同一历元中多个卫星的数据集中存储，定义为历元数据类。其数据内容包括该历元的多卫星数据容器和历元时刻。

③所有历元数据组成该广播星历的全部数据。其数据内容包括多历元数据容器、电离层参数数组和文件版本等内容。

随着计算机硬件的不断发展，存储空间的限制已经越来越小，程序设计中往往更重视运行效率。尤其是在 GNSS 定位中，涉及的计算较多，效率显得尤为重要。因此，在现代 GNSS 程序中，申请一个容量较大的数组用来存储多历元数据的做法也非常常见。

（4）卫星坐标计算程序设计流程

具体如图 4.10 所示。

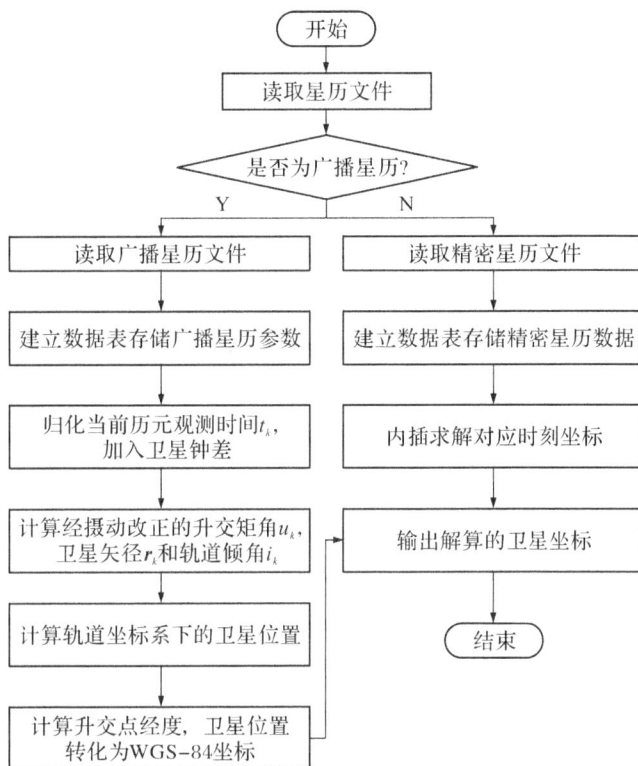

图 4.10　程序设计流程

图片来源：自绘

广播星历和精密星历计算卫星坐标的过程已经做过详细介绍，此处不再赘述。在广播星历计算完成后，可利用精密星历插值求出对应时刻的精密坐标，以验证计算结果的准确性。一般误差在 1 m 左右，则说明结果较为可靠。

卫星坐标计算的算法较为固定，但是计算机语言的发展日新月异，不同语言有着不同的特点，面对不同的需求也会采用不同的实现方法。GNSS 程序设计还是一个较为复杂的课题，很难用一节或一章内容概括。有兴趣的读者可以参考相关的资料，从实现卫星坐标计算开始尝试。

4.8　IGS 简介与卫星精密星历

尽管广播星历为用户提供了广泛的服务，但是由于其精度较低，一定程度上限制了卫星定位的应用范围。此外，由于实时性的要求，广播星历在数据完整性和事后数据处理方面也存在局限性,难以充分满足高精度定位的需求。随着 GNSS 技术的发展,对事后精密产品的需求变得日益迫切。

4.8.1 IGS 简介

(1) IGS 发展历程与组织

1994 年 1 月,国际 GNSS 服务组织(International GNSS Service,IGS)作为国际大地测量协会(IAG)的一个部门正式成立。2005 年 3 月,IGS 开始向用户免费提供精密 GPS 卫星轨道、钟差以及其他产品。

IGS 组织主要由数据中心、分析中心、协调分析中心、中心局以及全球 GNSS 跟踪站等部分组成。遍布全球 80 多个国家的 200 多个研究机构共同负责全球跟踪站观测数据的处理、分析及成果生成,提供高质量的观测数据和高可靠性的产品服务。

IGS 的全球跟踪站网从最初的 60 多个核心站发展到 2023 年 9 月的 500 多个跟踪站,其地心坐标精度可达 2～3 cm,测站分布结构也有很大改善。

IGS 目前运行的数据处理分析中心不少于 12 家,如表 4.6 所示。这些分析中心从全球数据中心获取全球跟踪站的观测数据,并独立解算生成 GNSS 系统卫星轨道和钟差、测站坐标及其速度、地球自转参数、电离层总电子含量(TEC)以及对流层天顶延迟等一系列产品。

表 4.6 部分 IGS 数据处理分析中心

分析中心缩写	机构全称	所在国家	数据处理软件
COD	欧洲定轨中心	瑞士	Bernese5.0
EMR	加拿大自然资源部	加拿大	Bernese5.0、GIPSY-OASIS-Ⅱ
ESA	欧洲空间局	德国	NAPEOS
GFZ	德国波茨坦地学研究中心	德国	EPOS.P.V2
GRG	法国空间研究中心	法国	Bernese5.0
JPL	美国喷气推进实验室	美国	GIPSY-OASIS-Ⅱ
MIT	美国麻省理工学院	美国	GAMIT/GLOBK v.10.71
NGS	美国国家大地测量局	美国	PAGES,GPSCOM
SIO	美国斯克里普斯海洋研究所	美国	GAMIT/GLOBK v.10.71
USNO	美国海军天文台	美国	GIPSY-OASIS-Ⅱ、Bernese5.0
GOP	捷克大地实验室	捷克	Bernese5.0
WHU	武汉大学	中国	Panda

表格来源:自制

（2）IGS 提供的产品

图 4.11 为 IGS 官网首页，可通过以下网址访问：https://igs.org/。

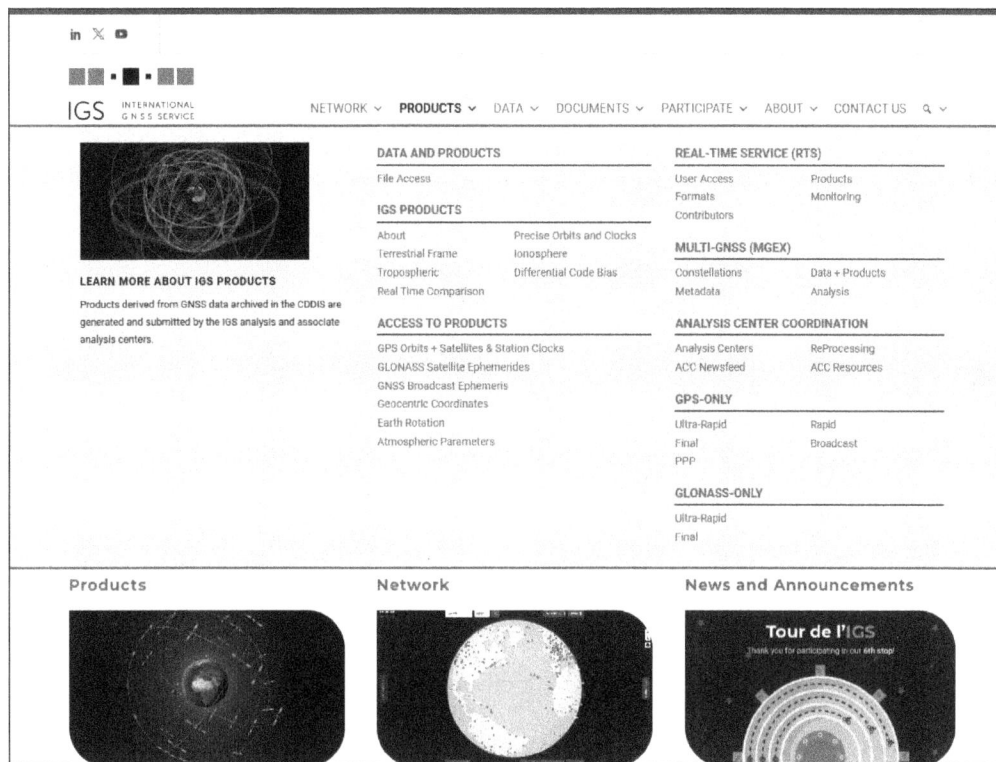

图 4.11　IGS 官网

图片来源：自绘

IGS 提供的主要产品服务包括：

①GNSS 卫星的广播星历及精密轨道产品（目前北斗的精密轨道产品还未提供服务）；

②GNSS 卫星精密钟差产品（目前北斗的精密钟差产品还未提供服务）；

③IGS 跟踪站在 ITRF 框架下的坐标及其速度、原始观测数据等；

④对流层天顶延迟改正参数；

⑤电离层数据及其全球电离层地图；

⑥地球自转参数；

⑦卫星发射端及跟踪站接收端天线中心迁移数据；

⑧GNSS 系统偏差、硬件延迟等数据产品；

⑨实时数据流产品（Real-Time Service，RTS）。

4.8.2 卫星精密星历

精密星历是国际上一些组织根据建立的连续跟踪站所获得的精密观测资料,采用卫星精密定轨方法计算得出的卫星星历。它是在事后向用户提供的卫星精密轨道信息,精度可达厘米级。表 4.7 为 IGS 提供的 sp3 - c 格式的 GPS 卫星精密星历数据(时间:2023 年 9 月 9 日 0 时 0 分 0 秒)。

表 4.7 GPS 卫星精密星历

```
#cP2023  9  9  6  0  0.00000000      192 ORBIT IGS20 HLM   IGS
## 2278 540000.00000000   900.00000000 60196 0.2500000000000
+   32   G01G02G03G04G05G06G07G08G09G10G11G12G13G14G15G16G17
+        G18G19G20G21G22G23G24G25G26G27G28G29G30G31G32  0  0
+         0  0  0  0  0  0  0  0  0  0  0  0  0  0  0  0  0
+         0  0  0  0  0  0  0  0  0  0  0  0  0  0  0  0  0
+         0  0  0  0  0  0  0  0  0  0  0  0  0  0  0  0  0
++        4  3  3  4  4  4  3  4  4  4  3  4  4  4  4  4  4
++        4  5  3  4  4  3  4  4  3  4  4  4  4  3  3  0  0
++        0  0  0  0  0  0  0  0  0  0  0  0  0  0  0  0  0
++        0  0  0  0  0  0  0  0  0  0  0  0  0  0  0  0  0
++        0  0  0  0  0  0  0  0  0  0  0  0  0  0  0  0  0
%c G   cc GPS ccc cccc cccc cccc cccc ccccc ccccc ccccc ccccc
%c cc cc ccc ccc cccc cccc cccc cccc ccccc ccccc ccccc ccccc
%f  1.2500000  1.025000000  0.00000000000  0.000000000000000
%f  0.0000000  0.000000000  0.00000000000 0.000000000000000
%i    0    0    0    0      0      0      0      0      0
%i    0    0    0    0      0      0      0      0      0
/* ULTRA ORBIT COMBINATION 22790_06 (60197.250) FROM:
/* cou emu esu gfu gru siu usu whu
/* REFERENCED TO emu CLOCK AND TO WEIGHTED MEAN POLE:
/* PCV:IGS20       OL/AL:FES2014b NONE      Y  ORB:CMB CLK:CMB
*  2023  9  9  6  0  0.00000000
PG01  14320.934930 -20699.645723   7571.272380     165.958683 10   8   8 147
PG02  15765.909878 -15562.939229  15028.936898    -556.081081 14  15  13   48
PG03  18284.032063 -12455.404783 -14759.668987    -144.990896  7   7   4 169
PG04   7637.972133 -14335.668729 -20982.265885     150.597296  8   7   4 203
PG05 -26118.941376   5087.865108    390.627031    -142.011920  2   9   8 179
PG06  -8964.083317 -13827.161701 -20745.442845     553.423754  8  10   7 170
……
PG29   -174.739723  20504.426460 -16870.368927    -609.071635  8   9   9 207
PG30  -3702.275618 -21111.756816  15640.007051    -489.398216 11   8   8 140
PG31  14504.218559   5341.913904 -21791.816855    -223.109979  9   8   6 153
PG32  16765.390133  20733.571125   -444.571590    -554.927445  9   8   8 181
*  2023  9  9  6 15  0.00000000
PG01  14103.515661 -19635.495288  10253.959928     165.957710 10   8   8 151
PG02  15445.005221 -13830.082021  17008.477240    -556.076947 13  15  12
……
```

表格来源:自制

第1行："♯c"表示精密星历的版本；"2023年9月9日"为起始时间；"192"表示历元数；"IGS20"表示坐标采用的是"ITRF2020"框架；最后的"IGS"表示发布机构。

第2行："2278"表示GPS周；"540000.00000000"表示周内秒；"900.00000000"表示历元间隔(s)；"60196"和"0.2500000000000"表示了开始时刻的简化儒略日。

第3～4行：卫星数量和卫星PRN号。

第5～7行：其他卫星的预留位置。

第8～12行："++"开头的行，表示卫星的精度，和第3～4行PRN号位置相对应。

第13～14行："G"表示文件类型为GPS精密星历；"GPS"为时间系统；"ccc"等没有具体的说明，官网上标注为"3 characters"，可能为预留位置，实际解算中也未使用。

第15行：第一个数据(此处为"1.2500000")表示位置和速度误差的基数(单位分别为mm、10^{-4} mm/sec)，第二个数据(此处为"1.025000000")表示钟差和钟速误差的基数(单位分别为psec、10^{-4} psec/sec)。

第16～18行：暂无具体含义。

第19～22行：注释性说明。

第23行："*"开头的行，为本数据块的时间。

第24行：以"P"开头，表示本行是卫星G01的位置行，后面依次为X、Y、Z(km)、时钟(μs)；后面四位为相应的标准差，单位为mm、psec。注意，此处的标准差为整数，乘第15行的基数才是真正的标准差。此外，若以"V"开头，则表示本行是速度行。

末尾行：一般都有"EOF"行表示文件结束。

和广播星历一样，具体的格式说明可以在 https://files.igs.org/pub/data/format/下载。

目前，提供北斗卫星导航系统精密产品的机构较少，主要包括国内一些科研单位以及德国地学研究中心(GFZ)。IGS作为在全球拥有200多个机构的志愿同盟，汇总了全球大部分机构的数据产品，可登录 https://igs.org/进行查看。常用的精密星历获取途径包括：

https://cddis.nasa.gov/archive/gnss/products/

ftp://igs.ign.fr/pub/igs/products/mgex/

ftp://ftp2.csno-tarc.cn/eph/2023/(中国卫星导航系统管理办公室)

上述精密星历是按一定时间间隔进行播发的，如果想要将其应用于精密定位，还需要进行插值以求得任意时刻的卫星坐标。

拉格朗日插值法因算法简单且易于编程实现而被广泛采用。已知函数 $y=f(x)$ 的 $n+1$ 个节点 $x_0,x_1,x_2,\cdots,x_n$ 及其相应函数值 $y_0,y_1,y_2,\cdots,y_n$，则对于插值区间内的任一点 x，都可用如下拉格朗日 n 阶插值多项式计算：

$$f(x) = \sum_{k=0}^{n} \left[y_k \prod_{\substack{i=0 \\ i \neq k}}^{n} \left(\frac{x - x_i}{x_k - x_i} \right) \right] \qquad (4.49)$$

在实际计算中,通常在插值时刻的前后各取相同的节点个数进行插值计算,也就是将插值时刻放在插值区间的中点。这样做的目的是保证插值结果具有更高的精度。一般来讲,11 阶的插值多项式就可以提供足够的精度。

◇第五章

GNSS 信号

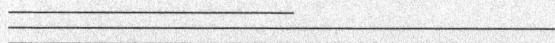

5.1 GNSS 信号概念

5.1.1 GNSS 信号组成及其相关技术

GNSS 通过接收机接收导航卫星的信号,利用距离后方交会原理确定位置。因此,深入了解 GNSS 卫星信号的内容和特性是学习 GNSS 导航定位的基础。

(1) GNSS 信号组成

GNSS 信号由以下三部分组成:

①测距码。又称伪随机码,是一种由特定算法生成、具有特定长度和结构的数字序列。每颗卫星的测距码都有其独特的数字序列。用户根据测距码可以辨识出发射信号的卫星,并利用测距码测得卫星到用户接收机之间的距离。由于该距离误差较大,不够准确,因此常被称作伪距。

②导航电文。又称数据码,负责向用户传输卫星的关键信息,包括卫星的轨道数据、时钟状态及其误差参数、卫星的健康状况,以及 GNSS 系统的整体运行情况。用户通过导航电文,可以计算出给定时刻的卫星位置和速度。

③载波信号。载波信号的主要功能是通过信号的调制与解调,将测距码信号和导航电文传送到地面。载波可以被视为信息传输的“公路”,而传输的数据则是行驶在“公路”上的“车辆”。

（2）相关技术

为了实现对不同卫星的识别，GNSS 卫星信号调制采用了码分多址（Code Division Multiple Access，CDMA）技术或频分多址（Frequency Division Multiple Access，FDMA）技术。

①CDMA 技术

CDMA 是一种基于扩频技术的无线通信方法，允许多个用户在同一频带内同时传输数据。CDMA 通过为每个用户分配一个独特的伪随机码（Pseudo Random Noise Code，PRN），使得各用户的信号在时域和频域上可以相互区分，从而实现多用户通信。CDMA 的技术特点如下：

a. 伪随机码分配。每个用户在通信系统中都会被分配一个唯一的 PRN，这些码通常具有低互相关性和良好的自相关性。通过这些特性，即使多个用户的信号在同一频带上叠加，每个用户仍然可以使用其特定的 PRN 在接收端将自己的信号从其他信号中区分开来。

b. 扩频技术。CDMA 采用扩频技术，将窄带数据信号通过与 PRN 相乘的方式扩展到一个更宽的频谱。扩频后的信号占据一个更宽的频带，使得它在传输过程中更加不易受到窄带干扰的影响。在接收端，接收器使用与发射端相同的 PRN 对接收到的宽带信号进行解扩。由于扩频信号的带宽远大于数据的原始带宽，解扩过程会将有用信号恢复到原始带宽，同时将其他用户的信号视为低功率噪声进行滤除。

c. 多用户干扰的处理。CDMA 系统利用码分复用的特性，将不同用户的信号混合在一起传输。由于每个用户的 PRN 不同，相互之间的干扰被视为噪声。然而，系统需要设计良好的功率控制机制，确保各用户信号在接收端的功率水平大致相同，以避免"近端－远端"效应。如果没有合适的功率控制，近距离的用户信号可能会淹没远距离的用户信号。

d. 异步传输。CDMA 允许异步传输，意味着不同用户可以在任意时间进入和离开网络。这种特性使得 CDMA 系统能够有效地支持突发通信和动态接入，从而提高频谱利用率。

②FDMA 技术

频分多址（FDMA）是一种多址接入技术，通过将整个可用频谱分成多个不重叠的频带，每个用户占用一个独立的频带进行通信。FDMA 的技术特点如下：

a. 频谱划分。在 FDMA 系统中，整个频谱被划分成多个窄带频率信道，每个信道的带宽是固定的，并且互不重叠。每个用户被分配到一个特定的频带，以独占方式进行通信。频带之间通常留有保护带,以减少相邻信道之间的干扰。

b.独立信道分配。每个用户在其分配的频带上进行独立通信。由于每个频带是独立的,用户之间不会发生同频干扰,因此信号的干扰主要来自相邻频带的泄漏,这可以通过设计滤波器和使用保护带来减轻。

c.连续传输。在FDMA中,用户的信号是连续传输的,这意味着一旦用户被分配了一个频率信道,他就可以持续使用该信道进行通信。这种方法非常适合于需要稳定连接和连续数据流的应用,如语音通话和低速数据传输。

d.调制和滤波。FDMA系统通常使用模拟或数字调制技术,如频率调制(FM)、相移键控(PSK)等。调制后的信号通过带通滤波器限定在分配的频带内。滤波器的设计必须精确,以防止信号泄漏到相邻信道,造成干扰。

e.带宽利用率。FDMA系统的总带宽利用率受限于每个信道的带宽和频带之间的保护带宽。虽然FDMA简单可靠,但其频谱效率较低,特别是在信道数较多的情况下,保护带占用的频谱资源增多,导致频谱利用率下降。

f.功率控制。由于每个用户使用不同的频带,功率控制在FDMA中并不是一个主要问题。相对于CDMA系统,FDMA对功率控制的需求较低,只需确保信号在其频带内不产生过多的相邻信道干扰。

选择CDMA主要是出于其高用户容量、抗干扰能力和信号安全性等优势。而选择FDMA则主要是因为其实现简单、频带划分清晰和传输延迟低等特点。不同的GNSS系统根据各自的技术和应用需求,选取合适的调制技术。例如,GPS、Galileo、BDS采用CDMA技术,利用其高用户容量和抗干扰能力,确保全球范围内的高精度定位。而GLONASS系统则采用FDMA技术,通过清晰的频带划分确保信号的独立性,简化了系统实现,并提供实时定位信息。

5.1.2 GNSS 信号产生

(1) GPS 信号产生

GPS信号的产生始于一个称为基准频率的固定频率源,该基准频率设定为10.23 MHz。基于该基准频率可以生成GPS测距码,主要包括工作在不同载波频率上的C/A码(Coarse/Acquisition)和P码(Precision),具体见5.2节"测距码"。该基准频率除以10,所得1.023 MHz为测距码中的C/A码频率。C/A码为民用用户提供了基础的星地距离观测值。此外,基准频率通过不同的倍频过程,产生主要的载波频率:L1和L2。L1载波的频率通过将基准频率乘154得到1 575.42 MHz;而L2载波通过将基准频率乘120得到1 227.6 MHz。L1载波同时传输C/A码和P码,而

L2 载波则主要传输 P 码。这些载波在传输过程中还搭载了 50 bps(bits per second)的导航电文(Data Code,D 码)。

在 GPS 现代化过程中,L5 频段被引入。L5 载波的产生同样通过倍频方式基于基准频率 10.23 MHz 得到,将基准频率乘 115 得到 1 176.45 MHz。L5 载波传输 L5 码,L5 码的码速率与 P 码相同,即 10.23 MHz。L5 载波在传输过程中搭载了 100 bps 的民用导航(Civil Navigation,CNAV)电文。此外,GPS 现代化还在 L1 频段上新增了 L1C - I、L1C - Q、M 信号;在 L2 频段上新增了 L2C、M 信号。

如今,GPS 在 L1、L2、L5 三个频段上提供多种信号。这种多频设计为 GPS 系统提供了冗余,确保在某一频率出现问题时,其他频率仍能继续工作。此外,通过频率组合能够有效消除电离层延迟,从而进一步提高定位精度。GPS 信号的具体信息如表 5.1 所示。

表 5.1　GPS 信号(加粗的为 GPS 现代化的新增信号)

载波频段	频率	测距码	导航电文
L1	1 575.42 MHz	C/A、P(Y)、**L1C - I、L1C - Q、M**	D 码
L2	1 227.60 MHz	P(Y)、**L2C、M**	D 码
L5	1 176.45 MHz	**L5**	CNAV 电文

表格来源:自制

(2) BDS 信号产生

BDS 信号的产生类似于 GPS,也是基于频率和编码设计。BDS 系统使用多种频率和码来提供服务,包括针对不同用户群体的专用信号。北斗二代在 B1、B2 和 B3 三个频段提供 B1I、B2I 和 B3I 三个公开服务信号。其中,B1 频段中心频率为 1 561.098 MHz,B2 频段中心频率为 1 207.140 MHz,B3 频段中心频率为 1 268.520 MHz。B1 载波传输 B1I 码,B2 载波传输 B2I 码,B3 载波传输 B3I 码。B1I、B2I 信号测距码,码速率为 2.046 Mbps,码长为 2 046;而 B3I 信号测距码的码速率为 10.23 Mbps,码长为 10 230。

与 GPS 不同,北斗二代卫星系统的导航电文有两种主要类型:D1 与 D2。D1 导航电文的传输速率为 50 bps,主要在北斗 IGSO 和 MEO 卫星的 B1I、B2I、B3I 信号上进行传播;D2 导航电文的传输速率为 500 bps,主要在北斗 GEO 卫星的 B1I、B2I、B3I 信号上进行传播。

而北斗三代在 B1、B2 和 B3 三个频段提供 B1I、B1C、B2a、B2b 和 B3I 五个公开服务信号。其中,B1 频段提供 B1I 和 B1C 信号,B1I 信号的中心频率为 1 561.098 MHz,B1C 信号的中心频率为 1 575.420 MHz;B2 频段提供 B2a 和 B2b 信号,B2a 信号的中心频率为 1 176.450 MHz,B2b 信号的中心频率为 1 207.14 MHz;B3 频段提供 B3I 信号,B3I 信号的中心频率为 1 268.520 MHz。B1I 信号的载波传输 B1I 码;B1C 信号的载波传输 B1C 码;B2a 信号的载波传输 B2a 码;B2b 信号的载波传输 B2b 码;B3I 信号的载波传输 B3I 码。

北斗三代卫星系统的导航电文有五种类型:D1、D2、B-CNAV1、B-CNAV2 和 B-CNAV3。D1 主要在北斗 IGSO 和 MEO 卫星的 B1I 及 B3I 信号上进行传播;D2 主要在北斗 GEO 卫星的 B1I 和 B3I 信号上进行传播;B-CNAV1 导航电文在 B1C 信号中播发;B-CNAV2 导航电文在 B2a 信号中播发;B-CNAV3 导航电文在 B2b 信号中播发,包括基本导航信息和基本完好性信息。BDS 信号的具体信息如表 5.2 所示。

表 5.2　BDS 信号

	载波频段	信号	中心频率	测距码	导航电文
北斗二代	B1	B1I	1 561.098 MHz	B1I	D1,D2
	B2	B2I	1 207.140 MHz	B2I	D1,D2
	B3	B3I	1 268.520 MHz	B3I	D1,D2
北斗三代	B1	B1I	1 561.098 MHz	B1I	D1,D2
		B1C	1 575.420 MHz	B1C	B-CNAV1
	B2	B2a	1 176.450 MHz	B2a	B-CNAV2
		B2b	1 207.14 MHz	B2b	B-CNAV3
	B3	B3I	1 268.520 MHz	B3I	D1,D2

表格来源:自制

5.2　测距码

测距码要确保接收器能够准确识别并跟踪来自特定卫星的信号,而且还要实现快速距离测量,因此需要对测距码的产生进行特别的设计。GNSS 测距码按照 m 序列模式产生,形成伪随机序列(PRN)。所谓伪随机序列是指,码序列表面上看似随机,但实际上是通过特定算法生成的,具有随机性和可重复性。在 GNSS 系统中,伪随机序列和测距码通常具有相同的概念。

5.2.1 m 序列

m 序列是最长线性反馈移位寄存器序列的简称。基于 m 序列模式,每颗 GNSS 卫星都形成独特的伪随机序列,用于识别和区分不同卫星的信号。

(1) m 序列生成方法

m 序列主要由线性反馈移位寄存器(Linear Feedback Shift Register, LFSR)生成。LFSR 的基本组件包括 D 触发器和模 2 加法器。D 触发器能存储一个二进制位。在每个时钟周期内,触发器会将其数据输入(D)传递到其数据输出(Q)。模 2 加法也称为异或操作,它用于将两个二进制位相加,但不考虑进位。例如,1 与 0 异或结果是 1,而 1 与 1 异或的结果是 0。

LFSR 的具体工作过程与时钟脉冲是直接相关的。时钟脉冲是电子电路中用于同步操作的周期性信号,通常以方波形式出现。它为数字电路中的元件提供同步信号,确保所有操作按统一的时间间隔执行。

每次系统时钟脉冲产生时,LFSR 中的所有位都会经历一次向右的移位操作。最右侧的位,即最低有效位(Least Significant Bit, LSB),在此操作后会被丢失。最左侧位的新值并不是随机决定的,而是基于 LFSR 当前的配置及其他位的值经过特定计算得到的。此计算涉及 LFSR 中的特定寄存器位置,这些位置被称为"抽头位置"。在抽头位置上的位值会被送到模 2 加法器(异或操作),其输出结果将决定最左侧的新位值。这种结构确保 LFSR 产生的序列具有特定的伪随机特性。

LFSR 的行为模式及其生成的序列具有高度的可预测性,主要取决于初始状态(或种子值)和反馈抽头的位置。种子值为 LFSR 提供了启动点,并决定了其产生的序列特性。一般情况下会避免使用全 0 状态作为种子,因为这种状态会导致 LFSR 陷入静止,无法产生有意义的输出。反馈抽头位置决定了 LFSR 的反馈逻辑,它们标识了哪些寄存器的当前值被送入模 2 加法器。通过调整这些抽头位置,可以改变 LFSR 生成的序列,从而得到不同的伪随机特性。

LFSR 所产生的 m 序列是由 n 位 LFSR 生成的 $2^n - 1$ 长度的伪随机序列。这些序列的构建确保了除全 0 状态外的所有可能状态都被遍历一次。图 5.1 展示了 m 序列的产生过程。

(2) m 序列的特点

m 序列具有如下特性:

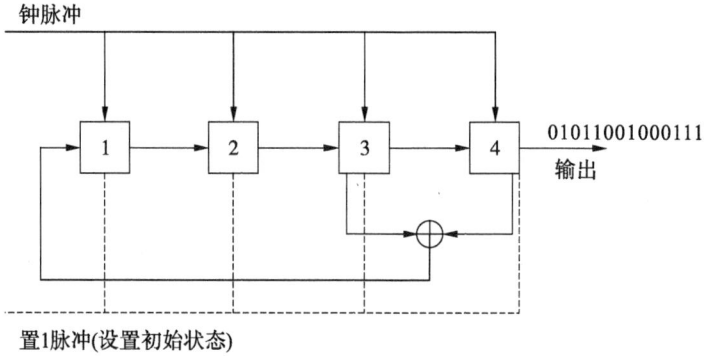

图 5.1　m 序列产生原理

图片来源:自绘

①平衡特性。m 序列中 1 和 0 几乎均匀分布,为扩频通信提供了近似白噪声的伪随机序列。

②良好的自相关性能。自相关性描述序列间相似度,m 序列与自身延迟版本的自相关函数在零延迟处有尖锐峰值,而在其他处接近零。这一特性在 GNSS 中发挥重要作用,有助于接收器在高噪声环境下检测信号。

③极低的互相关性。互相关性用于度量不同序列间的相似度。在 GNSS 中,不同卫星的 m 序列互相关性几乎为零,使接收器能区分不同卫星的信号,同时减少了扩频信号间的干扰。

④周期性。m 序列由 n 位线性反馈移位寄存器(LFSR)生成,其周期为 $2^n - 1$。这种周期性有助于 GNSS 接收器同步卫星信号,即使丢失同步也能快速恢复,从而保

证导航的连续性和准确性。

⑤抗干扰能力。作为宽带信号,m序列能把能量分散在宽频率范围,从而抵抗窄带的干扰;即使在某频率上受到干扰,接收器仍可在其他频率提取信号,确保信号的稳定性和可靠性。

⑥多路径缓解。m序列的自相关性能帮助GNSS接收器区分直接卫星信号和多路径反射信号,从而提高信号的准确性。

⑦易于生成。m序列可通过简单的硬件(如LFSR)轻松生成,适用于实际应用。

在图5.2中,图(a)展示了m序列自相关值。其特点是在零延迟处相关度有显著尖峰,而在其他延迟处迅速下降至接近零。这表明m序列在与自身完全对齐(延迟为0)时相似度最高,而在非零延迟时,其相似度几乎为零。图(b)显示了两个不同m序列的互相关值,展示了即使在无延迟或不同延迟下,这两个序列的相似度也几乎为零,即具有低互相关性。这种性质使得不同的m序列在相互关联时几乎不会相互干扰,也使得接收器在多路径和噪声干扰环境下能够准确地检测和同步特定的卫星信号。高自相关性和低互相关性确保了在高密度的卫星信号环境中,每个信号都可以独立识别和处理。

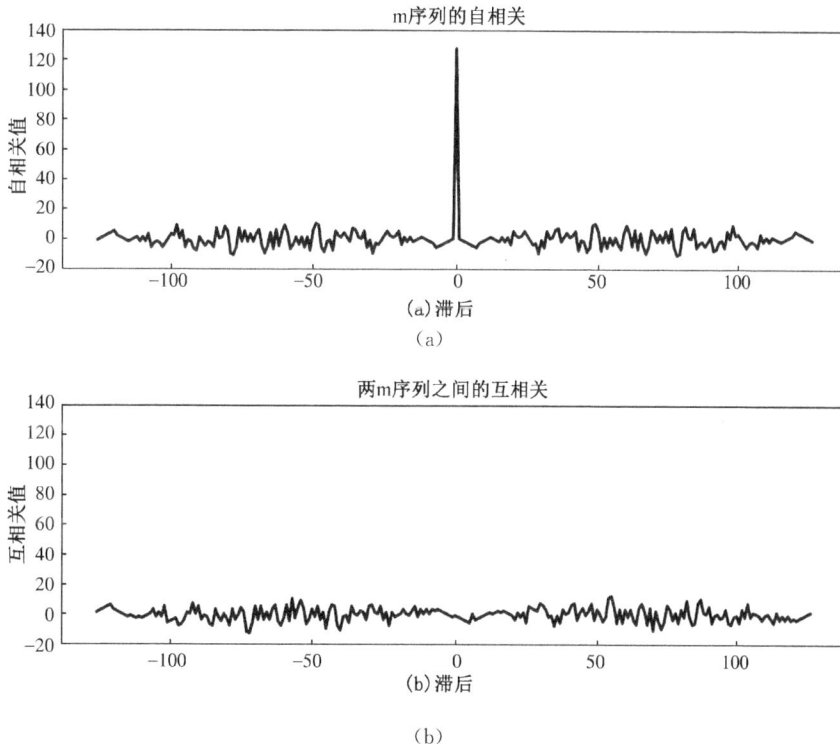

(a)

(b)

图5.2 m序列的自相关性和互相关性

图片来源:自绘

5.2.2 GPS 测距码

GPS 测距码基于伪随机数生成器由确定的算法生成，具有可预测性。本书以常用的 C/A 码和 P 码为例对测距码的形成进行介绍。

（1）C/A 码

GPS 的 C/A 码由长度为 1 023 位的二进制序列构成，并在每毫秒内重复一次。通过特定配置的 LFSR，为每颗卫星生成不同的 C/A 码。C/A 码搭载在 GPS 信号的 L1 载波上，每一颗 GPS 卫星都发送具有独特 C/A 码的信号。

图 5.3 中展示了 GPS C/A 码的生成过程。首先，系统有一个 10.23 MHz 的基准频率源。这个源通过一个分频器，将频率降至原来的 1/10，产生 1.023 MHz 的频率，即 C/A 码的频率。此后，有两组 LFSR，分别标记为 G1 和 G2，开始工作。每组寄存器都有 10 个位，见图 5.3 中 1 到 10 的编号。根据 LFSR 的工作原理，这两组寄存器会生成伪随机的数字序列。接着，G2 寄存器通过选择器选择特定的位，这些位对应于特定的卫星。例如，卫星 1 可能使用第 2 位和第 6 位，而卫星 2 可能使用第 3 位和第 7 位，以此类推。选择的这两个位通过一个异或运算连接到一个输出，该输出再与 G1 寄存器的输出进行另一个异或运算，最终所得结果就是 C/A 码。

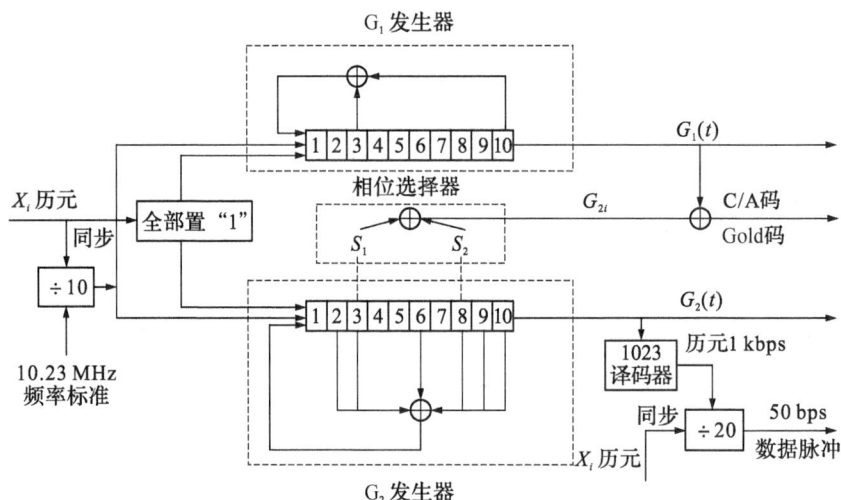

图 5.3 C/A 码的产生原理

图片来源：自绘

在 GPS 观测中，C/A 码具有以下关键作用：

①信号快速获取。GPS 接收器在启动或信号丢失后，需要尽快重新获得并锁定卫星信号。在这个初步的信号搜索阶段，C/A 码通过其独特性和较短的 1 ms 重复周

期,引导 GPS 接收机快速捕获卫星信号。每颗 GPS 卫星都有一个唯一的 C/A 码,接收机,通过生成对应的伪随机码与接收到的信号进行相关匹配,以识别特定卫星。由于 C/A 码周期短,接收机可以迅速计算出所有可能的码移位和频率偏移,找到最佳匹配,实现快速捕获。因此,C/A 码也被称为"粗获取码"。

②信号持续跟踪。锁定信号只是开始,接收器必须持续跟踪卫星,以保证获取持续、稳定的导航数据。C/A 码通过其伪随机特性和 1 ms 的短周期,帮助 GPS 接收机稳定跟踪卫星信号。接收机使用延迟锁定环(DLL)来精确对齐本地产生的 C/A 码与接收的卫星信号,保持码相位同步,从而持续跟踪卫星位置变化。此外,C/A 码的伪随机序列有助于抵抗多路径效应和干扰,确保在各种环境下接收机信号解调的稳定性和可靠性。

③伪距测量。接收器通过比对卫星发送的 C/A 码与本地生成的 C/A 码之间的差异,能够估算信号传播的时间。这个时间差反映了信号从卫星传到接收器所需的时间,从而可以转化为距离信息,为进一步的位置计算提供关键数据。

④防止信号混淆。由于每颗卫星的 C/A 码都是独特的,接收器可以轻松地区分来自不同卫星的信号,确保数据解码的准确性,避免可能的信号混淆。

（2）P 码

P 码与 C/A 码在结构上类似,但它是一个更复杂、更长的伪随机序列。产生 P 码的 LFSR 和 C/A 码不一样,使得每颗卫星的 P 码具有独特性。

P 码的产生如图 5.4 所示。GPS 系统中的 P 码使用 10.23 MHz 的频率源,由两组长 LFSR 产生,形成两个子码 X_1、X_2。这两个子码通过异或运算组合,形成 37 个 P 码序列。每个 P 码长度达 10.23 兆位(1.023×10^7 位),周期大约一个星期。

P 码具有诸多优点:①不容易破译,保密性强。②具有很好的自相关性。③具有很低的互相关性。

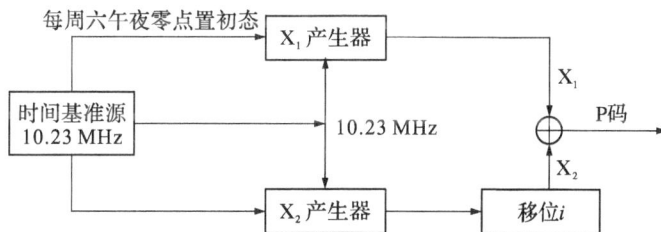

图 5.4　P 码的产生原理

图片来源:自绘

C/A 码也称为"粗码",主要搭载在 L_1 频段载波上,能被大众市场上所有 GPS 接收器解析,为民用提供标准定位服务。C/A 码的主要特点是其周期较短、信号较强,使得民用设备可以快速捕获并锁定信号,但其定位精度相对较低。在 GPS 中,码元宽度指的是伪随机码的每一位所占用的时间长度,也称为"码片宽度"。对于 GPS C/A 码,码率为 1.023 Mbps(百万码片每秒),因此,每个码片的宽度为 1 μs。

P 码也称为"精码",主要用于军事和政府的高精度导航定位。P 码周期长,测量码相位更精准,计算出的距离也更精准,最终提供更精准的位置信息。P 码的码率为 10.23 Mbps,每个码片的宽度为 0.1 μs。P 码通常加密为 Y 码,以防止未授权使用,这一过程称为抗欺骗(Anti-Spoofing,AS)。C/A 码和 P 码共同构成了 GPS 系统的双码体系,分别面向不同用户和应用场景。

5.2.3 BDS 测距码

BDS 使用了多种测距码,下面以常用的 B1I 码和 B2I 码为例进行介绍。

在 BDS 中,B1I 码和 B2I 码是常用的北斗码,分别搭载在 B1 和 B2 载波上,其码速率均为 2.046 Mbps,码长为 2 046 位。B1I 码工作在 B1 频段(1 561.098 MHz),信息宽度适中,确保了良好的信号处理效率和定位精度。B2I 码工作在 B2 频段(1 207.14 MHz),B2I 码抗干扰性能更强。B1I 码与 B2I 码是基于北斗平衡 Gold 码产生的,平衡 Gold 码是一种用于 BDS 的伪随机序列码。

图 5.5 展示了 B1I 和 B2I 码的产生原理。B1I 和 B2I 信号的测距码由两个线性序列 G1 和 G2 进行模二和操作,生成平衡 Gold 码后再截断 1 个码片生成。G1 和 G2 序列分别由两个 11 级线性移位寄存器生成,初始相位均为 01010101010。通过对移位寄存器不同抽头的模二和操作,可以实现 G2 序列相位的不同偏移,进一步与 G1 序列模二和操作后,可产生不同卫星的测距码。

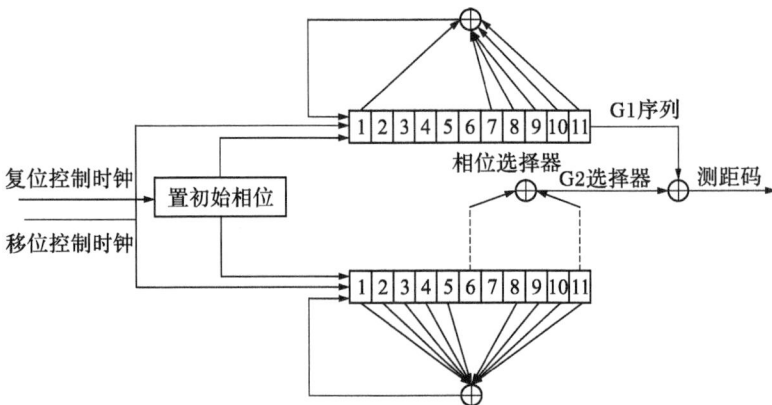

图 5.5　B1I 和 B2I 码的产生原理

图片来源:自绘

GNSS 测距码类型多种并存,为导航定位提供了更多、更好的信息源。

表 5.3 总结了部分常见的 GNSS 测距码及其特点。

表 5.3　部分 GNSS 测距码

测距码名称	构成	特点
C/A 码	1 023 位二进制序列	具有 1 ms 的周期,短码,易于快速捕获
P 码	10.23 兆位序列	具有 1 周的周期,长码,高分辨率,提供更高的精度
Y 码	由 P 码与 W 码(加密码)组合得到	类似于 P 码,但经过加密,更难被解析或干扰
B1I 码	北斗 IGSO 和 MEO 卫星的 B1I 信号上的测距码	具有 1 kHz 的二级码(NH 码),用于提供民用导航和定位服务,易于快速捕获
B2I 码	北斗 GEO 卫星的 B1I 信号和 B2I 信号上的测距码	用于提供北斗系统的导航和定位服务,可能根据不同系统版本和服务类型具备不同的特点

表格来源:自制

5.3　导航电文（数据码）

导航电文,也称数据码,包含两个核心内容:星历和系统状态信息。星历数据提供卫星轨道的参数,使 GNSS 接收器能够实时计算卫星的位置;系统状态信息则包括系统时间、卫星健康状况等,确保系统时间同步,并指示接收器忽略可能出现问题的卫星数据。

5.3.1　GPS 导航电文的总体结构

一个完整的导航电文(主帧)包括 5 个子帧,每个子帧的传输时间为 6 s,5 个子帧的持续时间总和为 30 s。每个子帧由 10 个 30 位的字长组成,总计 300 位。图 5.6 展示了导航电文的总体结构。

子帧 1 包含卫星的健康状况、当前 GPS 时间以及卫星的时钟差和漂移数据。这些信息帮助接收器确定参考时钟和卫星状态。子帧 2 和 3 则包含卫星的精确轨道信息,即星历,使接收器能够预测卫星未来的位置。子帧 4 和 5 提供更多关于卫星轨道的详细信息,如轨道半长轴、偏心率和轨道倾角等,进一步增强了 GPS 接收器计算卫星位置和预测其运动轨迹的能力。

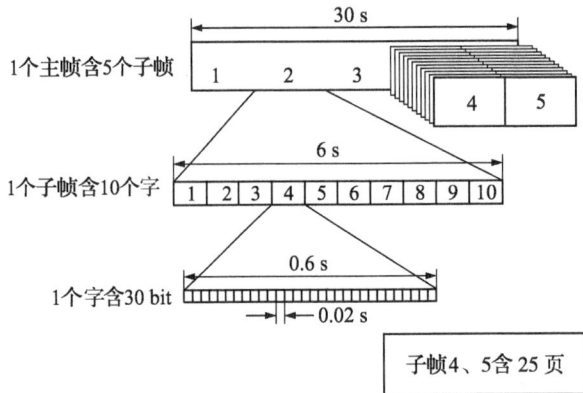

图 5.6 导航电文的总体结构

图片来源:自绘

每个子帧都有其特定的内容和格式,这种设计使得接收器在解码时可以快速地定位到特定的子帧,并从中提取所需的信息。例如,有的子帧提供关于卫星健康状况和时间的信息,而其他子帧则提供关于卫星轨道的精确信息。这样的分层设计确保了数据传输的有序性,提高了数据解码的效率。

为了进一步保证数据的完整性和准确性,在传输中有一系列的机制确保数据不会丢失或被误解。其中最关键的一点是,每个子帧的开始都有一个特定的标识符,称为遥测字。遥测字类似于每一节的标题,它使接收器能够准确地识别子帧的开始和结束。这确保了即使在信号受到干扰或部分数据丢失的情况下,接收器仍然可以准确地定位和解码每个子帧,从而保证定位的准确性和可靠性。

5.3.2 GPS 导航电文第一子帧内容

第一子帧作为导航电文的首要信息载体,具有精确而详细的结构组成,确保 GPS 接收器可以高效、准确地同步和提取关键数据。

(1)遥测字

遥测字起到关键的指示作用,确保 GPS 接收器可以精确地定位并开始解读子帧的内容。遥测字以 8 位前导字符开始,其内容是 10001011。前导字符主要用来作为搜索同步字符。遥测字的第 9～22 bit 为特许用户保留,第 23～30 bit 是校验码。

(2)交接字

交接字包含子帧的序列号、时间戳或其他识别信息,这有助于接收器判断当前的数据位置,并对即将到来的数据进行预处理。

（3）星期数

GPS 系统自诞生之日起就开始计算星期数。这种计数方式为接收器提供了一个独特的时间参照,使其能够跟踪卫星时间并与自身的时钟系统同步。

（4）用户测距精度指数（User Range Accuracy Index,URA）

用户测距精度指数用于描述卫星预测位置的精确度,让用户知道何时应该依赖某个特定卫星的数据。高 URA 指数意味着低精度,而低 URA 指数则表示高精度。这为接收器提供了一种评估工具,以决定是否应该考虑或忽略某个卫星的数据。表 5.4 展示了 URA 指数与 URA 之间的关系。

表 5.4　URA 指数与 URA 之间的关系

URA 指数	URA/m	位置精度描述
0	<2.4	最高精度
1	2.4≤~<3.4	高精度
2	3.4≤~<4.85	较高精度
3	4.85≤~<6.85	正常精度
4	≤6.85~<9.65	中等精度
5	≤9.65~<13.65	较低精度
6	≤13.65~<24.00	低精度
7	≤24.00~<48.00	较差精度
8	≤48.00~<96.00	差精度
9	≤96.00~<192.00	极差精度
10	≤192.00~<384.00	该卫星不应被用于导航
11	≤384.00~<768.00	该卫星不应被用于导航
12	≤768.00~<1 536.00	该卫星不应被用于导航
13	≤1 536.00~<3 072.00	该卫星不应被用于导航
14	≤3 072.00~<6 144.00	该卫星不应被用于导航
15	≥6 144.00	该卫星不应被用于导航

表格来源:自制

（5）健康状态

健康状态部分为接收器提供了这些关键设备的即时健康报告。表 5.5 表示卫星健康状况的后 5 个比特的具体含义。

表 5.5 表示卫星健康状况的后 5 个比特的具体含义

后 5 个比特	含义	后 5 个比特	含义
00000	所有资料均正常	10000	L_1 和 L_2 上的 P(Y)码都过弱
00001	所有信号过弱,比规定功率低 3~6 dB	10001	L_1 和 L_2 上的 P(Y)码都丢失
00010	所有信号丢失	10010	L_1 和 L_2 上的 P(Y)码上均无导航电文
00011	所有卫星信号上均未调制导航电文	10011	L_1 和 L_2 上的 C/A 码都过弱
00100	L_1 上的 P(Y)码过弱	10100	L_1 和 L_2 上的 C/A 码都丢失
00101	L_1 上的 P(Y)码丢失	10101	L_1 和 L_2 上的 C/A 码上均无导航电文
00110	L_1 上的 P 码上未调制导航电文	10110	L_1 过弱
00111	L_2 上的 P(Y)码过弱	10111	L_1 丢失
01000	L_2 上的 P(Y)码丢失	11000	L_1 上无导航电文
01001	L_1 上的 P(Y)码上未调制导航电文	11001	L_2 过弱
01010	L_1 上的 C/A 码过弱	11010	L_2 丢失
01011	L_1 上的 C/A 码丢失	11011	L_2 上无导航电文
01100	L_1 上的 C/A 码上未调制导航电文	11100	SVI 出错,不用这次通过的卫星
01101	L_2C 码过弱	11101	该卫星将暂时关闭,慎用该卫星
01110	L_2C 码丢失	11110	空缺
01111	L_2C 码上未调制导航电文	11111	同时出现多种错误

表格来源:自制

(6) 时钟差异与漂移

卫星上的原子钟虽极为精确,但由于各种原因(包括天体物理因素),它们可能会有细微的漂移或偏差。时钟差异与漂移部分就是告诉接收器这些偏差,使接收器可以对其内部时钟进行调整,确保与卫星时钟保持同步。

（7）卫星钟参数的数据龄期（Age of Data Clock，AODC）

AODC 反映了卫星钟参数与实际使用它们的时间之间的差异。接收器根据这个信息评估数据的可靠性，如果数据过于陈旧，接收器可能会选择忽略它，避免因使用过期数据而导致的定位误差。

（8）卫星钟误差系数

由于各种环境和物理因素，卫星的原子钟可能会有微小的误差。这些误差系数帮助接收器对这些误差进行修正，确保计算出的时间与实际的卫星时间一致，从而确保定位的准确性。

5.3.3　GPS 导航电文第二、三子帧内容

第二和第三子帧是导航电文中的核心组成部分，为 GPS 接收器提供了卫星的详细轨道数据。GPS 使用开普勒方程描述卫星的运行轨迹。表 5.6 列出了 GPS 卫星播发的星历中包括的开普勒系数。一套星历参数的有效期是以参考时间 t_{oe} 为中心的 4 h 之内。超过此期限的星历通常被认为无效，基于过期星历参数计算的卫星轨道一般会有较大误差，无法用于 GPS 定位。

表 5.6　GPS 卫星星历参数

序号	符号	含义
1	t_{oe}	星历参考时间
2	$\sqrt{a_s}$	卫星轨道长半径 a_s 的平方根
3	e_s	轨道偏心率
4	i_0	t_{oe} 时刻的轨道倾角
5	Ω_0	周内时 0 时刻的轨道升交点赤经
6	ω_p	轨道近地角距
7	M_0	t_{oe} 时刻的平近点角
8	Δn	平均运动角速度校正值
9	$\dot{i}$	轨道倾角的时间变化率
10	$\dot{\Omega}$	轨道升交点赤经的时间变化率
11	C_{uc}	升交点角距余弦调和校正振幅
12	C_{us}	升交点角距正弦调和校正振幅
13	C_{rc}	轨道半径余弦调和校正振幅

序号	符号	含义
14	C_{rs}	轨道半径正弦调和校正振幅
15	C_{ic}	轨道倾角余弦调和校正振幅
16	C_{is}	轨道倾角正弦调和校正振幅

表格来源:自制

5.3.4 GPS导航电文第四、五子帧内容

GPS卫星导航报文中的第四和第五子帧提供了GPS卫星及系统整体状态的核心信息。

(1)卫星历书

卫星历书存储了GPS卫星的粗略轨道参数和其他关键信息。虽然这些参数的精度较低,但足以帮助接收器预测卫星的大致位置。当设备首次启动或在长时间未接收到信号后再次启动时,使用历书可以大大加速信号搜索过程。历书还提供了卫星运行状态、卫星群的整体结构和相关时间参数的基础信息。

(2)卫星健康状况

GPS接收器需要知道哪些卫星当前是稳定和可靠的,以确保定位计算的准确性。此信息由每颗卫星周期性广播,并在卫星遇到任何潜在问题时及时更新。表5.7展示了8 bit卫星健康状况参数中前3个比特的含义。

表5.7 8 bit卫星健康状况参数中前3个比特的含义

前3个比特	含　义
000	全部资料均无问题
001	奇偶检验有问题(部分或全部)
010	TLM/HOW有问题(如前导不正确等),但不含Z计数出错
011	HOW码中的Z计数出错
100	子帧1、2、3中第3～10个字中存在错误
101	子帧4、5中第3～10个字中存在错误
110	上传资料中有错误(任一子帧第3～10个字中存在错误)
111	全部电文(含卫星自己生成的TLM、HOW在内)中有一个或多个错误

表格来源:自制

（3）时钟校正

GPS 卫星上的原子钟虽然高度稳定,但仍可能受到多种因素的影响,从而出现时间偏移。通过时钟校正参数,接收器可以实时修正其内部时钟,与卫星时间保持同步。

（4）其他系统参数

这部分包含了多种关于 GPS 系统工作原理和状态的详细信息。例如,它可以告知接收器系统的当前软件版本,这对于系统升级和维护起着至关重要的作用。同时,预定的维护时间、系统的工作模式和其他关键参数也在此部分提供,使得接收器能够适应和响应各种运行条件。

（5）AS 标识及卫星类型标识

反欺骗(AS)技术的引入是为了增加 GPS 系统的安全性。通过 AS 标识,接收器可以识别哪些卫星具有这一功能。不同的卫星可能有不同的功能和性能参数,通过卫星类型标识,接收器可以获知卫星的具体型号和性能,从而进行更为精确的导航解算。

（6）GPS 时间和 UTC 之间关系的参数

为了全球用户能得到统一和准确的时间信息,接收器必须知道如何将 GPS 时间转换为 UTC 时间。此部分提供了这种转换所需的所有详细参数,确保用户无论在何处都能获得准确的时间信息。

（7）电离层改正参数

电离层对 GPS 信号的传播速度产生了影响,导致信号在穿越电离层时发生延迟。为了纠正这一效应,这部分提供了一组参数,使接收器可以对电离层引起的误差进行补偿,从而提高位置和时间解算的准确性。

第四和第五子帧可以视为一个整体。通过这两个子帧,接收器可以基于最新的数据进行实时位置计算,还可以为未来的运行做好充分准备,从而确保 GNSS 服务的连续性和准确性。这种设计思路保障了其在全球范围内为各种应用提供高质量服务的能力。

5.3.5 BDS 导航电文概述

北斗卫星系统的导航电文主要包括两种类型:D1 和 D2。D1 导航电文的传输速率为 50 bps，并采用 1 kbps 的二级码（Neumann-Hoffman 码，简称 NH 码）进行调制，内容包含基本导航信息（本卫星基本导航信息、全部卫星历书信息、与其他系统时间同步信息）。D1 主要在北斗 IGSO 和 MEO 卫星的 B1I 及 B2I 信号上进行传播。D2 导航电文的传输速率为 500 bps，内容包含基本导航信息和广域差分信息（北斗系统的差分及完好性信息和格网点电离层信息），主要在北斗 GEO 卫星的 B1I 和 B2I 信号上进行传播。

（1）D1 导航电文

D1 导航电文上调制的二次编码是指在 D1 导航电文上调制一个 NH 码。该 NH 码周期为 1 个导航信息位的宽度，NH 码 1 bit 宽度则与扩频码周期相同。NH 码调制通过精确的码序列设计，具有抗干扰能力强、多路径抑制能力强、功耗低、适应性强等优势。如图 5.7 所示，D1 导航电文中一个信息位宽度为 20 ms，扩频码周期为 1 ms，因此采用 20 bit 的 NH 码（00000100110101001110），码速率为 1 kbps，码宽为 1 ms，以模二加形式与扩频码和导航信息码同步调制。

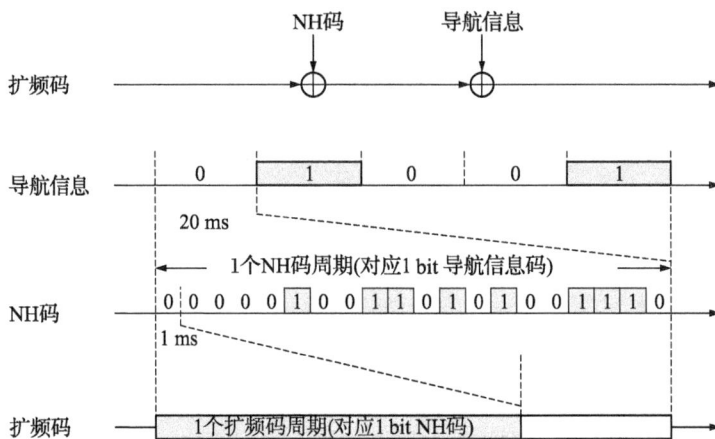

图 5.7　二次编码示意图

图片来源：自绘

从结构组织上看，北斗导航电文的设计思路与 GPS 导航电文相似，包括超帧、主帧、子帧、字和比特等层次。其中，超帧可以视为一套完整的导航电文。D1 导航电文的一个超帧周期为 12 min，包含 24 个主帧。每个主帧持续 30 s，分为 5 个子帧，每个子帧历时 6 s。每个子帧进一步细分为 10 个字，每个字由导航电文数据及校验码两部分组成，每个字的传输时间为 0.6 s，包含 30 bit。一个 D1 超帧总共包含 36 000 bit。D1 导航电文帧结构如图 5.8 所示。

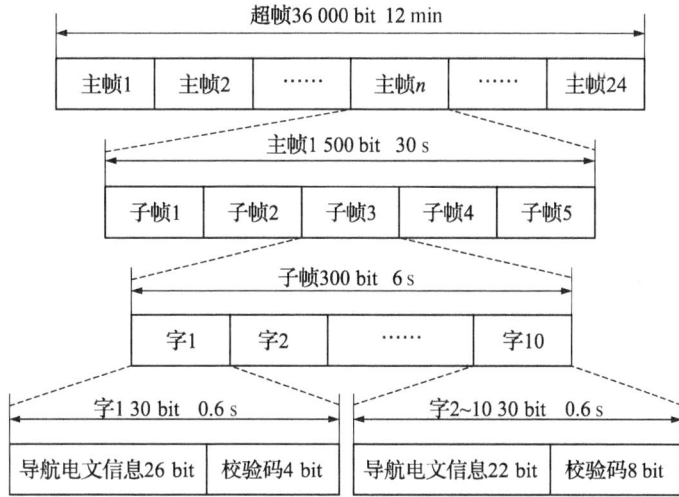

图 5.8　D1 导航电文帧结构

图片来源:自绘

　　D1 导航电文包含以下基本导航信息:本卫星基本导航信息(包括周内秒计数、整周计数、用户距离精度指数、卫星自主健康标识、电离层延迟模型改正参数、卫星星历参数及数据龄期、卫星钟差参数及数据龄期、星上设备时延差)、全部卫星历书信息,以及与其他系统时间同步信息。

　　D1 导航电文的主帧结构及信息内容如图 5.9 所示。子帧 1 至子帧 3 播发基本导航信息;子帧 4 和子帧 5 分为 24 个页面,播发全部卫星历书信息及与其他系统时间同步信息。为了确保接收机在最多 30 s 内获取必要的星历等数据以进行解算,子帧 1、2 和 3 每 30 s 重复传输一次。而子帧 4 和 5 的内容因主帧号(或页面号)的不同而变化。为了完整接收一套导航电文,需要等待 24 个主帧,即 12 min。由于每个主帧都是重复的,子帧 1,2 和 3 的电文内容中没有包含主帧号信息,但子帧 4 和 5 的电文内容中包含了 7 位的主帧号。因此,在解调这两个子帧的电文时,接收机需要根据主帧号进行不同的处理。

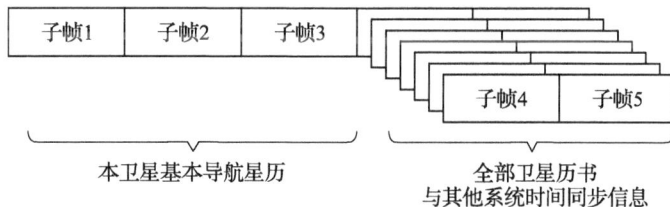

图 5.9　D1 码子帧的基本结构

图片来源:自绘

（2）D2 导航电文

D2 导航电文由超帧、主帧和子帧组成。每个超帧为 180 000 bit，历时 6 min。每个超帧由 120 个主帧组成，每个主帧为 1 500 bit，历时 3 s。每个主帧由 5 个子帧组成，每个子帧为 300 bit，历时 0.6 s。每个子帧由 10 个字组成。每个字由导航电文数据及校验码两部分组成，每个字为 30 bit，历时 0.06 s。详细帧结构如图 5.10 所示。

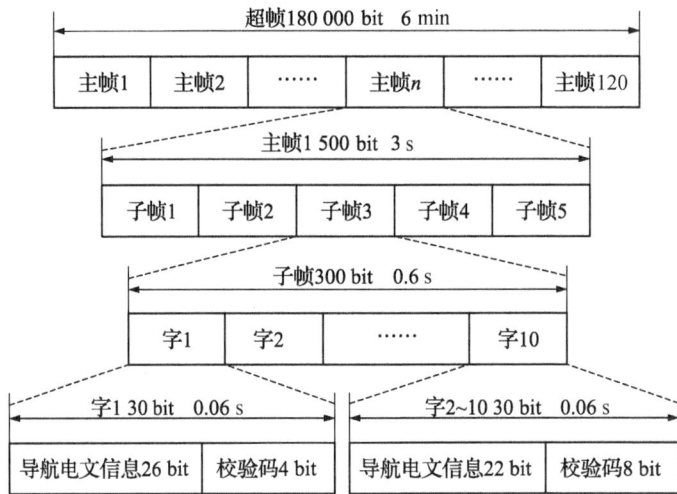

图 5.10　D2 导航电文帧结构

图片来源：自绘

D2 导航电文包括：本卫星基本导航信息、全部卫星历书信息、与其他系统时间同步信息、北斗卫星系统完好性及差分信息、格网点电离层信息。主帧结构及信息内容如图 5.11 所示。子帧 1 播发基本导航信息，由 10 个页面分时发送；子帧 2~4 的信息由 6 个页面分时发送；子帧 5 中的信息由 120 个页面分时发送。

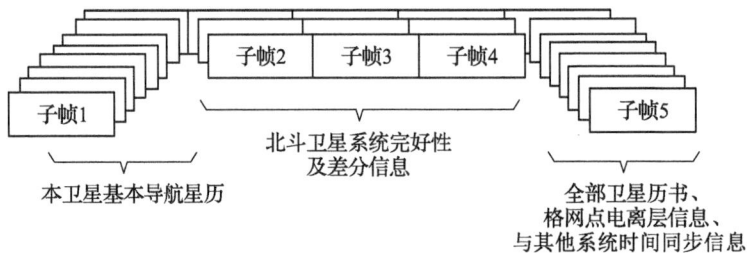

图 5.11　D2 码子帧的基本结构

图片来源：自绘

5.4 载波

5.4.1 波的基础知识

频率和波长是波的基本物理概念。频率描述的是每秒内周期性事件(如载波振动)的发生次数,以赫兹(Hz)为单位;波长是指连续两个波峰或波谷之间的距离,通常用米或厘米为单位表示。波的频率越高,波长越短。不同频率的载波具有不同的传播特性:高频载波由于其波长较短,具有较强的方向性,因此能够更准确地定向传输。然而,高频信号易受建筑物、地形等障碍物的阻挡或反射,特别是在城市或障碍物密集的环境中,从而可能导致信号衰减或丢失。另外,低频载波的波长较长,使它们能够在各种环境中传播更远的距离,甚至穿透某些障碍物和地形。但低频信号的方向性较弱,在传播过程中不易保持固定方向,会导致信号在更广阔的区域内散射。因此,选择高频还是低频载波通常取决于特定应用的需求,如传播距离、方向性和环境中障碍物的情况。

频段是指用于传输信号的特定频率范围。不同的应用根据其对传播距离、数据传输速率、穿越电离层的能力和其他传播特性的需求,可选择不同的频段。例如,高精度卫星导航选择高频段,以便更好地穿越电离层,从而减少信号失真和延迟。

带宽是通信领域中的一个关键概念,用来描述信号的频率范围。带宽是指信号的最高频率和最低频率之间的差值,其大小直接影响信号的传输速度和质量。例如,如果一个信号的频率范围是 100 Hz 到 1 kHz,那么其带宽为 900 Hz。较宽的带宽允许更多的信号频率成分通过,意味着可以支持更高的数据传输速率和传输更多的信息。根据香农定理,信道容量(最大数据传输速率)与带宽成正比,使用更高带宽的通信技术可以实现更高的数据速率和更低的延迟。

5.4.2 GNSS 载波主要频段

(1)GPS 多频段载波

GPS 卫星信号包含三个主要频段:L1、L2 和 L5。每个频段都有其独特的技术特性,均经过设计,以避免与其他系统和服务的频率冲突。通过组合多个频段,能够有效削弱观测值中电离层对信号传播速度的影响。

（2）BDS 多频段载波

BDS 通过 B1、B2 和 B3 频段提供多样化的导航服务,满足从大众民用到高端专业和军事应用的全方位需求。

5.4.3* GNSS 信号频谱

（1）GPS 信号频谱

GPS 测距码加载到载波后,形成时间域内的 GPS 信号。其频谱在频域中展现为一个扩展的带宽信号,GPS 信号的频谱结构由主瓣和旁瓣组成,如图 5.12 所示。主瓣和旁瓣反映了信号能量在频域中的分布:主瓣包含了信号的主要能量,而旁瓣则是频谱中能量较小的部分。C/A 码搭载在 L1 频率(1 575.42 MHz)上,其频谱图的中心位于 L1 频率,带宽为 2.046 MHz。C/A 码以 1.023 MHz 的码速率生成,并且在传输过程中通过二进制相移键控(BPSK)调制在 L1 载波上。根据奈奎斯特采样定理,信号的带宽至少应为码速率的两倍。因此,C/A 码在调制后产生的频谱宽度(主瓣宽度)为 1.023 MHz 的两倍,即 2.046 MHz。

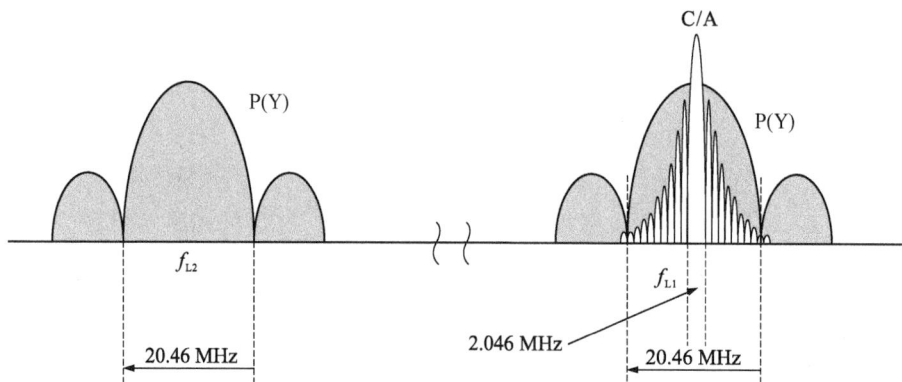

图 5.12　GPS 信号频谱

图片来源:自绘

旁瓣是位于主瓣之外的频谱区域,其能量逐渐减小。虽然旁瓣中的能量较小,但仍然可能对信号处理带来一些影响。旁瓣能量过强会引起噪声和干扰,特别是在多径效应明显的环境中。为了提高信号质量,GPS 频谱设计旨在减少旁瓣的能量,以降低干扰。通过主瓣集中能量、旁瓣抑制干扰,GPS 信号能有效传播并被接收机精确解调。

同理,P 码搭载在 L1 和 L2 频率上,其频谱图的中心分别位于 L1 和 L2 频率上,P 码信号的带宽(主瓣宽度)为 20.46 MHz。

（2）BDS 信号频谱

图 5.13 所示是北斗导航信号的频谱图。主瓣和旁瓣的概念与 GPS 相似,描述了信号在频域中的能量分布情况。BDS 主瓣是信号频谱中包含大部分能量的频率范围,信号的主要功率集中在此。B1I 码搭载在 B1 频段 B1 频率,B1I 码频谱图的中心频率为 1 561.098 MHz,带宽为 4.092 MHz。同理,B2I 码搭载在 B2 频段 B2 频率,B2I 码频谱图的中心频率为 1 207.14 MHz,带宽为 20.46 MHz。除去 B1I 和 B2I 信号外,B1 和 B2 频段上还搭载了 B1Q(AS)和 B2Q(AS)信号,此处不作详细介绍。

所有卫星信号都享有相同的载波频率,因此在频谱图上,所有卫星信号的频谱都混杂在一起。接收机接收到的信号是多颗卫星的共存信号,但并不会产生严重的同频干扰。这一现象的实现就在于每一颗卫星有各自唯一的伪随机码,以及伪随机码具有很强的自相关性。

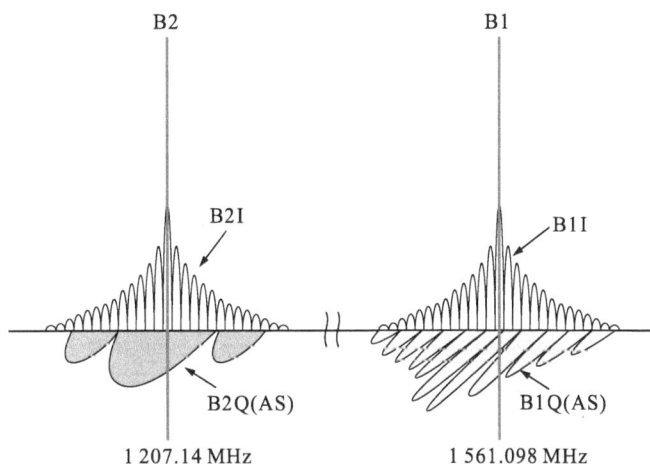

图 5.13　BDS 信号频谱

图片来源:自绘

5.5　信号调制

在信息传输系统中,信号调制旨在将低频信号转换为适合传输介质的高频信号。这一过程有助于解决多个技术问题。首先,为使信号能够适应不同的传输介质,信号通常需要调制到特定的射频范围,才能通过天线有效发射和接收。其次,调制增强了信号的抗干扰和抗噪声能力,使通信系统在嘈杂的环境中仍能保持较高的信号质量。

并且,调制还支持多路复用,允许多路信号在同一传输路径上传输,增加了通信系统的容量。然后,将信号调制到更高频段,还能简化接收设备的设计和信号解调过程。最后,相位调制具有较高的传输效率,因此适用于长距离传输。

GNSS 的测距码和数据码是在卫星上通过调制加载到载波上后再发送出去的。GNSS 系统通常采用相位调制技术,如 BPSK。BPSK 的原理如图 5.14 所示,其调制过程如下:

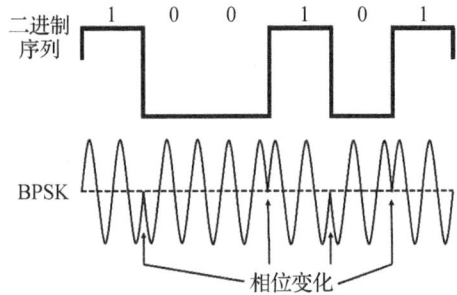

图 5.14 BPSK 相位调制原理

图片来源:自绘

(1) 数据序列化。调制的第一步是将原始数据处理成二进制序列,包括添加错误检测和纠正编码(如 100101),以提高传输的可靠性。

(2) 载波生成。载波信号通常是一个正弦波,频率为 f_c,其形式可表示为:

$$c(t) = A\cos(2\pi f_c t) \tag{5.1}$$

其中,A 是载波的幅度,f_c 是载波频率,t 是时间。

(3) 符号映射。每个二进制位映射成一个特定的符号,通常是一个相位。在最常见的 BPSK 方案中,0 位对应一个基准相位,调制后信号的相位不变,为:

$$s(t) = A\cos(2\pi f_c t) \tag{5.2}$$

而 1 位对应基准相位加上或减去 180° 的相位,意味着载波的相位翻转了 180°,为:

$$s(t) = A\cos(2\pi f_c t + \pi) = -A \cdot \cos(2\pi f_c t) \tag{5.3}$$

(4) 输出调制。调制器将每个符号映射到载波的相位上,载波的相位变化直接对应于原始数据流中的二进制信息。

GPS 采用 BPSK 调整方式。图 5.15 展示了 GPS 信号的详细产生过程。

GPS 在载波 L2 上只调制着被数据码调制后的 P(Y)码,而在载波 L1 上同时调制了被数据码调制后的 C/A 码和 P(Y)码。GPS 通过正交调制实

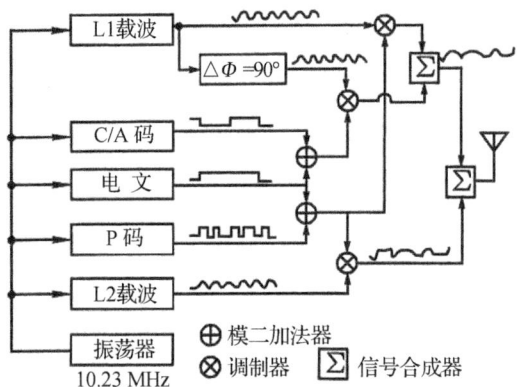

图 5.15 GPS 卫星信号调制示意图

图片来源:自绘

现在一个载波 L1 上同时调制两种码,即数据码与 P(Y)码的组合码来调制 L1 的余弦波,而数据码与 C/A 码的组合码来调制 L1 的正弦波。由正弦波与余弦波的相位关系可知,C/A 码载波信号的相位落后 P(Y)码载波信号的相位 90°。

综上所述,卫星 i 所发射的信号 $s^{(i)}(t)$ 可表示成

$$s^{(i)}(t) = \sqrt{2P_c}(x^{(i)}(t)D^{(i)}(t))\sin(2\pi f_1 t + \theta_1) +$$

$$\sqrt{2P_{Y,1}}(y^{(i)}(t)D^{(i)}(t))\cos(2\pi f_1 t + \theta_1) + \sqrt{2P_{Y,2}}(y^{(i)}(t)D^{(i)}(t))\cos(2\pi f_2 t + \theta_2)$$

$$(5.4)$$

式中,前两项分别是载波 L1 上的 C/A 码和 P(Y)码信号,第三项是载波 L2 上的 P(Y)码信号。P_c,$P_{Y,1}$ 和 $P_{Y,2}$ 分别是这三个信号的平均功率;$x^{(i)}(t)$ 和 $y^{(i)}(t)$ 分别是卫星 i 产生的 C/A 码和 P(Y)码电平值;$D^{(i)}(t)$ 是卫星 i 播发的数据码电平值;θ_1 和 θ_2 分别是载波 L1 和 L2 的初相位;上标"i"用来指代不同的卫星。

图 5.16 展示了由 C/A 码、数据码和载波三个层次组成的 GPS 信号结构,同时直观展示了 C/A 码和数据码的码元持续时长与载波波长之间的关系。

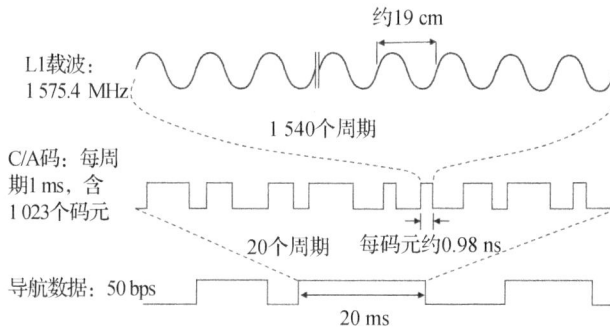

图 5.16　GPS L1C/A 信号结构示意图

图片来源:自绘

调制后的信号经过长距离空间传播,被 GNSS 接收机捕获后,将进入解调阶段。GNSS 解调过程是从接收到的 GNSS 卫星信号中提取有用信息的关键步骤,包括信号捕获、载波和伪随机码跟踪、导航电文解码等,详见第六章。

◇第六章
　　GNSS 接收机工作原理

6.1 接收机组成

GNSS 接收机既具有无线电接收设备的共性,又具备捕获、跟踪和处理微弱 GNSS 卫星信号的独特能力。GNSS 接收机主要通过测量 GNSS 卫星相对于接收机的距离以及卫星信号的多普勒频移,并从卫星信号中解调出导航电文,进而实现定位和测速等功能。导航接收机的组成结构如图 6.1 所示,主要包括接收天线、射频(Radio Frequency, RF)前端、基带信号处理、导航信号处理等模块。

(1)接收天线:用于接收来自视野中的 GNSS 卫星信号,是 GNSS 接收器的关键组成部分。GNSS 接收天线通常具有高增益和宽频带特性,能够有效抵抗干扰和多路径效应。接收天线后接一个低噪声放大器,其作用是捕捉并放大卫星发出的射频信号,然后将放大后的信号传递至射频前端模块。

(2)射频前端:用于处理天线接收到的信号,包括本地振荡器、混频器、A/D 转换等组件。它的主要功能包括信号接收、放大和频率转换等。射频前端通过天线捕获 GPS、GLONASS、Galileo 和北斗等多种卫星的信号。为方便后续的数字信号处理,射频前端利用本地振荡器生成本地信号,经过混频器与接收的射频信号混频,生成中频(Intermediate Frequency, IF)信号。

(3)基带信号处理模块:分析并解码从射频前端输出的中频信号。它执行信号捕获、信号跟踪、去除多普勒频移、载波解调、伪码剥离等操作,从而获取测距观测量。GNSS 信号捕获主要负责识别和锁定来自卫星的信号。该模块首先通过快速搜索算法在多个频率和码相位上扫描信号,迅速找到可用的卫星并进行锁定。这一过程通常涉及多通道并行处理,以确保在短时间内捕获信号。此外,捕获模块会对已捕获的信号进行增强,以提高信噪比,从而确保后续信号处理的高效性。GNSS信号跟踪模块负责对已捕获的卫星信号进行持续监测和跟踪。该模块通过精确的频率和相位跟踪技术,确保接收机始终与卫星信号保持锁定,从而获得稳定的导航信息。在跟踪过程中,模块会实时测量信号的伪距。同时,跟踪模块具备动态调整解调参数的能力,以适应不同信号环境的变化,从而优化信号质量并提高定位精度。

（4）导航信号处理模块:包括解码导航电文以确定卫星位置、获取其他相关信息,并利用基带信号处理模块输出的伪距、相位等信息,进行位置、速度、时间的计算。

GNSS接收机的有效性取决于其组件的质量、算法的优化以及软件的成熟程度。

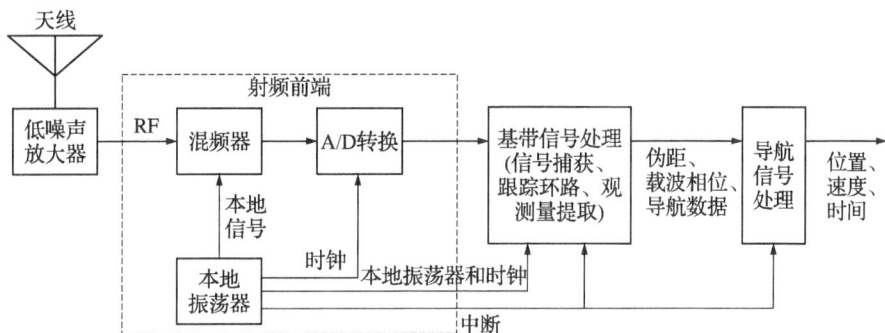

图 6.1　GNSS 接收机典型结构

图片来源:自绘

6.2* 接收天线

接收天线的主要功能是接收无线信号,并将电磁波转化为电信号。

6.2.1　天线工作原理

GNSS天线的功能是接收来自空间中的GNSS电磁波,并将其转换为电流。天线的主要参数包括增益、带宽和阻抗匹配等,这些参数直接影响天线的性能和信号接收质量。

增益是指在信号传输或处理过程中,输出信号相对于输入信号的放大程度,用于衡量天线辐射或接收信号的效率,通常以分贝(dB)表示。正增益表示信号被放大,而负增益表示信号被衰减。高增益意味着天线在辐射或接收信号时更有效。

带宽表示天线能够工作的频率范围。具体来说,它是天线的频率响应曲线中,信号强度或增益保持在一定水平(通常是峰值的－3 dB以内)的频率范围,通常以兆赫兹(MHz)或千赫兹(kHz)为单位。宽带天线具有较宽的带宽,能够处理多种频率的信号,适用于多频段通信应用;窄带天线则具有较窄的带宽,通常用于专门的单频或窄频段应用。

阻抗匹配是指为了获得最大功率传输,天线的阻抗需要与传输线或发射接口匹配。在通信系统中,如果天线的阻抗与连接的传输线或设备的阻抗不匹配,部分信号会被反射回发射器或接收器,导致功率损耗和信号质量下降。为了实现最佳性能,通常会使用阻抗匹配网络(如匹配变压器、调谐电容、电感等)来调节天线和系统之间的阻抗。

GNSS 天线的作用是将从空间接收到的电磁波转换回电信号,其工作过程如下:

(1)电磁波的捕获。空间中的电磁波经过天线时,会在天线的导体中感应出电动势。

(2)电信号的转换。被感应的电动势驱动天线中的自由电子产生电流,从而将电磁波转换为电信号。接收的信号通常非常微弱,需要经过放大器放大后才能进一步处理和解调。

接收天线的设计决定了其对不同频率信号的响应能力。不同频率的信号会产生不同的电动势,因此天线可以设计成对特定频率敏感,以便接收特定频率的信号。

接收天线可以分为有源天线和无源天线两种。有源天线安装着低噪声放大器,以降低随后的损耗对信噪比的影响。有源天线需要从接收机那里获取电源,因此会加速消耗接收机有限的电池容量。无源天线没有低噪声放大器,无需电源供电,但未对接收的信号进行放大。GNSS 卫星信号强度微弱,应当尽可能在紧靠天线的一端得到功率放大,以改善整个接收机的噪声性能,因此,GNSS 接收机往往倾向于采用有源天线。

GNSS 接收天线有多种不同的构造类型,常见的类型包括:螺旋天线、陶瓷天线、贴片天线,如图 6.2 所示。天线的选择取决于预期用途、环境条件和空间限制等因素。GNSS 天线的安装和放置会影响其性能。当 GNSS 信号受其他物体反射时,若反射信号进入接收机,就会发生多径干扰。先进的 GNSS 天线应从硬件和软件两个角度入手,最大限度地减少多径干扰,从而提高定位的准确性。

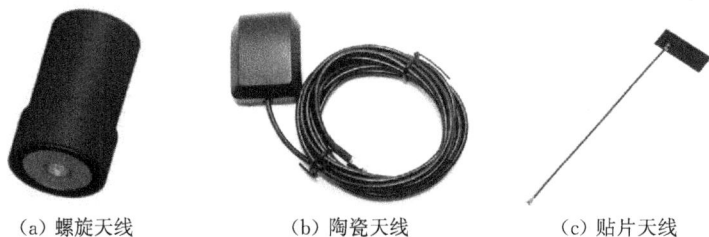

(a)螺旋天线　　　　(b)陶瓷天线　　　　(c)贴片天线

图 6.2　GNSS 天线

图片来源:自绘

在 GNSS 天线中,极化方式是一个关键的设计参数,对信号接收和定位精度有着重要影响。天线极化是描述无线辐射电磁波矢量空间指向的参数。由于电场与磁场有恒定的关系,故一般都以电场矢量的空间指向作为无线辐射电磁波的极化方向。沿电磁波的传播方向看去,如果其电场矢量随时间变化所描绘出的轨迹是一条直线,则称为线极化;如果是一个圆,则称为圆极化。圆极化根据电场旋转方向不同又可分为左旋圆极化和右旋圆极化。若瞬时电场矢量沿传播方向按左手螺旋的方向旋转,称之为左旋圆极化波;若沿传播方向按右手螺旋旋转,称之为右旋圆极化波,如图 6.3 所示。

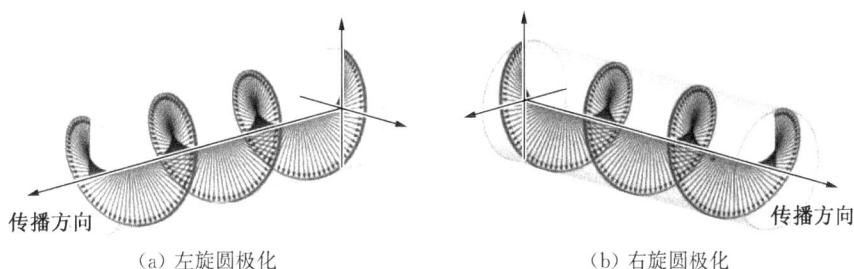

传播方向　　　　　　　　　　　　　　　　　　　　　　　传播方向

（a）左旋圆极化　　　　　　　　　　　　（b）右旋圆极化

图 6.3　圆极化示意图

图片来源:自绘

目前 GNSS 接收天线大都采用右旋圆极化的方式工作。这是由于线极化天线对信号方向非常敏感,难以应对动态环境中的多方向信号接收,而圆极化天线则有较好的全向接收能力,能较好地接收来自多个方向的卫星信号。同时,为了使接收天线的信号接收效率最大化,接收天线的极化方式必须与接收信号的极化形式相一致,而目前 GNSS 卫星信号大多采用右旋圆极化。GNSS 接收天线采用右旋圆极化另外一个好处是利于多路径信号检测和抑制。因为卫星信号极化方式经过反射会发生变化,所以根据实际接收的卫星信号的极化情况,我们大致可以推断出该信号是否经过反射以及反射次数,并以此作为多路径抑制的依据。

6.2.2　低噪声放大器

接收机天线收到的信号功率很低,导航信号被淹没在噪声中;另外,信号在通过接收机硬件时,也难免会引入额外的噪声。因此,在射频前端处理之前,需利用放大器对 GNSS 信号进行初步放大,以提高信噪比,并使获得的信噪比在之后的阶段将近似保持不变。如果后面使用放大器,会同时放大信号和噪声,难以提高信噪比。低噪声放大器(Low Noise Amplifier,LNA)正是为此而设计的,是提高初始信噪比的理想选择。

低噪声放大器主要用于增强接收设备对微弱信号的感知能力。其设计目标是在信号放大的同时使噪声引入最小化，确保系统能够高效地捕捉弱信号，实现低噪声和高增益。低噪声放大器的工作过程为：LNA 位于接收系统的前端，直接连接到天线，用于接收来自天线的微弱射频信号；LNA 的放大倍数（增益）通常设置在一个较高的值，以便在信号进入后续处理阶段之前就将其放大到足够的强度。

低噪声放大器需注意低噪声设计和阻抗匹配。通过使用低噪声的有源器件（如低噪声晶体管）、优化电路拓扑结构和选择适当的匹配网络，将噪声系数（Noise Figure，NF）保持在最低限度。NF 定义为输入端的信噪比（SNR）与输出端的信噪比之比，通常在 1～2 dB。LNA 的输入和输出通常需要良好的阻抗匹配。输入阻抗匹配确保接收天线和放大器之间的最大功率传输，同时使信号反射最小化。输出阻抗匹配确保 LNA 与后续电路之间的最大功率传输。阻抗匹配通过调整匹配网络（如调谐电感、电容等）来实现。

LNA 必须在信号放大的整个过程中保持线性，以避免失真和互调产物的产生。LNA 的设计还需要考虑稳定性，以防止自激振荡。通常，通过引入反馈网络或使用去耦电容来提高稳定性。

低噪声放大器的信号增强性能是由信噪比确定的。假设 S 和 N 分别为低噪声放大器输入端的信号功率和噪声功率，信噪比为 S/N。任何放大器除了放大其输入端中已有的噪声之外，还会叠加本身产生的噪声。存在噪声的放大器可以等效地视为一个无噪声的放大器加上输入端附加的噪声，放大器的输出噪声等于两者叠加的效果。放大器叠加的噪声可用它的噪声系数 F_{noise} 定量表示。F_{noise} 是由输入噪声与放大器噪声两部分造成的输出端的总噪声功率与仅由输入噪声引起的输出噪声功率的比值。

6.3* 射频前端

射频前端模块位于接收机天线与基带信号处理模块之间，其作用是将接收到的射频模拟信号离散成包含 GNSS 信号成分的、频率较低的数字中频信号，并在此过程中进行必要的滤波和增益控制。射频前端的设计目标是实现低噪声系数、低功耗和高增益，输出较高载噪比的数字中频信号，便于基带信号处理模块能够更有效地捕获和跟踪信号。

GNSS 接收机的射频前端基于超外差接收机技术。超外差接收机是一种广泛应用于无线通信系统中的接收技术，其主要特点是通过频率变换将接收到的高频信号转换为较低频率的中频信号，以便后续的放大、滤波和解调。图 6.4 所示为一种典型的 GNSS 接收机射频前端处理流程，依次分为射频信号调整、下变频混频、中频信号滤波放大以及模数转换几个主要阶段。

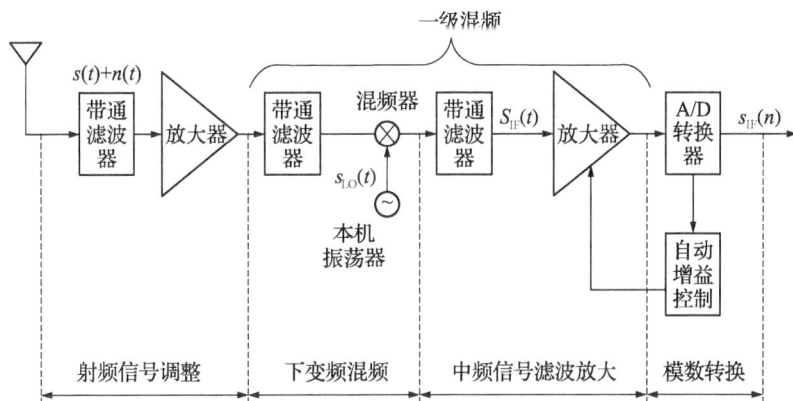

图 6.4 射频前端处理

图片来源:自绘

6.3.1 射频信号调整

射频信号调整部分利用带通滤波器(Band-Pass Filter,BPF)尽可能滤除 GNSS 波段以外的各种噪声和干扰,并通过功率放大器对信号进行功率放大。前置滤波器位于射频前端,对整个接收系统的噪声系数有着很大的影响,因此具有低噪声特点。虽然越窄的射频前端带宽能滤除越多的干扰和噪声,但是 GNSS 信号中更多的高频成分也将被滤除,从而在一定程度上影响接收机性能。以 GPS 为例,为防止 C/A 码信号发生畸变,GPS 信号中心频率附近至少 2 MHz 的 C/A 码信号频谱必须完全位于射频前端各个滤波器的通带内。

6.3.2 下变频混频

以 GPS L1 信号为例,天线接收的 GPS 信号的中心频率在 1 575.42 MHz 左右。这种高频信号一般不适合被直接采样离散,需将其转换成中频信号。设接收到的射频信号为

$$s(t) = \sqrt{2P_c}\, x(t-\tau) D(t-\tau) \cos\left[2\pi(f_1 + f_D)t + \theta\right] \tag{6.1}$$

式中,P_c 为信号强度,$x(t-\tau)$ 为测距码,$D(t-\tau)$ 为数据码,f_D 为多普勒频移量。

接收机产生本振信号

$$s'(t) = \sqrt{2} \cos\left[2\pi(f_1 - f_{IF})t + \theta_{IF}\right] \tag{6.2}$$

式中,f_{IF} 为给定的中频频率。

GNSS 接收机的下变频混频过程通过混频器将射频信号与本地振荡器产生的本振信号相乘,即

$$s(t)s'(t) = \sqrt{P_c}\, x(t-\tau) D(t-\tau) \Big[\cos(2\pi(2f_1 - f_{IF} + f_D)t + \theta + \theta_{IF}) +$$

$$\cos(2\pi(f_{IF} + f_D)t + \theta - \theta_{IF}) \Big] \tag{6.3}$$

由于 $f_1 \gg f_{IF} \gg f_D$,利用带通滤波器,只允许 f_{IF} 附近的信号通过,于是可得中频信号

$$s_{IF}(t) = \sqrt{P_c}\, x(t-\tau) D(t-\tau) \cos(2\pi(f_{IF} + f_D)t + \theta - \theta_{IF}) \tag{6.4}$$

进而实现了载波信号频率从射频下降到中频,获得 IF 信号。IF 信号完整保留了原有 GPS 射频信号上所调制的全部数据与信息,且便于后续的采样离散。

现在常用的 GNSS 接收机下变频混频涉及将 IF 信号转换为信号包络的同相分量(I 分量)和正交分量(Q 分量)。将 IF 信号转换为同相分量和正交分量的目的是有效地进行信号解调和相位跟踪。GNSS 信号通常采用相位调制(例如 BPSK 或 QPSK),且载波信号的相位包含了导航数据的信息。为了从接收信号中提取这些信息,接收机需要对信号进行正交解调。正交解调的基本原理是将信号分解为两个相互垂直的分量:同相分量(I 分量,与本地载波相位同步);正交分量(Q 分量,与本地载波相位相差90°)。通过这种解调方式,接收机可以同时获得信号的相位和幅度信息,而不会丢失信号中的任何信息。如图 6.5 所示,这是通过将 IF 信号与最终标称 IF 处生成的两个本地信号混合来实现的,其中一个本地信号的相位滞后于另一个本地信号 90°。两个混频器的输出是基带分量加上残余多普勒频移。

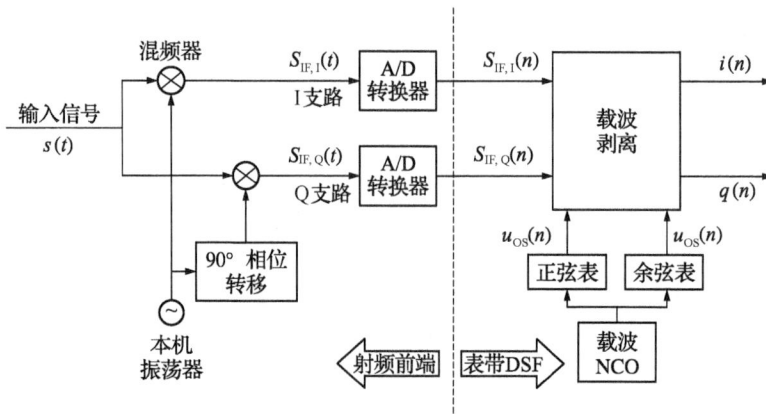

图 6.5 I/Q 下变频混频器

图片来源:自绘

接下来简单介绍信号包络概念。信号包络描述了信号振幅随时间的变化趋势。包络可以理解为信号的外形轮廓,表示信号的幅度包络线,并反映出信号随时间变化的最大值。它揭示了信号的整体振幅特性,而不关注其高频分量或瞬时细节,如图 6.6 所示。

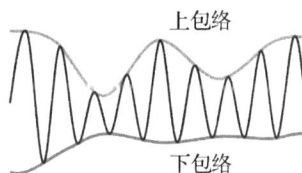

图 6.6　包络示意图
图片来源:自绘

6.3.3　中频信号滤波放大

射频前端处理可能采用多级放大器。射频前端的总放大倍数是指考虑了电缆、滤波器、混频器、放大器等各级器件在处理信号后的功率净增益值。如果功率增益过低,则可能导致随后输入 A/D 转换器的信号幅值无法激活多位 A/D 转换器的各个输出位;如果增益过高,A/D 转换器会饱和,输出失去真实信息的最大幅值。因此,总的功率放大倍数应将天线端感应电压信号放大到 A/D 转换器的最大输入电压范围值附近。自动增益控制(Automatic Gain Control,AGC)的存在主要是为了实现这一目标。

6.3.4　A/D 转换

经过前述方法处理后,接收到的 GNSS 卫星信号功率已得到了足够的放大,其中心频率已变为中频,下一步将进行模数转换。

模数转换(A/D 转换)是将模拟信号转换为数字信号的过程。在电子设备中,通常需要将来自传感器或其他模拟源的信号转换为数字形式,以便进行数字处理、存储和传输。A/D 转换过程主要包括两个步骤:采样和量化。首先,模拟信号通过采样器以一定的时间间隔被抽样为离散点;随后,这些采样值被量化成一系列数字值。

A/D 转换器的性能通常由分辨率、采样率和精度等指标来衡量。分辨率指的是 A/D 转换器能够表示的离散级别数量;采样率表示每秒采样的次数。高分辨率和高采样率有助于更准确地捕捉和表示原始信号。精度是指 A/D 转换器输出值与真实值之间的接近程度。

6.4* 信号捕获

GNSS 接收机在分离 GNSS 测距码和载波时,首先需要使用一个独立的步骤,将本地载波和伪码生成器大致地调整到一个与 GNSS 输入信号频率和相位接近的位置,从而获取 GNSS 卫星信息、码相位、多普勒频移和载波频率及相位。这个过程就是信号捕获。GNSS 多普勒频移由 GNSS 卫星和接收机的相对运动决定,因此对于不同卫星的信号,其变化是不同的。此外,信号的测距码从不同的卫星同步发射,但由于各卫星的星地距离不同,它们到达接收机的相位也不同。

如图 6.5 所示,GNSS 接收机通常会将其振荡器调谐至中频频率 f_{IF},以便在载波剥离阶段将中频频率信号去除。但是,信号中仍然存在一个缓慢变化的由多普勒频移引起的残余载波,这将影响伪随机码的剥离。在卫星导航这种特定的信号格式中,捕获操作在时间和频率的两维空间中,从信号中大致的多普勒频率及码相位开始搜索。搜索方法有串行和并行两种,这里以串行搜索法为例来说明信号捕获的技术方法。

如图 6.7 所示,串行搜索以顺序方式在码相位和多普勒频率的可能范围内搜索这些参数的不同数值。多普勒频率的离散值由接收机顺序生成并与中频频率 f_{IF} 相加后,再与输入中频数字信号混频。对于这样生成的每一个频率值,接收机在整个码相位范围内进行排查。对于每一个被选择的伪码,依次生成每一个码相位并与输入信号相乘,得到的乘积随后在有限的时间内积分以获得自相关值。如果积分值超过了某一阈值,则表明搜索值匹配成功,所选择的频率和伪码及其相应的码相位则被指定为捕获值。如果积分值没有超过阈值,则使用新的搜索值组合再次进行尝试。因此,在CDMA 系统中,对于一定的多普勒频率,接收机需要依次检查所有可能的伪码和每个伪码所有可能的相位,以锁定捕获值。

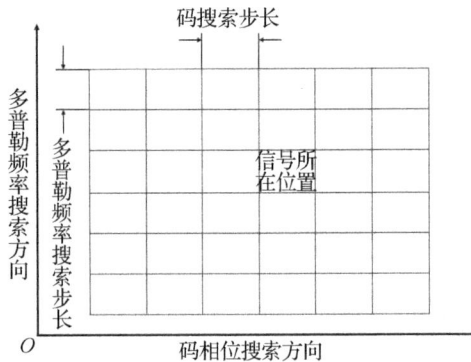

图 6.7 串行搜索捕获示意图

图片来源:自绘

图 6.8 所示给出了 GPS/北斗接收机中常用的串行搜索方法的基本结构。它主要包括本地载波发生器、本地伪码发生器、I 路和 Q 路乘法器、积分器以及相应的控制电路。输入的信号是射频前端输出的经 A/D 转换器采样的中频数字信号。该信号首先和本地载波的正弦和余弦分量相乘,得到 I、Q 分量,然后再分别和本地伪码在某个伪码相位处进行相关运算,最后由积分器给出积分结果,积分器的时间为 1 ms 的整数倍,也就是整数倍的 C/A 码周期。控制电路控制本地载波的频率,在某一个固定载波

频率处,滑动本地伪码的相位。相位滑动的范围从 1~1 023 个码片,每次伪码滑动的步进值可以设为小于或等于一个码片的值。一般来说 1/2 个码片是个不错的选择,在所需运算量和相关峰捕获精细度方面是一个合理的折中。对于每一个载波频率和伪码相位,I、Q 相关器输出相关结果。如果在当前载波频率值完成所有 1 023 个码片的相关运算后还没有得到超出阈值的尖峰,则改变当前载波频率,然后重复所有 1023 个伪码相位的搜索。

这里描述的步骤是针对某一个 PRN 的二维搜索。当完成当前所有可能的载波频率和伪码相位搜索后,依然没有满足要求的相关尖峰出现,则说明当前接收的信号不包含该 PRN 信号,或者该 PRN 对应的信号太微弱。于是,控制逻辑就要考虑改变当前的 PRN,重新搜索所有可能的伪码相位和多普勒频移。

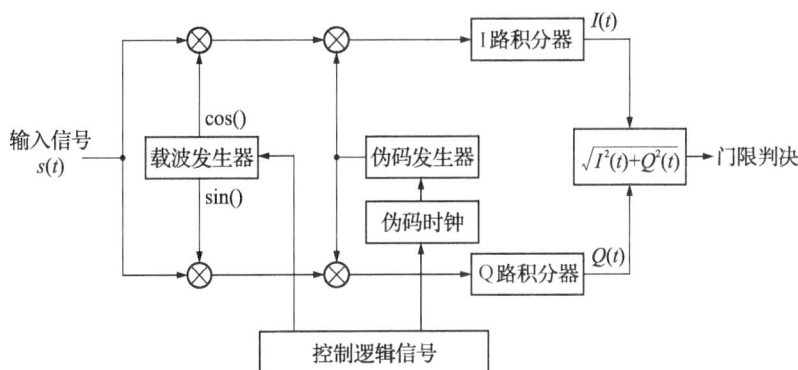

图 6.8 串行搜索方法的基本结构

图片来源:自绘

串行搜索是所有众所周知的算法中最简单的一种。但是,由于该算法需要依次尝试所有可能的多普勒频率与码相位的组合,直到找到超过阈值的匹配结果,因此它需要很长的锁定时间。对于 FDMA 系统,因为仅使用唯一的测距码,仅需要确定码相位,这使得串行搜索过程更为快速。

信号中存在的噪声会使自相关结果恶化。但是,通过在更长的时间间隔上进行积分,即在多个整数倍的码长上进行积分,噪声的影响可以减小。但这种方法受限于数据位的长度。GPS 的 50 Hz 导航电文的长度为 20 ms,因此当积分器的相关积分大于 20 ms 时,任何导航电文数据位的反转都会降低信噪比。这就是为什么在某些预期信噪比低的情况下,卫星会独立于数据通道,同步发送只包含伪码和载波乘积,却未调制导航电文数据位的导频通道的原因。在此通道中,数据位没有反转,因此信号捕获的积分时间将不再受限。所以,即使在弱信号以及低信噪比的情况下,通过使用更长的积分周期,也可以成功捕获信号。一旦导频通道捕获信号,数据通道和导频通道之间的同步性允许接收机无须进一步捕获就能切换到数据通道。

如果对一个曾经捕获过但此后又失去锁定的信号进行重捕,那么可从上次捕获并存储的信息中提取关于时间、载波以及码偏移的信息。这就是所谓的"热启动",它大大地减少了捕获时间,有助于加快捕获的进程。但是,在使用上次保存的信息之前,应检查其数据的有效性。此外,某些信息还可以从用户动态数据或者卫星历书中获取。通过通道的专属性(即在整个捕获过程中不存在两个通道搜索相同的卫星),也可以提高搜索效率。

当参与相关的信号分量之间完全匹配时,自相关值会变高。对于 CDMA 系统,混合信号中存在的不同伪码会产生互相关噪声。因为伪码随机特性设计,其互相关噪声不会累积到像自相关峰值一样的级别,因而不会导致错锁。

6.5* 信号跟踪

在 GNSS 接收机完成信号捕获后,接收机对信号的载波频率和伪码相位已经有了粗略的估计。通常来说,根据信号捕获的结果,载波频率的估计精度在几十赫兹到几百赫兹之间,伪码相位的估计精度则在 ±0.5 个码片范围之内。然而,这个精度不足以支持导航电文数据的稳定解调。因为解调数据一般必须在进入稳定的跟踪状态以后才可以进行,即载波频率差为 0,载波相位差接近于 0,伪码相位差在 0.01～0.1 个码片之间。随着卫星和接收机的相对运动,天线接收到的信号的载波频率和伪码相位还在时刻发生改变。此外,接收机本地时钟的钟漂和随机抖动也会影响对已捕获信号的锁定。因此,如果不对载波数控振荡器(Numerically Controlled Oscillator,NCO)和伪码 NCO 进行持续的动态调整,捕获的信号会很快就失锁。信号跟踪本质上就是通过对环路参数的动态调整,确保信号载波和伪码的稳定跟踪。

6.5.1 信号跟踪原理

如图 6.9 所示,信号跟踪包括载波同步、伪码同步和比特同步。完成跟踪后,跟踪环路的同相路积分器会输出导航电文比特。此时,在信噪比足够高的情况下,可以进行导航电文解调,同时可以提取伪距、载波相位和多普勒观测量。

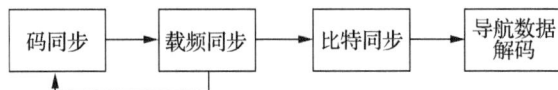

图 6.9 信号跟踪示意图

图片来源:自绘

简单来说,跟踪环路的技术思路是在本地生成与真实信号相同的载波和伪码信号,从而根据本地复制的载波和伪码参数提取出码相位、载波相位、多普勒等测量值,并通过载波剥离和码剥离得到导航电文数据码,从而支持后续的子帧同步、电文解调、定位解算等环节。

信号跟踪的目的有两个:一个是实现对卫星导航信号中的载波分量的跟踪,另一个是实现对伪码分量的跟踪。所以,在接收机内部必须有两个跟踪环:一个是载波环,另一个是码环。这两个跟踪环必须紧密耦合在一起,缺一不可。

在跟踪阶段,跟踪环路从粗略的载波频率和码相位估计值出发,先通过一个大带宽的牵引环路,将载波频率和码相位估计值牵引到一个较准确的范围内,同时完成比特同步的操作。然后跟踪环路转入长积分模式中,对信号进行稳定跟踪。

由于卫星和接收机的相对运动以及接收机自身钟漂等因素,接收机接收到的信号的载波频率和码相位时刻在改变。因此,本地复制信号所使用的载波 NCO 和伪码 NCO 需要实时动态调整,才能保证对信号的持续跟踪。因此,跟踪环路本质上是一种通过动态调整环路参数,实现载波频率和码相位稳定跟踪的策略。跟踪环路的性能主要体现在跟踪灵敏度、动态能力、观测量精度、抗多径能力、数据码误码率等方面,其性能的好坏直接影响接收机的定位精度。

6.5.2　载波环

GNSS 接收机的载波环路通常是一个科斯塔斯环。图 6.10 是一种经典的载波环基本结构,它由乘法混频器、低通滤波器、鉴相器、环路滤波器、载波 NCO 组成。

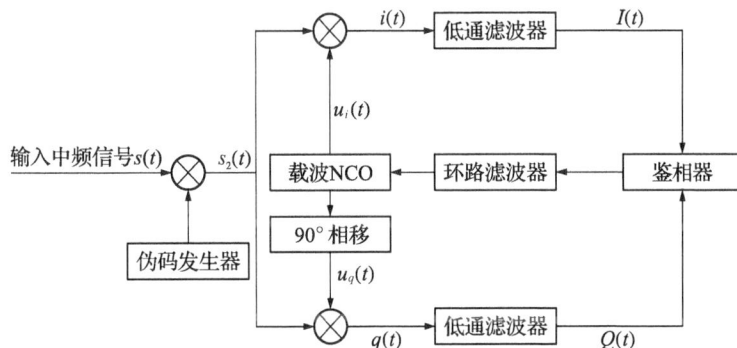

图 6.10　经典的载波环基本结构框图

图片来源:自绘

输入的中频信号 $s(t)$ 如式(6.5)所示,其中 A 代表信号强度,$C(t)$ 是 C/A 码,$D(t)$ 是数据码,ω_i 是载波频率,θ_i 是载波初始相位,ε 是高斯白噪声。输入信号需要将 C/A 码剥离掉,为简化分析,假设伪码已经被完全剥离干净,并忽略噪声项,剥离后的信号 $s_2(t)$ 如式(6.6)所示。

$$s(t) = \sqrt{2}AC(t)D(t)\sin(\omega_i t + \theta_i) + \varepsilon \qquad (6.5)$$

$$s_2(t) = \sqrt{2}AD(t)\sin(\omega_i t + \theta_i) \qquad (6.6)$$

信号 $s_2(t)$ 与本地载波 NCO 输出的同相信号分量 $u_i(t)$ 和正交信号分量 $u_q(t)$ 相乘,进行载波剥离,剥离后的信号表示为 $i(t)$、$q(t)$。在通过低通滤波器进行相干累加后,得到同相分量 $I(t)$ 和正交分量 $Q(t)$。

锁相环中鉴相器的目的是鉴别出输入信号和本地信号的相位差异。鉴相器的实现方式有很多种,例如将 $I(t)$ 和 $Q(t)$ 进行二象限反正切运算,可以得到相位误差 φ_e,如式(6.7)所示。

$$\varphi_e(t) = \arctan(Q(t)/I(t)) \qquad (6.7)$$

计算相位误差 φ_e 后,通过环路滤波器得到更新后的载波频率,对载波 NCO 进行反馈调节,从而实现载波环路的稳定跟踪。

6.5.3 码环

在上一小节中,我们假设输入中频信号中的伪码信息已被完全剥离,然后进行载波环路跟踪。实际上,需要通过一个码环来完成对码相位的实时跟踪,以实现本地伪码和输入信号伪码的完全对齐。码环通常由延迟锁定环实现,其结构图如图 6.11 所示。延迟锁定环一般包括码发生器、乘法混频器、低通滤波器、鉴相器、环路滤波器、码 NCO。不难看出,其结构和载波环有一些类似,本小节将着重介绍码环所特有的部分。

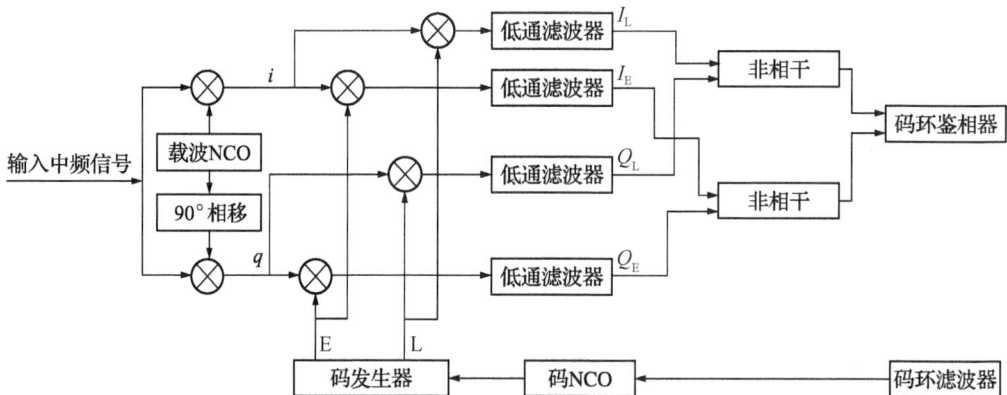

图 6.11　码环结构图

图片来源:自绘

由 C/A 码的互相关特性可知,当本地复制的伪码和输入信号伪码完全对齐时,其相关峰值最大;若两者略有错开,则相关峰值便会降低。根据这一原理,为了测量本地复制伪码和输入信号伪码之间的相位误差,本地伪码发生器会产生三路伪码信号,分别是即时伪码信号(P 路)(见图 6.12,用于载波环),比即时伪码信号略超前的超前伪码信号(E 路),比即时伪码信号略滞后的滞后伪码信号(L 路)。三路伪码信号之间的间距通常设置为 1/2 码片,其中 P 路信号是给载波环用的,E 路和 L 路信号是给码环用的。码环通过码鉴相器计算 E 路和 L 路信号的峰值关系,得到码相位的误差,再经过码环滤波器得到更新的码频率,从而调整码 NCO,实现对码环的跟踪。

首先,对中频输入信号进行载波剥离,产生同相和正交两路信号 i 和 q。i 和 q 路信号分别与码发生器产生的 E 路和 L 路信号进行混频,产生四路信号,并进行相干积分,得到 I_E、I_L、Q_E、Q_L。然后,为了去除载波相位误差的影响,分别对 I_E、Q_E 和 I_L、Q_L 进行非相干处理,得到 d_E 和 d_L,如式(6.8)和式(6.9)所示,其中 $R(*)$ 代表最大值为 1 的 C/A 码自相关函数。τ 为当前时刻,$d/2$ 表示 1/2 码片,即 E 路和 L 路信号与 P 路信号的间距。

$$d_E=\sqrt{I_E^2+Q_E^2}=AR(\tau-d/2)\mathrm{sinc}(\omega_e T/2) \tag{6.8}$$

$$d_L=\sqrt{I_L^2+Q_L^2}=AR(\tau+d/2)\mathrm{sinc}(\omega_e T/2) \tag{6.9}$$

如果 d_E 和 d_L 相等,则代表本地码和输入信号的 C/A 码完全对齐;如果 $d_E>d_L$,则代表输入信号的 C/A 码超前本地码;如果 $d_E<d_L$,则代表输入信号的 C/A 码滞后本地码。码鉴相器的目的即是计算出输入信号的 C/A 码和本地码之间的码相位误差。码鉴相器实现的方式有很多种,例如式(6.10)和式(6.11)等。

$$\delta_E=\frac{d_E-d_L}{2(d_E+d_L)} \tag{6.10}$$

$$\delta_E=\frac{d_E^2-d_L^2}{2(d_E^2+d_L^2)} \tag{6.11}$$

与载波环相类似,在得到码相位误差后,通过码环路滤波器进行运算,获得更新后的码频率,随后调整码 NCO,实现码环的稳定跟踪。

6.5.4　载波环和码环的组合

前面两个小节分别介绍了载波环和码环。在实际应用中,载波环和码环是耦合在一起工作的。其基本原理如图 6.12 所示。

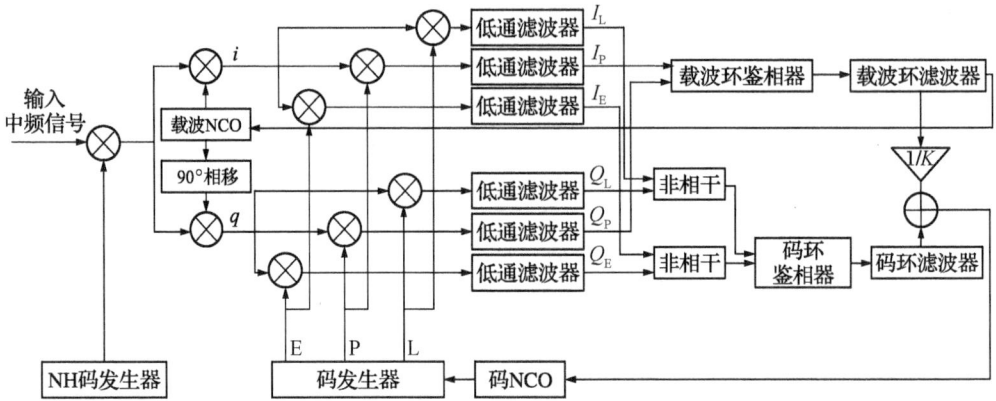

图 6.12 跟踪环路结构图

图片来源:自绘

跟踪环路的基本工作原理是:首先对输入中频信号进行载波剥离,即与本地复制的同相和正交载波信号进行混频相乘,分别得到信号 i 和 q;随后进行码剥离,即信号 i 和 q 分别与伪码发生器产生的 E 路、P 路、L 路信号进行混频,六路结果分别进行相干积分,得到 I_E、I_P、I_L、Q_E、Q_P、Q_L,其中,I_P、Q_P 作为载波鉴相器的输入进行鉴相,得到载波相位误差 φ_e 后,进入载波环路滤波器更新载波频率;然后反馈给载波 NCO,实现载波环的跟踪,其中,I_E、I_L、Q_E、Q_L 四路信号做非相干得到 d_E 和 d_L 后,作为码环鉴相器的输入,得到码相位误差 δ_E;最后进入码环滤波器更新码频率,滞后反馈给码 NCO,实现码环的跟踪。对于 BDS 系统而言,还需要加入 NH 码发生器,以进行二级码剥离。

由于载波环的测量精度远大于码环,且来自载波环的多普勒测量值能够准确反映接收机和卫星之间的相对速度,因此载波环的速度信息可以用来辅助控制码 NCO 输出码率的快慢,以此来消除动态变化对码环带来的影响。所以载波环辅助码环是工程上常见的一种实现方式。载波环输出的载波频率改正量乘 $1/K$ 后,被用来扣除码环中的动态影响。对于 GPS L1 C/A 而言,$K = 1\ 575.42\ \text{MHz}/1.023\ \text{MHz} = 1\ 540$。

6.5.5 比特同步

比特同步是 GNSS 信号跟踪阶段的一个子环节,紧跟在码跟踪和载波跟踪之后。比特同步的主要目标是找到导航电文的比特边界,它的完成标志着接收机进入了解调导航电文的准备状态。

在锁相环锁定信号后,相位误差 φ_e 基本在零附近浮动,此时 $I(t)$ 接近信号强度,而 $Q(t)$ 是一个接近零的值。因此,I 路上是数据分量,当 $I(t)$ 为正时,导航电文为 1;

而当 $I(t)$ 为负时,导航电文为0。而 Q 路上则是噪声分量。对于 GPS L1 C/A 信号而言,其一个数据比特持续时间有 20 ms,所以每 20 ms,I 路上的数据分量就可能发生一次跳变。通常需要找到这个 20 ms 的比特边界,这一过程称为比特同步。

比特同步的作用主要有三个:①比特同步后,可以进行更长时间的相干积分,以提高跟踪灵敏度;②比特信息是进行子帧同步和计算发射时间所必需的;③比特同步后才可以提取导航电文,从而进行电文解算。

以 GPS L1 C/A 信号为例,常见的比特同步方法有直方图法。直方图比特同步的实现方法为:在载波环稳定跟踪后,随机选取一个 1 ms 时刻标记为 1,之后每 1 ms 时刻依次标记为 2,3,4,…,20,然后再从 1 到 20 开始标记。设立 20 个计数器,在后续的每个 1 ms 时刻,统计相邻两个 1 ms 的 I 路信息,如果发生电文翻转(即 $I_1 \times I_2 < 0$),则对应计数器加一。例如,在标记 2 的数据时刻,如果标记 1 和标记 2 发生电文翻转,则计数器 2 加一;如果标记 1 和标记 2 没有发生电文翻转,则计数器 2 不更新。如果有某个计数器的数值大于预设的阈值 TH1,则该位置是比特边界,比特同步成功。如果有两个计数器的数值大于预设的阈值 TH2,则这次比特同步失败。如图 6.13 所示。

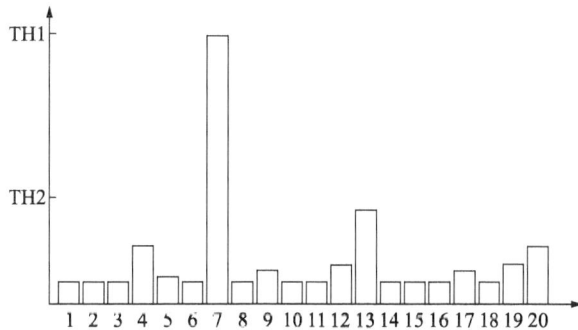

图 6.13　GPS L1 C/A 直方图比特同步法示意图

图片来源:自绘

北斗 B1I 信号上调制了 1 kHz 的 NH 码,因此比特同步的方法不能采用直方图法,可以采用积分法进行比特同步。积分法的实现方法是:在载波环稳定跟踪后,随机选取一个 1 ms 时刻标记为 1,之后每 1 ms 时刻依次标记为 2,3,4,…,40。首先计算标记 1 位置的积分结果。将标记 1 位置假设为比特起始时刻,之后 20 ms 的数据依次剥离掉 NH 码并进行累加,得到积分结果 sum_1,公式为:

$$\mathrm{sum}_1 = \sum_{i=1}^{20} I_i \mathrm{NH}_i \tag{6.12}$$

然后计算标记 2 位置的积分结果。将标记 2 位置假设为比特起始时刻,之后 20 ms 数据依次剥离掉 NH 码并进行累加,得到积分结果 sum_2,公式为:

$$\text{sum}_2 = \sum_{i=2}^{21} I_i \text{NH}_{i-1} \tag{6.13}$$

其中，I_i 是 I 路信号的值。

以此类推，依次计算标记 3 到标记 20 位置的积分结果。在积分结果 sum1 到积分结果 sum20 中，找到最大的值，记为比特边界。

6.6 观测量提取

观测量提取通常在系统周期性产生提取信号时完成，以保证所有跟踪通道的观测量在同一时刻被提取。常见的提取观测量频次有 1 Hz、2 Hz、5 Hz、10 Hz。从基带环路中提取的观测量通常包括比特计数、多普勒频率、载波相位、码相位、导航电文、载噪比、跟踪通道状态等。有些接收机还会根据基带环路情况计算出环路跟踪质量、多径标识等更详细的信息，以辅助位置、速度、时间的解算。

GNSS 比特计数是接收机信号处理的重要环节，结合比特边界检测、同步字识别和帧结构解析，确保接收机能够可靠地跟踪导航电文并提取有用信息。GNSS 比特计数的基本步骤如下：①比特边界检测。接收机通过跟踪信号幅度的周期性变化或锁相环（PLL）来识别比特的起点。②同步字识别。GNSS 导航电文的每帧或子帧开始通常包含一个预定义的同步字。例如：在 GPS 导航电文中，子帧以 30 位的同步字（8 位预置符 + 22 位固定模式）开头。接收机通过匹配同步字来验证当前的比特计数是否正确。③计数累积。从同步字开始，接收机对接收到的每一个比特进行递增计数，以便跟踪帧结构。④帧结构跟踪。根据已知的帧长度和比特速率（如 GPS 导航电文的每子帧为 300 bit，持续 6 s），比特计数用于预测并验证下一个同步点。

码相位是计算信号发射时间的关键数据。信号的发射时间通常由以下几部分组成：TOW（周内秒，即一周内的子帧计数）、一个子帧内的比特计数、一个比特内的码周期计数、一个码周期内的码片计数、一个码片内的码 NCO 值。子帧同步后，TOW 和子帧内比特计数会确定。在观测量提取时刻，基带需要上报周内秒、周内秒内比特计数、当前时刻一比特内的码周期计数、一个码周期内的码片计数、一个码片内的码 NCO 值。基于这些信息，可以计算出信号的发射时间。

多普勒频率（也称为瞬时多普勒）是本地载波频率减去标称中频 f_{IF} 后的值。它代表的是卫星和接收机之间相对运动的瞬时速度，可由此计算接收机速度。

载波相位（也称为积分多普勒）是瞬时多普勒在提取观测周期（从 t_1 至 t_2 时间）内的积分。即，

$$\varphi = \int_{t_1}^{t_2} f_D \, \mathrm{d}t \tag{6.14}$$

其中 f_D 是瞬时多普勒频移值。

对于导航电文，比特同步后，每一比特内，I 路相干积分的结果中可以提取出导航电文信息。即当 I 路信号为正时，导航电文为 1；当 I 路信号为负时，导航电文为 0。

GNSS 载噪比用于描述接收到的卫星信号质量。它反映了接收信号的强弱以及相对于噪声的强度，是信号解调和定位精度的关键参数。GNSS 载噪比是 GNSS 接收机通过跟踪环路(如 PLL 和延迟锁定环 DLL)的噪声水平和信号强度计算。载噪比表示为 C/N_0，其物理含义是载波功率与白噪声功率谱密度的比值。C/N_0 越大，表示信号越强；C/N_0 越小，表示信号越弱。C/N_0 反映了当前跟踪环路的状态，可以根据 C/N_0 的大小判断基带观测量的精度。在判定互相关信号、欺骗信号、误跟踪信号，以及判定接收机所处信号环境等应用场景中，C/N_0 也是一个非常重要的指标。

GNSS 跟踪通道状态反映了接收机对每颗卫星信号的跟踪和处理情况。它是接收机内部的重要诊断工具，用于监控信号的质量和解算状态，确保接收机可以正常工作。跟踪通道状态指的是当前环路通道所处的模式，例如牵引模式、某种跟踪模式、失锁、重捕等。这些信息可以帮助接收机判断哪些子帧信息需要维持、接收机所处的信号环境、计算观测量信号精度等。有些接收机还会根据码环和载波环内部信息计算出环路跟踪质量、多径标识等信息，并上报给导航信号处理模块。

◇第七章
GNSS 观测值及其误差

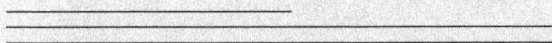

GNSS 卫星不间断地向地球方向发射信号，这些电磁波信号在产生、传播、接收过程中，会受到各种干扰。因此，利用卫星信号获得星地距离，并消除或削弱这些干扰，是实现 GNSS 空间距离后方交会定位的关键。

7.1 GNSS 观测值

测量星地之间的距离有两种方式：一是伪距测量，即测量 GNSS 卫星发射的测距码信号到达用户接收机的传播时间，再乘光速得到距离；二是载波相位测量，即测量 GNSS 卫星发射的载波信号与接收机产生的同频波信号之间的相位差，获得周期数，再乘波长得到距离。

7.1.1 伪距测量

通过测量 GNSS 卫星发射的测距码信号到达用户接收机的传播时间，从而求算出接收机到卫星的距离。那么，是如何利用测距码测得信号传播时间的呢？

如图 7.1(a)所示，GNSS 卫星依据自己的时钟发出具有约定结构的测距码，同时接收机依据本身的时钟也产生一组结构完全相同的测距码，该测距码常被称作复制码。如图 7.1(b)所示，卫星测距码通过一定时间到达接收机并被接收。由于信号传播需要时间，此时接收到的测距码滞后于复制码的时长为 τ_k^p。如图 7.1(c)所示，接收机通过时延器使复制码延迟，当延迟的复制码与接收到的测距码完全对齐时，所延迟的时间即为信号传播时间 τ_k^p。

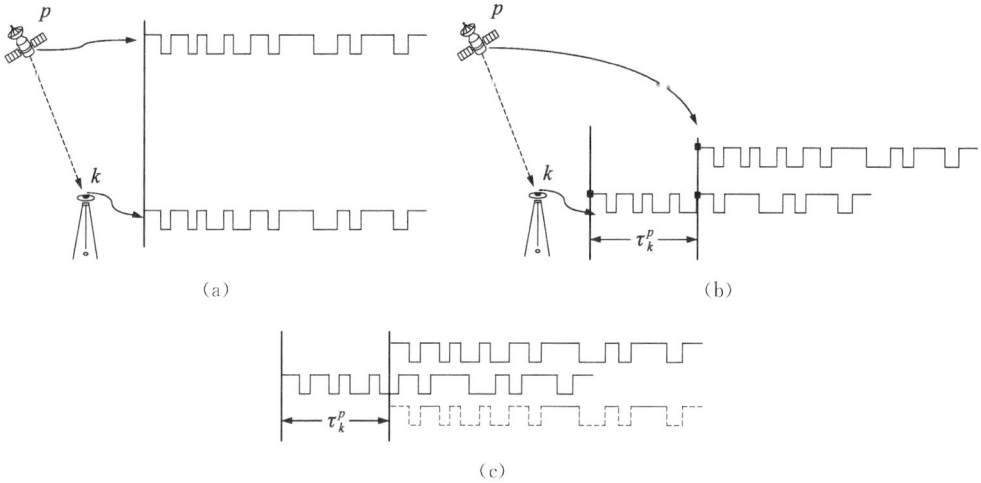

图 7.1　伪距测量原理

图片来源:自绘

那么,如何判断延迟的复制码与接收到的测距码是否对齐呢? 这里采用的是码相关运算处理方法。对于二元码 m 序列,其自相关函数为:

$$R(\tau) = \frac{1}{L_p}\sum_{m=1}^{L_p} a_m a_{m-(\tau)} = \begin{cases} 1 & \tau = 0, \pm T_p, \pm 2T_p, \cdots, \pm nT_p \\ -\dfrac{1}{L_p} & \text{else} \end{cases} \tag{7.1}$$

式中,T_p 为测距码的周期长;a 为码元值,取 1 或 -1。

当两码相关函数为最大值时,延迟的复制码与接收到的测距码对齐,可得复制码延迟码元数。已知单个码元持续时长,可得复制码延迟时长,即为卫星测距码传播时间 τ_k^p。信号传播时间 τ_k^p 乘光速即为测得的星地距离。

7.1.2　载波相位测量

载波相位测量是利用 GNSS 载波信号测量从卫星发射天线到接收机接收天线传播路径上的相位变化量。其原理是:如图 7.2(a)所示,GNSS 卫星依据自身时钟发出某一频率的载波;同时,接收机依据自身的时钟也产生相同频率的载波。如图 7.2(b)所示,卫星载波通过一定时间到达接收机并被接收。由于信号传播需要时间,此时接收到的载波相位相对于接收机同频载波相位滞后 Φ_k^p。

接收机通过对比接收到的载波与自身产生的载波来获得相位差 Φ_k^p。由于相位差 Φ_k^p 的整周个数不能得知,测量所得的相位差是不到一整周部分,即 Φ_k^p 的小数部分。

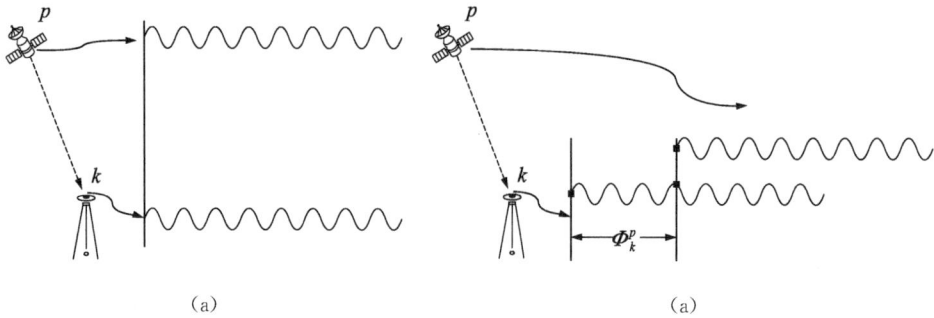

图 7.2 载波信号测量

图片来源:自绘

星地之间相位差缺失整周部分是无法计算星地距离的。为了解决这个问题,GNSS 接收机对此作了专门的设计。GNSS 接收机是按照一定时间间隔逐历元进行观测的,如图 7.3 所示。在第一个历元,测得不到一整周的观测值 $\mathrm{Fra}(t_1)$ 加上 N 个整周,才是星地之间的相位差。整周数 N 是一个未知数,这个未知整周数,称为整周模糊度。

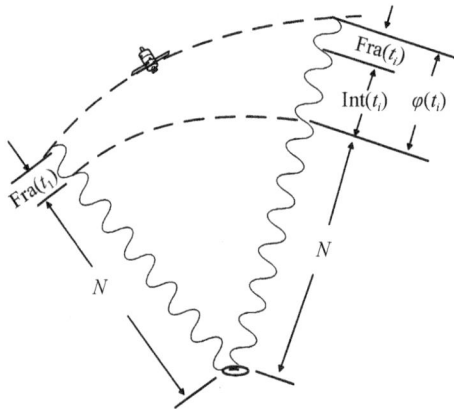

图 7.3 载波相位差测量

图片来源:自绘

自第一历元起,接收机一直跟踪卫星。由于卫星与接收机之间的相对距离在发生变化,因此存在着多普勒效应,即接收机接收到的卫星载波频率相对于理论频率存在着差值 f_D。利用式(7.2)求积分,可得 t_i 历元相对于 t_1 历元的载波相位变化量为

$$\Delta\varphi = \int_{t_1}^{t_i} f_D \mathrm{d}t \qquad (7.2)$$

该积分值再加上 t_1 历元的小数部分 $\mathrm{Fra}(t_1)$,其结果应为 t_i 历元的理论观测量。然而,由于多普勒频移观测值 f_D 的精度较差,积分得到的相位变化量 $\Delta\varphi$ 精度也较差。因此,通过式(7.3)对理论观测量向下取整,可得整数部分:

$$\text{Int}(t_i) = \left\lfloor \int_{t_1}^{t_i} f_D \, dt + \text{Fra}(t_1) \right\rfloor \tag{7.3}$$

式中,$\lfloor \cdot \rfloor$ 表示向下取整。

同时,通过将接收到的卫星载波相位与接收机本身的载波相位进行比对,可得 t_i 历元的小数部分 $\text{Fra}(t_i)$。将所得的整数部分与小数部分相加,即为 t_i 历元的载波观测量

$$\varphi(t_i) = \text{Int}(t_i) + \text{Fra}(t_i) \tag{7.4}$$

由于在接收机对卫星跟踪过程中,模糊度在各历元维持不变,因此所得的载波观测量 $\varphi(t_i)$ 加上整周模糊度 N 才是星地间载波相位差

$$\Phi(t_i) = \varphi(t_i) + N \tag{7.5}$$

随着历元数的增加,观测量的数量也在增加,而模糊度的个数没有增加,从而为模糊度的确定提供了数据基础。

7.2　GNSS 定位误差源

7.2.1　随机误差

随机误差是在测量瞬间产生的不确定误差,通常其服从正态分布。在 GNSS 定位中,随机误差在对测距码或载波进行观测时产生。

对于测距码观测值来说,接收机复制码通过时延器延迟后与接收到的测距码进行相关运算处理时,两个码序列对齐存在一定的误差,这个误差属于随机误差,其标准差大约为码元宽度的百分之一。也就是说,伪距码测量的精度为码元宽度的百分之一。对于 C/A 码来说,大约 3 m,P 码大约 0.3 m。

对于载波观测值来说,其相位差测量误差的标准差也大约为波长的百分之一。由于载波的波长在 20 cm 左右,因此相位测量的精度可达 2～3 mm。由此可见,相位测量的精度要比伪距测量的精度高得多。因此,在高精度定位领域,载波是必不可少的观测量。

对于随机误差的处理,一是要准确掌握随机误差的统计特性,以便建立合理的随机模型;二是要尽可能有更多的多余观测值,以实现加权平均效果。

7.2.2　系统误差

GNSS 定位原理虽然简单,但由于卫星运动和信号传播的复杂性,GNSS 定位受

到很多系统误差的干扰。这些系统误差总体上可分为和星端有关的误差、和传播路径有关的误差、和测站端有关的误差三大类。

和星端有关的误差主要有：卫星星历误差、卫星钟误差、相对论效应、卫星硬件延迟、卫星坐标地球自转改正等。和传播路径有关的误差主要有：电离层延迟、对流层延迟、多路径效应等。和测站端有关的误差主要有：接收机钟误差、天线相位中心位置偏差、接收机硬件延迟、地球潮汐等。

对系统误差的处理策略包括：一是尽可能避免产生系统误差的条件或环境；二是采用相对观测或对称观测方法，以实现系统误差的抵偿；三是采用模型修正；四是将系统误差当作未知参数进行求解。

7.3　和星端有关的误差

7.3.1　卫星星历误差

卫星定位需要知道卫星的坐标。由数据码中的导航电文（也称卫星星历）计算得到的卫星坐标与实际坐标之差称为卫星星历误差。

卫星星历是由地面监控站通过跟踪监测卫星求定的。由于卫星运行中要受到多种摄动力的复杂影响，而地面监控站又难以充分可靠地测定这些作用力或掌握其作用规律，因此在星历预报时会产生较大的误差。在一个观测时间段内，星历误差属于系统误差，是一种起算数据误差。

星历误差在测站至卫星方向上影响测站坐标，影响的大小取决于星历误差的大小，以及测站与卫星的几何关系。广播星历误差对测站坐标的影响一般可达数米、数十米甚至上百米。

解决星历误差的方法主要有以下几种：

（1）建立卫星跟踪网

建立 GNSS 跟踪网，对 GNSS 卫星进行独立定轨。可采用更多的地面跟踪站数据、更灵活的算法、更短的外推时间，进而提高卫星星历精度。这将显著提高精密定位的精度，也可为实时定位提供预报星历。目前，我国已在北京、上海、武汉、西安、拉萨、乌鲁木齐等地建立 GNSS 跟踪站。通过跟踪监测 GNSS 卫星信号，精密星历的精度有望达到 0.25 m。

（2）轨道松弛法

在平差模型中，将卫星星历提供的卫星轨道作为初始值，视其改正数为未知数。

通过平差同时求得测站位置及卫星轨道的改正数,这种方法称为轨道松弛法。通常采用的轨道松弛法有:

①半短弧法。仅将轨道切向、径向和法向三个改正数为未知数。该方法计算较为简单。

②短弧法。把 6 个轨道偏差改正数作为未知数,通过轨道模型建立观测值和未知数之间的关系。该方法的计算工作量较大,但精度与半短弧法大体上相当。

但是,轨道松弛法的不利之处是增加了方程未知数的个数,因此不宜作为 GNSS 定位中的一种基本方法,而只能作为在无法获得精密星历时某些部门采取的补救措施,或在特殊情况下采用。

（3）同步观测值求差

在两个测站上对同一颗卫星进行同步观测,并对观测值求差,从而减弱卫星星历误差的影响。由于同一卫星的位置误差对相近测站同步观测量的影响具有系统性,因此通过上述求差的方法可以消除两测站的共同误差。

7.3.2　卫星钟误差

信号由卫星到达地面的传播时间乘光速就等于星地间几何距离。信号传播时间的准确性取决于卫星时钟和接收机时钟的准确性。在 GNSS 测量中,无论是码相位观测,还是载波相位观测,均要求卫星钟和接收机钟保持严格同步。尽管 GNSS 卫星采用的是原子钟(铯钟和铷钟),但卫星钟的钟面时与理想的 GNSS 时之间仍然存在着偏差或漂移。卫星钟误差的总量可达 1 ms,产生的等效距离误差可达 300 km。因此必须对卫星时钟误差进行处理。

卫星钟的钟差包括由钟差、频偏、频漂等系统误差,也包含钟的随机误差。一般地,可以用以下二阶多项式表示卫星钟的这种偏差:

$$\delta t^s = a_0 + a_1(t - t_0) + a_2(t - t_0)^2 \tag{7.6}$$

式中,t_0 为参考历元,系数 a_0、a_1、a_2 分别表示钟在 t_0 时刻的钟差、钟速及钟加速变化率。

钟差、钟速、钟加速等参数由地面监控系统根据前一段时间的卫星跟踪数据和 GNSS 标准时推算而得,并通过卫星的导航电文传给用户。经此改正后,各卫星钟之间的同步差可保持在 20 ns 以内,由此产生的等效距离偏差不会大于 6 m。对于卫星钟的残余误差,则需采用在接收机间求一次差等方法进一步消除。

另外,为了满足 GNSS 高精度定位的需求,IGS 及其他分析中心可以提供更高精度的事后精密卫星钟差产品。

7.3.3 相对论效应的影响

根据狭义相对论的理论,对于地面观测者而言,安装在高速运动卫星上的卫星钟的频率将变为:

$$f^s = f^s_0 \left[1 - \left(\frac{v^s}{c}\right)^2\right]^{1/2} \approx f^s_0 \left(1 - \frac{v^{s2}}{2c^2}\right) \tag{7.7}$$

星地频率差为:

$$\Delta f^s = f^s - f^s_0 = -\frac{v^{s2}}{2c^2} f^s_0 \tag{7.8}$$

式中,v^s 为卫星的运行速度,c 为真空中的光速,f^s_0 为卫星钟的固有频率。

不难看出,卫星钟比静止在地球上的同类钟慢。GNSS 卫星的平均运行速度为 3 874 m/s,$c = 299\ 792\ 458$ m/s,由此可计算由于狭义相对论效应使卫星钟相对于接收机钟产生的频率偏差为 $\Delta f^s_1 = \Delta f^s = -0.835 \times 10^{-10} f^s_0$。

根据广义相对论理论,由于卫星和地面的重力位不同,同一台钟在两处的频率将相差:

$$\Delta f^s_2 = \frac{W^s - W_r}{c^2} f^s_0 \tag{7.9}$$

式中,W^s、W_r 分别为卫星上和地面测站处的重力位。

因为广义相对论效应数量很小,可以忽略日、月引力位,近似得到下列实用公式:

$$\Delta f^s_2 = \frac{\mu}{c^2} \cdot f^s_0 \left(\frac{1}{r^r_o} - \frac{1}{r^s_o}\right) \tag{7.10}$$

式中,μ 为万有引力常数和地球质量的乘积,r^r_o 为接收机至地心的距离,r^s_o 为卫星至地心的距离。取 $\mu = 3.986\ 005 \times 10^{14}$ m³/s²,$r^r_o = 6\ 378$ km,$r^s_o = 26\ 560$ km,由式(7.10)计算得:

$$\Delta f^s_2 = 5.284 \times 10^{-10} f^s_0 \tag{7.11}$$

比较可知,对于 GNSS 卫星钟的钟频率而言,广义相对论效应的影响比狭义相对论效应的影响大得多,且符号相反。相对论效应的联合影响为:

$$\Delta f = \Delta f^s_1 + \Delta f^s_2 = 4.449 \times 10^{-10} f^s_0 \tag{7.12}$$

上式说明,卫星钟的频率比在地面上的同类钟的频率增加 $4.449 \times 10^{-10} f_0^s$,所以为了消除相对论效应的影响,在制造卫星钟时应预先把频率降低 $4.449 \times 10^{-10} f_0^s$,即卫星钟的标准频率为 10.23 MHz,生产卫星钟时把频率降为:

$$10.23 \text{ MHz} \times (1 - 4.449 \times 10^{-10}) = 10.229 \ 999 \ 995 \ 45 \text{ MHz} \qquad (7.13)$$

这样,当卫星钟进入轨道受到相对论效应的影响时,其频率正好为标准频率 10.23 MHz。

应当指出,上述计算是在卫星轨道为圆形、运动为匀速的情况下进行的,这与实际情况不一致,所以经上述改正后仍有残差。该残差对 GNSS 时的影响最大可达 70 ns,在精密定位中应该考虑其影响。

7.3.4　卫星硬件延迟

卫星信号发生器和卫星信号发射相位中心不重合,会导致信号在硬件内部传播时产生时延,这种现象称作卫星硬件延迟。卫星硬件延迟的大小跟信号类型(测距码和载波)、频率和卫星有关。在伪距观测值上称为伪距硬件延迟偏差,简称码偏差;在相位观测值上称为相位硬件延迟偏差(Uncalibrated Phase Delay,UPD),简称初始相位偏差。

码偏差通常在卫星发射之前进行标定,并且在短期内认为是固定不变的。一般码偏差产品给出两个频率间或者相同频率不同码之间的差值,即差分码偏差(Differential Code Bias,DCB)。IGS 利用全球超过 200 多个跟踪站进行 DCB 估计,并且定期发布 DCB 产品。

相位偏差的处理方法通常有三种:第一种方法是利用差分的方式消除,站间单差可以消除共视卫星的 UPD 误差影响,这种差分处理方法常被运用于载波相位相对定位中。第二种方法是在精密单点定位中,若只要求浮点解,那么相位偏差会被浮点模糊度吸收,此时就无需单独考虑相位偏差的影响。第三种方法是在精密单点定位的固定解中,利用由地面基准站网联合解算获得的卫星相位偏差小数部分产品(Fractional Cycle Bias,FCB),改正用户流动站浮点解模糊度的小数部分,以此恢复模糊度的整数特性,最终实现固定解。PPP 中相位硬件延迟偏差(UPD)的具体削弱方法请见 9.2.2 节。

7.3.5　天线相位缠绕

GNSS 卫星信号采用右极化方式,这种极化方式的信号使得观测到的载波相位与卫星、接收机天线的朝向有关。接收机和卫星天线任何一方的旋转将使载波相位产生最大一周的变化,也就是在距离上一个波长的变化,这种效应称为天线相位缠绕。对该效应进行改正通常也称为天线相位缠绕改正。

在静态定位中,接收机天线的指向是固定不变的。在动态定位中,接收机天线的指向可能发生变化,从而导致天线相位缠绕误差。但这种误差可以自动地被吸收到接收机钟差中去,因而也无需另行考虑。所以这里所说的天线相位缠绕误差主要指的是由于卫星发射天线旋转而引起的相位误差。由于卫星上的太阳能帆板需要始终对准太阳方向,卫星在运动过程中发射天线的方向也会随之慢慢旋转,尤其是当卫星进入地影后(日食),为了能将太阳能帆板对准太阳,卫星会加快旋转,从而引起载波相位观测值的误差。但这种误差对于相距不太远的两个测站而言大体上是相同的,所以并不会对短基线向量的成果产生明显的影响。研究结果表明,当两站相距 4 300 km 时,相位缠绕误差对基线向量的影响最大可达 4 cm。在长距离高精度相对定位中应顾及此项误差。相位缠绕误差对单点定位的影响十分明显,其值可达分米级,所以在高精度单点定位中必须顾及此项误差。

天线相位缠绕的误差改正可以通过下列公式进行:

$$\delta D_\varphi^s = \text{sign}[\boldsymbol{k} \cdot (\boldsymbol{D}' \times \boldsymbol{D})]\arccos\left(\frac{\boldsymbol{D} \cdot \boldsymbol{D}'}{\|\boldsymbol{D}\| \cdot \|\boldsymbol{D}'\|}\right) \tag{7.14}$$

$$\boldsymbol{D}' = \boldsymbol{S}^x - \boldsymbol{k}(\boldsymbol{k} \cdot \boldsymbol{S}^x) - \boldsymbol{k} \times \boldsymbol{S}^y \tag{7.15}$$

$$\boldsymbol{D} = \boldsymbol{R}^x - \boldsymbol{k}(\boldsymbol{k} \cdot \boldsymbol{R}^x) + \boldsymbol{k} \times \boldsymbol{R}^y \tag{7.16}$$

式中,$\boldsymbol{k}$ 为卫星至接收机天线的单位矢量;$\boldsymbol{S}^x$、$\boldsymbol{S}^y$ 分别为卫星本体坐标系中的 x 轴和 y 轴在地固系下的单位矢量;$\boldsymbol{R}^x$、$\boldsymbol{R}^y$ 为接收机天线北方向和西方向在地固系下的单位矢量。

7.3.6 天线相位中心偏差

GNSS 测量测定的是从卫星发射天线的相位中心至接收机天线相位中心间的距离。而星历给出的是卫星质心的坐标,这两者之间并不一致,因而需要进行卫星天线相位中心改正。

天线相位中心的误差通常可分为两个部分:一是天线的平均相位中心(天线瞬时相位中心的平均值)与参考点(ARP)之间的偏差,称为天线相位中心偏差(Phase Center Offset,PCO);二是天线的瞬时相位中心与平均相位中心的差值,称为天线相位中心变化(Phase Center Variation,PCV)。对于某一天线而言,PCO 可以看成是一个固定的偏差向量,而 PCV 则与信号方向有关,会随着信号的方位角及天顶距(天底角)的变化而变化。

一般来说,PCV 较小且变化复杂,相关值可由相关机构提供或忽略不计。PCO 虽是一个固定的偏差向量,但由于卫星姿势的调整,使得该值在星地方向的投影值发生变化,该变化可由数学模型计算。

7.3.7　卫星坐标地球自转改正

在后面章节中建立观测方程时,需要用到卫星在给定时刻的地心地固坐标系下的坐标。这个给定时刻是发射信号的时间,还是接收信号的时间? 答案是发射信号的时间。接收机接收信号的时间是已知的,由接收机接收信号的时间减去信号传播时间可得到发射信号的时间。这样可由星历计算得到发射信号时刻的卫星在地心地固坐标系下的坐标。

但是,由于地心地固坐标系随着地球自转而旋转,因此在惯性空间中固定不变的点,在接收信号时刻的地心地固坐标系下的坐标会发生变化。也就是说,发射信号时刻的卫星在地心地固坐标系下的坐标,应改到接收信号时刻的地心地固坐标系下。

坐标改正量

$$
\begin{pmatrix} \delta X^s \\ \delta Y^s \\ \delta Z^s \end{pmatrix} = \begin{pmatrix} 0 & \sin(\omega_{地} \cdot \tau) & 0 \\ -\sin(\omega_{地} \cdot \tau) & 0 & 0 \\ 0 & 0 & 0 \end{pmatrix} \begin{pmatrix} X^s_{地固} \\ Y^s_{地固} \\ Z^s_{地固} \end{pmatrix} \tag{7.17}
$$

式中,$(X^s_{地固}, Y^s_{地固}, Z^s_{地固})$ 为计算得到的信号发射时刻卫星的地心地固坐标,$\omega_{地}$ 为地球自转角速度,τ 为信号传播时间。

7.4　和传播路径有关的误差

7.4.1　电离层延迟

(1) 电离层延迟的概念

距地面 $50 \sim 1\,000$ km 范围的大气层为电离层。由于受到太阳等天体的各种射线辐射,电离层中的气体分子发生电离,形成大量的自由电子和正离子。当 GNSS 信号通过电离层时,信号的路径会发生弯曲,传播速度也会发生变化。所以,信号的传播时间与真空中光速的乘积并不等于卫星至接收机的几何距离,该偏差称为电离层延迟误差。

电离层中的电子密度较高,属于弥散性介质。电磁波在这种介质内传播时,其速度与频率有关。根据电离层的性质,测距码是以群速度在电离层中传播的,而载波相位是以相速度(单一频率的电磁波相位的传播速度)在电离层中传播的。电离层使群速度减慢,使相速度加快,它对码观测和载波相位观测的影响是绝对值相同、符号相反。

根据电磁波理论,电磁波的群速为:

$$v_G = c(1 - 40.28 N_e f^{-2}) \tag{7.18}$$

式中,N_e 为电子密度,f 为载波的频率,c 为真空中的光速。

在伪距测量中,若测得信号的传播时间为 τ,则卫星至接收机的无电离层干扰距离为:

$$
\begin{aligned}
\rho &= \int_\tau v_G \mathrm{d}t = \int_\tau c(1 - 40.28 N_e f^{-2})\mathrm{d}t \\
&= c\tau - c\frac{40.28}{f^2}\int_S N_e \mathrm{d}S \\
&= P_G - \frac{40.28c}{f^2}\int_S N_e \mathrm{d}S = P_G - \delta I
\end{aligned}
\tag{7.19}
$$

式中,S 为信号传播路径,$\int_S N_e \mathrm{d}S$ 为传播路径上的电子总量(Total Electron Content,TEC),δI 为电离层改正,即有:

$$\delta I = c\frac{40.28}{f^2}\int_S N_e \mathrm{d}S \tag{7.20}$$

电离层的相速(载波速度)为:

$$v_L = c(1 + 40.28 N_e f^{-2}) \tag{7.21}$$

需要说明的是,相速不是物质速度,而是电磁波相位在电离层中的传播速度。载波相位测量时的电离层延迟改正和伪距测量时的电离层延迟改正大小相同,但符号相反。载波测得的卫星至接收机的无电离层干扰距离为:

$$
\begin{aligned}
\rho &= \int_\tau v_L \mathrm{d}t = \int_\tau c(1 + 40.28 N_e f^{-2})\mathrm{d}t = L + \frac{40.28c}{f^2}\int_S N_e \mathrm{d}S \\
&= L + \delta I
\end{aligned}
\tag{7.22}
$$

电离层改正,在天顶方向最大可达 50 m,在接近地平方向时(高度角为)则达到 150 m。所以必须认真加以改正,否则会严重损害观测成果的精度。

(2) 减弱电离层延迟影响的措施

①双频观测——将电子总量做待定参数求解

对于式(7.22),令 $A = 40.28c\int_S N_e \mathrm{d}S$,则有:

$$\delta I = \frac{A}{f^2} \tag{7.23}$$

即若用两个不同的频率 f_1 和 f_2 发射卫星信号,它们将沿同一路径到达接收机,它们所对应的电离层改正中的 A 都相同。

调制在两个载波上的测距码观测值有改正公式:

$$\begin{cases} \rho = P_1 - A/f_1^2 \\ \rho = P_2 - A/f_2^2 \end{cases} \tag{7.24}$$

式中,P_1、P_2 分别为载波 L_1、L_2 上的测距码观测值。

两个频率的载波观测值(单位:周)有改正公式:

$$\begin{cases} \tilde{\varphi}_1 = \varphi_1 + A/(cf_1) \\ \tilde{\varphi}_2 = \varphi_2 + A/(cf_2) \end{cases} \tag{7.25}$$

式中,φ_1,φ_2 分别为 L_1、L_2 载波观测值。

在上述四个方程中,均含有共同未知数 A,将其与其他未知数进行求解即可。

②双频观测——线性组合消元

将式(7.24)中上式乘系数 m,将下式乘系数 n,并相加可得:

$$\rho_{m,n} = mP_1 + nP_2 - m(A/f_1^2) - n(A/f_2^2) \tag{7.26}$$

当 $m(A/f_1^2) + n(A/f_2^2) = 0$ 时,也即

$$n = -m\frac{f_2^2}{f_1^2} \tag{7.27}$$

成立时,即可消去未知数 A。若再令 $m + n = 1$,则有

$$\begin{cases} m = \dfrac{f_1^2}{f_1^2 - f_2^2} \\ n = \dfrac{-f_2^2}{f_1^2 - f_2^2} \end{cases} \tag{7.28}$$

也即

$$\rho = \frac{f_1^2}{f_1^2 - f_2^2} \cdot P_1 - \frac{f_2^2}{f_1^2 - f_2^2} \cdot P_2 \tag{7.29}$$

对于双频载波相位测量观测值 φ_1 和 φ_2,其电离层延迟消元与上述分析方法相似,只是电离层折射改正的符号相反,且要引入整周模糊度 N。

③利用近似模型加以改正

目前还没有准确确定信号传播路径电子总量的方法,只能通过各种近似改正模型

计算电离层延迟改正量。改正模型很多,各有优缺点。这里介绍导航系统提供的一种简单改正模型。

对于单频接收机,为了减弱电离层的影响,一般采用导航电文提供的电离层改正模型加以改正。该模型把白天的电离层延迟看成是余弦波中的部分,而把晚上的电离层延迟看成是一个常数,如图7.4所示。

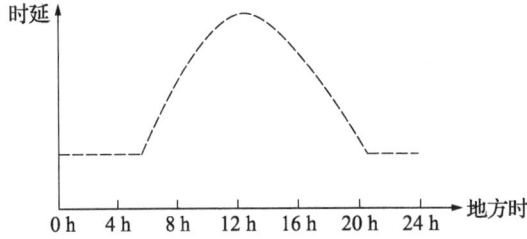

图 7.4 电离层改正模型

图片来源:自绘

设电离层改正模型中余弦波的振幅为 A,周期为 T_P,晚上的电离层延迟量为 DC,余弦波的相位项为 φ_P,则任一时刻 t 测站天顶电离层延迟为:

$$\delta I_g = DC + A\cos\left[\frac{2\pi}{T_P}(t-\varphi_P)\right] \tag{7.30}$$

式中:

$$DC = 5\text{ ns}, \quad \varphi_P = 14\text{ h(地方时)} \atop A = \sum_{i=0}^{3}\alpha_i\varphi_m, \quad T_P = \sum_{i=0}^{3}\beta_i\varphi_m \tag{7.31}$$

$$t = t_{UT} + \frac{B_p}{15}\text{(h)} \atop \varphi_m = L_p + 11.6\cos(B_p - 291°)\text{(°)} \tag{7.32}$$

式中,α_i、β_i 是根据太阳的平均辐射流量确定的系数,被编入导航电文向单频用户传播;t_{UT} 为观测时刻的世界时;L_p、B_p 分别为某点的地心经度、纬度。

一般情况下,星地斜距电离层延迟公式为:

$$\delta I_r^s = SF \cdot \delta I_g = (1/\cos Z^p)\delta I_g \tag{7.33}$$

映射函数 SF 也可采用

$$SF = \frac{1}{\sqrt{1-\left(\frac{r}{r+h}\cos E^p\right)^2}} \tag{7.34}$$

式中,Z^p 为卫星的天顶距,E^p 为卫星的高度角,r 为地球半径,h 为电离层集中层高度。

由于影响电离层折射的因素很多,机制又复杂,因此无法建立严密的数学模型。上述模型基本上是一种经验估算公式。此外,全球统一采用一组系数 α_i 和 $\beta_i(i=0,1,2,3)$,只能大体上反映全球的平均状况,与各地的实际情况必然会有一定的差异。实验资料表明,采用上述电离层延迟改正模型可消除电离层折射的 75% 左右。

④利用同步观测值求差

利用两台 GNSS 接收机在基线的两端进行同步观测,并将观测值求差,可以削弱电离层延迟的影响。其原因是卫星至两测站的电磁波传播路径上的大气状况非常相似,通过对同步观测量求差,可减弱大气状况的系统影响。

该方法对于短基线(小于 20 km)的效果尤为明显,经电离层折射改正后,基线长度的残差一般为 $D \times 10^{-6}$。但随着基线长度的增加,其精度则随之明显降低。所以,该方法适用于短基线的 GNSS 测量,即使采用单频接收机也可达到很高的精度。

7.4.2 对流层延迟

（1）对流层折射误差的概念

高度为 40 km 以下的大气底层为对流层,其大气密度比电离层大,大气状态也更为复杂。由于地面辐射热能的影响,对流层的温度随高度的上升而降低。当 GNSS 信号通过对流层时,传播路径会发生弯曲,从而使测量距离产生偏差,这种偏差称为对流层延迟误差。

对流层延迟与地面气候、大气压力、温度和湿度变化密切相关,比电离层延迟的情况更加复杂。对流层延迟误差与信号的高度角有关,有文献表明,在天顶方向(高度角为 90°)达到 2.3 m,在地面方向(高度角为 10°)达到 20 m。

对流层延迟可分解为干延迟和湿延迟两部分,其中干延迟约占整个对流层延迟的 90%,湿延迟约占整个对流层延迟的 10%。干延迟主要与气压、绝对温度有关,可比较精确地算得;湿延迟部分与气压、绝对温度和湿度均有关系,且关系更加复杂。对流层延迟改正模型通常是对天顶方向的对流层干延迟分量和湿延迟分量分别建模,然后使用一个投影函数将其投影到卫星与测站的视线方向上。

（2）对流层延迟改正模型

对流层延迟改正模型众多,这里介绍三种比较常见的模型。

①霍普菲尔德(Hopfield)公式

$$\delta T = \delta T_d + \delta T_\omega = \frac{K_d}{\sin[(E^p)^2 + 6.25]^{1/2}} + \frac{K_\omega}{\sin[(E^p)^2 + 2.25]^{1/2}} \qquad (7.35)$$

$$K_d = 7.76 \times \frac{P_s}{T_s} \times \frac{1}{5}(h_d - H_s) \times 10^{-6} = 155.2 \times 10^{-7} \frac{P_s}{T_s} \times (h_d - H_s)$$

$$K_\omega = 7.76 \times \frac{e_s}{T_s^2} \times \frac{1}{5}(h_\omega - H_s) \times 10^{-6} = 155.2 \times 10^{-7} \frac{4\,810}{T_s^2} e_s (h_\omega - H_s)$$

$$h_d = 40\,136 + 148.72(T_s - 273.16)$$

$$h_\omega = 11\,000$$

(7.36)

式中，T_s 为测站的绝对温度，以℃为单位；P_s 为测站的气压，以 hPa 为单位（1 hPa = 100 Pa）；e_s 为测站的水汽压，以 hPa 为单位；H_s 为测站的高程，以 m 为单位；E^p 为卫星的高度角，以°为单位；δT 为对流层折射改正值，以 m 为单位。

②萨斯塔莫宁（Saatamoinen）公式

$$\delta T = \frac{0.002\,277}{\sin E'^p}\left[P_s + \left(\frac{1\,255}{T_s} + 0.05\right)e_s - \frac{a}{\tan^2 E'^p}\right]$$ (7.37)

$$E'^p = E^p + \Delta E^p$$

$$\Delta E^p = \frac{16''.00}{T_s}\left(P_s + \frac{4\,810 e_s}{T_s}\right)\cot E^p$$

$$a = 1.16 - 0.15 \times 10^{-3} H_s + 0.716 \times 10^{-8} H_s^2$$

(7.38)

③勃兰克（Black）公式

$$\delta T = K_d\left[\left(1 - \left[\frac{\cos E^p}{1 + (1 - \ell_0)h_d/r_s}\right]^2\right)^{1/2} - \delta(E^p)\right] +$$

$$K_\omega\left[\left(1 - \left[\frac{\cos E^p}{1 + (1 - \ell_0)h_\omega/r_s}\right]^2\right)^{1/2} - \delta(E^p)\right]$$

(7.39)

式中，r_s 为测站的地心半径，参数 ℓ_0 和路径弯曲改正 $\delta(E^p)$ 由下式确定：

$$\ell_0 = 0.833 + [0.076 + 0.000\,15(T_s - 273)]^{-0.3E^p}$$

$$\delta(E^p) = 1.92[(E^p)^2 + 0.6]^{-1}$$

(7.40)

式（7.39）中的 h_d、h_ω、K_d、K_ω 的含义与式（7.36）相同，但按下列公式计算：

$$h_d = 148.98(T_s - 3.96)(\text{m})$$

$$h_\omega = 13\,000(\text{m})$$

$$K_d = 0.002\,312(T_s - 3.96)\frac{P_s}{T_s}(\text{m})$$

$$K_\omega = 0.20(\text{m})$$

(7.41)

计算表明,用同一套气象数据时,上述三种改正模型求得的天顶方向的对流层延迟相互较差很小,一般仅为几个毫米。

然而,由于引起对流层折射误差的因素非常复杂,理论与实践均表明,目前采用的各种对流层模型只能减少 $92\% \sim 95\%$ 的对流层折射影响。

（3）减弱对流层折射影响的措施

为了进一步削弱对流层折射的影响,可采取下列措施:

①直接在测站测定气象参数,并将其用于上述对流层折射改正模型。

②引入描述对流层影响的附加待估参数,并在数据处理中一并求得。

③利用同步观测值求差。当两测站相距不太远时(<20 km)时,由于信号通过对流层的路径相似,对同一卫星的同步观测值进行求差可以明显地减弱对流层折射的影响。因此,该方法被广泛应用于精密相对定位中。但是,当两测站的距离增大时,其有效性也随之降低。当距离大于 100 km 时,对流层折射的影响是限制 GNSS 定位精度提高的重要因素。

7.4.3　多路径效应误差

（1）多路径效应的概念

GNSS 卫星信号从 20 000 km 的高空向地面发射,若接收机天线周围有高大建筑物或水面,这些建筑物和水面会对电磁波产生强反射作用。由此产生的反射波进入接收机天线时,会与直接来自卫星的信号(直接波)发生干涉,从而使观测值偏离真值,产生误差。这种误差称为多路径效应误差。

多路径效应是 GNSS 测量的重要误差源,会严重损害 GNSS 测量的精度,严重时还将引起信号的失锁。因此,分析多路径效应产生的原因并采取相应的避免或减弱措施是十分必要的。

如图 7.5 所示,GNSS 天线接收到的信号是由来自卫星的直接信号 S 和经地面反射后的反射信号 S′干涉后的

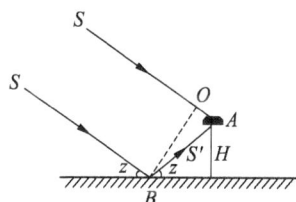

图 7.5　多路径效应
图片来源:自绘

组合信号。显然,这两种信号所经过的路径长度是不相等的,反射信号多经过的路径长度称为程差,用 ΔL 表示。根据几何关系,可以看出:

$$\Delta L = BA - OA = BA(1 - \cos 2Z) = \frac{H}{\sin Z}(1 - \cos 2Z) = 2H \sin Z \qquad (7.42)$$

式中 H 为天线距地面的高度,Z 为卫星的天顶距;BA 为反射路径长度;OA 为直接路径长度。

直接波信号可用下式表示:

$$S_d = U\cos\omega t \tag{7.43}$$

式中,U 为信号电压,ω 为载波的角频率。

反射波信号的数字表达式为:

$$S_r = \alpha U\cos(\omega t + \theta) \tag{7.44}$$

式中 α 为反射物面的反射系数。

天线实际接收的信号为直接波信号与反射波信号的组合信号,其表达式为:

$$S = \beta U\cos(\omega t + \theta) \tag{7.45}$$

式中 $\beta = (1 + 2\alpha\cos\theta + \alpha^2)^{\frac{1}{2}}$。

载波相位测量中的多路径效应误差为:

$$M = \arctan\left[\alpha\sin\theta / (1 + \alpha\cos\theta)\right] \tag{7.46}$$

对 M 关于 θ 求导并令其等于零:

$$
\begin{aligned}
\frac{\mathrm{d}M}{\mathrm{d}\theta} &= \frac{1}{1 + \left(\dfrac{\alpha\sin\theta}{1 + \alpha\cos\theta}\right)} \cdot \frac{(1 + \alpha\cos\theta)\alpha\cos\theta + \alpha^2\sin^2\theta}{(1 + \alpha\cos\theta)^2} \\
&= \frac{\alpha\cos\theta + \alpha^2}{(1 + \alpha\cos\theta)(1 + \alpha\cos\theta + \alpha\sin\theta)} = 0
\end{aligned}
\tag{7.47}
$$

当 $\theta = \pm\arccos(-\alpha)$ 时,多路径效应误差 M 有极大值 $M_{max} = \pm\arcsin\alpha$。

水平面的电磁波反射系数为最大,即 $\alpha = 1$,对于 GPS 载波波长 $\lambda_1 = 19$ cm,$\lambda_2 = 24$ cm,其载波相位测量中相应多路径效应误差的最大值分别为 4.8 cm 和 6.0 cm。

事实上,可能会有多个反射信号同时进入接收天线,此时的多路径效应误差为:

$$M = \arctan\left\{\frac{\displaystyle\sum_{i=1}^{n}\alpha_i\sin\theta_i}{1 + \displaystyle\sum_{i=1}^{n}\alpha_i\sin\theta_i}\right\} \tag{7.48}$$

由此可见,多路径效应对 GNSS 测量的精度有很大的影响。

（2）多路径效应误差的特点

多路径效应误差有以下几个特征：

①多路径误差包括随机部分和周期性部分。随机部分在观测时间段内一直存在，取决于天线周围的具体环境，无法削弱和消除；而周期性部分可通过延长观测时间予以削弱和消除。

②多路径效应造成的误差量级，理论上对载波相位的影响不会超过 1/4 波长，但对码观测值的影响则更为复杂，其误差可达载波相位多路径影响的 200 倍。

③多路径效应的大小与卫星高度角有关，卫星高度角越低，影响越大。

（3）削弱多路径效应误差的措施

由于多路径效应不仅与卫星信号的方向和反射物的反射系数有关，而且与反射物距测站的远近有关，所以很难建立其改正模型。通常通过以下措施削弱其影响：

①选择合适的站址。

——测站应远离大面积平静的水面，最好选在能较好地吸收微波信号能量的灌木丛、草地和其他地面植被区域。翻耕后的土地或粗糙不平的地面反射能力较差，也是较好的选择。

——测站不宜选择在山坡、山谷和盆地中，以避免反射信号从天线抑径板上方进入天线，从而产生多路径效应误差。

——测站应远离高大建筑物。

②选择合适的接收机天线。

在天线中设置抑径板，可有效减弱多路径效应的影响。如图 7.6 所示，要起到限制反射信号到达接收天线的作用，抑径板的半径 r、高度角 $Z_{限}$ 和抑径板高度 h 之间应满足 $r \geqslant \dfrac{h}{\sin Z_{限}}$。若接收机天线相位中心至抑径板的高度 $h = 60 \text{ mm}$，截止高度 $Z_{角}$ $= 15°$，则抑径板的半径 r 必须大于或等于 $\dfrac{60 \text{ mm}}{\sin 15°} \approx 23 \text{ cm}$。

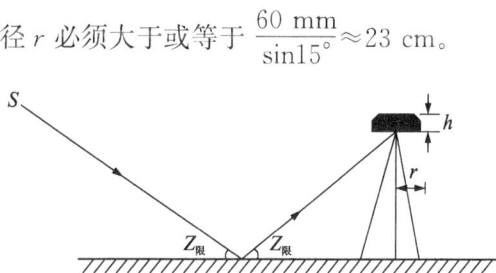

图 7.6 接收机天线的抑径板

图片来源：自绘

③设置更高的截止高度角。

④适当延长观测时间，以削弱多路径效应的周期性影响。

⑤改善 GNSS 接收机的电路设计，减弱多路径效应的影响。

⑥事后进行数据处理。

7.5 和测站端有关的误差

7.5.1 接收机钟误差

由于成本因素，GNSS 接收机内不可能采用质量特别好的时钟模块。因此，GNSS接收机时钟比卫星上时钟差的稳定性差得多。即使采用二阶多项式进行补偿，接收机钟与卫星钟之间的同步差也只能达到微秒级，则由此引起的等效距离误差约为300 m。由此可见，这样处理方式对测量成果的精度影响极大。

减弱接收机钟差的方法有：

（1）将每个观测时刻的接收机钟差当作一个独立的未知数，在数据处理中与测站的位置参数一并求解。

（2）认为各观测时刻的接收机钟差之间是相关的，将其表示为时间多项式，并引入平差模型中一并求解多项式的系数。

（3）通过在卫星间求一次差进行消元，消去接收机钟差未知数。

7.5.2 天线相位中心位置偏差

GNSS 测量是以接收机天线的相位中心位置为基准的，理论上天线的相位中心应与其几何中心在理论上应保持一致。然而，天线的相位中心实际上是随信号输入的强度和方向不同而变化的，即观测时相位中心的瞬时位置（一般称为相位中心）与理论上的相位中心并不一致，这种偏差称为天线相位中心位置偏差。这种偏差的影响可达数毫米至数厘米，所以如何减少天线相位中心位置偏差是天线设计中的一个重要问题。

GNSS 天线相位中心偏差可分为水平偏差和垂直偏差两部分。研究表明，GNSS接收机天线相位中心在垂直方向上的偏差远大于在水平方向上的偏差，且随着天线型号的不同而不同。

在实际工作中，若在相距不远的两个或多个测站采用同一类型的天线进行同步观测，则可以通过观测值的求差来削弱天线相位中心偏移的影响。不过，此时应注意各测站的天线须按附有的方位标志进行定向，使其根据罗盘指向磁北极（偏差 <3°）。

目前，有些 GNSS 接收机已标称其天线相位中心偏差为 0（即 0 相位中心偏差），但由于种种原因，实际观测时天线相位中心偏差并不为 0。经检测和研究表明，GNSS 接收机天线相位中心在垂直方向上的偏差与 GNSS 接收机厂家标称值之差，最大可达厘米级。这对于高精度的 GNSS 变形监测是不可忽视的。因此，在进行对高程方向精度要求较高的 GNSS 测量时，应检测 GNSS 接收机天线相位中心在垂直方向上的偏差，并加以改正。

7.5.3　接收机硬件延迟

卫星信号进入接收机天线后，在硬件内部传播，到达信号鉴别器进行测量。这段传播会产生时延，在伪距观测值上称为伪距硬件延迟偏差，简称码偏差；在相位观测值上称为相位硬件延迟偏差。这些偏差随频率、信号性质不同而不同，在短期内通常认为是固定不变的，可通过厂家进行标定，也可以通过数据处理方法进行解决。

对于接收机硬件延迟造成的码偏差来说，不同定位模型对其处理不同。在非差非组合定位模型中，该偏差一般由接收机钟差参数所吸收，也有一些研究认为该偏差具有一定时变特性，因此将其作为与接收机钟差独立的未知参数进行估计。而在差分定位模型中，该偏差会因星间单差而被消除，因此不会对参数估计造成影响。

对于接收机硬件延迟造成的相位偏差来说，一般是利用模糊度参数来吸收。但在非差非组合定位模型中，该偏差会破坏模糊度的整数特性而影响其固定。因此，在获得 PPP 固定解的过程中，一般采用星间单差的方式来消除接收机硬件延迟造成的相位偏差。

7.5.4　地球潮汐的影响

在太阳和月球的万有引力作用下，地球会产生周期性的弹性形变，这一现象称为固体潮。此外，在日、月引力的作用下，地球上的负荷也会发生周期性变动，使地球产生周期性形变，该现象称为负荷潮。例如，海潮就是一种负荷潮。固体潮和负荷潮引起的测站位移可达 80 cm，使不同时间的测量结果互不一致，所以在精密定位中应考虑其影响。

由固体潮和负荷潮引起的测站点的位移值可表示为：

$$
\left.\begin{array}{l}
R_\lambda = \dfrac{l_2}{Gm_地}\dfrac{\partial U_2}{\partial \lambda} + l_3\dfrac{\partial U_3}{\partial \lambda} + \dfrac{4\pi r}{Gm_地}\sum\limits_{i=1}^{n}\dfrac{l_i'}{2i+1}\dfrac{\partial \sigma_i}{\partial \lambda} \\[3mm]
R_\varphi = \dfrac{l_2}{Gm_地}\dfrac{\partial U_2}{\partial \varphi} + l_3\dfrac{\partial U_3}{\partial \varphi} + \dfrac{4\pi r}{Gm_地}\sum\limits_{i=1}^{n}\dfrac{l_i'}{2i+1}\dfrac{\partial \sigma_i}{\partial \varphi} \\[3mm]
R_r = h_2\dfrac{U_2}{Gm_地} + h_3\dfrac{U_3}{Gm_地} + 4\pi r\sum\limits_{i=1}^{n}\dfrac{h_i'\sigma_i}{(2i+1)Gm_地}
\end{array}\right\}
\tag{7.49}
$$

式中,U_2、U_3 分别为日、月的二阶、三阶引力潮位,σ_i 为海洋单层密度,h_i、l_i 分别为第一、第二勒夫数,h_i'、l_i' 分别为第一、第二负荷勒夫数,G 为万有引力常数,r 为地球的平均半径。

求出测站的位移量 $\boldsymbol{R}=(R_\lambda,R_\varphi,R_r)$,可将其投影到测站至卫星的方向上,从而求出单点定位时观测值中应加的地球潮汐改正数:

$$
\delta D_t = \frac{R_\lambda X_0 + R_\varphi Y_0 + R_r Z_0}{(X_0^2 + Y_0^2 + Z_0^2)^{1/2}}
\tag{7.50}
$$

式中,X_0、Y_0、Z_0 为测站点在 WGS-84 中的近似坐标。

最后值得指出的是,GNSS 测量除含有上述各种误差外,还有很多其他误差会对 GNSS 的观测值产生影响。目前,人们对定位精度的要求越来越高,所以研究这些误差来源并确定它们的影响规律具有十分重要的意义。

◇第八章
GNSS 伪距定位

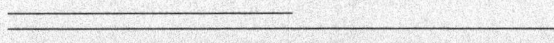

　　GNSS 定位的基本原理是空间距离后方交会,其中空间距离测量是实现距离交会的关键。前面已介绍,进行空间距离测量有基于测距码和基于载波两种方式。利用测距码测得的星地距离被称作伪距,利用伪距实现定位的方法简单易行,在对定位精度要求不高的领域中得到广泛应用。

8.1　伪距观测方程

　　卫星根据一定规则在自己的时钟控制下产生测距码并被接收机接收。接收机根据相同规则在自己的时钟控制下同步产生相同的测距码。GNSS 接收机对两组测距码进行比对,进而测得卫星信号传播到测站的传播时间 τ。信号传播时间 τ 乘光速 c 即为测得的星地距离。

　　由前面的误差分析可知,卫星时钟和接收机时钟存在误差,由时钟控制产生的测距码在时间点上也存在误差。因此,用在时间点上有误差的测距码所测得的信号传播时间 τ 也含有误差。信号在空间传播时会受到电离层和对流层的影响,其传播速度不再是真空中的光速 c。如果以真空光速 c 作为信号传播速度,也会带来误差。由测距码测得的信号传播时间 τ 乘真空光速 c 所得的星地距离不是真实的星地距离,因此常被称作伪距。

　　现在已知伪距,需要定位测站位置,因此需要建立伪距和测站坐标之间的数学关系式,即建立伪距观测方程。在建立伪距观测方程的过程中,需要处理各种误差问题。

　　首先是时钟误差问题。为了便于说明问题,引入以下时间符号:$t^p_{(GNSS)}$ 表示卫星 p 在发射信号瞬间的 GNSS 标准时,t^p 表示卫星 p 在发射信号瞬间的钟面时间,

$t_{k\text{(GNSS)}}$ 表示接收机 k 在接收信号瞬间的 GNSS 标准时，t_k 表示接收机 k 在接收信号瞬间的钟面时间，δt^p 表示卫星 p 的时钟误差，表示 δt_k 接收机 k 的时钟误差。于是有：

$$t^p = t^p_{\text{(GNSS)}} + \delta t^p \tag{8.1}$$

$$t_k = t_{k\text{(GNSS)}} + \delta t_k \tag{8.2}$$

接收时刻减去发射时刻，可得测得的传播时间

$$
\begin{aligned}
\tau^p_k &= t_k - t^p \\
&= [t_{k\text{(GNSS)}} + \delta t_k] - [t^p_{\text{(GNSS)}} + \delta t^p] \\
&= t_{k\text{(GNSS)}} - t^p_{\text{(GNSS)}} + \delta t_k - \delta t^p \\
&= t^p_{k\text{(GNSS)}} + \delta t_k - \delta t^p
\end{aligned}
\tag{8.3}
$$

式(8.31)乘真空光速 c，可得伪距：

$$P^p_k = c\tau^p_k = ct^p_{k\text{(GNSS)}} + c\delta t_k - c\delta t^p \tag{8.4}$$

但在事实上，由于电离层、对流层的影响，信号不是以光速 c 传播。因此，式(8.4)中的 $ct^p_{k\text{(GNSS)}}$ 项包含星地距离 ρ^p_k、电离层延迟 δI^p_k、对流层延迟 δT^p_k。除此以外，还存在很多其他误差干扰。由于伪距的随机误差可达数米，为了计算简单，一般只考虑误差量较大的电离层延迟、对流层延迟、卫星时钟误差和接收机时钟误差，其他误差忽略不计。于是，式(8.4)可进一步写成：

$$P^p_k = \rho^p_k + \delta I^p_k + \delta T^p_k + c\delta t_k - c\delta t^p \tag{8.5}$$

将式(8.5)中星地距离 ρ^p_k 写成包含测站坐标 (X_k, Y_k, Z_k) 的形式，即：

$$\rho^p_k = \sqrt{(X^p - X_k)^2 + (Y^p - Y_k)^2 + (Z^p - Z_k)^2} \tag{8.6}$$

注意，式(8.6)中的 (X^p, Y^p, Z^p) 为信号发射时刻的卫星坐标，可由导航电文计算得到。于是，式(8.5)可写成：

$$P^p_k = \sqrt{(X^p - X_k)^2 + (Y^p - Y_k)^2 + (Z^p - Z_k)^2} + \delta I^p_k + \delta T^p_k + c\delta t_k - c\delta t^p \tag{8.7}$$

式(8.7)建立了对一个卫星的伪距观测量与测站坐标之间的方程，也即 GNSS 伪距观测方程。

8.2　伪距单点定位

本节讨论如何基于伪距观测方程解算出测站坐标，并进行精度评价。其思路是将

观测方程转换成误差方程,对误差方程利用最小二乘解算得到测站坐标。

8.2.1 误差方程列立

式(8.6)为非线性方程,不适合计算机快速解算,需将方程线性化。设测站坐标近似值为$(X_{k,0},Y_{k,0},Z_{k,0})$,在测站近似坐标处进行泰勒级数展开,舍去高阶项,式(8.6)可写成:

$$\rho_k^p = \rho_{k,0}^p - \frac{X^p - X_{k,0}}{\rho_{k,0}^p}\delta X_k - \frac{Y^p - Y_{k,0}}{\rho_{k,0}^p}\delta Y_k - \frac{Z^p - Z_{k,0}}{\rho_{k,0}^p}\delta Z_k \tag{8.8}$$

式中,$\rho_{k,0}^p = \sqrt{(X^p - X_{k,0})^2 + (Y^p - Y_{k,0})^2 + (Z^p - Z_{k,0})^2}$,$(\delta X_k, \delta Y_k, \delta Z_k)$为测站坐标改正数。

令:

$$l_k^p = -\frac{X^p - X_{k,0}}{\rho_{k,0}^p},m_k^p = -\frac{Y^p - Y_{k,0}}{\rho_{k,0}^p},n_k^p = -\frac{Z^p - Z_{k,0}}{\rho_{k,0}^p}$$

式(8.7)可以写成:

$$P_k^p = \rho_{k,0}^p + l_k^p\delta X_k + m_k^p\delta Y_k + n_k^p\delta Z_k + \delta I_k^p + \delta T_k^p + c\delta t_k - c\delta t^p \tag{8.9}$$

伪距观测量P_k^p包含伪距观测值$\hat{P}_\kappa^p$和随机误差ε_κ^p两部分,也即:

$$\hat{P}_k^p + \varepsilon_k^p = \rho_{k,0}^p + l_k^p\delta X_k + m_k^p\delta Y_k + n_k^p\delta Z_k + \delta I_k^p + \delta T_k^p + c\delta t_k - c\delta t^p \tag{8.10}$$

式中,电离层、对流层延迟可以通过近似改正模型计算得到,卫星时钟误差可以通过导航电文给定的参数计算得到。将各常数项合为:

$$w_k^p = \hat{P}_k^p - \rho_{k,0}^p - \delta I_k^p - \delta T_k^p + c\delta t^p \tag{8.11}$$

于是式(8.10)可写成:

$$\varepsilon_k^p = l_k^p\delta X_k + m_k^p\delta Y_k + n_k^p\delta Z_k + c\delta t_k - w_k^p \tag{8.12}$$

将真误差ε_k^p用改正数v_k^p代替,各未知数用估值代替,式(8.12)可写成:

$$v_k^p = l_k^p\delta\hat{X}_k + m_k^p\delta\hat{Y}_k + n_k^p\delta\hat{Z}_k + c\hat{\delta t}_k - w_k^p \tag{8.13}$$

式(8.13)即为测站对卫星p伪距观测值的误差方程。

8.2.2 定位解算

式(8.13)中存在四个未知数:三个坐标分量改正数和一个接收机时钟误差改正

数,解出四个未知数至少需要四个方程,也即需要同步观测至少四颗卫星。这也就是常说的卫星定位需要至少同步观测四颗卫星的原因。

假设接收机同时观测到 $n(n \geqslant 4)$ 颗卫星,对每一颗卫星均可以列出一个如式(8.13)的误差方程,也即有 n 个误差方程,写成矩阵形式可得:

$$
\begin{pmatrix} v_k^1 \\ v_k^2 \\ \vdots \\ v_k^n \end{pmatrix} = \begin{pmatrix} l_k^1 & m_k^1 & n_k^1 & 1 \\ l_k^2 & m_k^2 & n_k^2 & 1 \\ \vdots & \vdots & \vdots & \vdots \\ l_k^n & m_k^n & n_k^n & 1 \end{pmatrix} \begin{pmatrix} \delta \hat{X}_k \\ \delta \hat{Y}_k \\ \delta \hat{Z}_k \\ c\delta \hat{t}_k \end{pmatrix} - \begin{pmatrix} w_k^1 \\ w_k^2 \\ \vdots \\ w_k^n \end{pmatrix} \tag{8.14}
$$

令:

$$
\boldsymbol{V} = \begin{pmatrix} v_k^1 \\ v_k^2 \\ \vdots \\ v_k^n \end{pmatrix}, \quad \boldsymbol{B} = \begin{pmatrix} l_k^1 & m_k^1 & n_k^1 & 1 \\ l_k^2 & m_k^2 & n_k^2 & 1 \\ \vdots & \vdots & \vdots & \vdots \\ l_k^n & m_k^n & n_k^n & 1 \end{pmatrix}, \quad \hat{\boldsymbol{X}} = \begin{pmatrix} \delta \hat{X}_k \\ \delta \hat{Y}_k \\ \delta \hat{Z}_k \\ c\delta \hat{t}_k \end{pmatrix}, \quad \boldsymbol{W} = \begin{pmatrix} w_k^1 \\ w_k^2 \\ \vdots \\ w_k^n \end{pmatrix}
$$

式(8.14)可简写成:

$$
\boldsymbol{V} = \boldsymbol{B}\hat{\boldsymbol{X}} - \boldsymbol{W} \tag{8.15}
$$

一般地,可设伪距观测为等权观测。于是,利用最小二乘法可得:

$$
\hat{\boldsymbol{X}} = \begin{pmatrix} \delta \hat{X}_k \\ \delta \hat{Y}_k \\ \delta \hat{Z}_k \\ c\delta \hat{t}_k \end{pmatrix} = (\boldsymbol{B}^{\mathrm{T}}\boldsymbol{B})^{-1}\boldsymbol{B}^{\mathrm{T}}\boldsymbol{W} \tag{8.16}
$$

测站点坐标为:

$$
\begin{cases} \hat{X}_k = X_{k,0} + \delta \hat{X}_k \\ \hat{Y}_k = Y_{k,0} + \delta \hat{Y}_k \\ \hat{Z}_k = Z_{k,0} + \delta \hat{Z}_k \end{cases} \tag{8.17}
$$

当测站坐标初始近似值 $(X_{k,0}, Y_{k,0}, Z_{k,0})$ 与真值相差较大时,泰勒级数展开舍去的高阶项较大,导致解算误差较大。为了尽量减小该误差,将式(8.17)所得的测站坐标作为近似值重新计算式(8.14)中有关项,然后进行坐标解算,不断迭代,直到坐标改正数小于一定的阈值。

8.2.3 定位精度评价

定位解算仅仅得到定位坐标是不够的,还需要知道所得结果的精度。根据误差传播定律可得解的协因数阵:

$$\boldsymbol{Q}_{XX}=(\boldsymbol{B}^{\mathrm{T}}\boldsymbol{B})^{-1}=\begin{pmatrix} q_{xx} & q_{xy} & q_{xz} & q_{xt} \\ q_{yx} & q_{yy} & q_{yz} & q_{yt} \\ q_{zx} & q_{zy} & q_{zz} & q_{zt} \\ q_{tx} & q_{ty} & q_{tz} & q_{tt} \end{pmatrix} \tag{8.18}$$

利用式(8.15)计算得到改正数,进而可计算单位权中误差:

$$\hat{\sigma}_0=\sqrt{\frac{\boldsymbol{V}^{\mathrm{T}}\boldsymbol{V}}{n-4}} \tag{8.19}$$

于是,解的方差阵为:

$$\boldsymbol{D}_{XX}=\hat{\sigma}_0^2\boldsymbol{Q}_{XX}=\begin{pmatrix} d_{xx} & d_{xy} & d_{xz} & d_{xt} \\ d_{yx} & d_{yy} & d_{yz} & d_{yt} \\ d_{zx} & d_{zy} & d_{zz} & d_{zt} \\ d_{tx} & d_{ty} & d_{tz} & d_{tt} \end{pmatrix} \tag{8.20}$$

由式(8.20)不难看出,定位的精度与协因数阵 $\boldsymbol{Q}_{XX}$ 强相关。$\boldsymbol{Q}_{XX}$ 取决于设计矩阵 $\boldsymbol{B}$,而 $\boldsymbol{B}$ 矩阵是由观测矢量的方向余弦构成。在地面点一定情况下,$\boldsymbol{B}$ 取决于所观测卫星的几何位置,而与观测值无关。因此,常用 $\boldsymbol{Q}_{XX}$ 中的有关量进行定位质量预评价。

为了表示卫星的几何图形结构对定位精度的影响,引入以下几个精度因子的概念:

(1) 三维几何精度因子(PDOP)

由式(8.20),不难求出单点定位的精度:

$$d_p=\sqrt{d_{xx}+d_{yy}+d_{zz}}=\hat{\sigma}_0\sqrt{q_{xx}+q_{yy}+q_{zz}} \tag{8.21}$$

令

$$\mathrm{PDOP}=\sqrt{q_{xx}+q_{yy}+q_{zz}} \tag{8.22}$$

因此有:

$$\sigma_p=\hat{\sigma}_0 \cdot \mathrm{PDOP} \tag{8.23}$$

观测定位的精度取决于观测量的精度与三维几何精度因子(PDOP)。

（2）时钟精度因子（TDOP）

在 GNSS 定位中，接收机钟差作为未知参数参与平差，以减弱接收机钟差的影响。钟差的确定精度直接关系到定位精度。采用协因数矩阵 $\boldsymbol{Q}_{XX}$ 的第四个对角线元素表示时钟精度因子（TDOP）。即：

$$\text{TDOP} = \sqrt{q_{tt}} \tag{8.24}$$

因此有

$$\sigma_T = \hat{\sigma}_0 \cdot \text{TDOP} \tag{8.25}$$

（3）几何精度因子（GDOP）

综合考虑空间位置及钟差对定位结果的影响，可用几何精度因子（GDOP）表征：

$$\text{GDOP} = \sqrt{q_{xx} + q_{yy} + q_{zz} + q_{tt}} = \sqrt{\text{PDOP}^2 + \text{TDOP}^2} \tag{8.26}$$

几何精度因子就是接收卫星的几何形状对定位精度综合影响的大小程度。在相同的观测精度下，几何精度因子越小，定位精度越高，反之越低。为了达到一定的精度，在观测时应对几何精度因子加以限制。在 GPS 测量规范中，不同等级的 GPS 测量对 GDOP 都有相应的限差要求，一般来说，GDOP 值应小于 6。

（4）高程精度因子（VDOP）

GNSS 定位结果属于地心三维直角坐标，有时候需要评价平面坐标和高程的定位精度情况，因此需将测站坐标从地心直角坐标系转换到测站直角坐标系下，协因数矩阵也做相应转换。

表征定位点在垂直位置的精度可用高程精度因子（VDOP）表示。

也即

$$\sigma_V = \hat{\sigma}_0 \cdot \text{VDOP} \tag{8.27}$$

（5）平面位置精度因子（HDOP）

表征定位点在平面位置的精度可用平面位置精度因子（HDOP）表示。

$$\sigma_H = \hat{\sigma}_0 \cdot \text{HDOP} \tag{8.28}$$

伪距单点定位计算简单，瞬间可以得到用户在三维直角坐标系中的坐标，被广泛应用于军事及日常米级定位要求的工程中。

8.3 相位平滑伪距定位

伪距单点定位只需一个历元即可实现定位,所以在很多领域得到了广泛应用。但是,由于伪距测量的随机误差较大,以及定位解算中系统误差的影响,伪距单点定位的精度只能达到米级,难以满足一些精度要求较高的领域的定位需求。

提高伪距定位精度需要从削弱伪距观测值的随机误差影响和系统误差影响两个方面入手,以实现伪距定位达到分米精度。常用的策略是:

(1) 削弱伪距观测值的随机误差影响,主要通过相位平滑伪距技术实现;

(2) 削弱观测方程中的系统误差影响,主要通过差分技术实现。

本节主要介绍相位平滑伪距技术。其基本思路:利用历元间载波测得的高精度距离变化量,将前面多个历元的伪距值换算到当前历元并取平均,进而得到更高精度的当前伪距值。

根据式(7.5),卫星 p 在两个历元的星地相位差分别为

$$\Phi_k^p(t_i) = \varphi_k^p(t_i) + N_k^p \tag{8.29}$$

$$\Phi_k^p(t_{i+1}) = \varphi_k^p(t_{i+1}) + N_k^p \tag{8.30}$$

式中,$\varphi_k^p(t_i)$、$\varphi_k^p(t_{i+1})$ 是接收机对载波的观测量。

相位差在两历元间的变化量为

$$\Delta\varphi_k^p(t_i, t_{i+1}) = \Phi_k^p(t_{i+1}) - \Phi_k^p(t_i) = \varphi_k^p(t_{i+1}) - \varphi_k^p(t_i) \tag{8.31}$$

将 $\Delta\varphi_k^p$ 乘波长 λ 可得两历元间的星地距离变化量

$$\Delta\rho(t_i, t_{i+1}) = \lambda\Delta\varphi_k^p(t_i, t_{i+1}) \tag{8.32}$$

由于载波观测值的等效距离精度相对于伪距来说高得多,因此可以将两历元间的星地距离变化量 $\Delta\rho$ 看作真值。于是,可将 t_i 历元的伪距观测值 $P_k^p(t_i)$ 转化到 t_{i+1} 历元,形成虚拟的伪距观测

$$P_k^p(t_{i+1})' = P_k^p(t_i) + \Delta\rho(t_i, t_{i+1}) = P_k^p(t_i) + \lambda\left[\varphi_k^p(t_{i+1}) - \varphi_k^p(t_i)\right] \tag{8.33}$$

同理,可以将 t_{i+1} 历元以前的任一历元伪距观测值都转化到 t_{i+1} 历元,形成虚拟的伪距观测量 $P_k^p(t_{i+1})'$。假设有 n 个历元的伪距观测值通过上述方法转化到 t_{n+1} 历元,连同本历元的伪距观测值,可得 $n+1$ 个伪距观测值。取平均可得 t_{n+1} 历元的平滑伪距观测值

$$\bar{P}_k^p(t_{n+1}) = \frac{\sum\limits_{j=0}^{n} P_k^p(t_{n-j+1})}{n+1} + \lambda\left[\varphi_k^p(t_{n+1}) - \frac{\sum\limits_{j=0}^{n} \varphi_k^p(t_{n-j+1})}{n+1}\right] \tag{8.34}$$

由于载波观测值的等效距离精度相对于伪距来说高得多，其随机误差可忽略不计．各历元伪距取平均所得结果的精度大为提高，平滑伪距观测值的标准差为

$$\bar{\sigma} = \frac{\sigma_P}{\sqrt{n+1}} \tag{8.35}$$

式中，σ_P 为单个伪距观测值的标准差。

平滑结果的误差是多个历元伪距误差的平均值，平滑伪距结果的精度得到了大幅度提高，进而为实现亚米级的定位提供了数据基础。

8.4　差分定位

在 GNSS 定位中，系统误差众多，对这些系统误差的处理要么比较麻烦，要么残余误差较大，影响了伪距定位结果的准确性。为了削弱伪距观测方程中的系统误差影响，通常通过差分技术来实现。差分技术的基本思想是，基于系统误差对两站的影响相同或相近，实现对系统误差的消除或削弱。其实现方法是：将一台接收机安置在基准站上进行观测，根据已知的基准站精密坐标，计算出坐标或距离改正数，并通过数据链实时将改正数发送给用户，从而改正用户单点定位结果，提高定位精度。

8.4.1　位置差分模式

设有基准站和用户站，且已知基准站的精密坐标为 (X_r, Y_r, Z_r)。通过安装在基准站上的 GNSS 接收机对 4 颗及以上卫星进行观测，便可解算出基准站的坐标 $(\hat{X}, \hat{Y}, \hat{Z})$。由于存在轨道误差、卫星时钟误差、电离层延迟、对流层延迟及其他误差，解算出的坐标与基准站的精密坐标存在着差异。按下式可求出其坐标改正数：

$$\left. \begin{aligned} \delta X &= X_r - \hat{X} \\ \delta Y &= Y_r - \hat{Y} \\ \delta Z &= Z_r - \hat{Z} \end{aligned} \right\} \tag{8.36}$$

基准站用数据链将这些改正数发送出去，用户接收机接收后即可对本站解算出的用户站坐标 (X_u, Y_u, Z_u) 进行改正：

$$\left. \begin{aligned} \widetilde{X}_u &= X_u + \delta X \\ \widetilde{Y}_u &= Y_u + \delta Y \\ \widetilde{Z}_u &= Z_u + \delta Z \end{aligned} \right\} \tag{8.37}$$

有时候,由于网络延迟,用户站得到的是过去时间的坐标改正数。因此,需顾及位置改正数随时间的变化情况,式(8.37)可进一步写成

$$
\left.
\begin{aligned}
\widetilde{X}_u &= X_u + \delta X + \frac{\delta X_t - \delta X_{t-1}}{\Delta t}\delta t \\
\widetilde{Y}_u &= Y_u + \delta Y + \frac{\delta Y_t - \delta Y_{t-1}}{\Delta t}\delta t \\
\widetilde{Z}_u &= Z_u + \delta Z + \frac{\delta Z_t - \delta Z_{t-1}}{\Delta t}\delta t
\end{aligned}
\right\}
\tag{8.38}
$$

式中,δt 为时延,Δt 为改正数间隔时间。

经上述改正后,用户坐标中基本可以有效削弱基准站与用户站的共同误差的影响,提高了定位准确度。该方法的优点是计算简单,适用于各种型号的 GNSS 接收机。

但该方法也存在缺点,该方法要求基准站与用户站必须观测同一组卫星,这在近距离可以做到,但当距离较长时则难以满足。因此,位置差分只适用于基准站与用户站相距 100 km 以内的情况。

8.4.2 伪距差分模式

伪距差分是目前应用非常广泛的一种差分技术,几乎所有的商用差分接收机均采用了这种技术。

用一台接收机在基准站上观测所有卫星,根据基准站的已知精密坐标(X_r,Y_r,Z_r)和由星历数据计算得的卫星坐标,可得每颗卫星在该时刻的真正星地距离:

$$
\rho_r^p = \left[(X^p - X_r)^2 + (Y^p - Y_r)^2 + (Z^p - Z_r)^2 \right]^{1/2}
\tag{8.39}
$$

设此时测得的伪距为 $P_r^p(t)$,则伪距改正数为:

$$
\delta P^p(t) = \rho_r^p - P_r^p(t)
\tag{8.40}
$$

其变化率为:

$$
\delta \dot{P}^p(t) = \left[\delta P^p(t) - \delta P^p(t-1) \right] / \Delta t
\tag{8.41}
$$

基准站将 $\delta \dot{P}^p$ 和 δP^p 发送给用户站,用户站在测出的伪距 $P_u^p(t)$ 上加改正,即可求出经改正后的伪距:

$$
\overline{P}_u^p(t) = P_u^p(t) + \delta P^p(t)
\tag{8.42}
$$

或
$$
\overline{P}_u^p(t) = P_u^p(t) + \delta P^p(t-\delta t) + \delta \dot{P}^p(t-\delta t) \cdot \delta t
\tag{8.43}
$$

只要观测不少于 4 颗卫星,利用改正后的伪距即可计算用户站的更精确坐标。

伪距差分具有如下优点:

第一,这种方法能提供伪距改正数和改正数变化率,所以在未得到改正数的空隙内能继续高精度定位。

第二,基准站提供所有观测到的卫星伪距改正数,而用户站只需接收 4 颗卫星即可进行高精度定位,无需与基准站接收完全相同的卫星。

但伪距差分也存在着不足,与位置差分相似,随着基准站与用户站之间距离的增加,两站系统误差之间的差异将会明显增加,且这种差异采用任何差分方法都不能予以消除。因此,基准站与用户站之间的距离对伪距差分的精度有决定性影响。

8.4.3　区域差分模式

在一个较大的区域内布设多个基准站,以构成基准站网。位于该区域中的用户根据多个基准站所提供的改正信息经,平差计算后求得用户站的定位改正数。这种差分系统称为区域差分系统。

区域差分提供的改正量主要有以下两种方式:

(1)各基准站均以标准化的格式发射各自的改正信息,用户接收机根据接收到的各基准站的改正量,取其加权平均作为用户站的改正数。其中,改正数的权重可根据用户站与基准站的相对位置来确定。这种方式由于应用了多个高速的差分 GNSS 数据流,因此需要多倍的通信宽度,效率较低。

(2)根据各基准站的分布,预先在网中构成以用户站与基准站的相对位置为函数的改正数加权平均值模型,并将其统一发送给用户。这种方式不需要增加通信宽度,是一种较为有效的方法。

区域差分系统较单站差分系统的可靠性和精度均有所提高。但是,由于数据处理是把各种误差的影响综合在一起进行改正的,而实际上不同误差对定位的影响特征是不同的。如星历误差对定位的影响与用户站至基准站间的距离成正比;而对流层延迟误差则主要取决于用户站和基准站的气象元素之间的差异,并不一定与距离成正比。因此,将各种误差综合在一起,用一个统一的模式进行改正,就必然存在不合理的因素,从而影响定位精度。这种影响会随着用户站离基准站的距离增加而变大,导致差分定位的精度迅速下降。所以,在区域差分系统中,用户站要想获得较好的精度,其不能离基准站太远。基准站必须保持一定的密度(间距小于 300 km)和均匀度。

8.4.4　广域差分模式

(1)广域差分的概念

在一个相当大的区域内,用相对较少的基准站(监测站)组成差分网。各监测站将求得的距离改正数发送给数据处理中心,由数据处理中心统一处理,将各种 GNSS 观测误差源加以区分,然后传给用户。这种系统称为广域差分系统。

广域差分 GNSS 系统通过对用户站的误差源直接改正,达到削弱误差,改善用户定位精度的目的。广域差分系统主要对 3 种误差源加以分离,并单独对每一种误差源分别进行"模型化"。然后将计算出的每一种误差源的数值,通过数据链传输给用户站,改正用户站的 GNSS 定位误差。具体而言,其误差集中表现在以下三个方面:

①星历误差。广播星历是一种外推星历,精度不高,且其影响与基准站和用户站之间的距离成正比,是 GNSS 定位的主要误差来源之一。广域差分依赖区域中基准站对卫星的连续跟踪,对卫星进行区域精密定轨,确定精密星历,取代广播星历。

②大气延迟误差(包括电离层和对流层延迟)。普通差分提供的综合改正值,包含基准站处的大气延时改正。当用户站的大气电子密度和水汽密度与基准站不同时,对 GNSS 信号的延时也不一样。使用基准站的大气延时量来代替用户站的大气延时必然会引起误差。广域差分技术通过建立精确的区域大气延时模型,能够精确地计算出其对区域内不同地方的大气延时改正量。

③卫星钟差误差。对星历误差和大气时延误差进行精确改正后,残余误差中卫星钟差影响最大。常规差分 GNSS 利用广播星历提供的卫星钟差改正数仅近似反映了卫星钟与标准 GNSS 时间的物理差异。而广域差分 GNSS 可以计算出卫星钟在各时刻的精确钟差值。

(2)广域差分系统的构成

该系统主要由主站、监测站、数据通信链和用户设备组成,如图 8.1 所示。

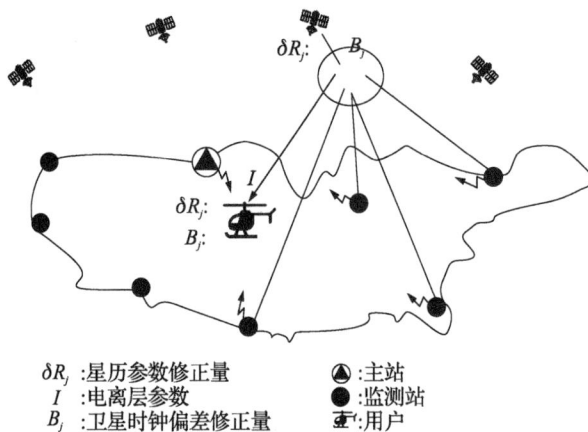

δR_i:星历参数修正量　　　▲:主站
I　:电离层参数　　　　　●:监测站
B_j:卫星时钟偏差修正量　　🚁:用户

图 8.1　广域差分 GNSS 系统的组成

图片来源:自绘

①主站。根据各监测站的GNSS观测量以及各监测站的已知坐标,计算出GNSS卫星星历并外推12 h星历,建立区域电离层延时改正模型,拟合出改正模型中的8个参数;计算出卫星钟差改正值及其外推值,并将这些改正信息和参数发送给各发射台站。

②监测站。一般设有一台铯钟和一台双频GNSS接收机。各监测站将伪距观测值、相位观测值、气象数据等通过数据链实时发送到主站。监测站的三维地心坐标应准确已知,监测站的数量一般不应少于4个。

③数据通信链。数据通信包括两部分:监测站与主站之间的数据传递,以及广域差分系统与用户之间的数据通信。可采用数据通信网,如Internet网或其他数据通信专用网,或选用通信卫星。广域差分系统与用户之间的通信,由于系统覆盖面广、作用范围大,小型发射机难以满足要求,一般应选用短波或长波通信、调频副载波、卫星通信等方式。

④用户设备。一般包括单频GNSS接收机和数据链的用户端,以便用户在接收GNSS卫星信号的同时,还能接收主站发射的差分改正数,并据此改正原始GNSS观测数据,最后解出用户站的位置。

（3）广域差分系统的工作流程

由以上四个部分组成的广域差分GNSS系统,其工作流程如下:

①在已知坐标的若干监测站上,跟踪观测GNSS卫星的伪距、相位等信息。

②将监测站上测得的伪距、相位和电离层延时的双频测量结果全部传送到主站。

③主站在区域精密定轨计算的基础上,计算出卫星星历误差改正、卫星钟差改正及电离层延时改正模型。

④将这些误差改正通过数据通信链路传送到用户站。

⑤用户站利用这些误差改正来修正自己观测的伪距、相位和星历等,计算出具有较高精度的GNSS定位结果。

（4）广域差分系统的特点

与一般的差分系统相比,广域差分系统具有以下特点:

①主站、监测站与用户站的站间距离从100 km增加到200 km时,定位精度不会出现明显下降,即定位精度与用户站和基准站(监测站)之间的距离无关。

②在大区域内建立广域差分系统所需的监测站数量比区域差分系统少,投资较小。例如,在美国大陆的任意地方要达到5 m的差分定位精度,使用区域差分的方式需要建立500个基准站,而使用广域差分方式的监测站个数将不超过15个,其经济效

益显而易见。

③广域差分系统具有较均匀的精度分布,在其覆盖范围内任意地区,定位精度大致相当,而且定位精度较区域差分系统更高。

④广域差分系统的覆盖区域可以扩展到区域差分系统难以覆盖的地域,如海洋、沙漠、森林等。

⑤广域差分系统使用的硬件设备及通信工具较为昂贵,软件技术复杂,运行和维持费用较区域差分系统高得多。

◇第九章
GNSS 载波精密单点定位

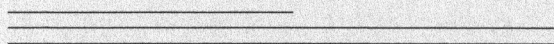

载波观测值因其随机误差比伪距观测值的随机误差小很多，因此成了 GNSS 高精度定位中必不可少的观测值。但与伪距观测值相比，载波观测值应用起来难度更大：一是载波观测值本身精度很高，需要对各系统误差做精细处理，才能发挥载波观测值高精度的优势；二是载波观测值涉及模糊度、周跳等问题，对数据处理带来了新的挑战。本章将介绍利用载波观测值进行精密单点定位（Precise Point Positioning，PPP）的基本原理与步骤。

9.1　载波观测方程建立

精密单点定位（PPP）是一种通过对单台接收机采集到的载波观测值进行各种系统误差改正，以获得高精度定位结果的技术。与伪距单点定位不同的是，这种技术考虑到了观测方程中大多数系统误差的影响，因此载波精密单点定位的观测方程比伪距单点定位更加复杂。

卫星在自己的时钟控制下，根据一定频率产生载波，并不间断地向外广播。载波经过一定时间传播后被接收机接收。接收机在自己的时钟控制下同步产生相同频率的载波。GNSS 接收机对接收到的载波与自身产生的载波进行比对，进而测得不到一整周的相位差（以周为单位）。如图 7.3 所示，这个不到一整周的相位差 $\mathrm{Fra}(t_1)$ 加上若干个整周数 N 才是理论上的星地之间载波相位差（以周为单位），这若干个整周数 N 被称作整周模糊度。

GNSS 接收机对锁定的卫星做连续跟踪观测，利用多普勒效应获得星地之间载波相位的变化量。由于这个变化量的精度不高，将其与 $\mathrm{Fra}(t_1)$ 相加后取整数部分，如图 7.3 中的 $\mathrm{Int}(t_i)$。在 t_i 历元，通过对接收载波与本地载波对比测得不到一周的小数部分

$\mathrm{Fra}(t_i)$。将整数部分与小数部分相加,于是可得 t_i 历元载波观测量,见式(7.4)。

接收机在对卫星做连续跟踪期间,载波整周模糊度 N 是不变的,也即在 t_i 历元,星地之间的载波相位差如式(7.5)所示。

对于不同的卫星来说,整周模糊度 N 一般不相等。一颗卫星的一个载波频率对应一个模糊度,再加上测站坐标以及其他未知数,未知数个数多于观测值个数,一个历元无法实现定位。但随着观测历元的增加,观测值个数也在快速增加;在观测卫星没有发生变化的情况下,待求模糊度个数没有发生变化,当观测值个数多于未知数个数时,进而实现方程可解。

以上介绍了载波定位实现的整体技术思路,但为了实现高精度定位,需要顾及各种误差的影响,建立载波观测值与测站坐标之间的观测方程。

首先是时钟误差问题。假设卫星在钟面时刻 t^s 产生的载波相位为 $\psi(t^s)$,接收机在钟面时刻 t_r 产生的载波相位为 $\psi(t_r)$。两相位相减可以得到相位差为

$$\Phi_r^s(t) = \psi(t_r) - \psi(t^s) \tag{9.1}$$

因为卫星钟和接收机时钟分别存在钟差 δt^s 和 δt_r,即有

$$
\begin{aligned}
t^s &= t^s(\mathrm{GNSS}) + \delta t^s \\
t_r &= t_r(\mathrm{GNSS}) + \delta t_r
\end{aligned}
\tag{9.2}
$$

式中,$t^s(\mathrm{GNSS})$ 和 $t_r(\mathrm{GNSS})$ 分别表示卫星和接收机在产生相位时的标准 GNSS 时刻。将式(9.2)代入式(9.1)得

$$\Phi_r^s(t) = \psi(t_r) - \psi(t^s) = \psi[t_r(\mathrm{GNSS})] - \psi[t^s(\mathrm{GNSS})] + \delta t_r f - \delta t^s f \tag{9.3}$$

式中,f 为相应的载波频率。进一步考虑到式(7.5),式(9.3)可以写为

$$\varphi(t) + N = \psi[t_r(\mathrm{GNSS})] - \psi[t^s(\mathrm{GNSS})] + \delta t_r f - \delta t^s f \tag{9.4}$$

在前面章节中提到了多个 GNSS 误差源,下面需要将这些误差从式(9.4)中分离。由于卫星运动是椭圆轨道,卫星时钟相对论效应修正存在时变残差,其对卫星相位影响为 $\delta\varphi'^s(t)$;$\psi[t^s(\mathrm{GNSS})]$ 为卫星信号产生点的相位,相对于卫星质心点相位 $\bar{\psi}[t^p(\mathrm{GNSS})]$ 来说,存在硬件延迟 $B^s(t)$ 和天线相位中心偏差 $\delta\varphi''^s(t)$;$\psi[t_r(\mathrm{GNSS})]$ 为接收机信号产生点的相位,相对于天线物理中心相位 $\bar{\psi}[t_r(\mathrm{GNSS})]$ 来说,存在接收机硬件延迟 $B_r(t)$ 和天线相位中心偏差 $\delta\varphi''_r(t)$。于是,式(9.4)可写成

$$
\begin{aligned}
\varphi_r^s(t) + N = {} & \bar{\psi}[t_r(\mathrm{GNSS})] - \bar{\psi}[t^s(\mathrm{GNSS})] + \delta t_r f - \delta t^s f + \\
& \delta\varphi'^s(t) - \delta\varphi''^s(t) + B^s(t) + B_r(t) + \delta\varphi''_r(t)
\end{aligned}
\tag{9.5}
$$

将卫星质心与接收机天线物理中心之间的相位差以星地之间真实距离 ρ_r^s 形式表示。于是式（9.5）可写成

$$\varphi_r^s(t)+N=\frac{f}{v_L}\rho_r^s+\delta t_r f-\delta t^s f+$$
$$\delta\varphi'^s(t)+B^s(t)-\delta\varphi''^s(t)+B_r(t)+\delta\varphi''_r(t) \tag{9.6}$$

式中 v_L 为载波的传播速度，由于电离层、对流层影响，其不等于真空光速 c。

但是，v_L 是未知数，以真空光速 c 近似代替，这就带来了电离层延迟 δI_r^s 和对流层延迟 δT_r^s 影响，需在公式中进行分离。于是式（9.6）可写成

$$\varphi_r^s(t)+N=\frac{f}{c}\rho_r^s-\frac{f}{c}\delta I_r^s+\frac{f}{c}\delta T_r^s+\delta t_r f-\delta t^s f+$$
$$\delta\varphi'^s(t)+B^s(t)-\delta\varphi''^s(t)+B_r(t)+\delta\varphi''_r(t) \tag{9.7}$$

对比式（8.5）与式（9.7）中电离层延迟改正项可见，其大小相等符号相反，这是由于电离层延迟对伪距和载波的影响特点所决定的。

将星地距离 ρ_r^s 写成包含测站坐标 (x_r,y_r,z_r) 的形式，即

$$\rho_r^s=\sqrt{(x^s-x_r)^2+(y^s-y_r)^2+(z^s-z_r)^2} \tag{9.8}$$

于是，将式（9.8）代入式（9.7）可得

$$\varphi_r^s(t)+N_r^s=\frac{f}{c}\sqrt{(x^s-x_r)^2+(y^s-y_r)^2+(z^s-z_r)^2}-\frac{f}{c}\delta I_r^s+\frac{f}{c}\delta T_r^s+$$
$$\delta t_r f-\delta t^s f+\delta\varphi'^s(t)+B^s(t)-\delta\varphi''^s(t)+B_r(t)+\delta\varphi''_r(t)+\varepsilon_{L,r,i}^s \tag{9.9}$$

式中 $\varepsilon_{L,r,i}^s$ 表示载波观测值的随机误差。

式（9.9）建立了一个载波观测量与测站坐标之间的方程，也即 GNSS 载波观测方程。载波观测方程相对于伪距观测方程复杂得多，这主要是因为伪距观测精度较低，为了简化计算，在建立伪距观测方程时，忽略了很多误差的影响。而在精密单点定位中，必须对式（9.9）中的众多系统误差项进行精确改正，以获得远高于伪距单点定位精度的测站坐标。

9.2　系统误差处理

精密单点定位的关键是对式（9.9）所示的载波观测方程中的各系统误差实现精确处理。

9.2.1　卫星轨道和时钟误差

在精密单点定位中,广播星历无法满足定位的精度要求。因此,需要利用 IGS 提供的精密星历和卫星钟差等产品来削弱卫星轨道和时钟误差。

近年来,IGS 的精密星历等产品为 PPP 中的系统误差处理提供了重要的技术支撑,推动了 PPP 技术的快速发展。IGS 是国际大地测量协会(IAG)为支持大地测量和地球动力学研究于 1993 年组建的一个国际协作组织,并于 1994 年 1 月 1 日正式开始工作。IGS 主要由管理委员会、中央局、卫星跟踪站网络、数据中心、分析中心和综合分析中心组成。

IGS 生成用户所需精密产品的一般流程如下:数据中心将卫星跟踪站网络采集到的观测数据传输至分析中心;各个分析中心利用 Bernese、PANDA 等相关软件持续解算,得到轨道和卫星钟差等参数,形成各自的精密产品;随后,各分析中心将各自的产品传输至综合分析中心进行综合计算,得到最终提供给用户的精密产品。

按照不同精度、不同时延划分,IGS 提供的精密星历和钟差主要包括超快速、快速和最终三种。关于这三类精密产品的精度和其他信息的对比,请见表 9.1。

表 9.1　IGS 提供的 GPS 和 GLONASS 精密轨道和卫星钟差产品

系统	产品名称		精度	时延	更新率	采样率
GPS	IGS 超快速（预测）	轨道	≈5 cm	实时	每天 4 次(3 h、9 h、15 h、21 h UTC)	15 min
		钟差	≈3 ns			
	IGS 超快速（实测）	轨道	≈3 cm	3～9 h	每天 4 次(3 h、9 h、15 h、21 h UTC)	15 min
		钟差	≈0.15 ns			
	IGS 快速	轨道	≈2.5 cm	17～41 h	每天(17 h UTC)	15 min
		钟差	≈0.075 ns			5 min
	IGS 最终	轨道	≈2 cm	12～19 天	每周(周五)	15 min
		钟差	≈0.075 ns			30 s
GLONASS	IGS 最终	轨道	≈3 cm	12～19 天	每周(周五)	15 min

表格来源:自制

表 9.1 中的超快速产品分为预测部分和实测部分。一般来说,IGS 超快速产品包含两天的数据,前 24 h 的产品由实测数据计算得到,后 24 h 为根据前 24 h 递推的预测产品。表 9.1 中的时延表示用户下载当前时刻的相应产品需要等待的时间;更新率指的是该产品在相应网站上发布的频率;采样率表示该产品文件内容中相应数据的时间间隔。

为了帮助读者更好地理解表 9.1 中的相关内容,这里给出三个例子:

(1)若某用户于 2023 年 9 月 25 日 6 时 00 分(UTC 时间)登录相应网站,此时用户可以下载到 IGS 于 25 日 3 时发布的超快速产品。该超快速产品中包含卫星在 24 日 0 时至 26 日 0 时期间的位置坐标和钟差,间隔均为 15 min。其中,前 24 h 的轨道和钟差由实测数据计算得到,后 24 h 通过递推预测得到。

(2)若用户需要 2023 年 9 月 25 日 6 时 00 分(UTC 时间)的快速精密星历和钟差,用户需要等到 26 日(最快)或者 27 日(最晚)的 17 时(UTC)之后,才能从相应网站进行下载。下载得到的快速精密产品中,轨道数据以 15 min 为时间间隔,钟差数据以 5 min 为时间间隔。

(3)若用户需要 2023 年 9 月 25 日 6 时 00 分(UTC 时间)的最终精密星历和钟差,用户需要等到 12~19 天之后的某个周五,才能进行下载。下载得到的最终精密产品中,轨道数据以 15 min 为间隔,钟差数据以 30 s 为间隔。

除了表 9.1 中的 GPS 和 GLONASS 产品,IGS 部分分析中心还提供包括 BDS、Galileo 和 QZSS 等系统在内的多系统精密产品。相应产品的详细信息请见表 9.2。

表 9.2　IGS 提供的 BDS、Galileo 等多系统精密轨道和卫星钟差产品

分析中心	星座系统	提供的产品	产品类型
CNES/CLS	GPS+GLO+GAL	卫星星历和钟差(15min,＊.SP3) 卫星和接收机钟差(30 s,＊.CLK)	最终产品
CODE	GPS+GLO+GAL+ BDS2+BDS3+QZS	卫星星历和钟差(5 min,＊.SP3) 卫星和接收机钟差(30 s/5min,＊.CLK)	最终产品
GFZ	GPS+GLO+GAL+ BDS2+BDS3+QZS	卫星星历和钟差(15 min,＊.SP3) 卫星和接收机钟差(30 s/5min,＊.CLK)	快速产品
IAC	GPS+GLO+GAL+ BDS2+BDS3+QZS	卫星星历和钟差(5 min,＊.SP3) 卫星和接收机钟差(30 s,＊.CLK)	最终产品
JAXA	GPS+GLO+QZS	卫星星历和钟差(5 min,＊.SP3) 卫星和接收机钟差(30 s,＊.CLK)	最终产品
SHAO	GPS+GLO+GAL+ BDS2+BDS3	卫星星历和钟差(15 min,＊.SP3) 卫星和接收机钟差(5 min,＊.CLK)	快速产品
Wuhan Univ.	GPS+GLO+GAL+ BDS2+BDS3+QZS	卫星星历和钟差(15 min,＊.SP3) 卫星和接收机钟差(5 min,＊.CLK)	最终产品

表格来源:自制

9.2.2　卫星硬件延迟

在卫星端,测码伪距和载波相位都会因硬件延迟产生相应的偏差。在 PPP 定位过程中,一般不对伪距和相位硬件延迟直接建模估计,而是将其合并入其他参数(如钟差、电离层延迟和模糊度),以消除方程秩亏。此时解算得到的模糊度包含硬件延迟,已失去整数特性,无法固定,称为浮点解。若想进一步固定模糊度以提高定位精度,必须对卫星端硬件延迟进行改正,以恢复模糊度的整数特性。

(1) 码偏差改正

在精密单点定位过程中,卫星端的码偏差一般可利用 IGS 提供的差分码偏差(DCB)产品进行改正。

IGS 发布的精密钟差产品大多是由无电离层组合观测值计算得到的,此钟差产品中已经包含了双频无电离层组合的差分码偏差(DCB_{IF})。在 GPS 系统中,各 IGS 分析中心都是采用 L1 和 L2 频率的无电离层组合来生成精密钟差产品。在 BDS 系统中,一般采用 B1I 和 B3I 频率的无电离层组合观测值来生成北斗卫星的精密钟差产品。

因此,当用户采用 GPS L1 和 L2 或者 BDS B1I 和 B3I 进行双频无电离层组合进行精密单点定位时,无需再额外改正星端的码偏差。然而,当用户采用其他频率进行组合或者非组合方式进行精密单点定位时,各个测距码需要改正相对于无电离层组合的硬件延迟。以 GPS C/A、P1 和 P2 这 3 个观测值为例,IGS 将发布两个独立的差分码偏差产品 DCB_{P1-P2} 和 DCB_{P1-C1}。利用 DCB_{P1-P2} 和 DCB_{P1-C1},可对 C/A、P1 和 P2 这 3 个观测值的硬件延迟进行补充改正。

目前,IGS 等机构提供 GPS、BDS、GLONASS 和 Galileo 系统的 DCB 产品,用户可根据相关网站提供的 DCB 值进行对应的硬件延迟改正。

(2) 相位偏差(相位硬件延迟)改正

在 PPP 中,若定位解只要求浮点解,可以将接收机端和卫星端未校正的相位硬件延迟(UPD)与模糊度参数合并为一个参数进行估计,无需单独考虑。若想要得到 PPP 固定解,则需要将接收机端和卫星端的相位硬件延迟从模糊度中分离。对于接收机端的未校正 UPD,一般通过星间单差的方式进行消除;对于卫星端 UPD,可利用小数偏差(FCB)产品进行改正。

已有研究证明,卫星端 UPD 较为稳定,其整数部分被模糊度吸收,不影响模糊度的固定;其小数部分(FCB)需要进行分离。因此,可以在一定时间内将 UPD 的小数部分(FCB)作为常数进行估计。在区域 GNSS 站网解算中,对于星端 FCB 估计方法主要包括星间单差 FCB 估计和星端非差 FCB 估计。

星间单差 FCB 估计的技术思路是:首先得到区域站网的非差模糊度浮点解,然后选取某一参考卫星进行星间单差,接着对各测站共视卫星的单差模糊度的小数部分取平均,即可求得该卫星的单差 FCB 估计值。由于用户端进行单差时,参考卫星选择不一致,因此区域 GNSS 站网一般需要提供不同参考卫星的星端单差 FCB 产品。星端非差 FCB 估计的技术思路是:首先基于区域 GNSS 单站 PPP 浮点解获取非差宽项和窄项模糊度估值,然后对所有参考站输入的模糊度参数统一处理,利用最小二乘法分离出星端 FCB。

9.2.3　电离层延迟

在 GNSS 定位过程中,电离层延迟引起的测距误差最大可达 150 m 左右。作为 GNSS 导航与定位中最为主要的误差源,必须对其加以考虑。主要的改正方法包括模型改正、组合观测值和参数估计等方法。

当采用单频载波定位时,用户可以采用经验模型或者实测模型进行改正。经验模型是根据电离层观测站长期积累的观测资料建立的经验公式,主要包括 Bent 模型、国际参考电离层模型(IRI)、Klobuchar 模型等。实测模型则是根据 GNSS 双频观测值反算得到测站上空的电子总含量(TEC),主要包括 IGS 和 CODE 电离层格网模型。目前,IGS 提供全球格网形式的电离层延迟产品,用户可以根据穿刺点位置选取格网点进行内插,从而获得天顶方向的电离层延迟。

电离层延迟与电子总量和信号频率有关。当用户采用双频载波进行定位时,可以利用电离层的色散效应特性,通过观测值组合形成无电离层组合来消除电离层延迟的一阶项。消除电离层延迟的一阶项之后,剩余高阶项影响一般都很小。

当用户采用非差非组合模型进行定位时,对于电离层延迟,将传播路径上的电子总量作为未知参数,与坐标、模糊度等参数一同进行估计。电离层延迟参数化的具体细节将在后续 9.4 节点位解算中介绍。

9.2.4　对流层延迟

对于高度角为 10° 的观测值,对流层延迟在天顶方向会引起 20 m 左右的偏差。对流层延迟与信号频率无关,因此无法通过类似无电离层组合的方式来消除对流层延迟。

在 PPP 定位过程中,可以利用相关模型改正对流层延迟的干延迟部分;针对湿延

迟部分,通常可以表示为天顶方向对流层湿延迟 ZTD_{wet} 和映射函数的乘积:

$$\delta T = \delta T_d + \delta T_\omega = \delta T_d + M_{\text{wet}} ZTD_{\text{wet}} \tag{9.10}$$

式中,M_{wet} 表示湿延迟投影函数。

对于式(9.10)中的干延迟 δT_d,一般可以使用 Saastamoinen 模型和 Hopfiled 模型直接改正。对于湿延迟 δT_ω,一般将其投影为 ZTD_{wet},并将 ZTD_{wet} 作为未知参数进行估计。常用的投影函数包括 NMF、GMF 和 VMF 函数。

9.2.5　相对论效应残余误差

在相对论的影响下,卫星钟的频率会相对变快,从而造成卫星钟和接收机钟之间产生相对误差。因此,在载波精密单点定位过程中需要考虑相对论效应。为了解决相对论效应,一般需要在卫星发射前调低卫星钟的频率,相应方法请见 7.3.3 节。然而,该方法是在卫星轨道为圆形、运动为匀速的情况下进行的,这与实际情况不一致,所以经上述改正后仍有残差。在精密单点定位过程中,残差部分可通过广播星历或精密星历进行计算,其对星地距离测量的影响为:

$$\Delta\rho_{\text{rel}} = -\frac{2}{c}\bar{\boldsymbol{X}}^s \cdot \bar{\boldsymbol{V}}^s \tag{9.11}$$

式中,c 为光速,$\bar{\boldsymbol{X}}^s$ 为卫星 s 的位置矢量,$\bar{\boldsymbol{V}}^s$ 为卫星 s 的速度矢量。

9.2.6　其他误差

除了以上几种误差之外,还有一些重要的系统误差必须改正。

地球自转会引起卫星与地面几何距离的偏差,最大超过 30 m。因此,基于广播星历计算得到的地固系下卫星坐标用于定位时,必须考虑地球自转对该卫星坐标的影响。在精密单点定位过程中,可以采用相关公式对发射时刻的卫星坐标进行改正。具体的计算公式请见 7.3.7 节。

采用右旋极化方式的 GNSS 卫星信号会使得观测到的载波相位与卫星、接收机天线的朝向有关。因此,在载波精密单点定位过程中,需要考虑因卫星发射天线旋转而引起的载波相位误差,即相位缠绕,其影响最大可达分米级。通常基于卫星坐标和天线坐标进行改正,具体的计算公式请见 7.3.5 节。

GNSS 测量是从卫星发射天线的相位中心至接收机天线相位中心之间的距离。而 IGS 精密星历给出的是卫星质心的坐标,两者并不一致。因此,在精密单点定位过程中,需要考虑天线相位中心偏差(PCV)。一般来说,可以将其分为天线相位中心偏差(PCO)和天线相位中心变化两部分分别进行改正。具体的改正方法请见 7.3.6 节。

多路径效应作为精密单点定位过程中的重要误差源之一,一般可以通过合理选址、添加抑径板和数据处理等方式进行削弱。具体的改正方法请见 7.4.3 节。

接收机时钟不如卫星时钟精确、稳定,因此无法采用类似卫星钟差修正的方法进行削弱。在精密单点定位过程中,一般将其作为未知参数,与坐标解等其他参数同时进行估计。同时,由于卫星信号在接收机内部硬件之间传播需要一定时间,这段时延即为接收机硬件延迟。可以通过事先标定或数据处理的方式进行改正,具体请见 7.5.3 节。

太阳和月球的万有引力引起的固体潮和海洋潮汐会使得测站产生最大 80 cm 的位移,因此在精密单点定位过程中需要考虑固体潮和海洋潮汐的影响。二者都可以采用相应的改正公式进行计算,具体细节请见 7.5.4 节。

9.3* 随机模型

PPP 定位处理了绝大部分系统误差之后,可以将剩余的误差视作随机误差,从而建立相应的随机模型。随机模型不仅决定了是否能够解算得到最优的参数估值,还能直观反映参数估值的精度与客观实际的匹配程度。常用的随机模型一般包括等权模型、高度角模型和载噪比模型,在精密单点定位解算中可酌情选用。

9.3.1 等权模型

等权模型认为同类观测值(载波或者伪距)的精度是相同的,其方差相等,并且彼此之间相互独立。等权模型是一种较为理想的随机模型,没有考虑到各个观测值对定位解不同的贡献程度。

假设某一历元有 m 个伪距观测值和 n 个载波观测值,等权模型认为伪距观测值之间相互独立且等精度,其方差记为 σ_P^2;认为载波观测值之间相互独立且等精度,其方差记为 σ_φ^2。因此,等权模型将观测值的方差阵可以表示为

$$\boldsymbol{D}_{LL} = \begin{pmatrix} \boldsymbol{D}_P \\ {}_{m \times m} \\ & \boldsymbol{D}_\varphi \\ & {}_{n \times n} \end{pmatrix} = \begin{pmatrix} \sigma_P^2 & \cdots & 0 & 0 & \cdots & 0 \\ \vdots & & \vdots & \vdots & & \vdots \\ 0 & \cdots & \sigma_P^2 & 0 & \cdots & 0 \\ 0 & \cdots & 0 & \sigma_\varphi^2 & \cdots & 0 \\ \vdots & & \vdots & \vdots & & \vdots \\ 0 & \cdots & 0 & 0 & \cdots & \sigma_\varphi^2 \end{pmatrix} \tag{9.12}$$

式中 D_{LL}、D_P 和 D_φ 分别表示观测值、伪距观测值和载波观测值的方差阵。

若取先验单位权中误差 $\sigma_0 = \sigma_\varphi$,则可由上式中观测值的方差阵计算得到等权模型的权矩阵为

$$\boldsymbol{P}_{LL} = \boldsymbol{Q}_{LL}^{-1} = (\boldsymbol{D}_{LL}/\sigma_0^2)^{-1} = \begin{pmatrix} \dfrac{\sigma_\varphi^2}{\sigma_P^2}\begin{pmatrix} 1 & \cdots & 0 \\ \vdots & & \vdots \\ 0 & \cdots & 1 \end{pmatrix} & \\ & \begin{pmatrix} 1 & \cdots & 0 \\ \vdots & & \vdots \\ 0 & \cdots & 1 \end{pmatrix} \end{pmatrix} \tag{9.13}$$

由于卫星定位过程中存在多项误差,虽然通过各种方法进行了改正,但是残余的误差不可忽视,因此等权模型通常与实际情况符合度较差。

9.3.2　高度角模型

对于不同高度角的卫星,其观测值受电离层延迟、对流层延迟等误差的影响也不相同。因此,一般认为来自不同高度角的 GNSS 观测值,其质量也不同。高度角随机模型则根据高度角的不同来给定不同观测值之间的权比关系。

(1) 高度角计算

高度角模型根据不同卫星的高度角大小,选用特定函数形式计算对应观测值的方差。其通用的函数形式可以表示为:

$$\sigma^2 = f(E^p) \tag{9.14}$$

式中,σ^2 为观测值的方差,E^p 指的是高度角大小。

当测站观测到某颗卫星时,高度角的定义如图 9.1 所示。

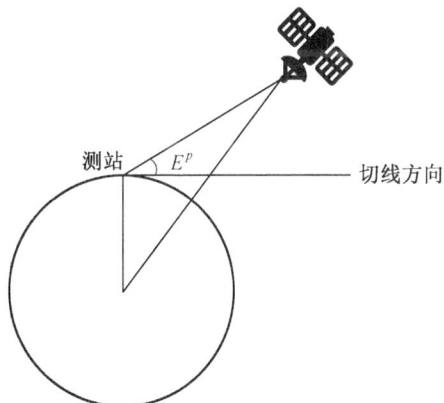

图 9.1　高度角示意图

图片来源:自绘

由图 9.1 可见,高度角 E^p 定义为测站位置切线方向与站星连线之间的夹角。假设卫星在 t_0 时刻播发的信号在 t_1 时刻被接收机收到,卫星在 t_0 时刻坐标为 $\boldsymbol{r}^s = (x_0^s, y_0^s, z_0^s)^T$,接收机在 t_1 时刻坐标为 $\boldsymbol{r}_r = (x_{r1}, y_{r1}, z_{r1})^T$。单位视线向量可以表示为

$$e_r^s = \frac{\boldsymbol{r}^s - \boldsymbol{r}_r}{\|\boldsymbol{r}^s - \boldsymbol{r}_r\|} \tag{9.15}$$

上述向量是在地心地固坐标系下计算得到,需要将其转换至东北天坐标系,即

$$e_{r,enu}^s = \boldsymbol{E}_r e_r^s = (e_e, e_n, e_u)^T \tag{9.16}$$

上式中,$e_{r,enu}^s$ 代表站星视线在东北天坐标系下的单位向量,E_r 为旋转矩阵,(e_e, e_n, e_u) 代表 $e_{r,enu}^s$ 向量中的各分量元素。高度角 E^p 可由式(9.17)计算得到

$$E^p = \arcsin e_u \tag{9.17}$$

式中,e_u 代表式(9.16)中单位视线向量 $e_{r,enu}^s$ 的天向坐标分量。计算得到高度角之后,还需要确定式(9.14)中的函数形式。具体的函数形式一般包括指数函数和三角函数模型这两种经验模型。

(2) 指数函数模型

高度角指数模型为

$$\sigma = s\left[a_0 + a_1 \exp(-E^p/E_0)\right] \tag{9.18}$$

式中,σ 为观测值的标准差;s 为比例因子;a_0、a_1 和 E_0 为常数项,根据实验中不同 GNSS 接收机的伪距和相位观测值确定,载波观测值解算时经验值可取 70、600 和 20。指数函数模型对应的方差因子可以由式(9.18)计算得到。

(3) 三角函数模型

三角函数模型一般包括正弦函数和余弦函数的形式。最简单的正弦函数模型表示如下

$$\sigma^2 = 1/\sin^2(E^p) \tag{9.19}$$

国际上知名的大地测量数据处理软件 Gamit 采用的正弦函数模型为

$$\sigma^2 = a^2 + b^2/\sin^2(E^p) \tag{9.20}$$

其中,a、b 按经验一般取 $a = 4$ mm,$b = 3$ mm。

此外，比较常见的三角函数模型中还有余弦函数模型，表示如下

$$\sigma^2 = a^2 + b^2 \cdot \cos^2(E^p) \tag{9.21}$$

（4）分段高度角函数模型

数据处理软件 PANDA 中采用以 $30°$ 高度角为分界线的分段函数模型，表示如下

$$\sigma^2 = \begin{cases} \sigma_0^2 & E^p \geqslant 30° \\ \sigma_0^2 / [4\sin^2(E^p)] & E^p < 30° \end{cases} \tag{9.22}$$

式中，σ_0^2 一般根据经验给定。

9.3.3　载噪比模型

载噪比 C/N_0（单位：分贝赫兹，dB-Hz）是 GNSS 接收机输出的重要统计量之一，其定义为信号载波功率与噪声功率谱密度之比：

$$C/N_0 = \frac{P_R}{N_0} \tag{9.23}$$

式中，P_R 代表信号载波功率，N_0 代表噪声功率谱密度。

载噪比受接收机天线增益、多路径效应等因素影响而变化，可有效评估观测值精度。因此，可以利用接收机输出的载噪比 C/N_0 构造随机模型，从而为观测值提供较为合理的权比关系。常用载噪比模型是 SIGMA-ε 模型，可表示如下

$$\sigma^2 = C_i \times 10^{\frac{C/N_0}{10}} \tag{9.24}$$

式中，下标 i 表示信号频率，C_i 为常数项。该式可估计单个测站观测单颗卫星得到的原始观测方差。在计算过程中，C_i 可以取经验值 $C_1 = 0.002\ 24\ \text{m}^2\text{Hz}$ 和 $C_2 = 0.000\ 77\ \text{m}^2\text{Hz}$。

9.4* 点位解算

在 PPP 定位过程中，需要采用合理的数据处理策略以构建数学模型，其次需要选择合适的参数估计方法进行点位解算。

9.4.1 数据处理策略

在 PPP 定位过程中,需要采用合理的数据处理策略。常用的数据处理策略包括非差非组合策略和无电离层组合策略。

(1)非差非组合策略

根据 9.1 节和第八章相关内容,伪距和载波相位原始观测方程如下:

$$P_{r,i}^s = \rho_r^s + c\delta t_r - c\delta t^s + \delta T_r^s + \frac{A}{f_i^2} + b_{r,i} + b_i^s + \lambda_i \delta\varphi'^s + \lambda_i \delta\varphi''^s_r + \varepsilon_{P,r,i}^s$$

$$\lambda_i \varphi_{r,i}^s = \rho_r^s + c\delta t_r - c\delta t^s + \delta T_r^s - \frac{A}{f_i^2} - \lambda_i(N_{r,i}^s - B_{r,i} - B_i^s) + \lambda_i \delta\varphi'^s + \lambda_i \delta\varphi''^s_r + \varepsilon_{L,r,i}^s$$

$$(9.25)$$

式中,上标 s 表示观测到的卫星,下标 L,r,i 分别表示观测值类型,接收机和观测值频率;$P_{r,i}^s$ 表示以"m"为单位的伪距观测值;$\varphi_{r,i}^s$ 表示以周为单位的原始载波观测值;λ_i 表示频率 f_i 对应的波长(m/周);ρ_r^s 表示卫星与接收机之间的几何距离(m);c 表示光速(m/s);δt_r 是接收机钟差(s);δt^s 是卫星钟差;δT_r^s 是卫星与接收机之间的对流层延迟(m);A 是待估电离层参数;$N_{r,i}^s$ 是频率 f_i 上对应的整周模糊度(周);$b_{r,i}$ 和 b_i^s 分别表示第 i 频率上接收机端和卫星端的码伪距硬件延迟,单位为米;$B_{r,i}$ 和 B_i^s 分别表示第 i 频率上接收机与卫星端的相位硬件延迟(UPD),单位为周;$\delta\varphi'^s$ 和 $\delta\varphi''^s_r$ 分别代表相对论效应、卫星和接收机相位中心偏差等系统误差,单位为周;$\varepsilon_{P,r,i}^s$ 和 $\varepsilon_{L,r,i}^s$ 分别表示伪距观测值和载波观测值的随机误差。

在式(9.25)所示的观测方程基础上,可利用式(9.10)将对流层延迟写为干延迟和湿延迟之和。

将式(9.10)代入式(9.25)可得:

$$P_{r,i}^s = \rho_r^s + c\delta t_r - c\delta t^s + (\delta T_d + M_{r,\text{wet}}^s \cdot \text{ZTD}_{r,\text{wet}}) + \frac{A}{f_i^2} + $$
$$b_{r,i} + b_i^s + \lambda_i \delta\varphi'^s + \lambda_i \delta\varphi''^s_r + \varepsilon_{P,r,i}^s$$

$$\lambda_i \varphi_{r,i}^s = \rho_r^s + c\delta t_r - c\delta t^s + (\delta T_d + M_{r,\text{wet}}^s \cdot \text{ZTD}_{r,\text{wet}}) - \frac{A}{f_i^2} - $$
$$\lambda_i(N_{r,i}^s - B_{r,i} - B_i^s) + \lambda_i \delta\varphi'^s + \lambda_i \delta\varphi''^s_r + \varepsilon_{L,r,i}^s \qquad (9.26)$$

在式(9.26)所示的观测方程中,可利用相关模型计算出对流层干延迟 δT_d、相对论效应 $\delta\varphi'^s$ 和相位中心偏差 $\delta\varphi''^s_r$ 等系统误差,将模型改正后的常数项合并,记为 $\tilde{m}_r^s$,

则式(9.26)可表示为:

$$P_{r,i}^s = \rho_r^s + c\delta t_r - c\delta t^s + M_{r,\text{wet}}^s \text{ZTD}_{r,\text{wet}} + \frac{A}{f_i^2} + b_{r,i} + b_i^s + \widetilde{m}_r^s + \varepsilon_{P,r,i}^s$$

$$\lambda_i \varphi_{r,i}^s = \rho_r^s + c\delta t_r - c\delta t^s + M_{r,\text{wet}}^s \text{ZTD}_{r,\text{wet}} - \frac{A}{f_i^2} - \lambda_i (N_{r,i} - B_{r,i} - B_i^s) + \widetilde{m}_r^s + \varepsilon_{L,r,i}^s$$

$$(9.27)$$

利用 IGS 提供的精密钟差产品改正式(9.27)中的卫星钟差。IGS 精密钟差产品包含了无电离层组合后的卫星端码伪距硬件延迟,其表达式为:

$$c\bar{\delta t}^s = c\delta t^s - \frac{f_1^2}{f_1^2 - f_2^2} b_1^s + \frac{f_2^2}{f_1^2 - f_2^2} b_2^s \tag{9.28}$$

式中,f_1 和 f_2 是载波频率。

由于接收机钟差与接收机码伪距硬件延迟相耦合,参数之间难以分离,因而将接收机钟差与接收机码伪距硬件延迟的主要部分合并,其表达式为:

$$c\bar{\delta t}_r = c\delta t_r + \frac{f_1^2}{f_1^2 - f_2^2} b_{r,1} - \frac{f_2^2}{f_1^2 - f_2^2} b_{r,2} \tag{9.29}$$

式中,$c\bar{\delta t}_r$ 通常称为等效接收机钟差参数。

将式(9.28)和式(9.29)代入式(9.27)中,可得:

$$P_{r,i}^s = \rho_r^s + c\bar{\delta t}_r - c\bar{\delta t}^s + M_{r,\text{wet}}^s \text{ZTD}_{r,\text{wet}} + \frac{A}{f_i^2} + b_{r,i} + b_i^s -$$

$$\frac{f_1^2}{f_1^2 - f_2^2} b_{r,1} + \frac{f_2^2}{f_1^2 - f_2^2} b_{r,2} - \frac{f_1^2}{f_1^2 - f_2^2} b_1^s + \frac{f_2^2}{f_1^2 - f_2^2} b_2^s + \widetilde{m}_r^s + \varepsilon_{P,r,i}^s$$

$$\lambda_i \varphi_{r,i}^s = \rho_r^s + c\bar{\delta t}_r - c\bar{\delta t}^s + M_{r,\text{wet}}^s \text{ZTD}_{r,\text{wet}} - \frac{A}{f_i^2} - \lambda_i (N_{r,i} - B_{r,i} - B_i^s) -$$

$$\frac{f_1^2}{f_1^2 - f_2^2} b_{r,1} + \frac{f_2^2}{f_1^2 - f_2^2} b_{r,2} - \frac{f_1^2}{f_1^2 - f_2^2} b_1^s + \frac{f_2^2}{f_1^2 - f_2^2} b_2^s + \widetilde{m}_r^s + \varepsilon_{L,r,i}^s \tag{9.30}$$

令:

$$\beta = -\frac{f_2^2}{f_1^2 - f_2^2} \tag{9.31}$$

则式(9.30)可写成:

$$P_{r,i}^s = \rho_r^s + c\bar{\delta t}_r - c\bar{\delta t}^s + M_{r,\text{wet}}^s \text{ZTD}_{r,\text{wet}} + \frac{A}{f_i^2} +$$

$$\left(\frac{f_1^2}{f_i^2}\beta b_{r,1}-\frac{f_1^2}{f_i^2}\beta b_{r,2}\right)+\left(\frac{f_1^2}{f_i^2}\beta b_1^s-\frac{f_1^2}{f_i^2}\beta b_2^s\right)+\widetilde{m}_r^s+\varepsilon_{P,r,i}^s$$

$$\lambda_i\varphi_{r,i}^s=\rho_r^s+c\delta\bar{t}_r-c\delta\bar{t}^s+M_{r,\text{wet}}^s\text{ZTD}_{r,\text{wet}}-\frac{A}{f_i^2}-\lambda_i(N_{r,i}^s-B_{r,i}-B_i^s)+$$

$$\left(\frac{f_1^2}{f_2^2}\beta b_{r,1}-\beta b_{r,2}\right)+\left(\frac{f_1^2}{f_2^2}\beta b_1^s-\beta b_2^s\right)+\widetilde{m}_r^s+\varepsilon_{L,r,i}^s \tag{9.32}$$

进一步,用 DCB 表示码伪距硬件延迟的频间偏差,即:

$$\text{DCB}_r=b_{r,1}-b_{r,2}$$
$$\text{DCB}^s=b_1^s-b_2^s \tag{9.33}$$

则式(9.32)可写成:

$$P_{r,i}^s=\rho_r^s+c\delta\bar{t}_r-c\delta\bar{t}^s+M_{r,\text{wet}}^s\text{ZTD}_{r,\text{wet}}+\frac{1}{f_i^2}A+\frac{1}{f_i^2}f_1^2\beta(\text{DCB}_r+\text{DCB}^s)+\widetilde{m}_r^s+\varepsilon_{P,r,i}^s$$

$$\lambda_i\varphi_{r,i}^s=\rho_r^s+c\delta\bar{t}_r-c\delta\bar{t}^s+M_{r,\text{wet}}^s\text{ZTD}_{r,\text{wet}}-\frac{1}{f_i^2}A-\lambda_i(N_{r,i}^s-B_{r,i}-B_i^s)+$$

$$(\beta\text{DCB}_r-b_{r,1})+(\beta\text{DCB}^s-b_1^s)+\widetilde{m}_r^s+\varepsilon_{L,r,i}^s \tag{9.34}$$

式(9.34)中,由于电离层延迟与接收机端和星端频间偏差相耦合,参数之间难以分离,因而将这些参数合并,其表达式为:

$$\overline{A}=A+f_1^2\beta(\text{DCB}_r+\text{DCB}^s) \tag{9.35}$$

式中,$\overline{A}$ 通常称为等效电离层参数。

同时,由于模糊度参数与相位硬件延迟及码伪距硬件延迟具有强耦合性,因而将这些参数合并,其表达式为:

$$\overline{N}_{r,i}^s=N_{r,i}^s-B_{r,i}-B_i^s-\left(1+\frac{f_1^2}{f_i^2}\right)\frac{\beta}{\lambda_i}(\text{DCB}_r+\text{DCB}^s)+\frac{1}{\lambda_i}(b_{r,1}+b_1^s) \tag{9.36}$$

式中,$\overline{N}_{r,i}^s$ 通常称为等效模糊度参数。

将式(9.35)和式(9.36)代入式(9.34)中,整理可得:

$$P_{r,i}^s=\rho_r^s+c\delta\bar{t}_r-c\delta\bar{t}^s+M_{r,\text{wet}}^s\text{ZTD}_{r,\text{wet}}+\frac{1}{f_i^2}\overline{A}+\widetilde{m}_r^s+\varepsilon_{P,r,i}^s$$

$$\lambda_i\varphi_{r,i}^s=\rho_r^s+c\delta\bar{t}_r-c\delta\bar{t}^s+M_{r,\text{wet}}^s\text{ZTD}_{r,\text{wet}}-\frac{1}{f_i^2}\overline{A}-\lambda_i\overline{N}_{r,i}^s+\widetilde{m}_r^s+\varepsilon_{L,r,i}^s \tag{9.37}$$

式(9.37)为精密单点定位过程所采用的非差非组合模型。其中,等效卫星钟差 $c\bar{\delta t}^s$ 可用精密钟差产品改正,待估参数包括坐标位置改正数 $(\mathrm{d}x,\mathrm{d}y,\mathrm{d}z)^{\mathrm{T}}$、等效接收机钟差 $c\bar{\delta t}_r$、等效电离层延迟参数 $\bar{A}$、天顶对流层湿延迟 $\mathrm{ZTD}_{r,\mathrm{wet}}$ 以及等效模糊度参数 $\bar{N}_{r,i}^s$。

为简明表述非差非组合模型解算过程,这里直接对式(9.37)中的卫地距 ρ_r^s 进行线性化,在接收机近似位置 $(x_{r,0},y_{r,0},z_{r,0})^{\mathrm{T}}$ 处泰勒展开后忽略高阶项,得到线性化后的误差方程为:

$$v_{P,r,i}^s=(l_{i,i}^s \quad m_{r,i}^s \quad n_{r,i}^s)\begin{pmatrix}\mathrm{d}x\\\mathrm{d}y\\\mathrm{d}z\end{pmatrix}+c\bar{\delta t}_r+M_{r,\mathrm{wet}}^s\mathrm{ZTD}_{r,\mathrm{wet}}+\frac{1}{f_i^2}\bar{A}-(P_{r,i}^s-\rho_{r,0}^s-\widetilde{m}_r^s+c\bar{\delta t}^s)$$

$$v_{\varphi,r,i}^s=(l_{i,i}^s \quad m_{r,i}^s \quad n_{r,i}^s)\begin{pmatrix}\mathrm{d}x\\\mathrm{d}y\\\mathrm{d}z\end{pmatrix}+c\bar{\delta t}_r+M_{r,\mathrm{wet}}^s\mathrm{ZTD}_{r,\mathrm{wet}}-\frac{1}{f_i^2}\bar{A}-\lambda_i\bar{N}_{r,i}^s-(\lambda_i\varphi_{r,i}^s-\rho_{r,0}^s-\widetilde{m}_r^s+c\bar{\delta t}^s)$$

$$(9.38)$$

式中, $l_{i,i}^s$、$m_{r,i}^s$、$n_{r,i}^s$ 为站星距离对测站近似位置的偏导数, $\rho_{r,0}^s$ 为卫星到测站近似位置的站星距离。

同步观测多颗卫星,可写出类似式(9.38)的误差方程。将所有误差方程表达成矩阵形式:

$$\boldsymbol{V}=\boldsymbol{B}\hat{\boldsymbol{X}}-\boldsymbol{L} \tag{9.39}$$

式中,系数矩阵 $\boldsymbol{B}$、待估参数 $\hat{\boldsymbol{X}}$ 和观测向量 $\boldsymbol{L}$ 分别为:

$$\boldsymbol{B}=\begin{pmatrix}l_{r,1}^s & m_{r,1}^s & n_{r,1}^s & c & M_{r,\mathrm{wet}}^1 & \dfrac{1}{f_i^2} & \cdots & 0 & 0 & \cdots & 0\\[2mm] l_{r,1}^s & m_{r,1}^s & n_{r,1}^s & c & M_{r,\mathrm{wet}}^1 & -\dfrac{1}{f_i^2} & \cdots & 0 & -\lambda_i & \cdots & 0\\[2mm] \vdots & \vdots & \vdots & \vdots & \vdots & \vdots & & \vdots & \vdots & & \vdots\\[2mm] l_{r,n}^s & m_{r,n}^s & n_{r,n}^s & c & M_{r,\mathrm{wet}}^n & 0 & \cdots & \dfrac{1}{f_i^2} & 0 & \cdots & 0\\[2mm] l_{r,n}^s & m_{r,n}^s & n_{r,n}^s & c & M_{r,\mathrm{wet}}^n & 0 & \cdots & -\dfrac{1}{f_i^2} & 0 & \cdots & -\lambda_i\end{pmatrix}$$

$$(9.40)$$

$$\hat{\boldsymbol{X}}=(\mathrm{d}x \quad \mathrm{d}y \quad \mathrm{d}z \quad \bar{\delta t} \quad \mathrm{ZTD}_{r,\mathrm{wet}} \quad \bar{A}_r^1 \quad \cdots \quad \bar{A}_r^n \quad \bar{N}_{r,i}^1 \quad \cdots \quad \bar{N}_{r,i}^n)^{\mathrm{T}} \tag{9.41}$$

$$L = \begin{pmatrix} P_{r,i}^1 - \rho_r^1 - \widetilde{m}_r^1 + c\bar{\delta t}^1 \\ \lambda_i \varphi_{r,i}^1 - \rho_r^1 - \widetilde{m}_r^1 + c\bar{\delta t}^1 \\ \vdots \\ P_{r,i}^n - \rho_r^n - \widetilde{m}_r^n + c\bar{\delta t}^n \\ \lambda_i \varphi_{r,i}^n - \rho_r^n - \widetilde{m}_r^n + c\bar{\delta t}^n \end{pmatrix} \tag{9.42}$$

在式(9.39)所示的误差方程中,待估参数多于观测值数量,一般需要多历元观测以增加观测值数量。

（2）无电离层组合策略

在非差非组合策略中,每一颗卫星都需要估计一个电离层延迟参数,因此待估参数数量较多。为了消去这些电离层延迟参数,可采用无电离层组合策略,实现对电离层延迟参数消元,可减少解算计算量。

假设双频接收机 r 在某一历元观测到卫星 s,得到伪距观测值 $P_{r,1}^s$、$P_{r,2}^s$ 和载波在 L1 和 L2 频率上的观测值 $\varphi_{r,1}^s$、$\varphi_{r,2}^s$,进而有:

$$\begin{aligned} L_{r,1}^s &= \lambda_1 \varphi_{r,1}^s \\ L_{r,2}^s &= \lambda_2 \varphi_{r,2}^s \end{aligned} \tag{9.43}$$

则无电离层组合观测值为

$$\begin{aligned} P_{r,\mathrm{IF}}^s &= \frac{f_1^2}{f_1^2 - f_2^2} P_{r,1}^s - \frac{f_2^2}{f_1^2 - f_2^2} P_{r,2}^s \\ L_{r,\mathrm{IF}}^s &= \frac{f_1^2}{f_1^2 - f_2^2} L_{r,1}^s - \frac{f_2^2}{f_1^2 - f_2^2} L_{r,2}^s \end{aligned} \tag{9.44}$$

式中,f_1 和 f_2 是载波频率。

按照式(9.44)所示形式对式(9.37)进行组合,得到无电离层组合的观测方程为:

$$\begin{aligned} P_{r,\mathrm{IF}}^s &= \rho_r^s + c\bar{\delta t}_r - c\bar{\delta t}^s + M_{r,\mathrm{wet}}^s \mathrm{ZTD}_{r,\mathrm{wet}} + \widetilde{m}_{r,\mathrm{IF}}^s + \varepsilon_{P,r,\mathrm{IF}}^s \\ \lambda_{\mathrm{IF}} \varphi_{r,\mathrm{IF}}^s &= \rho_r^s + c\bar{\delta t}_r - c\bar{\delta t}^s + M_{r,\mathrm{wet}}^s \mathrm{ZTD}_{r,\mathrm{wet}} - \lambda_{\mathrm{IF}} \bar{N}_{r,\mathrm{IF}}^s + \widetilde{m}_{r,\mathrm{IF}}^s + \varepsilon_{L,r,\mathrm{IF}}^s \end{aligned} \tag{9.45}$$

式中,$\bar{N}_{r,\mathrm{IF}}^s$ 表示无电离层组合后的模糊度参数;$\widetilde{m}_{r,\mathrm{IF}}^s$ 代表无电离层组合后的常数项;λ_{IF} 代表无电离层组合后的波长;$\varepsilon_{P,r,\mathrm{IF}}^s$ 和 $\varepsilon_{L,r,\mathrm{IF}}^s$ 分别代表无电离层组合后的伪距和载波噪声。

在式(9.45)中,无电离层组合后的模糊度参数吸收了卫星端和接收机端的硬件延

迟,已不具有整数特性,也即:

$$\overline{N}_{r,\text{IF}}^s = N_{r,\text{IF}}^s \quad B_{r,\text{IF}} = B_{\text{IF}}^s + (b_{r,\text{IF}} + b_{\text{IF}}^s)/\lambda_{\text{IF}} \tag{9.46}$$

式(9.45)即为精密单点定位过程所采用的无电离层组合模型。其中,卫星钟差 $c\delta t^s$ 可用精密钟差产品改正,待估参数包括坐标位置改正数 $(\mathrm{d}x,\mathrm{d}y,\mathrm{d}z)^{\mathrm{T}}$、等效接收机钟差 $c\delta \bar{t}_r$、天顶对流层湿延迟 $\text{ZTD}_{r,\text{wet}}$ 以及无电离层组合后的模糊度参数 $\overline{N}_{r,\text{IF}}^s$。

为简明表述无电离层组合模型解算过程,这里直接对式(9.45)中的卫地距 ρ_r^s 进行线性化,在接收机近似位置 $(x_{r,0},y_{r,0},z_{r,0})^{\mathrm{T}}$ 处泰勒展开后忽略高阶项,得到线性化后的误差方程为:

$$v_{P,r,\text{IF}}^s = (l_r^s \quad m_r^s \quad n_r^s)\begin{pmatrix}\mathrm{d}x \\ \mathrm{d}y \\ \mathrm{d}z\end{pmatrix} + c\delta \bar{t}_r + M_{r,\text{wet}}^s \text{ZTD}_{r,\text{wet}} - (P_{r,\text{IF}}^s - \widetilde{m}_{r,\text{IF}}^s - \rho_{r,\text{IF},0}^s + c\delta \bar{t}^s)$$

$$v_{L,r,\text{IF}}^s = (l_r^s \quad m_r^s \quad n_r^s)\begin{pmatrix}\mathrm{d}x \\ \mathrm{d}y \\ \mathrm{d}z\end{pmatrix} + c\delta \bar{t}_r + M_{r,\text{wet}}^s \text{ZTD}_{r,\text{wet}} - \lambda_{\text{IF}}\overline{N}_{r,\text{IF}}^s - (L_{r,\text{IF}}^s - \widetilde{m}_{r,\text{IF}}^s - \rho_{r,\text{IF},0}^s + c\delta \bar{t}^s)$$

$$\tag{9.47}$$

同步观测多颗卫星,可写出类似式(9.47)的误差方程。将所有误差方程表达成矩阵形式:

$$\boldsymbol{V}_{\text{IF}} = \boldsymbol{B}_{\text{IF}}\hat{\boldsymbol{X}}_{\text{IF}} - \boldsymbol{L}_{\text{IF}} \tag{9.48}$$

式中,系数矩阵 $\boldsymbol{B}_{\text{IF}}$、待估参数 $\hat{\boldsymbol{X}}_{\text{IF}}$ 和观测向量 $\boldsymbol{L}_{\text{IF}}$ 分别为:

$$\boldsymbol{B}_{\text{IF}} = \begin{pmatrix} l_r^1 & m_r^1 & n_r^1 & M_{r,\text{wet}}^1 & c & 0 & \cdots & 0 \\ l_r^1 & m_r^1 & n_r^1 & M_{r,\text{wet}}^1 & c & -\lambda_{\text{IF}} & \cdots & 0 \\ \vdots & \vdots & \vdots & \vdots & \vdots & \vdots & & \vdots \\ l_r^n & m_r^n & n_r^n & M_{r,\text{wet}}^n & c & 0 & \cdots & 0 \\ l_r^n & m_r^n & n_r^n & M_{r,\text{wet}}^n & c & 0 & \cdots & -\lambda_{\text{IF}} \end{pmatrix} \tag{9.49}$$

$$\hat{\boldsymbol{X}}_{\text{IF}} = (\mathrm{d}x \quad \mathrm{d}y \quad \mathrm{d}z \quad \text{ZTD}_{r,\text{wet}} \quad \delta \bar{t}_r \quad \overline{N}_{r,\text{IF}}^1 \quad \cdots \quad \overline{N}_{r,\text{IF}}^n)^{\mathrm{T}} \tag{9.50}$$

$$\boldsymbol{L}_{\text{IF}} = \begin{pmatrix} P_{r,\text{IF}}^1 - \widetilde{m}_{r,\text{IF}}^1 - \rho_{r,\text{IF},0}^1 + c\delta \bar{t}^1 \\ L_{r,\text{IF}}^1 - \widetilde{m}_{r,\text{IF}}^1 - \rho_{r,\text{IF},0}^1 + c\delta \bar{t}^1 \\ \vdots \\ P_{r,\text{IF}}^n - \widetilde{m}_{r,\text{IF}}^n - \rho_{r,\text{IF},0}^n + c\delta \bar{t}^n \\ L_{r,\text{IF}}^n - \widetilde{m}_{r,\text{IF}}^n - \rho_{r,\text{IF},0}^n + c\delta \bar{t}^n \end{pmatrix} \tag{9.51}$$

式(9.47)所示的无电离层组合方程可以消除电离层延迟的一阶项,因此在精密单点定位中被广泛采用。但是,正因为消除了电离层参数,在某些对电离层感兴趣的应用中,这种模型并不适用。

9.4.2 解算方法

建立 PPP 定位的随机模型和函数模型之后,可采用相应的参数估计方法得到各未知参数在实数域的估值,即实数解。如果想获得更高精度的定位结果,需恢复模糊度参数的整数特性,利用该整数特性得到定位固定解。

常用的参数估计方法主要有序贯最小二乘和卡尔曼滤波方法。

(1) 序贯最小二乘

当利用 PPP 技术进行变形监测和控制网扩建等工程应用时,GNSS 观测数据往往是不同期采集的。为了利用不同期的历史观测数据,序贯最小二乘可以分组进行间接平差,从而达到与所有数据同时进行平差的效果。

以式(9.48)所示的无电离层组合误差方程为例,设当前历元为 k,则当前历元的误差方程可以写为:

$$\boldsymbol{V}_k = \boldsymbol{B}_k \hat{\boldsymbol{X}}_k - \boldsymbol{L}_k \tag{9.52}$$

式中,$\boldsymbol{L}_k$ 表示当前历元的无电离层组合观测值,其方差阵为 $\mathbf{D}_{L_k}$,$\boldsymbol{B}_k$ 表示如式(9.49)所示的系数矩阵,$\hat{\boldsymbol{X}}_k$ 表示式(9.50)所示的接收机位置和模糊度等未知参数最优估值。

在 PPP 定位过程中,序贯最小二乘常将上一历元($k-1$)的参数估计值 $\hat{\boldsymbol{X}}_{k-1}$ 作为虚拟观测值,从而构建误差方程:

$$\boldsymbol{V}_X = \hat{\boldsymbol{X}}_k - \hat{\boldsymbol{X}}_{k-1} \tag{9.53}$$

将式(9.53)与当前历元 k 的误差方程(9.52)联合,写成误差方程组为:

$$\begin{cases} \boldsymbol{V}_X = \hat{\boldsymbol{X}}_k - \hat{\boldsymbol{X}}_{k-1} \\ \boldsymbol{V}_k = \boldsymbol{B}_k \hat{\boldsymbol{X}}_k - \boldsymbol{L}_k \end{cases} \tag{9.54}$$

已知 $\hat{\boldsymbol{X}}_{k-1}$ 的方差阵为 $\mathbf{D}_{\hat{X}_{k-1}}$,则式(9.54)中的观测值和虚拟观测值给定权矩阵为:

$$\boldsymbol{P} = \begin{pmatrix} \boldsymbol{P}_{X_{k-1}} & \boldsymbol{O} \\ \boldsymbol{O} & \boldsymbol{P}_{L_k} \end{pmatrix} = \begin{pmatrix} \mathbf{D}_{\hat{X}_{k-1}}^{-1} & \boldsymbol{O} \\ \boldsymbol{O} & \mathbf{D}_{L_k}^{-1} \end{pmatrix} \tag{9.55}$$

对式(9.54)进行解算,即可得到当前第 k 历元的最小二乘解 $\hat{\boldsymbol{X}}_k$ 及其协因数矩阵 $\boldsymbol{Q}_{\hat{X}_k\hat{X}_k}$ 为.

$$\hat{\boldsymbol{X}}_k = \left[\begin{pmatrix} \boldsymbol{E} \\ \boldsymbol{B}_k \end{pmatrix}^{\mathrm{T}} \begin{pmatrix} \boldsymbol{P}_{\bar{X}_{k-1}} & \boldsymbol{O} \\ \boldsymbol{O} & \boldsymbol{P}_{L_k} \end{pmatrix} \begin{pmatrix} \boldsymbol{E} \\ \boldsymbol{B}_k \end{pmatrix} \right]^{-1} \begin{pmatrix} \boldsymbol{E} \\ \boldsymbol{B}_k \end{pmatrix}^{\mathrm{T}} \begin{pmatrix} \boldsymbol{P}_{\bar{X}_{k-1}} & \boldsymbol{O} \\ \boldsymbol{O} & \boldsymbol{P}_{L_k} \end{pmatrix} \begin{pmatrix} \hat{\boldsymbol{X}}_{k-1} \\ \boldsymbol{L}_k \end{pmatrix} \quad (9.56)$$

$$\boldsymbol{Q}_{\hat{X}_k\hat{X}_k} = \left[\begin{pmatrix} \boldsymbol{E} \\ \boldsymbol{B}_k \end{pmatrix}^{\mathrm{T}} \begin{pmatrix} \boldsymbol{P}_{\bar{X}_{k-1}} & \boldsymbol{O} \\ \boldsymbol{O} & \boldsymbol{P}_{L_k} \end{pmatrix} \begin{pmatrix} \boldsymbol{E} \\ \boldsymbol{B}_k \end{pmatrix} \right]^{-1} \quad (9.57)$$

（2）卡尔曼滤波

在上述序贯最小二乘过程中,核心思想是将上一历元待估参数的估值作为当前历元的虚拟观测值,如式(9.53)所示。然而,在实际解算过程中,某些待估参数具有明显的随时间变化特征,例如接收机位置、大气延迟参数等。为了描述和利用这些待估参数的时变特征,卡尔曼滤波方法引入了一些参数的状态方程,以提高参数解算精度。

以无电离层组合为例,第 k 历元的待估参数 $\boldsymbol{X}_k$ 如式(9.50)所示。一般地,可以将 PPP 定位过程中参数状态方程建立为:

$$\boldsymbol{X}_k = \boldsymbol{\Phi}_{k,k-1}\boldsymbol{X}_{k-1} + \boldsymbol{\omega}_k \quad (9.58)$$

式中,$\boldsymbol{X}_{k-1}$ 是第 $k-1$ 历元的状态参数向量,$\boldsymbol{\Phi}_{k,k-1}$ 为从第 $k-1$ 历元到第 k 历元的状态转移矩阵,$\boldsymbol{\omega}_k$ 为服从正态分布 $\mathrm{N}(0,\boldsymbol{R}_k)$ 的系统噪声向量。

在解得第 $k-1$ 历元的参数估值 $\hat{\boldsymbol{X}}_{k-1}$ 和方差 $\boldsymbol{D}_{\hat{X}_{k-1}}$ 之后,则可递推出 k 历元的参数预测值

$$\hat{\boldsymbol{X}}_{k,k-1} = \boldsymbol{\Phi}_{k,k-1}\hat{\boldsymbol{X}}_{k-1} \quad (9.59)$$

相应的方差矩阵为:

$$\boldsymbol{D}_{\bar{X}_{k,k-1}} = \boldsymbol{\Phi}_{k,k-1}\boldsymbol{D}_{\hat{X}_{k-1}}\boldsymbol{\Phi}_{k,k-1}^{\mathrm{T}} + \boldsymbol{R}_k \quad (9.60)$$

对于式(9.59)中的状态转移矩阵 $\boldsymbol{\Phi}_{k,k-1}$,可根据定位情形给定。在无电离层组合模型中,此时的状态向量为 $\boldsymbol{X} = \begin{bmatrix} \mathrm{d}x & \mathrm{d}y & \mathrm{d}z & \mathrm{ZTD}_{r,\mathrm{wet}} & \delta \bar{t}_r & \bar{N}_{r,\mathrm{IF}}^1 & \cdots & \bar{N}_{r,\mathrm{IF}}^n \end{bmatrix}^{\mathrm{T}}$。在静态定位中,对流层延迟以随机游走形式建模,接收机钟差以白噪声形式估计,因此状态转移矩阵为

$$\boldsymbol{\Phi}_{k,k-1}=\begin{pmatrix} 1 & & & & & & & \\ & 1 & & & & & & \\ & & 1 & & & & & \\ & & & 1 & & & & \\ & & & & 0 & & & \\ & & & & & 1 & & \\ & & & & & & \ddots & \\ & & & & & & & 1 \end{pmatrix} \tag{9.61}$$

若接收机处于运动状态,假设此时状态向量包括接收机速度$(v_x,v_y,v_z)^{\mathrm{T}}$:$\boldsymbol{X}=\begin{bmatrix} \mathrm{d}x & \mathrm{d}y & \mathrm{d}z & v_x & v_y & v_z & \mathrm{ZTD}_{r,\mathrm{wet}} & \overline{\delta t}_r & \overline{N}^1_{r,\mathrm{IF}} & \cdots & \overline{N}^n_{r,\mathrm{IF}} \end{bmatrix}^{\mathrm{T}}$,此时的状态转移矩阵应为

$$\boldsymbol{\Phi}_{k,k-1}=\begin{pmatrix} \boldsymbol{I}_{3\times3} & & & & & & \\ \Delta t \cdot \boldsymbol{I}_{3\times3} & & & & & & \\ & & 1 & & & & \\ & & & 0 & & & \\ & & & & 1 & & \\ & & & & & \ddots & \\ & & & & & & 1 \end{pmatrix} \tag{9.62}$$

式中,$\boldsymbol{I}_{3\times3}$代表单位矩阵,$\Delta t$表示历元间的时间间隔。

进一步,联合式(9.52)所示的误差方程,可组成误差方程组:

$$\begin{cases} \boldsymbol{V}_{k,k-1}=\hat{\boldsymbol{X}}_k-\hat{\boldsymbol{X}}_{k,k-1} \\ \boldsymbol{V}_k=\boldsymbol{B}_k\hat{\boldsymbol{X}}_k-\boldsymbol{L}_k \end{cases} \tag{9.63}$$

和序贯最小二乘类似,可由以下步骤递推得到第k历元的参数估值$\hat{\boldsymbol{X}}_k$及其方差矩阵$\boldsymbol{D}_{X_k}$:

计算增益矩阵

$$\boldsymbol{K}_k=\boldsymbol{D}_{\hat{X}_{k,k-1}}\boldsymbol{B}_k^{\mathrm{T}}(\boldsymbol{B}_k\boldsymbol{D}_{\hat{X}_{k,k-1}}\boldsymbol{B}_k^{\mathrm{T}}+\boldsymbol{D}_{L_k})^{-1} \tag{9.64}$$

进行状态估计

$$\hat{\boldsymbol{X}}_k=\hat{\boldsymbol{X}}_{k,k-1}+\boldsymbol{K}_k(\boldsymbol{L}_k-\boldsymbol{B}_k\hat{\boldsymbol{X}}_{k,k-1}) \tag{9.65}$$

进行状态协方差估计:

$$D_{\hat{X}_k} = (E - K_k B_k) D_{\hat{X}_{k,k-1}} \tag{9.66}$$

式中，$X_{k,k-1}$ 和 $D_{\hat{X}_{k,k-1}}$ 分别为一步预测值及其协方差阵，K_k 为增益矩阵。

在本章上述定位模型中，未改正的硬件延迟并入模糊度参数，导致该模糊度参数不再具备整数特性，因此只能获得实数解，也称浮点解，其定位精度通常只能达到分米级。

为了进一步提高 PPP 定位精度，需分离模糊度实数解中未改正的硬件延迟，恢复模糊度的整数特性。对于式（9.36）和式（9.46）模糊度中的硬件延迟，根据来源不同，改正方法也不同。对于接收机端硬件延迟，可采用星间单差方式进行消除；对于卫星端，可以利用相应的产品进行伪距硬件延迟和相位硬件延迟改正。

在前面已介绍了 DCB 产品和 FCB 产品，用于进行伪距硬件延迟和相位硬件延迟改正。然而，随着 GNSS 卫星频率数量的增多，DCB 和 FCB 产品的种类越来越多，组合形式愈发复杂。以 GPS 为例，目前大多数 IGS 分析中心只提供 GPS L1/L2 频率的相位偏差产品。这意味着用户在使用 GPS 信号进行 PPP 模糊度固定时，也只能使用 L1/L2 频率的观测值。这种限制导致了多频 GNSS 信号的浪费，当采用其他频率的 GNSS 信号时，用户难以固定模糊度。

为了提供简便、统一的偏差产品，避免因频率选择和观测值组合形式不同带来的产品使用不便，当前最新研究提出了绝对硬件延迟产品（Observable-specific Signal Bias，OSB）。OSB 产品的生成与使用是目前研究的热点和未来趋势。与 DCB 和 FCB 产品不同，OSB 产品包含了每个频率上的绝对伪距和相位小数偏差。OSB 产品的特点是对每颗卫星、每一个频率的伪距和载波相位信号通道都有绝对偏差校正。用户可利用 OSB 产品对每颗卫星、每一个频率的卫星端相位硬件延迟进行改正，从而实现多频观测值的自由选择与组合。

恢复模糊度整数特性之后，可再利用其整数特性将模糊度固定为整数，即模糊度固定。如果模糊度实数解 $\hat{N}$ 被固定为 $\check{N}$，则可利用条件分布得到更高精度的定位解。

◇第十章
GNSS 载波精密相对定位

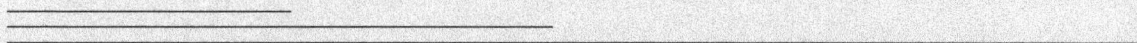

10.1 载波相对定位原理

严密的载波观测方程中系统误差众多，为了实现高精度定位，必须消除或基本消除这些系统误差的影响。由于各系统误差非常复杂，相应的数学模型还不够完善，各误差项的模型误差就成了影响高精度定位的主要因素。为了消除或削弱系统误差影响，实现高精度定位，于是提出了相对定位技术。

10.1.1 技术思路

载波相对定位的核心思想是利用两站对各卫星的观测值中，含有相近或相同的系统误差，通过对观测方程相减，削弱或消去这些系统误差项，从而实现高精度相对定位。

如图 10.1 所示，假设有两台 GNSS 接收机，分别架设在 k 点和 s 点，同步观测相同的 GNSS 卫星 p 和卫星 q。当两站距离相隔不远的情况下，对于同一颗卫星，电离层、对流层对两站 GNSS 观测值的影响可近似看作相等，使得定位结果向同一个方向偏移。总的来说，和星端有关的误差对两站影响相近，和站端有关的误差对各卫星观测值影响相同。在这种情况下，可以得到很高精度的两站间相对坐标。这种利用两台 GNSS 接收机，同步观测相同的卫星，利用载波观测值，得到两站间相对位置

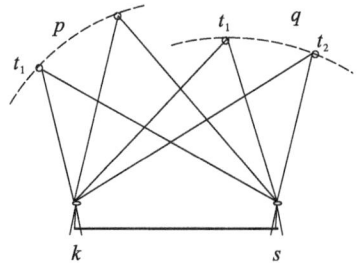

图 10.1 载波相对定位示意图

图片来源：自绘

的定位方法,被称作载波相对定位。

现利用安置在 k 站和 s 站的两 GNSS 接收机,分别对卫星 p 和卫星 q 于 t_1 历元和 t_2 历元进行同步观测,则可得到 8 个独立的某个频率载波相位观测值:$\varphi_k^p(t_1)$、$\varphi_k^q(t_1)$、$\varphi_s^p(t_1)$、$\varphi_s^q(t_1)$、$\varphi_k^p(t_2)$、$\varphi_k^q(t_2)$、$\varphi_s^p(t_2)$、$\varphi_s^q(t_2)$。这些观测值中含有相同或相近的系统误差。对这些观测值进行求差,利用求差后的观测值计算两测站之间的相对坐标,可有效地消除或减弱相关误差的影响,得到较高精度的相对定位结果。

GNSS 载波相位观测值可以在卫星间求差、在接收机间求差,也可以在不同历元间求差。将这些求差方法组合使用,形成单差、双差、三差等不同的组合结果。

10.1.2　相对定位观测方程

(1) 单差

对于某个频率载波观测值 $\varphi_k^p(t_1)$,可列观测方程:

$$\varphi_k^p(t_1) = \frac{f}{c}\rho_k^p(t_1) - \frac{f}{c}\delta I_k^p + \frac{f}{c}\delta T_k^p + \delta t_k f - \delta t^p f +$$
$$\delta\varphi'^p(t) + B^p(t) - \delta\varphi''^p(t) + B_k(t) + \delta\varphi''_k(t) - N_k^p \tag{10.1}$$

式中,上标 p 代表观测到的卫星,下标 k 代表测站,δI、δT 分别代表电离层延迟和对流层延迟,$\delta\varphi'^p(t)$ 代表相对论效应修正残差,$B^p(t)$ 代表卫星相位硬件延迟,$\delta\varphi''^p(t)$ 代表天线相位中心偏差,$B_k(t)$ 代表接收机相位硬件延迟,$\delta\varphi''_k(t)$ 代表接收机天线相位中心偏差。

同理可得 $\varphi_s^p(t_1)$、$\varphi_k^q(t_1)$、$\varphi_s^q(t_1)$ 的观测方程

$$\varphi_s^p(t_1) = \frac{f}{c}\rho_s^p(t_1) - \frac{f}{c}\delta I_s^p + \frac{f}{c}\delta T_s^p + \delta t_s f - \delta t^p f +$$
$$\delta\varphi'^p(t) + B^p(t) - \delta\varphi''^p(t) + B_s(t) + \delta\varphi''_s(t) - N_s^q \tag{10.2}$$

$$\varphi_k^q(t_1) = \frac{f}{c}\rho_k^q(t_1) - \frac{f}{c}\delta I_k^q + \frac{f}{c}\delta T_k^q + \delta t_k f - \delta t^q f +$$
$$\delta\varphi'^q(t) + B^q(t) - \delta\varphi''^q(t) + B_k(t) + \delta\varphi''_k(t) - N_k^q \tag{10.3}$$

$$\varphi_s^q(t_1) = \frac{f}{c}\rho_s^q(t_1) - \frac{f}{c}\delta I_s^q + \frac{f}{c}\delta T_s^q + \delta t_s f - \delta t^q f +$$
$$\delta\varphi'^q(t) + B^q(t) - \delta\varphi''^q(t) + B_s(t) + \delta\varphi''_s(t) - N_s^q \tag{10.4}$$

单差是指两个原始观测方程之间求差。在具体做法上,可对同一测站进行星间求差,也可以对同一卫星进行测站间求差。如图 10.2 所示,这里我们采用对同一卫星进

行站间求差。对于卫星 p，当 k 点和 s 点相距较近时，可近似取 $\delta I_k^p = \delta I_s^p$、$\delta T_k^p = \delta T_s^p$，于是式(10.1)与式(10.2)相减，可得单差方程：

$$\Delta \varphi_{ks}^p(t_1) = \frac{f}{c}[\rho_k^p(t_1) - \rho_s^p(t_1)] + \Delta \delta t_{ks} f + \Delta B_{ks}(t_1) + \Delta \delta \varphi''_{ks}(t) - \Delta N_{ks}^p$$

$$(10.5)$$

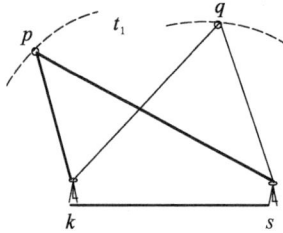

图 10.2 对 p 卫星单差示意图

图片来源：自绘

同理，对于卫星 q，式(10.3)与式(10.4)相减，可得单差方程：

$$\Delta \varphi_{ks}^q(t_1) = \frac{f}{c}[\rho_k^q(t_1) - \rho_s^q(t_1)] + \Delta \delta t_{ks} f + \Delta B_{ks}(t_1) + \Delta \delta \varphi''_{ks}(t) - \Delta N_{ks}^q \quad (10.6)$$

通过站间单差，星端误差项和传播路径上的电离层延迟、对流层延迟等误差项被消去。

（2）双差

在站间单差方程中，含有相同的接收机钟差残差项和其他跟接收端有关的误差，于是可对站间单差方程再进行星间求差，进而消去残差项，这个过程称作双差，如图 10.3 所示。

对式(10.5)、式(10.6)求差可得双差方程：

$$\nabla \Delta \varphi_{ks}^{pq}(t_1) = \frac{f}{c}[\rho_k^p(t_1) - \rho_s^p(t_1) - \rho_k^q(t_1) + \rho_s^q(t_1)] - \nabla \Delta N_{ks}^{pq} \quad (10.7)$$

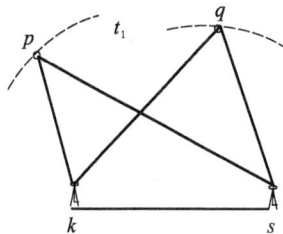

图 10.3 t_1 历元双差示意图

图片来源：自绘

式(10.7)是 t_1 历元的双差载波观测方程。同理，可得 t_2 历元的双差载波观测方程：

$$\nabla\Delta\varphi_{ks}^{pq}(t_2) = \frac{f}{c}\left[\rho_k^p(t_2) - \rho_s^p(t_2) - \rho_k^q(t_2) + \rho_s^q(t_2)\right] - \nabla\Delta N_{ks}^{pq} \tag{10.8}$$

站星双差是载波相对定位技术中应用最为广泛的模型。

（3）三差

在两个历元的双差方程中含有相同的双差模糊度项。两式相减，即历元间求差，可消去双差模糊度项，这个过程称作三差。

对式(10.7)、式(10.8)求差可得三差方程：

$$\delta\ \nabla\Delta\varphi_{ks}^{pq}(t_{1,2}) = \frac{f}{c}\left[\rho_k^p(t_2) - \rho_s^p(t_2) - \rho_k^q(t_2) + \rho_s^q(t_2)\right] -$$

$$\frac{f}{c}\left[\rho_k^p(t_1) - \rho_s^p(t_1) - \rho_k^q(t_1) + \rho_s^q(t_1)\right] \tag{10.9}$$

（4）组合方式比较

载波相对定位观测方程有单差、双差、三差三种方式，总的来说求差次数越多，观测方程数量越少，未知参数被消除得越多。三种求差方法的比较如表 10.1 所示。

表 10.1　相对定位求差方式比较

求差方式		消除（弱）的系统误差	缺点
单差	站间求差	卫星钟差、电离层误差、对流层误差，及卫星端其他误差	还存在站间接收机钟差之差，观测值权阵变得复杂
	星间求差	接收机钟差，及站端其他误差	还存在星间卫星钟、电离层、对流层等误差之差，观测值权阵变得复杂
双差	站间—星间	卫星端各种误差、电离层误差、对流层误差、站端各种误差	还存在双差模糊度，观测值权阵变得更复杂
	星间—站间		
三差	站间—星间—历元间	卫星端各种误差、电离层误差、对流层误差、站端各种误差、整周模糊度	消去了整周模糊度，也使解算失去了模糊度整周特性这一重要信息，观测值权阵变得很复杂
	星间—站间—历元间		

表格来源：自制

双差消除了除模糊度外的各系统误差项，三差消除了包括模糊度等各系统误差项。由于模糊度存在整数特性，这个特性对提高定位精度具有非常重要的作用，应保留在观测方程中。因此，实际数据处理中，普遍采用双差的形式。

10.2 载波相对定位基线解算

前面我们通过对载波观测方程进行线性组合,得到了双差载波观测方程。通过双差方程可得高精度的两测站相对坐标增量,该相对坐标增量被称作基线向量。但在上述双差方程中,是以两测站的坐标为未知数的,我们需要做进一步推导,得出以两测站间的基线向量为未知数的方程,并进行高精度的基线向量解算。

10.2.1 基线方程

式(10.8)的双差方程需表示成包含基线向量的形式,下面对此进行推导。

如图 10.4(a)所示,设测站 k 至卫星 p 的单位矢量为 $\boldsymbol{u}_k^p$,测站 s 至卫星 p 的单位矢量为 $\boldsymbol{u}_s^p$,可得两单位矢量的差和两单位矢量的平均值:

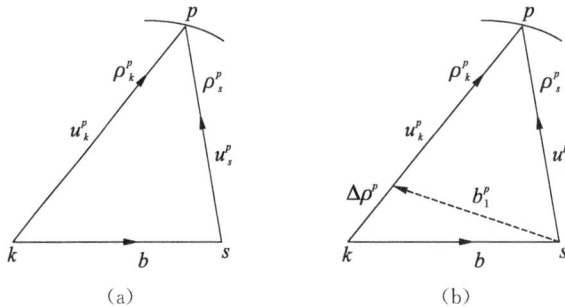

图 10.4 星地距离与基线关系示意图

图片来源:自绘

$$\Delta \boldsymbol{u}^p = \boldsymbol{u}_k^p - \boldsymbol{u}_s^p \tag{10.10}$$

$$\boldsymbol{u}_m^p = \frac{1}{2}(\boldsymbol{u}_k^p + \boldsymbol{u}_s^p) \tag{10.11}$$

如图 10.4(b)所示,在图上做辅助线,形成等腰三角形,辅助线向量为 $\boldsymbol{b}_1^p$。可将该向量表示成:

$$\boldsymbol{b}_1^p = \rho_s^p \boldsymbol{u}_s^p - \rho_s^p \boldsymbol{u}_k^p = \rho_s^p(\boldsymbol{u}_s^p - \boldsymbol{u}_k^p) = -\rho_s^p \Delta \boldsymbol{u}^p \tag{10.12}$$

两站的星地距离差为:

$$\Delta \rho^p = \rho_k^p - \rho_s^p \tag{10.13}$$

根据矢量关系,距离差的矢量可以写成:

$$\Delta \rho^p \boldsymbol{u}_k^p = \boldsymbol{b} + \boldsymbol{b}_1^p \tag{10.14}$$

将式(10.12)代入式(10.14),星地距离差的矢量可以进一步表示成:

$$\Delta \rho^p \boldsymbol{u}_k^p = \boldsymbol{b} - \rho_s^p \Delta \boldsymbol{u}^p \tag{10.15}$$

式(10.15)两边分别乘两单位矢量的平均值,可得:

$$\Delta \rho^p \boldsymbol{u}_m^p \boldsymbol{u}_k^p = \boldsymbol{u}_m^p \boldsymbol{b} - \rho_s^p (\boldsymbol{u}_m^p \Delta \boldsymbol{u}^p) \tag{10.16}$$

又因为:

$$
\begin{aligned}
\boldsymbol{u}_m^p \Delta \boldsymbol{u}^p &= \frac{1}{2} (\boldsymbol{u}_k^p + \boldsymbol{u}_s^p)(\boldsymbol{u}_k^p - \boldsymbol{u}_s^p) \\
&= \frac{1}{2} (\boldsymbol{u}_k^p \boldsymbol{u}_k^p + \boldsymbol{u}_s^p \boldsymbol{u}_k^p - \boldsymbol{u}_k^p \boldsymbol{u}_s^p - \boldsymbol{u}_s^p \boldsymbol{u}_s^p) \\
&= \frac{1}{2} (1 - 1) = 0
\end{aligned} \tag{10.17}
$$

式(10.16)可以写成:

$$\Delta \rho^p \boldsymbol{u}_m^p \boldsymbol{u}_k^p = \boldsymbol{u}_m^p \boldsymbol{b} \tag{10.18}$$

因为 $\boldsymbol{u}_m^p = \frac{1}{2} (\boldsymbol{u}_k^p + \boldsymbol{u}_s^p)$,所以式(10.18)可以写成:

$$
\begin{aligned}
\boldsymbol{u}_m^p \boldsymbol{b} &= \Delta \rho^p \boldsymbol{u}_m^p \boldsymbol{u}_k^p \\
&= \Delta \rho^p \cdot \frac{1}{2} (\boldsymbol{u}_k^p + \boldsymbol{u}_s^p) \cdot \boldsymbol{u}_k^p \\
&= \frac{1}{2} \Delta \rho^p (1 + \boldsymbol{u}_s^p \boldsymbol{u}_k^p)
\end{aligned} \tag{10.19}
$$

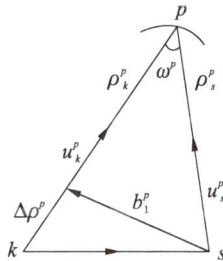

图 10.5　星地距离与星端顶角示意图

图片来源:自绘

如图 10.5 所示,因为星端顶角为 ω^p,于是有:

$$\boldsymbol{u}_s^p \boldsymbol{u}_k^p = |\boldsymbol{u}_s^p||\boldsymbol{u}_k^p| \cos \omega^p = \cos \omega^p \tag{10.20}$$

将式(10.20)代入式(10.19)可得:

$$\boldsymbol{u}_m^p \boldsymbol{b} = \frac{1}{2} \Delta \rho^p (1 + \cos \omega^p) = \Delta \rho^p \cdot \cos^2 \frac{\omega^p}{2} \tag{10.21}$$

对上式整理可得：

$$\Delta \rho^p = \sec^2 \frac{\omega^p}{2} \cdot \boldsymbol{u}_m^p \cdot \boldsymbol{b} \tag{10.22}$$

这里,已经将卫星 p 与两测站的星地距离差表示成基线向量的函数。同理可得卫星 q 与两测站的星地距离差表示成基线向量的函数：

$$\Delta \rho^q = \sec^2 \frac{\omega^q}{2} \cdot \boldsymbol{u}_m^q \cdot \boldsymbol{b} \tag{10.23}$$

载波双差方程可以写成：

$$\nabla \Delta \varphi_{ks}^{pq} = \frac{f}{c} (\rho_k^p - \rho_s^p - \rho_k^q + \rho_s^q) - \nabla \Delta N_{ks}^{pq} = \frac{f}{c} (\Delta \rho^p - \Delta \rho^q) - \nabla \Delta N_{ks}^{pq} \tag{10.24}$$

于是将式(10.22)和式(10.23)代入式(10.24)可得：

$$\nabla \Delta \varphi_{ks}^{pq} = \frac{f}{c} \left(\sec^2 \frac{\omega^p}{2} \cdot \boldsymbol{u}_m^p - \sec^2 \frac{\omega^q}{2} \cdot \boldsymbol{u}_m^q \right) \cdot \boldsymbol{b} - \nabla \Delta N_{ks}^{pq} \tag{10.25}$$

当基线长度小于 40 km 时,星端顶角 ω^p 极小,即：

$$\sec^2 \frac{\omega^p}{2} \approx \sec^2 \frac{\omega^q}{2} \approx 1 \tag{10.26}$$

于是,式(10.25)可写成：

$$\begin{aligned} \nabla \Delta \varphi_{ks}^{pq} &= \frac{f}{c} (\boldsymbol{u}_m^p - \boldsymbol{u}_m^q) \cdot \boldsymbol{b} - \nabla \Delta N_{ks}^{pq} \\ &= \frac{f}{2c} [(\boldsymbol{u}_k^p + \boldsymbol{u}_s^p) - (\boldsymbol{u}_k^q + \boldsymbol{u}_s^q)] \boldsymbol{b} - \nabla \Delta N_{ks}^{pq} \end{aligned} \tag{10.27}$$

各星地距离单位矢量可用卫星坐标和测站坐标表示：

$$\boldsymbol{u}_k^p = \frac{1}{\rho_k^p} \begin{pmatrix} \Delta X_k^p \\ \Delta Y_k^p \\ \Delta Z_k^p \end{pmatrix}, \quad \boldsymbol{u}_k^q = \frac{1}{\rho_k^q} \begin{pmatrix} \Delta X_k^q \\ \Delta Y_k^q \\ \Delta Z_k^q \end{pmatrix}, \quad \boldsymbol{u}_s^p = \frac{1}{\rho_s^p} \begin{pmatrix} \Delta X_s^p \\ \Delta Y_s^p \\ \Delta Z_s^p \end{pmatrix}, \quad \boldsymbol{u}_s^q = \frac{1}{\rho_s^q} \begin{pmatrix} \Delta X_s^q \\ \Delta Y_s^q \\ \Delta Z_s^q \end{pmatrix}$$

且

$$\boldsymbol{b} = \begin{pmatrix} \Delta X_{ks} \\ \Delta Y_{ks} \\ \Delta Z_{ks} \end{pmatrix}$$

于是式（10.27）可写成：

$$\nabla\Delta\varphi_{ks}^{pq}=\frac{f}{2c}\left(\frac{\Delta X_k^p}{\rho_k^p}+\frac{\Delta X_s^p}{\rho_s^p}-\frac{\Delta X_k^q}{\rho_k^q}-\frac{\Delta X_s^q}{\rho_s^q}\right)\Delta X_{ks}+\frac{f}{2c}\left(\frac{\Delta Y_k^p}{\rho_k^p}+\frac{\Delta Y_s^p}{\rho_s^p}-\frac{\Delta Y_k^q}{\rho_k^q}-\frac{\Delta Y_s^q}{\rho_s^q}\right)\Delta Y_{ks}+$$

$$\frac{f}{2c}\left(\frac{\Delta Z_k^p}{\rho_k^p}+\frac{\Delta Z_s^p}{\rho_s^p}-\frac{\Delta Z_k^q}{\rho_k^q}-\frac{\Delta Z_s^q}{\rho_s^q}\right)\Delta Z_{ks}-\nabla\Delta N_{ks}^{pq}$$

$$=a_{ks}^{pq}\Delta X_{ks}+b_{ks}^{pq}\Delta Y_{ks}+c_{ks}^{pq}\Delta Z_{ks}-\nabla\Delta N_{ks}^{pq} \tag{10.28}$$

上式即为包含基线向量的载波相对定位观测方程。

10.2.2　基线解算

双差载波观测量 $\nabla\Delta\varphi_{ks}^{pq}$ 由双差载波观测值 $\nabla\Delta\hat{\varphi}_{ks}^{pq}$ 和随机误差 ε_{ks}^{pq} 组成，式（10.28）可写成：

$$\nabla\Delta\hat{\varphi}_{ks}^{pq}+\varepsilon_{ks}^{pq}=a_{ks}^{pq}\Delta X_{ks}+b_{ks}^{pq}\Delta Y_{ks}+c_{ks}^{pq}\Delta Z_{ks}-\nabla\Delta N_{ks}^{pq} \tag{10.29}$$

设测站近似坐标分别为 $(X_{k,0},Y_{k,0},Z_{k,0})$、$(X_{s,0},Y_{s,0},Z_{s,0})$，可得基线向量近似值：

$$\begin{cases} \Delta X_{ks,0}=X_{s,0}-X_{k,0} \\ \Delta Y_{ks,0}=Y_{s,0}-Y_{k,0} \\ \Delta Z_{ks,0}=Z_{s,0}-Z_{k,0} \end{cases} \tag{10.30}$$

且有：

$$\begin{cases} \Delta X_{ks}=\Delta X_{ks,0}+\delta X_{ks} \\ \Delta Y_{ks}=\Delta Y_{ks,0}+\delta Y_{ks} \\ \Delta Z_{ks}=\Delta Z_{ks,0}+\delta Z_{ks} \end{cases} \tag{10.31}$$

卫星坐标为已知值，于是可计算得到基线方程中的各系数：

$$\begin{cases} a_{ks}^{pq}=\frac{f}{2c}\left(\frac{\Delta X_{k,0}^p}{\rho_{k,0}^p}+\frac{\Delta X_{s,0}^p}{\rho_{s,0}^p}-\frac{\Delta X_{k,0}^q}{\rho_{k,0}^q}-\frac{\Delta X_{s,0}^q}{\rho_{s,0}^q}\right) \\[3mm] b_{ks}^{pq}=\frac{f}{2c}\left(\frac{\Delta Y_{k,0}^p}{\rho_{k,0}^p}+\frac{\Delta Y_{s,0}^p}{\rho_{s,0}^p}-\frac{\Delta Y_{k,0}^q}{\rho_{k,0}^q}-\frac{\Delta Y_{s,0}^q}{\rho_{s,0}^q}\right) \\[3mm] c_{ks}^{pq}=\frac{f}{2c}\left(\frac{\Delta Z_{k,0}^p}{\rho_{k,0}^p}+\frac{\Delta Z_{s,0}^p}{\rho_{s,0}^p}-\frac{\Delta Z_{k,0}^q}{\rho_{k,0}^q}-\frac{\Delta Z_{s,0}^q}{\rho_{s,0}^q}\right) \end{cases} \tag{10.32}$$

将式（10.31）、式（10.32）代入式（10.29），并合并常数项可得：

$$\varepsilon_{ks}^{pq}=a_{ks}^{pq}\delta X_{ks}+b_{ks}^{pq}\delta Y_{ks}+c_{ks}^{pq}\delta Z_{ks}-\nabla\Delta N_{ks}^{pq}-w_{ks}^{pq} \tag{10.33}$$

式中,$w_{ks}^{pq} = \nabla\Delta\varphi_{ks}^{pq} - a_{ks}^{pq}\Delta X_{ks,0} - b_{ks}^{pq}\Delta Y_{ks,0} - c_{ks}^{pq}\Delta Z_{ks,0}$。

将真误差用改正数代替,将未知数用估值代替,式(10.33)可写成:

$$v_{ks}^{pq} = a_{ks}^{pq}\delta\hat{X}_{ks} + b_{ks}^{pq}\delta\hat{Y}_{ks} + c_{ks}^{pq}\delta\hat{Z}_{ks} - \nabla\Delta\hat{N}_{ks}^{pq} - w_{ks}^{pq} \tag{10.34}$$

如果以某一颗卫星作为参考卫星,某一历元在测站 k 和测站 s 上,同时观测了 m 颗卫星,对一个频点观测值,则可列出 $m-1$ 个形如式(10.34)的误差方程,相应地要引入 $m-1$ 个双差模糊度未知数,再考虑到有 3 个基线向量未知数,则该历元共有 $m+2$ 个未知数,未知数个数大于方程数,此时,误差方程组不可解。

若测站 k 和测站 s 对所有 m 颗卫星进行连续观测,随着历元数的增加,误差方程数也在增加,但未知数没有变。假设观测了 n 个历元,则总共有 $n(m-1)$ 个误差方程,方程数大于未知数个数时,即实现了误差方程组可解。

为方便起见,将 $n(m-1)$ 个误差方程写成矩阵形式:

$$V = A\hat{X} - \nabla\Delta\hat{N} - W = (A \quad -E)\begin{pmatrix} \hat{X} \\ \nabla\Delta\hat{N} \end{pmatrix} - W \tag{10.35}$$

式中

$$A = \begin{pmatrix} a_1 & b_1 & c_1 \\ a_2 & b_2 & c_2 \\ \vdots & \vdots & \vdots \\ a_{n\times(m-1)} & b_{n\times(m-1)} & c_{n\times(m-1)} \end{pmatrix}, \quad \begin{cases} V = (v_1, v_2, \cdots, v_{n\times(m-1)})^T \\ \hat{X} = (\delta\hat{X}_{ks}, \delta\hat{Y}_{ks}, \delta\hat{Z}_{ks})^T \\ \nabla\Delta\hat{N} = (\nabla\Delta\hat{N}_1, \nabla\Delta\hat{N}_2, \cdots, \nabla\Delta\hat{N}_{m-1})^T \\ W = (w_1, w_2, \cdots, w_{n\times(m-1)})^T \end{cases}$$

若已知 W 的方差阵为 D,则利用最小二乘,可得基线向量改正数与双差模糊度在实数域的最优估值:

$$\begin{pmatrix} \hat{X} \\ \nabla\Delta\hat{N} \end{pmatrix} = \left[\begin{pmatrix} A^T \\ -E \end{pmatrix} D^{-1}(A \quad -E)\right]^{-1}\begin{pmatrix} A^T \\ E \end{pmatrix}D^{-1}W \tag{10.36}$$

相应的方差矩阵为:

$$\begin{pmatrix} D_{\hat{X}\hat{X}} & D_{\hat{X}\hat{N}} \\ D_{\hat{N}\hat{X}} & D_{\hat{N}\hat{N}} \end{pmatrix} = \left[\begin{pmatrix} A^T \\ -E \end{pmatrix}D^{-1}(A \quad -E)\right]^{-1} \tag{10.37}$$

对于双差模糊度 $\nabla\Delta N$,其真值应该为整数,这是一个重要的约束信息。但在前述解算过程中,并没有顾及这一约束信息。因此,下一步还需利用模糊度的整数特性,进一步得到精度更高的基线向量改正数估值,进而得到精度更高的基线向量,该过程称作整数模糊度固定。在整数模糊度固定过程中,寻找到一个最有可能的整数向量

$\nabla\Delta\check{\mathbf{N}}$,并检验$\nabla\Delta\check{\mathbf{N}}$是否为模糊度真值。如果通过了检验,则利用条件分布可得更高精度的定位解(也称整数解或固定解)

$$\check{\mathbf{X}}=\hat{\mathbf{X}}-\mathbf{D}_{\check{X}\check{N}}\mathbf{D}_{\check{N}\check{N}}^{-1}(\nabla\Delta\hat{\mathbf{N}}-\nabla\Delta\check{\mathbf{N}})\tag{10.38}$$

$$\mathbf{D}_{\check{X}\check{X}}=\mathbf{D}_{\check{X}\check{X}}-\mathbf{D}_{\check{X}\check{N}}\mathbf{D}_{\check{N}\check{N}}^{-1}\mathbf{D}_{\check{N}\check{X}}\tag{10.39}$$

进而可得基线向量估值:

$$\begin{cases}\Delta\hat{X}_{ks}=\Delta X_{ks,0}+\delta\check{X}_{ks}\\\Delta\hat{Y}_{ks}=\Delta Y_{ks,0}+\delta\check{Y}_{ks}\\\Delta\hat{Z}_{ks}=\Delta Z_{ks,0}+\delta\check{Z}_{ks}\end{cases}\tag{10.40}$$

如果没有通过检验,则只能维持由式(10.36)所得的实数解。

10.3　RTK 定位技术

10.3.1　技术方法

载波相对定位技术对于很多初学者来说,首先想到的可能是:在两个固定点做静态长时间观测,事后利用两站的观测数据进行解算,进而得到两点间高精度的基线向量。这种静态相对定位是载波相对定位技术的经典应用。随着载波相对定位理论的发展,二十世纪九十年代,载波相对技术被推广到动态应用中,实现了 GNSS 实时动态高精度定位。取"实时动态(Real-Time Kinematic)"的英文缩写,将该技术简称为 RTK。

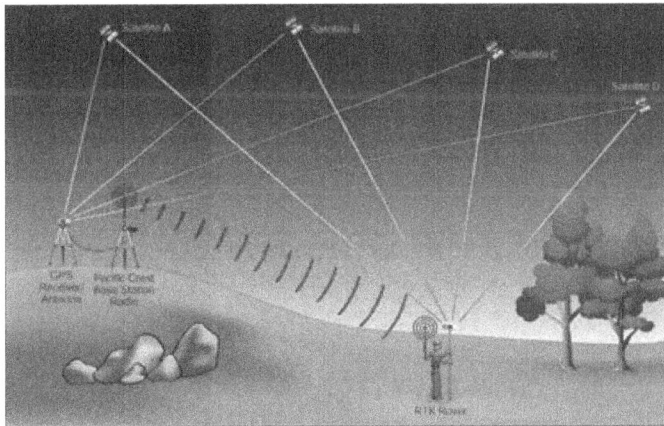

图 10.6　RTK 工作原理图

图片来源:自绘

如图 10.6 所示,RTK 的技术思想是:

(1) 将其中一个测站设定为参考站,另一个测站设定为流动站。参考站将观测到的载波观测值和自身测站坐标发送给流动站。

(2) 基于载波相对定位理论,在流动站上解算得到基线向量。

(3) 将基线向量加上参考站(基站)的地心坐标,即可得到流动站坐标。

RTK 的硬件由参考站和流动站两部分组成。参考站主要由一台 GNSS 接收机、接收机天线、发送电台、电台天线和电源等组成。参考站应架设在净空良好且比较高的地方,可对所有视空中的卫星进行连续观测。流动站主要由一台 GNSS 接收机、接收机天线、接收电台及电台天线、电源、电子手簿、对中杆等组成。

RTK 要求参考站接收机和流动站接收机同步观测至少 4 颗相同的卫星。参考站的地心坐标已知,或通过伪距单点定位获得。参考站实时将载波观测值和参考站坐标通过发射电台发送出去,流动站通过接收电台接收到参考站发送的数据,并与自身测得的载波观测值组成双差方程。

需要注意的是,对于相同的卫星,在各历元的基线解算方程中,由于流动站的运动,基线向量参数是不同的,但模糊度参数相同。随着历元数的增加,方程数的增加速度快于待求参数个数的增加速度。因此,在经过几个历元后,即可进行方程解算,得到基线向量和模糊度的实数解。利用模糊度固定算法得到基线向量的整数解,将基线向量整数解加上参考站地心坐标,即可得到流动站坐标。如果模糊度得到了固定,我们称从开机到模糊度固定的时长为 RTK 的收敛时间。按照如此方法,逐历元进行定位解算,直至最后一个历元。

所得到的流动站坐标,通常不能直接使用,原因如下:

(1) 这个坐标是基于参考站坐标得到的,一般来说,参考站在地心坐标系下的绝对坐标精度较差,因此,流动站在地心坐标系下的绝对坐标精度也较差。

(2) 在实际工程中,常常会用到与地心坐标系不同的工程坐标系统,需要得到在工程坐标系统下的坐标。

(3) 算得的坐标是三维的,而通常使用的坐标是二维的。

为了使流动站坐标具有实用性,需要对流动站坐标进行坐标转换,得到满足用户需求的坐标。转换需要解决三个问题:

(1) 两坐标系统间的原点、坐标轴指向等不一致的坐标系统转换问题;

(2) 三维到二维的投影问题;

(3) 由大地高到正常高的高程转换问题。

解决这三个问题的解决流程是:先进行三维坐标系统转换,再进行投影;也可先进行投影,再进行二维坐标系统转换。

对于坐标系统转换问题的技术流程如下：（1）建立两坐标系统间的原点平移和坐标轴指向旋转的转换方程。常见的转换方程有三维七参数法和二维四参数法等。（2）利用公共点，求解转换方程中的参数。（3）利用已知转换参数的转换方程，对RTK点进行坐标转换。

对于坐标投影问题的解决，一般采用高斯投影方法。在具体实现过程中，需要选择参考椭球、投影面以及中央子午线等参数。完成选择后，三维到二维的高斯投影便具有了确定的计算公式。

由三维直角坐标可转换成大地坐标，进而获得大地高。通过高程拟合，可将大地高转换成正常高，具体请见第十五章。

图10.7给出了RTK的数据解算流程。

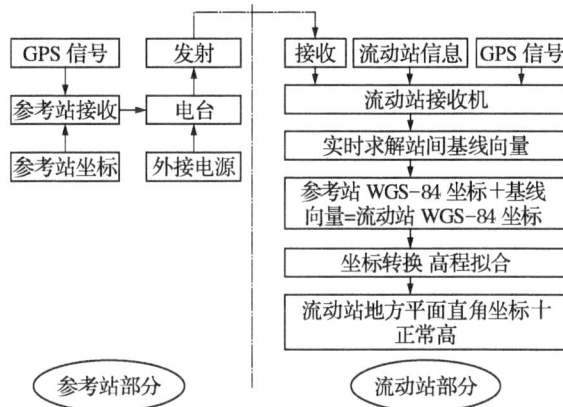

图10.7　RTK的数据解算流程

图片来源：自绘

10.3.2　技术应用

RTK的出现，对卫星定位技术，具有里程碑的意义。由于其实时、动态、高精度的特性，RTK在测绘领域的应用得到了快速发展。

（1）外业操作步骤

第一步，架设参考站。参考站可架设在已知卫星地心坐标的控制点上，也可架设在任意点上，但参考站的观测环境要优良。若已知参考站在卫星地心坐标系下的坐标，则将其输入接收机内；否则，可通过伪距单点定位的方式获得该点的坐标。

第二步，架设参考站发射电台。将电台连接到卫星接收机上，架设电台发射天线，并将天线连接到电台上，设置好相应的通信参数。需要说明的是，部分接收机也可通过无线网络进行数据传输。

第三步,连接流动站。将流动站的卫星天线、接收机、电子手簿相连接,并将通信天线与接收电台相连接,再将接收电台与电子手簿相连接;配置好与参考站发射电台相同的通信参数。

第四步,启动电子手簿上的 RTK 数据处理软件,进行相应的基线解算、坐标转换等过程的参数设置。

第五步,启动参考站、流动站的 RTK 工作模式,开始实施 RTK 作业。需要说明的是,很多商业软件在电子手簿上还开发了多种工程应用软件,可以配合 RTK 定位结果使用。

(2) 应用注意事项

①流动站距离参考站要小于 15 km,以 10 km 更为稳妥,否则,流动站稳定接收参考站信号和实现基线向量固定解的难度都将增大;

②电台要远离大功率干扰源,参考站电台与流动站电台之间最好保持"准光学通视";

③RTK 定位结果的可靠性较静态相对定位低,因此 RTK 不能用于对数据可靠性要求特别高的场合。

(3) RTK 的应用优势

①作业效率高:在模糊度固定情况下,瞬间即可获得厘米级精度的定位结果,且一个参考站可同时支持多台流动站。

②劳动强度低:作业人员只需携带流动站到测点,观测、计算、记录都是由仪器自动完成。

③没有误差积累:各点定位精度均以参考站为基准,流动站之间不会出现误差积累。

④可全天候作业。

⑤所测各点间不需要通视。

⑥操作简单,使用方便,可针对业务需求,开发相应的应用插件。

◇第十一章
模糊度与周跳

模糊度与周跳是 GNSS 载波定位中的两个重要问题。虽然这两个问题的起因和解决方法没有直接关系,但由于它们的处理较为复杂,且处理结果对载波定位的影响具有一定相似性,因此这里单独用一章对这两个问题进行介绍。

11.1　模糊度固定的过程

基于模糊度实数解(也称浮点解),利用模糊度真值为整数的特性,尝试得到其真值,并进一步修正定位结果,这个过程称为模糊度固定。

模糊度固定过程可分为以下四个步骤:实数解解算、模糊度候选整数解获得、模糊度候选整数解确认、定位整数解计算。

11.1.1　实数解解算

由于载波观测值的精度远远高于伪距观测值精度,因此载波是 GNSS 精密定位的必要观测量。载波观测量需加上一个未知的整数倍载波波长才能等于星地之间的距离,这个未知整数被称作模糊度。每个载波观测值都会涉及一个模糊度,加上基线(或测站)未知数,对于一个历元来说,未知数的个数多于方程数,因此方程不可解。然而,由于 GNSS 接收机的特别设计,在对一颗卫星连续跟踪期间,模糊度保持不变。随着历元数的增加,观测值的个数会多于未知数的个数,使得方程可解。

将模糊度(或双差模糊度)和包含坐标(或基线向量)的其他参数作为未知数,建立载波观测方程,并将其抽象成高斯-马尔可夫模型:

$$\begin{cases} \boldsymbol{\varepsilon}_L = \boldsymbol{Aa} + \boldsymbol{Bb} - \boldsymbol{L} \\ \boldsymbol{\varepsilon}_L \sim N(\boldsymbol{0}, \boldsymbol{D}_{LL}) \end{cases} \tag{11.1}$$

式中，L 是载波观测值或组合值（如载波双差值）；$\boldsymbol{\varepsilon}_L$ 是 L 的随机误差；$\boldsymbol{a}$ 是 n 维的模糊度（或双差模糊度）向量；$\boldsymbol{b}$ 是包含坐标（或基线向量）的其他未知数；$\boldsymbol{A}$ 和 $\boldsymbol{B}$ 为相应的设计矩阵。

利用最小二乘方法，可得各未知数的解

$$\begin{pmatrix} \hat{\boldsymbol{a}} \\ \hat{\boldsymbol{b}} \end{pmatrix} = \left[\begin{pmatrix} \boldsymbol{A}^{\mathrm{T}} \\ \boldsymbol{B}^{\mathrm{T}} \end{pmatrix} \boldsymbol{D}_{LL}^{-1} (\boldsymbol{A} \quad \boldsymbol{B}) \right]^{-1} \begin{pmatrix} \boldsymbol{A}^{\mathrm{T}} \\ \boldsymbol{B}^{\mathrm{T}} \end{pmatrix} \boldsymbol{D}_{LL}^{-1} L \tag{11.2}$$

相应的方差矩阵为

$$\begin{pmatrix} \boldsymbol{D}_{\hat{a}\hat{a}} & \boldsymbol{D}_{\hat{a}\hat{b}} \\ \boldsymbol{D}_{\hat{b}\hat{a}} & \boldsymbol{D}_{\hat{b}\hat{b}} \end{pmatrix} = \left[\begin{pmatrix} \boldsymbol{A}^{\mathrm{T}} \\ \boldsymbol{B}^{\mathrm{T}} \end{pmatrix} \boldsymbol{D}_{LL}^{-1} (\boldsymbol{A} \quad \boldsymbol{B}) \right]^{-1} \tag{11.3}$$

由于上述解算过程是在实数域中进行的，并没有顾及模糊度的整数特性，因此算得的模糊度及基线的解被称作实数解（表明模糊度在实数域得到），也称浮点解（表明模糊度含有随机误差）。为了获得更高精度的解，还需利用模糊度的整数特性，在实数解的基础上得到模糊度及基线（或测站）的整数解（将模糊度限定在整数域），也称固定解（表示认定模糊度为真值）。

11.1.2 模糊度候选整数解获得

基于模糊度的实数解及方差阵，可寻找一个整数向量作为模糊度的候选整数解。候选整数解的获得历经直接取整法、bootstrapping（逐维引导）法、整数最小二乘法的发展历程。

（1）直接取整法

对于模糊度实数解 $\hat{\boldsymbol{a}}$ 的第 i 个分量，对其直接取整，可得一个整数

$$\breve{a}_i = [\hat{a}_i] \quad \breve{a}_i \in \boldsymbol{Z} \tag{11.4}$$

式中，$[\cdot]$ 为取整符号，$\boldsymbol{Z}$ 表示整域。

直接取整法虽然简单，但没有考虑到模糊度向量中的各模糊度分量之间的相关性，因此所得结果不是最优的。

（2）bootstrapping（逐维引导）法

先对模糊度向量的第一个分量直接取整，得到第一个模糊度的整数解

$$\breve{a}_1 = [\hat{a}_1] \tag{11.5}$$

在第一个分量取得定值 $\breve{a}_1$ 的情况下,可利用条件分布得到模糊度第二个分量的新实数解

$$\hat{a}_{2|1} = \hat{a}_2 - d_{21} d_{11}^{-1} (\hat{a}_1 - \breve{a}_1) \tag{11.6}$$

式中,d_{11} 为矩阵 $\boldsymbol{D}_{\hat{a}\hat{a}}$ 中模糊度第一分量对应的方差,d_{21} 为矩阵 $\boldsymbol{D}_{\hat{a}\hat{a}}$ 中第一分量和第二分量对应的协方差。

对第二个分量新的实数解取整,得到第二个模糊度的整数解

$$\breve{a}_2 = [\hat{a}_{2|1}] \tag{11.7}$$

假设在前 $j-1$ 个模糊度得到整数解的情况下,可利用条件分布得到模糊度第 j 个分量新的实数解

$$\hat{a}_{j|J} = \hat{a}_j - d_{jJ} \boldsymbol{d}_{JJ}^{-1} (\hat{\boldsymbol{a}}_J - \breve{\boldsymbol{a}}_J) \tag{11.8}$$

式中,$J = j-1, j-2, \cdots, 1$。

对第 j 个分量新的实数解取整,得到第 j 个模糊度的整数解

$$\breve{a}_j = [\hat{a}_{j|J}] \tag{11.9}$$

以此类推,直至最后一个分量的整数解

$$\breve{a}_n = [\hat{a}_{n|n-1,n-2,\cdots,1}] \tag{11.10}$$

逐维引导法利用了模糊度向量方差矩阵的部分信息,因此所得整数解较直接取整法的结果更加准确。但是,逐维引导法对模糊度实数解方差矩阵的利用依然不够充分,因此所得结果依然不是最优的。

（3） 整数最小二乘法

综合利用模糊度实数解 $\hat{a}$ 及其方差矩阵 $\boldsymbol{D}_{\hat{a}\hat{a}}$,得到一组整数向量

$$\breve{a}_{\text{ILS}} = \arg \min \|\hat{\boldsymbol{a}} - \boldsymbol{a}\|_{\boldsymbol{D}_{\hat{a}\hat{a}}}^2 \quad \boldsymbol{a} \in \boldsymbol{Z}^n \tag{11.11}$$

式中,$\|\hat{\boldsymbol{a}} - \boldsymbol{a}\|_{\boldsymbol{D}_{\hat{a}\hat{a}}}^2 = (\hat{\boldsymbol{a}} - \boldsymbol{a})^{\mathrm{T}} \boldsymbol{D}_{\hat{a}\hat{a}}^{-1} (\hat{\boldsymbol{a}} - \boldsymbol{a})$。

上式表示,$\boldsymbol{a}$ 取遍 n 维整数向量,$\breve{a}_{\text{ILS}}$ 是使 $(\hat{\boldsymbol{a}} - \boldsymbol{a})^{\mathrm{T}} \boldsymbol{D}_{\hat{a}\hat{a}}^{-1} (\hat{\boldsymbol{a}} - \boldsymbol{a})$ 最小的那一组整数向量。

由于整数最小二乘法充分利用了所有信息,因此所得整数解是最优的。目前,模糊度候选整数解普遍采用整数最小二乘解。

整数最小二乘解无法从上式中直接解算,需通过对各整数向量进行搜索比较得到。为了提高搜索效率,一般采用由大地测量学家 Teunissen 提出的 LAMBDA

（Least-squares Ambiguity Decorrelation Adjustment）方法进行搜索，具体方法将在11.2节介绍。

这里要特别注意，上述三种方法得到的候选固定解不一定相同。

11.1.3　模糊度候选整数解确认

即使利用整数最小二乘法得到的最优一组整数向量 $\breve{a}_{\mathrm{ILS}}$，也不一定就是模糊度真值，需要通过一定的方法对候选整数解 $\breve{a}_{\mathrm{ILS}}=a$ 是否成立进行确认检验。

以二维为例，说明整数最小二乘解不一定是模糊度真值的情况。如图 11.1 所示，将二维空间以每一个整数点为中心进行完全划分，每个子空间称作归整域。模糊度实数解落到哪个归整域中，该归整域的整数点即为整数最小二乘解 $\breve{a}_{\mathrm{ILS}}$。然而，模糊度实数解可能落到任何位置，不一定落入真值所在的归整域，因此所得的整数最小二乘解不一定是真值。

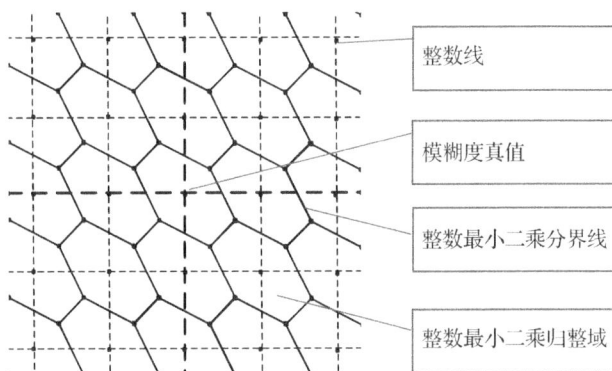

图 11.1　二维情况整数最小二乘示意图

图片来源：自绘

目前，对 $\breve{a}_{\mathrm{ILS}}=a$ 的确认检验方法很多，需要用户自行选择。一些常用的确认检验方法将在 11.3 节中介绍。

11.1.4　定位整数解计算

如果确认检验通过，即认为整数最小二乘解 $\breve{a}_{\mathrm{ILS}}$ 就是模糊度的真值，则需在 $a=\breve{a}_{\mathrm{ILS}}$ 的约束下得到更高精度的定位解。具体计算时，一般不用将 $\breve{a}_{\mathrm{ILS}}$ 代入载波观测方程重新解算，而是基于条件分布，利用模糊度整数解求得定位参数 b 的整数解

$$\breve{b}=\hat{b}-D_{ba}D_{\hat{a}\hat{a}}^{-1}(\hat{a}-\breve{a}_{\mathrm{ILS}}) \tag{11.12}$$

相应的方差阵为

$$D_{\tilde{b}\tilde{b}} = D_{bb} - D_{ba} D_{\hat{a}\hat{a}}^{-1} D_{\hat{a}b} \tag{11.13}$$

这个解被称作整数解,意指在模糊度为整数的约束下得到;也被称作固定解,意指相应的模糊度解是真值,不具有随机误差。

定位整数解的精度相对实数解通常可提高十倍以上,即可从分米级提高到厘米级,甚至毫米级。因此,实现固定解是实现 GNSS 高精度快速定位的必然要求。

如果没有通过确认检验,则维持原有的定位实数解 $\hat{b}$、$D_{\hat{b}\hat{b}}$。

11.2 整数最小二乘解 LAMBDA 搜索

减少搜索工作量并快速得到整数最小二乘解是模糊度固定中的一个重要环节。LAMBDA 方法通过巧妙的整数变换,降低模糊度各分量之间的相关性,从而极大地减小了搜索空间。

11.2.1 降相关

给定卡方值 χ^2,定义一个超椭球

$$\|\hat{a} - a\|_{D_{\hat{a}\hat{a}}}^2 \leqslant \chi^2 \tag{11.14}$$

将该超椭球内的各整数向量逐个代入下式,通过比较可得

$$\check{a}_{ILS} = \arg \min \|\hat{a} - a\|_{D_{\hat{a}\hat{a}}}^2 \quad a \in \mathbf{Z}^n \tag{11.15}$$

图 11.2(a)展示了二维情况下的模糊度整数解搜索椭圆。理论上应在椭圆内搜索,但在实际工作中,为了确保满足式(11.14)的整数向量不遗漏,椭圆外的大量整数点也被纳入计算和比较。在高维情况下,这会极大地增加参与比较的整数向量个数,导致搜索效率低下。为了提高搜索效率,Teunissen 提出了 LAMBDA 方法。

LAMBDA 方法的一个重要特点是将模糊度实数解进行降相关,即对模糊度实数解进行整数变换,使变换后的实数解相应方差矩阵的非对角线值尽量小。根据模糊度浮点解的方差矩阵 $D_{\hat{a}\hat{a}}$,可以得到一个同维的变换方矩阵 $\mathbf{Z}$,其中 $\mathbf{Z}$ 的每一个元素都是整数,且 $|\mathbf{Z}| = 1$ 或 $|\mathbf{Z}| = -1$。获得变矩阵 $\mathbf{Z}$ 的方法很多,读者可以参考相关文献。利用 $\mathbf{Z}$ 对实数解进行变换,可得

$$\hat{a}_Z = \mathbf{Z}^\top \hat{a} \tag{11.16}$$

$$D_{\hat{a}\hat{a},Z} = \mathbf{Z}^\top D_{\hat{a}\hat{a}} \mathbf{Z} \tag{11.17}$$

模糊度真值也转变成

$$a_Z = \boldsymbol{Z}^\top \boldsymbol{a} \tag{11.18}$$

于是可得

$$\hat{\boldsymbol{a}}_Z \sim N_n(\boldsymbol{a}_Z, \boldsymbol{D}_{\hat{a}\hat{a}, \boldsymbol{Z}}) \tag{11.19}$$

通过降相关后,式(11.15)可写成

$$\check{\boldsymbol{a}}_{\text{ILS}, Z} = \arg \min \|\hat{\boldsymbol{a}}_Z - \boldsymbol{a}_Z\|^2_{\boldsymbol{D}_{\hat{a}\hat{a}, Z}} \tag{11.20}$$

经过降相关后,二维情况下的模糊度整数解搜索空间由图 11.2(a)变成了图 11.2(b)。搜索框关联的格网点数量大幅度减少。

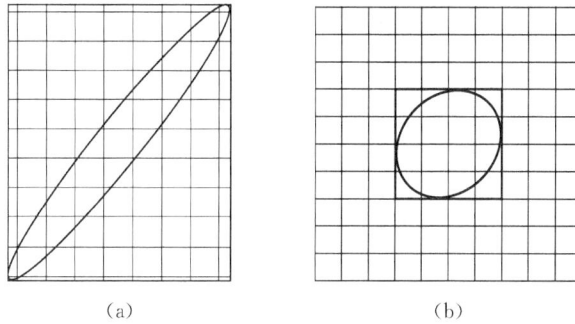

图 11.2　二维情况下整数解搜索空间示意

图片来源:自绘

11.2.2* 卡方值 χ^2 的确定

超椭球的大小是通过 χ^2 确定的。为了保证结果的可靠性,要使一定数量的整数向量在超椭球内,这就要求 χ^2 不能小于某个值。然而,如果 χ^2 太大,会导致椭球内整数向量的个数过多,从而增加搜索量。因此,需要确定一个合适的 χ^2 值。

当需要 $p(p \geqslant n+1)$ 个整数向量时,超椭球内的整数网格点数 p 与体积紧密相关。超椭球体的体积为

$$V_n = \frac{\pi^{\frac{n}{2}} (\chi^n \sqrt{|\boldsymbol{D}_{\hat{a}\hat{a}}|})}{\Gamma\left(\frac{n}{2} + 1\right)} \tag{11.21}$$

式中,$\Gamma(\cdot)$ 为伽玛函数。

为了确保超椭球内的整数向量个数不少于 p,通常设 $V_n = 1.5p$,于是由式(11.21)变形可得

$$\chi^2 = \frac{1}{\pi \sqrt[n]{|\boldsymbol{D}_{\hat{a}\hat{a}}|}} \left[1.5p \cdot \Gamma\left(\frac{n}{2} + 1\right) \right]^{\frac{2}{n}} \tag{11.22}$$

213

11.2.3* 整数搜索

根据给定的卡方值 χ^2，可得第一个模糊度的整数解搜索范围

$$\hat{a}_{Z,1}-\chi\sqrt{d_{Z,11}}\leqslant a_{Z,1}\leqslant\hat{a}_{Z,1}+\chi\sqrt{d_{Z,11}} \tag{11.23}$$

在式(11.23)定义范围内，可能有若干个整数。当选定整数量 $\breve{a}_{Z,1}$ 时，可利用条件分布得到第二个分量新的估值

$$\hat{a}_{Z,2|1}=\hat{a}_{Z,2}-d_{Z,21}d_{Z,11}^{-1}(\hat{a}_{Z,1}-\breve{a}_{Z,1}) \tag{11.24}$$

相应的方差为

$$d_{Z,2|1}=d_{Z,22}-d_{Z,21}d_{Z,11}^{-1}d_{Z,12} \tag{11.25}$$

进而可得第二个模糊度的整数解搜索范围

$$\hat{a}_{Z,2|1}-\sqrt{\lambda(\hat{a}_{Z,1})}\cdot\chi\cdot d_{Z,2|1}\leqslant a_{Z,2}\leqslant\hat{a}_{Z,2|1}+\sqrt{\lambda(\hat{a}_{Z,1})}\cdot\chi\cdot d_{Z,2|1}$$

$$\tag{11.26}$$

式中，$\lambda(\hat{a}_{Z,1})=1-\dfrac{(\hat{a}_{Z,1}-z_{Z,1})^2}{\chi^2 d_{Z,11}}$。

假设在前 $j-1$ 个模糊度得到整数解搜索范围情况下，当选定前 $j-1$ 个模糊度整数向量 $\boldsymbol{z}_{Z,J}$ 时，可利用条件分布得到模糊度第 j 个分量新的估值

$$\hat{a}_{Z,j|J}=\hat{a}_{Z,j}-d_{Z,j},\boldsymbol{d}_{Z,JJ}^{-1}(\hat{\boldsymbol{a}}_{Z,J}-\breve{\boldsymbol{a}}_{Z,J}) \tag{11.27}$$

式中，$J=j-1,j-2,\cdots,1$。

相应的方差为

$$d_{j|J}=d_{Z,jj}-\boldsymbol{d}_{Z,jJ}\boldsymbol{d}_{Z,JJ}^{-1}\boldsymbol{d}_{Z,Jj} \tag{11.28}$$

可得第 j 个模糊度的整数解搜索范围

$$\hat{a}_{Z,j|J}-\sqrt{\lambda(\hat{a}_{Z,J})}\cdot\chi\cdot d_{Z,j|J}\leqslant a_{Z,jj}\leqslant\hat{a}_{Z,j|J}+\sqrt{\lambda(\hat{a}_{Z,J})}\cdot\chi\cdot d_{Z,j|J}$$

$$\tag{11.29}$$

式中，$\lambda(\hat{a}_{Z,J})=1-\sum\limits_{i=1}^{j-1}\dfrac{(\hat{a}_{Z,i}-\breve{a}_{Z,i})^2}{\chi^2 d_{i|I}}$，$I=i-1,\cdots 2,1$。

将上述搜索空间内的整数进行组合得到整数向量，代入式(11.20)进行计算比较，得到 $\breve{\boldsymbol{a}}_{ILS,Z}$ 后再进行逆变换，进而得到 $\breve{\boldsymbol{a}}_{ILS}$。

上述降相关、卡方值 χ^2 确定以及整数搜索在开源软件 LAMBDA3.0 中已有相应模块，使用者可以直接调用。

11.3　模糊度候选整数解确认方法

如果模糊度确认正确,可以极大地提高定位精度;如果确认错误,则输出的结果中包含着一个系统偏差,得到的整数解实际精度比浮点解更差,输出的定位精度严重虚高,对工程应用带来严重危害。因此,对模糊度固定解的确认,需要有非常高的可靠性。由于模糊度确认的复杂性,目前确认方法很多。

11.3.1　区分类的确认法

区分类的确认方法指对满足残差二次型最小和次最小的两个整数向量 $\breve{a}_{\text{ILS}}$、$\breve{a}'_{\text{ILS}}$ 进行区分比较,通常是比较它们的残差二次型值。具体做法是:利用最小和次最小残差二次型构建一个函数,当函数值大于某一阈值时,则认为 $\breve{a}_{\text{ILS}}=a$ 成立概率显著优于 $\breve{a}'_{\text{ILS}}=a$,则接受 $\breve{a}_{\text{ILS}}=a$。

这类方法具有应用简单方便、计算量较小的优点。这类方法包括:Ratio test、Different test 等。

（1）Ratio test

经验公式

$$\text{Ratio}=\frac{\|\hat{a}-\breve{a}'_{\text{ILS}}\|^2_{\boldsymbol{D}_{\hat{a}\hat{a}}}}{\|\hat{a}-\breve{a}_{\text{ILS}}\|^2_{\boldsymbol{D}_{\hat{a}\hat{a}}}}\geqslant c_R \tag{11.30}$$

式中,阈值 c_R 来自经验,一般取 2～3。

（2）Different test

经验公式

$$d=\|\hat{a}-\breve{a}'_{\text{ILS}}\|^2_{\boldsymbol{D}_{\hat{a}\hat{a}}}-\|\hat{a}-\breve{a}_{\text{ILS}}\|^2_{\boldsymbol{D}_{\hat{a}\hat{a}}}\geqslant c_d \tag{11.31}$$

式中,阈值 c_d 来自经验,一般取 4～6。

这两种确认法的公式和阈值均是由经验所得。

11.3.2*　后验概率确认法

（1）计算公式

后验概率的含义是:在浮点解 $\hat{a}$ 发生的情况下,候选固定解 $\breve{a}_{\text{ILS}}$ 为模糊度真值的概率,也即 $P(\breve{a}_{\mathrm{ILS}}=a \mid \hat{a})$。后验概率确认方法是:给定一个接近于 1 的概率值 p,检验通过的条件为

$$P(\breve{a}_{\mathrm{ILS}}=a \mid \hat{a}) \geqslant p \tag{11.32}$$

从定义上看,后验概率确认法与模糊度固定的要求是完全一致的。

需要导出后验概率值 $P(\breve{a}_{\mathrm{ILS}}=a \mid \hat{a})$ 的具体快速计算公式,才能在实际工程中进行应用。根据贝叶斯全概率公式可得

$$P(z_j=a \mid \hat{a}) = \frac{P(\hat{a} \mid z_j=a) P(z_j=a)}{\sum\limits_{i=1}^{+\infty} P(\hat{a} \mid z_i=a) P(z_i=a)} \quad z_i, z_j \in Z^n \tag{11.33}$$

Z^n 为 n 维整数向量空间,由于在连续空间中,一个点出现的概率为零,也即 $P(\hat{a} \mid z_i=a)=0$。为讨论方便,设存在一个以浮点解 $\hat{a}$ 为中心的子空间 $S_{\hat{a}}$。该子空间最大半径趋近于零,因此其体积也趋近于零。可得

$$\begin{aligned} P(z_j=a \mid \hat{a}) &\underset{V_S \to 0}{=} P(z_j=a \mid S_{\hat{a}}) \\ &\underset{V_S \to 0}{=} \frac{P(S_{\hat{a}} \mid z_j=a) P(z_j=a)}{\sum\limits_{i=1}^{+\infty} P(S_{\hat{a}} \mid z_i=a) P(z_i=a)} \\ &\underset{V_S \to 0}{=} \frac{V_S f(\hat{a} \mid z_j=a) P(z_j=a)}{\sum\limits_{i=1}^{+\infty} V_S f(\hat{a} \mid z_i=a) P(z_i=a)} \\ &= \frac{f(\hat{a} \mid z_j=a) P(z_j=a)}{\sum\limits_{i=1}^{+\infty} f(\hat{a} \mid z_i=a) P(z_i=a)} \end{aligned} \tag{11.34}$$

在没有进行观测前,并不知道哪个整数更可能为模糊度,因此可得

$$P(z_1=a)=P(z_2=a)=\cdots=P(z_i=a)=\cdots \tag{11.35}$$

进而可得

$$P(z_j=a \mid \hat{a}) = \frac{f(\hat{a} \mid z_j=a)}{\sum\limits_{i=1}^{+\infty} f(\hat{a} \mid z_i=a)} \tag{11.36}$$

顾及正态分布特性,当 $z_j=\breve{a}_{\mathrm{ILS}}$,可得后验概率计算公式

$$P(\breve{a}_{\mathrm{ILS}}=a \mid \hat{a}) = \frac{\exp\left[-\dfrac{1}{2}\left\|\hat{a}-\breve{a}_{\mathrm{ILS}}\right\|_{D_{\hat{a}\hat{a}}}^2\right]}{\sum\limits_{i=1}^{+\infty} \exp\left[-\dfrac{1}{2}\left\|\hat{a}-z_i\right\|_{D_{\hat{a}\hat{a}}}^2\right]} \tag{11.37}$$

然而,在上式中存在无穷个整数向量,无法实际计算。因此,需要对上式进行简

化。选用合理有限个整数向量后可得计算后验概率实用公式

$$P(\breve{\boldsymbol{a}}_{\mathrm{ILS}}=\boldsymbol{a}\mid\hat{\boldsymbol{a}})\approx\frac{\exp\left[-\dfrac{1}{2}\left\|\hat{\boldsymbol{a}}-\breve{\boldsymbol{a}}_{\mathrm{ILS}}\right\|_{\boldsymbol{D}_{\hat{a}\hat{a}}}^{2}\right]}{\displaystyle\sum_{i=1}^{t}\exp\left[-\dfrac{1}{2}\left\|\hat{\boldsymbol{a}}-\boldsymbol{z}_{i}\right\|_{\boldsymbol{D}_{\hat{a}\hat{a}}}^{2}\right]} \tag{11.38}$$

利用上式计算出后验概率后,根据式(11.32)可做出是否通过检验的判断。需要特别注意的是,式(11.38)是基于 $\hat{\boldsymbol{a}}$ 服从期望为某一整数向量的正态分布得到的,应用时要求 $\hat{\boldsymbol{a}}$ 基本不受系统误差影响。

（2）与 Different test 关系

对于式(11.38),若仅取使残差二次型最小和次最小的两个整数向量,可得

$$P(\breve{\boldsymbol{a}}_{\mathrm{ILS}}=\boldsymbol{a}\mid\hat{\boldsymbol{a}})\approx\frac{\exp\left[-\dfrac{1}{2}\left\|\hat{\boldsymbol{a}}-\breve{\boldsymbol{a}}_{\mathrm{ILS}}\right\|_{\boldsymbol{D}_{\hat{a}\hat{a}}}^{2}\right]}{\exp\left[-\dfrac{1}{2}\left\|\hat{\boldsymbol{a}}-\breve{\boldsymbol{a}}_{\mathrm{ILS}}\right\|_{\boldsymbol{D}_{\hat{a}\hat{a}}}^{2}\right]+\exp\left[-\dfrac{1}{2}\left\|\hat{\boldsymbol{a}}-\breve{\boldsymbol{a}}'_{\mathrm{ILS}}\right\|_{\boldsymbol{D}_{\hat{a}\hat{a}}}^{2}\right]} \tag{11.39}$$

写成倒数形式可得

$$\frac{1}{P(\breve{\boldsymbol{a}}_{\mathrm{ILS}}=\boldsymbol{a}\mid\hat{\boldsymbol{a}})}\approx\frac{\exp\left[-\dfrac{1}{2}\left\|\hat{\boldsymbol{a}}-\breve{\boldsymbol{a}}_{\mathrm{ILS}}\right\|_{\boldsymbol{D}_{\hat{a}\hat{a}}}^{2}\right]+\exp\left[-\dfrac{1}{2}\left\|\hat{\boldsymbol{a}}-\breve{\boldsymbol{a}}'_{\mathrm{ILS}}\right\|_{\boldsymbol{D}_{\hat{a}\hat{a}}}^{2}\right]}{\exp\left[-\dfrac{1}{2}\left\|\hat{\boldsymbol{a}}-\breve{\boldsymbol{a}}_{\mathrm{ILS}}\right\|_{\boldsymbol{D}_{\hat{a}\hat{a}}}^{2}\right]} \tag{11.40}$$

简化可得

$$\frac{1}{P(\breve{\boldsymbol{a}}_{\mathrm{ILS}}=\boldsymbol{a}\mid\hat{\boldsymbol{a}})}-1\approx\frac{\exp\left[-\dfrac{1}{2}\left\|\hat{\boldsymbol{a}}-\breve{\boldsymbol{a}}'_{\mathrm{ILS}}\right\|_{\boldsymbol{D}_{\hat{a}\hat{a}}}^{2}\right]}{\exp\left[-\dfrac{1}{2}\left\|\hat{\boldsymbol{a}}-\breve{\boldsymbol{a}}_{\mathrm{ILS}}\right\|_{\boldsymbol{D}_{\hat{a}\hat{a}}}^{2}\right]}$$

$$=\exp\left\{-\dfrac{1}{2}\left[\left\|\hat{\boldsymbol{a}}-\breve{\boldsymbol{a}}'_{\mathrm{ILS}}\right\|_{\boldsymbol{D}_{\hat{a}\hat{a}}}^{2}-\left\|\hat{\boldsymbol{a}}-\breve{\boldsymbol{a}}_{\mathrm{ILS}}\right\|_{\boldsymbol{D}_{\hat{a}\hat{a}}}^{2}\right]\right\} \tag{11.41}$$

两边取对数

$$\ln\frac{1-P(\breve{\boldsymbol{a}}_{\mathrm{ILS}}=\boldsymbol{a}\mid\hat{\boldsymbol{a}})}{P(\breve{\boldsymbol{a}}_{\mathrm{ILS}}=\boldsymbol{a}\mid\hat{\boldsymbol{a}})}\approx-\frac{1}{2}\left[\left\|\hat{\boldsymbol{a}}-\breve{\boldsymbol{a}}'_{\mathrm{ILS}}\right\|_{\boldsymbol{D}_{\hat{a}\hat{a}}}^{2}-\left\|\hat{\boldsymbol{a}}-\breve{\boldsymbol{a}}_{\mathrm{ILS}}\right\|_{\boldsymbol{D}_{\hat{a}\hat{a}}}^{2}\right] \tag{11.42}$$

整理可得

$$d=\left\|\hat{\boldsymbol{a}}-\breve{\boldsymbol{a}}'_{\mathrm{ILS}}\right\|_{\boldsymbol{D}_{\hat{a}\hat{a}}}^{2}-\left\|\hat{\boldsymbol{a}}-\breve{\boldsymbol{a}}_{\mathrm{ILS}}\right\|_{\boldsymbol{D}_{\hat{a}\hat{a}}}^{2}\approx-2\ln\frac{1-P(\breve{\boldsymbol{a}}_{\mathrm{ILS}}=\boldsymbol{a}\mid\hat{\boldsymbol{a}})}{P(\breve{\boldsymbol{a}}_{\mathrm{ILS}}=\boldsymbol{a}\mid\hat{\boldsymbol{a}})} \tag{11.43}$$

由上可见,Different test 是后验概率检验的近似式变形。

11.4 周跳的概念与影响

11.4.1 周跳的概念

载波相位观测值由不足一周的小数部分和整周数部分组成。整周数部分是由接收机对卫星做连续跟踪,并由整周计数器获得。但当接收机在连续跟踪卫星信号过程中,由于某种原因会导致卫星信号短时间失锁。失锁期间,整周计数器中断,使得计数器整周计数 $\mathrm{Int}(t_i)$ 缺失了 ΔN 周,这个缺失的周数即为周跳。

周跳发生的具体原因有很多,常见的主要有以下几点:

(1)障碍物的短时间遮挡。如卫星信号在传输过程中容易受到树木、山丘、楼房等障碍物的遮挡,使得卫星信号无法到达接收机天线。因此,在利用 GNSS 进行定位时,应尽量避免在障碍物遮挡的环境中进行观测。

(2)接收机的运动。接收机在锁定信号时,需要预测由于接收机与卫星之间的相对运动所引起的信号多普勒频移。接收机的运动会使得该过程的难度增加,甚至导致信号失锁。因此,在高动态情况下,尤其要注意周跳问题。

(3)接收机接收到的卫星信号的信噪比较低。当卫星高度角较低时,卫星信号需要在大气层中传播更远的距离,信号的损耗也会进一步加大,从而使到达接收机的卫星信号的信噪比下降。除此之外,电离层延迟、多路径效应以及其他射频信号的干扰,也会导致信号的信噪比下降。当到达接收机的卫星信号的信噪比过低时,接收机无法正常锁定信号,从而引起周跳。因此,低高度角卫星以及电离层活跃时期的观测数据,特别容易产生周跳。

(4)接收机硬件的故障或者软件不完善。知名品牌的接收机在抗周跳方面通常具有优势。

(5)卫星的原因。如果卫星的振荡器不能正常工作,导致所产生的信号不正确,也容易出现周跳现象。

周跳具有以下特性:

(1)整数特性。周跳值是一个整数。

(2)继承特性。如图 11.3 所示,整周数是累计所得。当发生周跳时,不仅本历元观测值少了 ΔN 周,从该历元起以后各历元观测值都将少 ΔN 周。

(3)突发特性。周跳可能只在两个历元间隔期内产生,也可能跨越多个历元产生;可能只在一个频

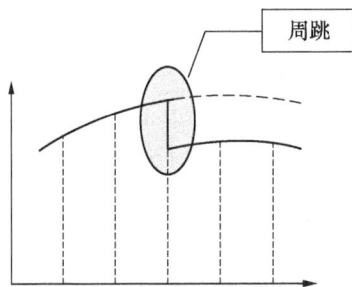

图 11.3 周跳发生示意图

图片来源:自绘

率上产生,也可能在多个频率上同时产生。

11.4.2* 周跳的影响

周跳的出现相当于从当前历元起,之后所有的载波观测值都出现了一个整周数的系统误差。如果对该系统误差不加以考虑,会对定位解算带来严重影响。下面通过算例说明周跳对定位的影响规律。

(1) 实验数据

本算例采用的实验数据来源于 2018 年 1 月 16 日南京一条 18 km 左右的基线,测站名分别为 MAQN 和 JNNF。接收机型号为 Trimble NetR9,采样间隔为 1 s,卫星截止高度角设为 15°。利用两测站的长期连续观测数据,解算得到该基线向量的准确值,并将该准确值作为向量坐标的真值。利用定位软件对该组数据进行相对定位解算,将获得的基线向量整数解坐标与向量坐标真值作差,得到的坐标真误差情况如图 11.4 所示。

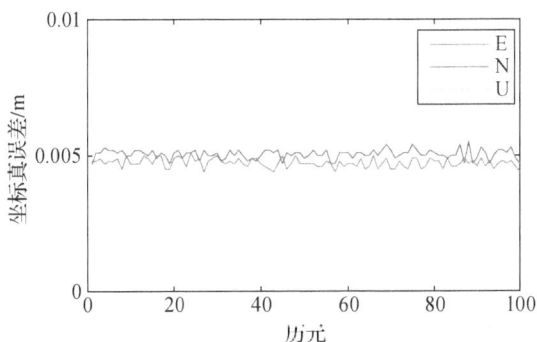

图 11.4 无周跳时定位结果

图片来源:自绘

从图 11.4 可以看出,三个方向的误差变化整体平缓且坐标真误差均在 0.005 m 附近波动。这说明该组数据中无周跳发生。

(2) 周跳对定位影响

为了分析周跳对定位的影响程度,同样在 MAQN 测站的 G05 号卫星 L1 频点的第 5 个历元处的载波相位观测值中增加 10 周的周跳。由于周跳的继承性,从该历元起,之后 L1 频点的所有载波相位观测值中都将包含 10 周的周跳。利用定位软件重新对该基线数据进行相对定位解算,获得的 G05 号卫星 L1 频点上的整周模糊度情况如图 11.5 所示。

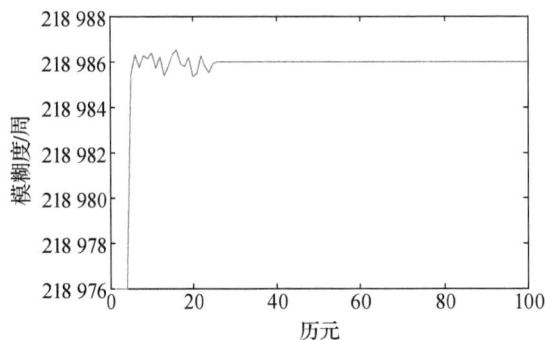

图 11.5　模糊度变化情况(10 周周跳)

图片来源:自绘

从图 11.5 中可以看出,在加入周跳之前,模糊度的整数解为 218 976 周;加入周跳后,模糊度不能固定。随着历元的增加,周跳逐渐被吸收至模糊度中。从 15 个历元开始,模糊度才重新被固定,此时模糊度为 218 986 周。

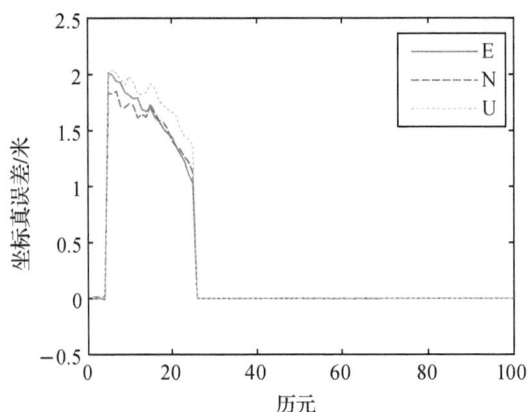

图 11.6　加入 10 周周跳后定位结果

图片来源:自绘

将利用软件解算得到的基线向量与向量坐标真值作差,结果如图 11.6 所示。从图 11.6 中可以看出,在第 5 个历元处的 E、N 方向坐标真误差在 2 m 左右,而 U 方向的坐标真误差在 2.3 m 左右。从第 25 个历元开始,模糊度被重新固定,E、N、U 方向的坐标真误差也回到 0.005 m 附近波动。

在第 5~25 历元,使用无周跳观测数据和有周跳观测数据进行相对定位的定位结果均方根误差结果如表 11.1 所示。由表可知,利用加入周跳的观测数据进行定位时,E、N、U 方向的定位结果均方根误差均远大于未加入周跳时的定位结果均方根误差。由上述数据分析可知,模糊度被重新固定所需要的历元数与周跳值大小有关,一般周跳值越大,重新固定所需要的历元数越多。

表 11.1　第 5～25 历元相对定位结果　　　　　　　　（单位：m）

数据类型	均方根误差		
	E	N	U
无周跳	0.004 4	0.007 5	0.010 9
有周跳	1.708 3	1.681 8	1.863 3

表格来源：自制

11.5　周跳的探测与修复

由上一节分析可知，周跳的存在会对定位带来严重影响，因此需对周跳进行探测与修复。周跳探测是基于一定的约束条件对周跳进行精准估计，得到可靠的周跳值。一般来说，可用约束条件有三种：星地距离变化连续光滑、伪距观测值、双频电子总量相等。下面分别给出基于这些约束条件进行周跳探测的具体方法。

11.5.1　基于连续光滑条件

卫星的运动是连续变化的，接收机的运动也是连续变化的或者静止的，故载波观测值也应该是连续变化的。如果发生周跳，则会破坏这种连续变化的规律。在实现这一约束条件时，有多种数学方法，这里给出两种经典方法。

（1）高次差法

将连续几个历元的载波观测值作多次求差，如表 11.2 所示。当进行 4 次差分之后，差值呈现出随机误差特性，这种随机特性与接收机钟差的不稳定性相符，说明此段观测值没有周跳。

为了说明含有周跳时高次差法结果的异常情况，在 t_5 历元人为加入 100 周的周跳。由表 11.3 可见，凡是与该观测值有关的差值都发生了异常变化，而且求差阶次越高，差异现象越明显。

表 11.2　载波观测值多次求差（无周跳情况）

历元	相位	1 次差	2 次差	3 次差	4 次差
t_1	564 622.146 7				
t_2	575 832.224 9	11 210.078 2			
t_3	587 440.968 4	11 608.743 5	398.665 3		
t_4	599 449.548 5	12 008.580 1	399.836 6	1.171 3	
t_5	611 860.432 8	12 410.884 3	402.304 2	2.467 6	1.296 3

续表

历元	相位	1次差	2次差	3次差	4次差
t_6	624 675.568 0	12 815.135 2	404.250 9	1.946 7	−0.520 9
t_7	637 897.838 5	13 222.270 5	407.135 3	2.884 4	0.937 7
t_8	651 529.880 4	13 632.041 9	409.771 4	2.636 1	−0.248 3
t_9	665 574.890 3	14 045.009 9	412.968 0	3.196 6	0.560 5

表格来源:自制

表 11.3 载波观测值多次求差(有周跳情况)

历元	相位	1次差	2次差	3次差	4次差
t_1	564 622.146 7				
t_2	575 832.224 9	11 210.078 2			
t_3	587 440.968 4	11 608.743 5	398.665 3		
t_4	599 449.548 5	12 008.580 1	399.836 6	1.171 3	
t_5	611 760.432 8	12 310.884 3	302.304 2	−97.532 4	−98.703 7
t_6	624 575.568 0	12 815.135 2	504.250 9	201.946 7	299.479 1
t_7	637 797.838 5	13 222.270 5	407.135 3	−97.115 6	−299.062 0
t_8	651 429.880 4	13 632.041 9	409.771 4	2.636 1	99.751 7
t_9	665 474.890 3	14 045.009 9	412.968 0	3.196 6	0.560 5

表格来源:自制

高次差法虽然直观,但不适合计算机运算。

(2) 多项式拟合法

可对各历元的载波观测值建立适用于计算机运算的拟合多项式

$$\varphi_k^p(t_i) = a_0 + a_1(t_i - t_0) + a_2(t_i - t_0)^2 + \cdots + a_n(t_i - t_0)^n \tag{11.44}$$

式中,多项式阶数 n 一般取 4 或 5;$a_0, a_1, \cdots, a_n$ 为待定系数;t_0 为探测窗口的首历元;t_i 为后续各历元。

先利用前 m 个无周跳的载波相位观测值,参照式(11.44)建立误差方程,并写成如下矩阵形式

$$V = B\hat{X} - L \tag{11.45}$$

式中

$$B = \begin{pmatrix} 1 & t_1 - t_0 & \cdots & (t_1 - t_0)^n \\ 1 & t_2 - t_0 & \cdots & (t_2 - t_0)^n \\ \vdots & \vdots & & \vdots \\ 1 & t_m - t_0 & \cdots & (t_m - t_0)^n \end{pmatrix} \quad \hat{X} = \begin{pmatrix} \hat{a}_0 \\ \hat{a}_1 \\ \vdots \\ \hat{a}_n \end{pmatrix} \quad L = \begin{pmatrix} \varphi_k^p(t_1) \\ \varphi_k^p(t_2) \\ \vdots \\ \varphi_k^p(t_m) \end{pmatrix}$$

根据最小二乘原理,解得各系数最优估值

$$\hat{X} = (\boldsymbol{B}^{\mathrm{T}}\boldsymbol{B})^{-1}\boldsymbol{B}^{\mathrm{T}}\boldsymbol{L} \tag{11.46}$$

利用式(11.45)算得改正数,进而计算得到单位权中误差

$$\sigma = \sqrt{\frac{\boldsymbol{V}^{\mathrm{T}}\boldsymbol{V}}{m-(n+1)}} \tag{11.47}$$

获得拟合公式系数后,可以对下一个历元的载波相位观测值进行预测

$$\hat{\varphi}_k^p(t_{i+1}) = \hat{a}_0 + \hat{a}_1(t_{i+1}-t_0) + \hat{a}_2(t_{i+1}-t_0)^2 + \cdots + \hat{a}_n(t_{i+1}-t_0)^n \tag{11.48}$$

如果预测值与实际观测值之差大于三倍单位权中误差,则认为有周跳;否则认为没有周跳。在实际工作中,逐历元移动探测窗口,直至最后一个历元。但是,由于接收机时钟的不稳定,可能会污染各观测值,因此高次差法和多项式拟合法仅适合探测大周跳。

还有一些基于卡尔曼滤波的方法,均是基于这个连续光滑的条件建立的。需要注意的是,当接收机放在高速复杂运动载体上时,需建立更高阶的方程。

11.5.2 基于伪距约束的方法

伪距和载波观测值之间具有严密的数学关系,且伪距不存在周跳问题,因此伪距可对载波周跳的探测起到约束作用。相位减伪距法是一种利用伪距约束的经典方法。其核心思想是:伪距的历元间变化量应该等于载波的历元间变化量,因此,可通过对历元间伪距差与载波观测值差的对比,来发现周跳。

t_i 历元的伪距观测方程

$$\frac{f}{c}P_k^p(t_i) + \varepsilon_k^p(t_i) = \frac{f}{c}\left[\rho_k^p(t_i) + \delta I_k^p(t_i) + \delta T_k^p(t_i)\right] + f\delta t_k(t_i) - f\delta t^p(t_i) \tag{11.49}$$

对某个频率来说,t_i 历元的载波观测方程

$$\hat{\varphi}_k^p(t_i) + \varepsilon_k^p(t_i) = \frac{f}{c}\left[\rho_k^p(t_i) - \delta I_k^p(t_i) + \delta T_k^p(t_i)\right] + f\delta t_k(t_i) - f\delta t^p(t_i) - N_k^p \tag{11.50}$$

式(11.49)减去式(11.50),可得

$$\frac{f}{c}P_k^p(t_i) - \hat{\varphi}_k^p(t_i) + \Delta\varepsilon_k^p(t_i) = \frac{2f}{c}\delta I_k^p(t_i) + N_k^p \tag{11.51}$$

同理可得 t_{i-1} 历元的伪距载波作差后的方程

$$\frac{f}{c}P_k^p(t_{i-1})-\hat{\varphi}_k^p(t_{i-1})+\Delta\varepsilon_k^p(t_{i-1})=\frac{2f}{c}\delta I_k^p(t_{i-1})+N_k^p \tag{11.52}$$

相邻历元的两类观测值差,也即历元间求差。当电离层比较稳定时,可认为历元间电离层影响近似相等,于是可得

$$\frac{f}{c}\left[P_k^p(t_i)-P_k^p(t_{i-1})\right]+\hat{\varphi}_k^p(t_{i-1})-\hat{\varphi}_k^p(t_i)=\Delta\varepsilon_k^p \tag{11.53}$$

对于式(11.53),如果没有周跳,则载波与伪距组合的结果应在零附近呈现随机误差特性。于是可以利用假设检验进行周跳探测。相位减伪距法实现简单,但由于伪距精度较差,探测结果精度不高。

11.5.3　基于电离层延迟电子总量约束

载波电离层延迟量与传播路径上的电子总量之间有严格的数学关系。对于双频载波来说,它们经过的路径相同,电子总量相等。当某一个频率的载波观测值存在周跳时,会破坏这种关系。反之,通过这种关系可反推是否存在周跳情况。电离层残差法是这类约束中的一种经典方法。

电离层延迟为

$$\delta I(t_i)=\frac{40.28 \cdot c \cdot \int_S N_e \mathrm{d}S}{f^2}=\frac{A}{f^2} \tag{11.54}$$

式中,$\int_S N_e \mathrm{d}S$ 为传播路径电子总量。

L_1 载波观测方程为

$$\hat{\varphi}_{k,1}^p(t_i)+\varepsilon_{k,1}^p(t_i)=\frac{f_1}{c}\left[\rho_k^p-\frac{A(t_i)}{f_1^2}+\delta T(t_i)\right]+f_1\delta t_k(t_i)-f_1\delta t^p(t_i)-N_{k,1}^p \tag{11.55}$$

公式两边同乘 $\frac{f_2}{f_1}$,可得

$$\frac{f_2}{f_1}\left[\hat{\varphi}_{k,1}^p(t_i)+\varepsilon_{k,1}^p(t_i)\right]=\frac{f_2}{c}\left[\rho_k^p-\frac{A(t_i)}{f_1^2}+\delta T(t_i)\right]+f_2\delta t_k(t_i)-f_2\delta t^p(t_i)-\frac{f_2}{f_1}N_{k,1}^p \tag{11.56}$$

L_2 载波观测方程为

$$\hat{\varphi}_{k,2}^p(t_i) + \varepsilon_{k,2}^p(t_i) = \frac{f_2}{c}\left[\rho_k^p - \frac{A(t_i)}{f_2^2} + \delta T(t_i)\right] + f_2\delta t_k(t_i) - f_2\delta t^p(t_i) - N_{k,2}^p$$

(11.57)

以上两式相减,可得 t_i 历元的双频组合方程

$$\frac{f_2}{f_1}\hat{\varphi}_{k,1}^p(t_i) - \hat{\varphi}_{k,2}^p(t_i) + \varepsilon_k^p(t_i) = \frac{f_2}{c}\left(\frac{A(t_i)}{f_2^2} - \frac{A(t_i)}{f_1^2}\right) - \frac{f_2}{f_1}N_{k,1}^p + N_{k,2}^p \quad (11.58)$$

同理可得 t_{i-1} 历元的双频组合方程

$$\frac{f_2}{f_1}\hat{\varphi}_{k,1}^p(t_{i-1}) - \hat{\varphi}_{k,2}^p(t_{i-1}) + \varepsilon_k^p(t_{i-1}) = \frac{f_2}{c}\left(\frac{A(t_{i-1})}{f_2^2} - \frac{A(t_{i-1})}{f_1^2}\right) - \frac{f_2}{f_1}N_{k,1}^p + N_{k,2}^p$$

(11.59)

式(11.58)和式(11.59)相减可得

$$\frac{f_2}{f_1}\left[\hat{\varphi}_{k,1}^p(t_i) - \hat{\varphi}_{k,1}^p(t_{i-1})\right] - \left[\hat{\varphi}_{k,2}^p(t_i) - \hat{\varphi}_{k,2}^p(t_{i-1})\right] + \varepsilon_k^p =$$
$$\frac{f_2}{c}\left(\frac{1}{f_2^2} - \frac{1}{f_1^2}\right)\left[A(t_i) - A(t_{i-1})\right]$$

(11.60)

式(11.60)两边同乘 $\dfrac{c}{f_2}$,于是可得

$$\lambda_1\left[\hat{\varphi}_{k,1}^p(t_i) - \hat{\varphi}_{k,1}^p(t_{i-1})\right] - \lambda_2\left[\hat{\varphi}_{k,2}^p(t_i) - \hat{\varphi}_{k,2}^p(t_{i-1})\right] + \varepsilon_k^p = \left(\frac{1}{f_2^2} - \frac{1}{f_1^2}\right)\left[A(t_i) - A(t_{i-1})\right]$$

(11.61)

式(11.60)左边是历元间两载波测得的距离变化值。当电离层比较稳定、没有周跳发生且采样间隔较短的情况下,式(11.61)左边的计算结果应该是在零附近波动的一个随机值。于是,可通过假设检验来探测是否发生周跳。由于该方法是基于载波观测值的组合,探测精度较高,但是不能确定是哪个频率发生了周跳,同时也不能探测特殊的周跳组合。

前面只是针对三种约束信息,给出了相应的经典探测方法和观测方程。在实际工作中,通常是结合多种方法,以实现周跳的准确探测。

11.5.4 周跳修复

周跳探测到的是实数解,而周跳的真值应该是整数。因此,还需在实数解基础上进一步得到整数解。得到整数解的方法通常有直接取整法、整数最小二乘法两种。

（1）直接取整法

该方法只需要知道周跳的实数解即可，对该实数解直接取整

$$\Delta \check{N}_i = [\Delta \hat{N}_i] \quad \Delta \check{N}_i \in Z \tag{11.62}$$

该方法虽然简单，但没有考虑到各周跳实数解之间的相关性，因此所得的整数解不是最优整数解，且周跳值错误率较高。

（2）整数最小二乘法

基于整数最小二乘的周跳探测与修复方法是一类通过构造组合观测值进行周跳探测与修复的方法。组合方式包括历元间差分组合、频间组合、伪距相位组合等。该类方法对某一历元的观测数据进行周跳探测与修复的过程可总结如下：

第一步，假设周跳参数向量为 ΔN，利用原始载波及伪距观测值构造组合观测值向量 L，L 与 ΔN 之间存在如下线性关系：

$$L = B \Delta N \tag{11.63}$$

式中，B 为系数设计矩阵。

第二步，基于最小二乘理论，可得 ΔN 的实数解

$$\Delta \hat{N} = (B^{\mathrm{T}} D_{LL}^{-1} B)^{-1} B^{\mathrm{T}} D_{LL}^{-1} L \tag{11.64}$$

相应方差阵

$$D_{\hat{N}\hat{N}} = (B^{\mathrm{T}} D_{LL}^{-1} B)^{-1} \tag{11.65}$$

式中，D_{LL} 为组合观测值向量 L 的方差矩阵。

第三步，基于周跳实数解 $\Delta \hat{N}$ 及方差阵 $D_{\hat{N}\hat{N}}$，得到周跳整数最小二乘解，并以此作为周跳修复值。

$$\Delta \check{N} = \arg \min_{\Delta N \in Z^n} \| \Delta \hat{N} - \Delta N \|_{D_{\hat{N}\hat{N}}}^2 \tag{11.66}$$

式中，$\| \cdot \|_{D_{\hat{N}\hat{N}}}^2 = (\cdot)^{\mathrm{T}} D_{\hat{N}\hat{N}}^{-1} (\cdot)$；$Z^n$ 代表 n 维整数向量空间，n 为周跳向量维数。

在这一步中，为了快速得到满足式（11.66）的整数最小二乘解，目前广泛采用 LAMBDA 方法对整数向量进行搜索。

获得周跳整数解后，还需要对发生周跳的载波观测值进行修复。由于周跳具有继承特性，因此从该历元起，之后各历元的观测值都需要进行 $\Delta \check{N}$ 周的修复。如果周跳探测的精度不高，通常采用重置模糊度的方法。

11.6* 周跳修复值可靠性评价

错误的周跳修复将导致载波观测值中存在整周系统偏差,进而导致模糊度固定困难,以及较大的定位偏差。目前,基于整数最小二乘法的周跳探测与修复方法有多种。评价这些方法所得结果的可靠性,可帮助使用者选择更为可靠和合理的周跳探测与修复方法。

11.6.1 评价指标

基于整数最小二乘法的周跳探测与修复方法均可获得周跳实数解 $\Delta \hat{N}$ 和方差阵 $\boldsymbol{D}_{NN}$,且已知周跳具有整数特性。故认为整数域内每个与实数解同维的整数向量都有可能是周跳真值,即:

$$\Delta \boldsymbol{N} \in \boldsymbol{Z}^n = \{z_1, z_2, \cdots, z_{+\infty}\} \tag{11.67}$$

式中, n 为周跳实数解的维数。

将 $z_i = \Delta \boldsymbol{N}$ 视为一事件,则 $z_1, z_2, \cdots, z_{+\infty}$ 满足:

$$\begin{cases} \bigcup_{i=1}^{+\infty}(z_i = \Delta \boldsymbol{N}) = \Omega \\ (z_i = \Delta \boldsymbol{N}) \bigcap (z_j = \Delta \boldsymbol{N}) = \theta \quad (i, j = 1, 2, 3, \cdots, +\infty) \\ p(z_i = \Delta \boldsymbol{N}) > 0 \end{cases} \tag{11.68}$$

式中, Ω 表示周跳为某一整数向量的所有可能事件空间。

设 $S_{\hat{N}}$ 是以 $\Delta \hat{N}$ 为中心的超椭球空间。当事件 $z_i = \Delta \boldsymbol{N}$ 发生时, $S_{\hat{N}}$ 发生的概率为 $P(S_{\hat{N}} | z_i = \Delta \boldsymbol{N})$ 。在 $S_{\hat{N}}$ 发生的情况下,事件 $z_i = \Delta \boldsymbol{N}$ 发生的后验概率为

$$P(z_i = \Delta \boldsymbol{N} | S_{\hat{N}}) = \frac{P(S_{\hat{N}} | z_i = \Delta \boldsymbol{N}) P(z_i = \Delta \boldsymbol{N})}{\sum_{j=1}^{+\infty} P(S_{\hat{N}} | z_j = \Delta \boldsymbol{N}) P(z_j = \Delta \boldsymbol{N})} \tag{11.69}$$

在 $S_{\hat{N}}$ 还没发生的情况下,无法判断事件 $z_i = \Delta \boldsymbol{N}$ 和事件 $z_j = \Delta \boldsymbol{N}$ 哪个发生的概率更高,于是可取

$$P(z_i = \Delta \boldsymbol{N}) = P(z_j = \Delta \boldsymbol{N}) \tag{11.70}$$

相应地,式(11.69)可写成

$$P(z_i = \Delta \boldsymbol{N} | S_{\hat{N}}) = \frac{P(S_{\hat{N}} | z_i = \Delta \boldsymbol{N})}{\sum_{j=1}^{+\infty} P(S_{\hat{N}} | z_j = \Delta \boldsymbol{N})} \tag{11.71}$$

通常认为周跳实数解 $\Delta\hat{N}$ 服从正态分布,其密度函数为

$$f(\Delta\hat{N}) = R\exp\left\{-\frac{1}{2}\left\|\Delta\hat{N}-\Delta N\right\|^2_{D_{\hat{N}\hat{N}}}\right\}\tag{11.72}$$

式中,$R=(2\pi)^{-\frac{n_a}{2}}\left|D_{\hat{N}\hat{N}}\right|^{-\frac{1}{2}}$,$\left\|\,\cdot\,\right\|^2_{D_{\hat{N}\hat{N}}}=(\,\cdot\,)^{\mathrm{T}}D_{\hat{N}\hat{N}}^{-1}(\,\cdot\,)$。

当 $z_i=\Delta N$ 时,$S_{\hat{N}}$ 发生的概率可表示为

$$P(S_{\hat{N}}\,|\,z_i=\Delta N)=\int\cdots\int_{S_{\hat{N}}}\left[R\exp\left[-\frac{1}{2}\left\|\Delta\hat{N}-z_i\right\|^2_{D_{\hat{N}\hat{N}}}\right]\right]\mathrm{d}X\tag{11.73}$$

设空间 $S_{\hat{N}}$ 的体积为 $V_{\hat{N}}$,当 $V_{\hat{N}}$ 无限趋近于 0 时,可得

$$\begin{cases}P(z_i=\Delta N\,|\,S_{\hat{N}})\underset{V_{\hat{N}}\to 0}{=}P(z_i=\Delta N\,|\,\Delta\hat{N})\\[2mm]P(S_{\hat{N}}\,|\,z_i=\Delta N)\underset{V_{\hat{N}}\to 0}{=}P(\Delta\hat{N}\,|\,z_i=\Delta N)\end{cases}\tag{11.74}$$

相应地,可得

$$P(\Delta\hat{N}\,|\,z_i=\Delta N)\underset{V_{\hat{N}}\to 0}{=}V_{\hat{N}}R\exp\left[-\frac{1}{2}\left\|\Delta\hat{N}-z_i\right\|^2_{D_{\hat{N}\hat{N}}}\right]\tag{11.75}$$

将式(11.75)代入式(11.71),可得

$$p(z_i=\Delta N\,|\,\Delta\hat{N})=\frac{\exp\left\{-\dfrac{1}{2}\left\|\Delta\hat{N}-z_i\right\|^2_{D_{\hat{N}\hat{N}}}\right\}}{\displaystyle\sum_{j=1}^{+\infty}\exp\left\{-\dfrac{1}{2}\left\|\Delta\hat{N}-z_j\right\|^2_{D_{\hat{N}\hat{N}}}\right\}}\tag{11.76}$$

式(11.76)因涉及无穷多组整数向量,无法实际计算。设 $\Delta\check{N}$ 和 $\Delta\check{N}'$ 分别表示与 $\Delta\hat{N}$ 的残差二次型最小和次最小的同维整数向量,对式(11.76)简化,仅取分母中最大的两项,可近似得到周跳修复值为周跳真值的后验概率

$$p(\Delta\check{N}=\Delta N\,|\,\Delta\hat{N})=\frac{\exp\left\{-\dfrac{1}{2}\left\|\Delta\hat{N}-\Delta\check{N}\right\|^2_{D_{\hat{N}\hat{N}}}\right\}}{\exp\left\{-\dfrac{1}{2}\left\|\Delta\hat{N}-\Delta\check{N}\right\|^2_{D_{\hat{N}\hat{N}}}\right\}+\exp\left\{-\dfrac{1}{2}\left\|\Delta\hat{N}-\Delta\check{N}'\right\|^2_{D_{\hat{N}\hat{N}}}\right\}}$$

$$\tag{11.77}$$

利用式(11.77)即可计算基于整数最小二乘所得到的周跳修复值是周跳真值的后验概率值,该值越接近于 1,则所得周跳修复值的可靠性越高。

利用这个可靠性概率,还可以评价所使用的周跳探测与修复方法对该工程数据的适用性。在得到各历元周跳修复值的后验概率后,可得平均值

$$\bar{p} = \frac{\sum\limits_{i=1}^{m} p_i}{m} \tag{11.78}$$

式中,m 为发生周跳的历元总数,p_i 代表第 i 历元周跳修复值的后验概率值。

该平均值即为该周跳探测与修复方法性能的可靠性指标。该指标越大,说明该周跳探测与修复方法越适用于本工程数据的周跳探测与修复。

11.6.2 具体计算流程

为了便于使用者理解和应用,将该方法的应用过程总结如下:

第一步,对第 i 个历元的原始载波相位观测值进行组合,进而计算出该历元的周跳实数解 $\Delta \hat{N}_i$ 及其方差阵 $\boldsymbol{D}_{\hat{N}\hat{N}}$;基于 $\Delta \hat{N}_i$ 和 $\boldsymbol{D}_{\hat{N}\hat{N}}$,利用假设检验对各载波观测值进行周跳探测;当探测到有周跳发生时进入第二步,否则进行下一历元周跳探测。

第二步,利用 LAMBDA 方法中的 Search-and-Shrink 搜索法,可得到与 $\Delta \hat{N}_i$ 残差二次型最小的整数向量 $\Delta \check{N}$ 和次最小的整数向量 $\Delta \check{N}'$,并将 $\Delta \check{N}$ 作为周跳修复值。

第三步,基于式(11.77),计算周跳修复值的后验概率 p_i。

第四步,重复步骤一至步骤三,得到各历元周跳修复值的后验概率值。利用式(11.78)可得平均值 $\bar{p}$。该平均值 $\bar{p}$ 即为该周跳探测与修复方法性能的可靠性指标。该指标越大,说明该周跳探测与修复方法越适用于本工程数据的周跳探测与修复。

11.6.3 算例展示

(1) 实验一

本实验基于科廷大学 CUT0 测站 2018 年 10 月 22 日的观测数据,数据采样间隔为 30 s。首先,采用基于伪距相位组合的三频周跳探测与修复方法(方法一)和基于无几何相位组合的三频周跳探测与修复方法(方法二),分别对观测数据进行周跳探测。当探测有周跳发生时,获得周跳实数解和方差阵;再利用 LAMBDA 方法搜索得到周跳的整数最小二乘解;然后利用式(11.77)计算得到各历元周跳修复值的后验概率。两种方法的后验概率大小情况分别如图 11.7 所示。

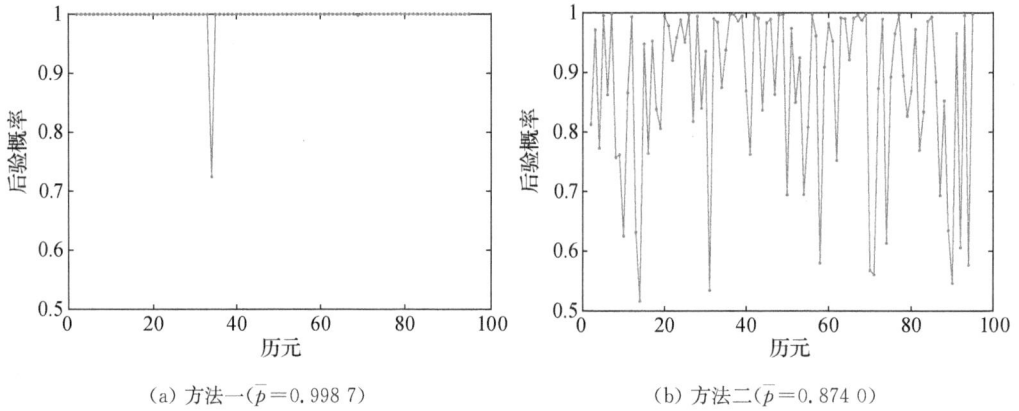

(a) 方法一($\bar{p}=0.998\ 7$)　　　　(b) 方法二($\bar{p}=0.874\ 0$)

图 11.7　实验一周跳修复值后验概率情况

图片来源:自绘

从图 11.7 中分析可知,无论是从数值上还是整体稳定性上,方法一均要优于方法二。进一步利用式(11.78)计算得到各个历元后验概率平均值,可得方法一的可靠性指标为 $\bar{p}=0.998\ 7$,方法二的可靠性指标为 $\bar{p}=0.874\ 0$。因此,对于该组数据而言,方法一的探测与修复效果要优于方法二。

（2）实验二

本实验基于 AREG 测站 2016 年 3 月 1 日的无周跳观测数据,采样间隔为 30 s。在其中部分历元人为加入了周跳,并分别对基于伪距相位组合的三频周跳探测与修复方法(方法一)和基于无几何相位组合的三频周跳探测与修复方法(方法二)进行评价,评价流程同实验一。两种方法的后验概率大小情况如图 11.8 所示。

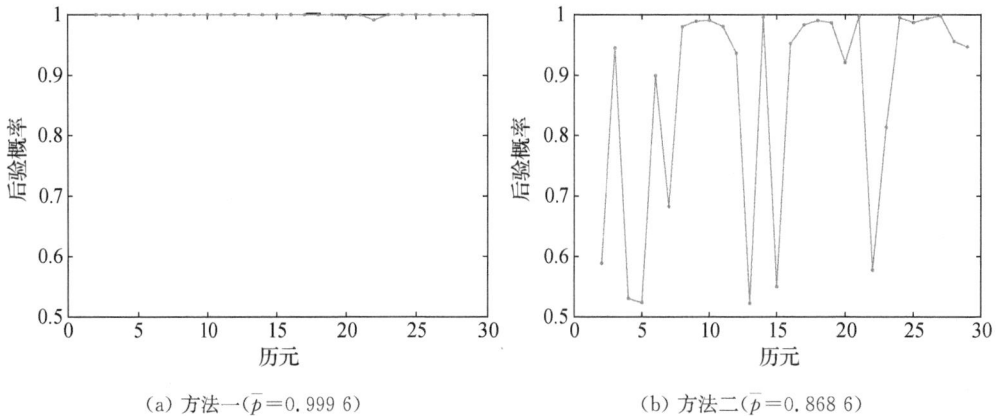

(a) 方法一($\bar{p}=0.999\ 6$)　　　　(b) 方法二($\bar{p}=0.868\ 6$)

图 11.8　实验二周跳修复值后验概率情况

图片来源:自绘

从图 11.8 中分析可知,对于该测站观测数据,方法一的后验概率整体上比方法二更稳定。进一步利用式(11.78)计算得到各个历元后验概率的平均值,可得方法一的可靠性指标为 $\bar{p} = 0.999\,6$,方法二的可靠性指标为 $\bar{p} = 0.868\,6$。故方法一的探测与修复效果要优于方法二。

◇第十二章
CORS 网与信息增强服务

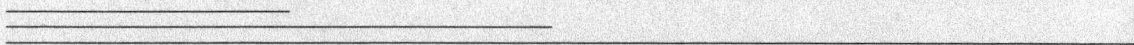

RTK 测量技术利用短基线测站间误差具有强相关性的特点,通过差分方法削弱或消除测站间共同误差,能够在参考站附近的小范围内实现实时精密相对定位。但随着基线长度的增加,站间误差的相关性逐渐降低,RTK 定位精度也随之下降。因而,RTK 技术存在定位范围受限、定位精度不均的问题,不适用于较大范围的作业场景。为了解决上述问题,有学者提出了利用数个连续运行参考站(Continuously Operating Reference Stations,CORS)进行统一组网提供服务的想法。CORS 网拓宽了单个参考站的相对定位服务范围,且在 CORS 网的覆盖范围内,能够避免定位精度随基线长度增加而衰减的问题,具有高效作业的优势,因此得到了广泛应用。这种基于 CORS 网为用户提供系统误差修正服务的形式,也称作信息增强服务。

12.1　CORS 的概念

12.1.1　CORS 的来源与发展

随着 GNSS 应用的不断深入,逐渐形成了"台站网"技术思路。二十世纪八十年代中叶,加拿大首先提出了"主动控制系统"的概念,应被称为最早的台站网理论。当时 GNSS 界著名的学者 D. E. WellS 等人认为,未来实时 GNSS 测量的主要误差来源是广播星历,要在距离参考站一二十千米以外的流动点位上实时地获取高精度的测量成果,必须依靠一批永久性的参考站点组成的主动控制系统,提供改进后的预报星历,服务于加拿大及北美地区的广大用户。

随后,又有人提出了"基准站点"的概念,即在同一批测量的 GNSS 点中选出一些点位可靠、对整个测区具有控制意义的测站,采取较长时间的连续跟踪观测,通过这些站点组成的网络进行解算,获取覆盖该地区和该时间段的"局域精密星历"及其他改正参数,用于测区内其他基线的精密解算。当时,由于实时 GNSS 测量技术尚处于可行性讨论阶段,基准站点概念主要是为了提高静态基线的解算精度,而不是为了解决实时 GNSS 测量。

"基准站点"概念的具体实践是在 20 世纪 90 年代初,IAG 在考察 GNSS 全球精密定位方法、精度和应用潜力的全球会战期间,发展了一种基准站的定位方法和数据处理技术。其核心思想是在一个多台仪器同步的观测会战中,固定其中几台仪器,在会战期间不搬迁测站,其余若干台仪器可在观测期间流动设站观测。其中基准站卫星跟踪数据可用来改进卫星轨道,然后用改进后的卫星轨道对其他流动设站进行精密的、静态的网定位,其定位精度可大大提高,甚至可满足地壳运动监测的要求。在这一方法的启发下,IAG 的一些专家联名建议成立 IGS,综合"台站网"和"基准站点"的思想,组建永久参考站(也称基站),长年、连续地提供 GNSS 观测数据和事后卫星精密星历。1994 年 IGS 的成立大大地推动了 GNSS 精密定位技术的发展及其在地球动力学监测、大气环境变化监测方面的应用。

在 IGS 站网的启发下,许多国家也纷纷建立了常年连续跟踪的 GNSS 卫星的参考站网。这些参考站能够实时、稳定、持续地接收来自各卫星星座的电磁波信号。这些高质量 GNSS 观测数据,满足了 GNSS 大地测量定位技术、区域地壳运动监测及区域大气水汽含量快速预报等领域的需要,为各行各业提供了方便、快捷、实时、低成本且可靠性高的服务。

虽然这些台站网采用的技术和提供的服务不尽相同,但他们整体技术思想是一样的,如图 12.1 所示,即在一定地域内建立若干个固定 GNSS 连续运行参考站,并通过数据通信网络将这些连续运行参考站的观测数据传送至一个或多个数据处理和监测中心,以集中进行数据处理和监控。然后通过通信网络,以这些处理过的数据为基础,根据用户需求提供服务。

由此可见,CORS 网发展至今已不仅仅是一个由数个地面 GNSS 观测站组成的局域网络,而是逐步发展成了一种互联网技术、计算机技术、GNSS 定位技

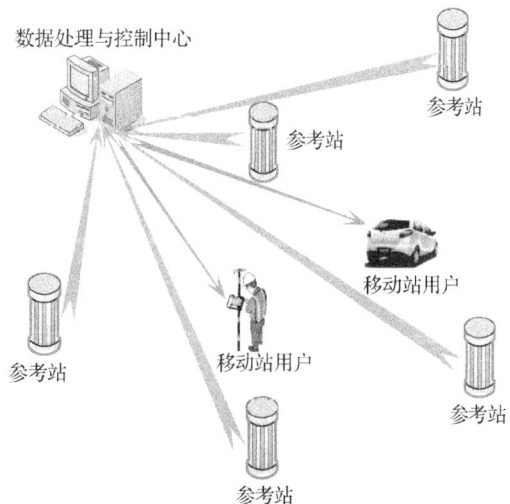

图 12.1　CORS 系统示意图

图片来源:自绘

术的有机结合体,形成了一种以 CORS 网为硬件基础设施,以互联网为脉络,以数据中心为枢纽,具备综合服务能力的现代化集成系统。这种集成系统称作 CORS 系统。

如今,CORS 系统已经为各行各业提供了高精度的位置信息和便捷廉价的 GNSS 观测数据。我国自 1999 年深圳 CORS 建成以来,北京、江苏、广东、上海、昆明、四川、青岛、长沙、浙江等省市相关部门都组建了区域或专业应用的 CORS 网,为我国的国土测绘管理、工程高精度测量、交通管理、农业管理、气象预报、地壳监测等领域提供服务。同时,也为 GNSS 实时高精度导航定位提供各类信息增强服务,特别是基于 CORS 网的地基增强服务和星基增强服务的实现,使得 CORS 的应用得到了迅猛发展。

12.1.2 CORS 系统的组成

(1) 连续运行参考站网

连续运行参考站网一般至少由三个参考站组成,每个参考站包括 GNSS 接收机(含天线)、计算机、气象设备、通信设备及电源设备、观测墩等设施。它长期连续跟踪观测卫星信号,并通过数据通信网络定时、实时或按数据中心的要求将观测数据传输到数据中心,满足数据中心软件解算的需要。同时,参考站子系统也为定位提供了连续的、动态的、高精度的坐标参考框架,统一了坐标基准。

(2) 数据通信链路

数据通信网络的任务是完成数据传输、数据产品分发等工作,即利用通信链路,实现参考站与数据中心、数据中心与用户间的数据交换。在数据传输系统中,各参考站数据通过光纤、光缆、数据通信专线传输至监控分析数据中心,该系统包括数据传输硬件设备及软件控制模块。在数据播发系统中,系统通过移动网络、UHF 电台、Internet、卫星等形式将差分信息根据用户的需求播发给移动站用户。

(3) 数据处理中心

数据处理中心是一个汇集、存储、处理和分析参考站数据资源,远程监控参考站运行状态,并形成产品和开展服务的系统。数据处理中心是 CORS 系统的核心单元,也是高精度实时动态定位得以实现的关键所在。它用于接收各参考站数据,进行数据处理,形成多参考站差分定位用户数据,组成一定格式的数据文件,分发给用户。数据中心由中心网络和软件系统组成,中心网络 24 h 连续不断地传输参考站所采集的实时观测数据,软件系统根据采集的数据在区域内进行整体建模解算,并通过现有的数据通信网络和无线数据播发网,向各类需求用户以国际通用格式提供差分改正信息。

各组成部分的功能、设备构成、技术实现如表 12.1 所示。

表 12.1　CORS 系统的组成

组成部分	主要功能	设备构成	技术实现
连续参考站	卫星信号的捕获、跟踪,数据的采集、传输以及设备完好性监测	GNSS 接收机、计算机、不间断电源 UPS、网络设备、避雷设施等	参考站的设计、选址、建设以及网络通信接入、防护设施的安装
数据通信链路	参考站与数据处理中心之间的数据交互传输、数据处理中心与用户之间的数据交互传输	MSTP、OTN、VDSL 等各类专用网络线路,LoRa、LTE、NR 无线网络及相关网络设备	有线网络接入、无线通信技术、卫星通信技术
数据处理中心	数据处理、系统运行监控管理、信息服务提供与用户管理	计算机、相关软件、网络设备、数据通信设备、电源设备	控制中心结构设计、网络通信接入、相关软件的安装、防护设施的安装

表格来源:自制

12.2　CORS 网解算

在高精度 GNSS 导航定位中,大气延迟误差是影响定位精度的重要误差源。CORS 系统凭借覆盖一定区域的统一 CORS 网,利用区域大气延迟的空间相关性进行大气延迟误差的区域建模,再利用误差模型参数为网内流动用户提供差分改正信息。CORS 网解算的目的就是从网内各参考站的 GNSS 观测数据中分离并提取出每条基线的对流层、电离层延迟误差,为 CORS 网覆盖范围内的区域误差建模提供高精度、高可靠性的大气延迟误差原始数据。

12.2.1* CORS 网的构建方法

由于对流层、电离层延迟这类大气延迟误差属于具有空间相关性的系统误差,因此参考站之间的距离和网络分布的均匀程度会影响误差建模的精确性。为方便 CORS 系统数据建模,需要将各参考站构建成网状结构。一方面,为了实现快速可靠的基线模糊度解算,需要尽可能控制网络内各基线的长度;另一方面,为了确保大气延迟误差模型的可靠性,需要考虑参考站的空间分布和站间距离,保证 CORS 网具有良好的几何结构。总的来说,就是预先将 CORS 系统内各自独立的参考站构建成最优的统一参考站网络。

（1）CORS 网形构建

在构建 CORS 网形的方法中，以 Delaunay 三角网构建技术较为常见。对于学习过数字高程模型的学生来说，Delaunay 三角网的概念并不陌生，它是拟合地形、构建不规则三角网的主要方法。Delaunay 三角网构建技术就是对于平面上 n 个离散点，根据其平面坐标，将其中相近的三点构成最佳三角形，使每个离散点都成为三角形的顶点，自动避免狭长三角形，保证最优三角形形状。直观的几何说法是，Delaunay 三角网是相互邻接且互不重叠的三角形的集合，每一个三角形的外接圆内不包括其他的点。

Delaunay 三角网具有以下显著特点：

①最接近。以最近的三点形成三角形，且各线段（三角形的边）皆不相交。

②唯一性。不论从区域何处开始构建，最终都将得到一致的结果。

③最优性。任意两个相邻三角形形成的凸四边形的对角线如果可以互换的话，那么两个三角形的六个内角中最小的角度不会变大。

④最规则。如果将三角网中的每个三角形的最小角进行升序排列，则 Delaunay 三角网的排列得到的数值最大。

⑤区域性。新增、删除、移动某一个顶点时，只会影响临近的三角形。

⑥具有凸多边形的外壳。三角网最外层的边界形成一个凸多边形的外壳。

这六个性质有效地保证了 Delaunay 三角网是最接近等角或等边的三角网，同时也是自动建立 Delaunay 三角网算法的依据。对于 Delaunay 三角网的具体生成算法，也有很多种，一般可分为三类：分而治之算法、数据点逐次插入算法、三角网生长算法。

平面 Delaunay 三角网算法适用于数百千米以内尺度的区域参考站三角形网络，但对于上千千米的国家级甚至全球性网络而言，投影变形问题会导致网络局部损失 Delaunay 三角网最优的图形结构。为在理论上解决上述问题，建议采用球面 Delaunay 三角网构建三维网络。

采用 Delaunay 三角网技术，即可完成图 12.2 所示的 CORS 网形。

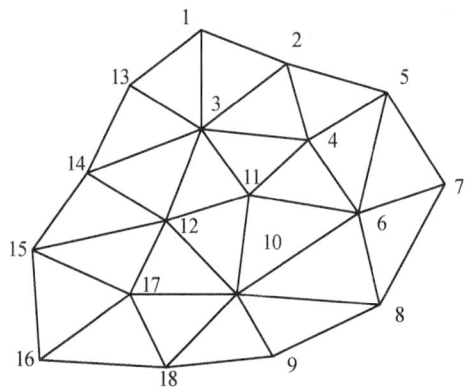

图 12.2　Delaunay 三角网示意图

图片来源：自绘

（2）CORS 网络动态更新

在 CORS 系统中，由于多种因素的影响，部分参考站在流动站作业时可能出现故障,从而导致数据处理中心发送给流动站的误差改正数不可用。在这种情况下,我们需要将这些参考站从网络中删除,并在删除的区域重新组网;一旦这些参考站恢复正常,就需要将其重新纳入网中。或者,由于参考站数量的增加,打破了原有参考站网的布局,同样需要重新构建三角网。因此,对于 CORS 系统来讲,保持其动态更新功能,即实现 CORS 网络的可扩充性,也很重要。

在 Delaunay 三角网中插入站点和删除站点时,Delaunay 三角网的结构会发生变化。由于 Delaunay 三角网的特殊性质,使得发生变化的范围仅限于变化点周围的局部区域,只需对这部分网络拓扑进行更新,可以避免整个网络的重新构造。

更新算法的实现步骤如下:

第一步,判断是插入点更新还是删除点更新;

第二步,若是插入点更新,规则化新插入点 N,将其投影到以地心为球心的单位球上,将 N 并入未被包围的顶点组成的集合 P;

第三步,搜索拓扑结构会发生变化的三角单元集合 T,将它们从已生成的三角单元集合 S 中删除,将 T 中三角形的所有顶点的"被包围"标志置为 false,并加入集合 P;

第四步,若是删除点更新,搜索所有以删除点为顶点的三角单元集合 T,将它们从已生成的三角单元集合 S 中删除,将 T 中三角形的所有顶点的"被包围"标志置为 false,并加入集合 P;

第五步,将集合 P 作为输入集合,运用快速生长算法构网,生成三角集 S',将集合 S' 并入集合 S,更新操作结束。

12.2.2　CORS 网的解算方法

在完成 CORS 网的网形构建后,此时区域内独立的参考站已经通过站间基线向量组合成一个能够覆盖整个区域的统一 CORS 网。因而,可以利用精确已知的参考站坐标,通过基线向量解算的方法提取出网内每条基线的大气延迟误差。

CORS 网解算的主要思路是:首先,利用站星间双差方法消除卫星端和接收机端的共同误差,同时削弱传播路径上具有一定相关性的大气延迟误差;接着,利用 CORS 网内各参考站精准已知的坐标确定星地几何距离。在这种情况下,网内各基线向量也成为已知量,观测方程中的未知参数的数量迅速减少,并且由于各基线残余大气延迟误差的影响也已通过双差大幅降低,基线的双差模糊度能够实现快速固定;最后,利用成功固定的双差模糊度和精确已知的基线向量,分离并提取出各基线的对流层、电离层延迟误差,进而实现区域大气延迟建模。基于以上思路,图 12.3 给出了 CORS 网解算的具体流程。

通过该流程可以看出,CORS网解算的关键在于构建载波相位的双差观测方程,并解算双差模糊度。对于图12.2所示CORS网的各边,需建立双差观测方程,解算出双差整周模糊度,获得各边与距离有关的GNSS误差改正数,为区域大气延迟建模提供相关误差数据。

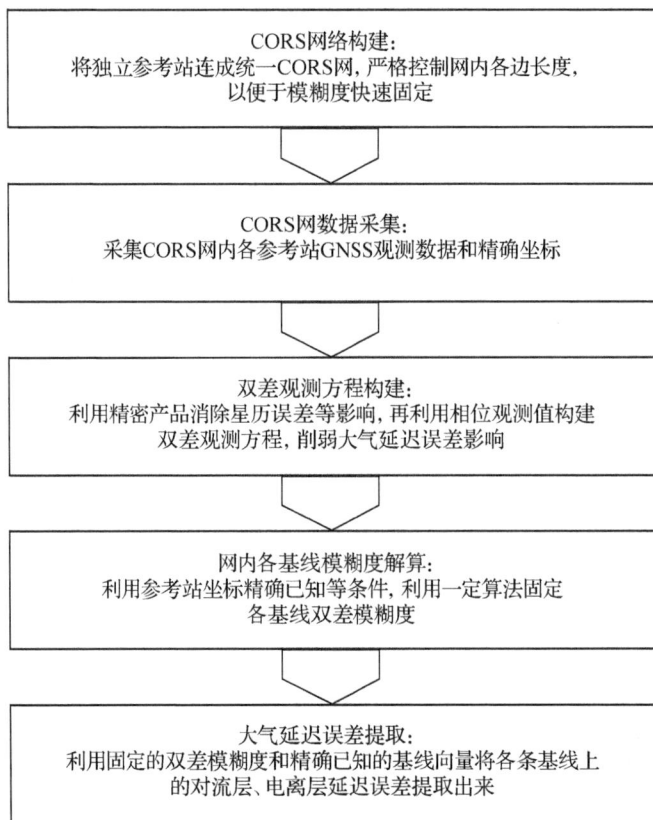

```
┌────────────────────────────────────────────────┐
│              CORS网络构建:                       │
│   将独立参考站连成统一CORS网,严格控制网内各边长度,  │
│           以便于模糊度快速固定                     │
└────────────────────────────────────────────────┘
                        ↓
┌────────────────────────────────────────────────┐
│              CORS网数据采集:                      │
│   采集CORS网内各参考站GNSS观测数据和精确坐标        │
└────────────────────────────────────────────────┘
                        ↓
┌────────────────────────────────────────────────┐
│              双差观测方程构建:                     │
│  利用精密产品消除星历误差等影响,再利用相位观测值构建 │
│          双差观测方程,削弱大气延迟误差影响           │
└────────────────────────────────────────────────┘
                        ↓
┌────────────────────────────────────────────────┐
│             网内各基线模糊度解算:                  │
│    利用参考站坐标精确已知等条件,利用一定算法固定     │
│            各基线双差模糊度                        │
└────────────────────────────────────────────────┘
                        ↓
┌────────────────────────────────────────────────┐
│              大气延迟误差提取:                     │
│  利用固定的双差模糊度和精确已知的基线向量将各条基线上 │
│          的对流层、电离层延迟误差提取出来           │
└────────────────────────────────────────────────┘
```

图12.3　CORS网解算流程

图片来源:自绘

(1) 基线双差模糊度解算

CORS网各边边长为$30\sim100$ km,属于长基线,必须仔细讨论各项误差影响与消除措施。下面以图12.2中1、2两站构成的边为例,对基线模糊度解算过程进行说明。

由于广播星历误差对该基线双差方程影响较大,通过采用IGS超快精密星历(时延小于3 ns,精度优于5 cm),基本消除了轨道误差的影响;由于参考站点位环境通常都很优良,可忽略多路径的影响;接收机钟误差、卫星钟误差通过双差可以消去;由于基线较长,电离层、对流层双差残差较大,保留在方程中,可得L1、L2的载波双差观测方程:

$$\begin{cases} \Delta\nabla\varphi_{12,1}^{pq} = \dfrac{f_1}{c}\Delta\nabla\rho_{12}^{pq} - \dfrac{\Delta\nabla A_{12}^{pq}}{cf_1} + \dfrac{f_1}{c}\Delta\nabla\delta T_{12}^{pq} - \Delta\nabla N_{12,1}^{pq} \\[3mm] \Delta\nabla\varphi_{12,2}^{pq} = \dfrac{f_2}{c}\Delta\nabla\rho_{12}^{pq} - \dfrac{\Delta\nabla A_{12}^{pq}}{cf_2} + \dfrac{f_2}{c}\Delta\nabla\delta T_{12}^{pq} - \Delta\nabla N_{12,2}^{pq} \end{cases} \tag{12.1}$$

其中,$\Delta\nabla$ 为双差算子,φ 为载波观测量,ρ 为星地距离,δT 为对流层误差,f 为载波频率,N 为模糊度,c 为光速,$A = 40.28c\displaystyle\int_S N_e \mathrm{d}S$。

对于式(12.1),相对于常规的基线解算来说,一个很大的好处是各参考站的坐标精确已知,即基线向量为已知量,起算点误差的影响可忽略;不利的一面是电离层、对流层残差较大,成为影响模糊度快速固定的主要误差源。模糊度解算方法已在前面章节具体介绍,请自行查阅模糊度固定相关内容,本章不再赘述。

（2）模糊度解算的正确性检验

上述模糊度的解算过程是针对一条基线数据进行解算。从整个参考站网络来看,实际上整个参考站网属于同步观测,所有环均为同步环,最简环为三角形,因此还可以进行同步环检核。

采用 Delaunay 三角网时,以三角形为基本解算单元,三条基线选取相同的参考卫星进行双差组合。对于网络内任意解算单元的三条基线而言,它们的相应模糊度(包括宽巷、窄巷和其他线性组合)都存在以下关系(以 1、2、3 点构成的解算单元为例):

$$\Delta\nabla\overline{N}_{12}^{pq} + \Delta\nabla\overline{N}_{23}^{pq} + \Delta\nabla\overline{N}_{31}^{pq} = 0 \tag{12.2}$$

如果这三条基线所选定的参考卫星不一致,还需将它们统一到同一个参考卫星。如对于 1~2 边以卫星 k 为参考卫星的模糊度 $\Delta\nabla\overline{N}_{12}^{kp}$、$\Delta\nabla\overline{N}_{12}^{kq}$,将其统一到参考卫星 p:

$$\Delta\nabla\overline{N}_{12}^{pq} = \Delta\nabla\overline{N}_{12}^{kq} - \Delta\nabla\overline{N}_{12}^{kp} \tag{12.3}$$

（3）参考站间大气延迟误差改正数提取

在双差整周模糊度确定后,根据式(12.1),可得综合误差:

$$\begin{cases} \Delta\nabla R_{13,1}^{pq} = \dfrac{f_1}{c}\Delta\nabla\delta T_{12}^{pq} - \dfrac{\Delta\nabla A_{12}^{pq}}{cf_1} = \Delta\nabla\varphi_{13,1}^{pq} - \dfrac{f_1}{c}\Delta\nabla\rho_{13}^{pq} + \Delta\nabla\overline{N}_{13,1}^{pq} \\[3mm] \Delta\nabla R_{13,2}^{pq} = \dfrac{f_2}{c}\Delta\nabla\delta T_{12}^{pq} - \dfrac{\Delta\nabla A_{12}^{pq}}{cf_2} = \Delta\nabla\varphi_{13,2}^{pq} - \dfrac{f_2}{c}\Delta\nabla\rho_{13}^{pq} + \Delta\nabla\overline{N}_{13,2}^{pq} \end{cases} \tag{12.4}$$

进一步可分别得到:

$$\begin{cases} \Delta \nabla A_{13}^{pq} = \dfrac{c \cdot f_1 f_2^2}{f_1^2 - f_2^2} \Delta \nabla R_{13,1}^{pq} - \dfrac{c \cdot f_1^2 f_2}{f_1^2 - f_2^2} \Delta \nabla R_{13,2}^{pq} \\[2mm] \Delta \nabla \delta T_{13}^{pq} = \dfrac{c}{f_1^2 - f_2^2} (f_1 \Delta \nabla R_{13,1}^{pq} - f_2 \Delta \nabla R_{13,2}^{pq}) \end{cases} \tag{12.5}$$

通过式(12.4)、(12.5),得到参考站 1,3 间的双差电离层、对流层误差改正数。同理,可以得到主参考站 3 与其他相邻参考站的双差电离层、对流层误差改正数。

此外,在模糊度解算阶段,各基线所选的参考卫星不一定一致。对于这种情况,为了便于后续误差建模,需统一各基线双差电离层、对流层误差改正数的参考卫星。如对于 1～3 边双差对流层误差 $\Delta \nabla \delta T_{13}^{pq}$、$\Delta \nabla \delta T_{13}^{kq}$,现将其统一到参考卫星 p。

$$\Delta \nabla \delta T_{13}^{pq} = \Delta \nabla \delta T_{13}^{kq} - \Delta \nabla \delta T_{13}^{kp} \tag{12.6}$$

同理,可完成 1～3 边电离层误差及其他各基线有关误差的参考卫星的统一。通过上述步骤,便完成了 CORS 网的解算,成功提取了每条基线上的电离层、对流层局域差分改正数,为局域大气延迟误差的建模提供了可靠数据。

12.3　网络 RTK-VRS 算法

利用 CORS 网解算方法,成功提取了基线双差对流层、电离层误差改正数 $\Delta \nabla \delta T$ 和 $\Delta \nabla \delta I$。如何合理利用提取的大气延迟误差,为流动站提供差分改正信息,成为网络 RTK 面临的关键问题。基于 CORS 的网络 RTK 只是一种 GNSS 技术思想,对于这种技术思想的实现,目前市面上存在多种技术方案,例如 FKP、MAC 和 VRS 技术等。在这些技术中,VRS 技术目前应用最为成功,市场占有率也最高,因此这里对 VRS 技术给予详细介绍。

12.3.1　VRS 技术原理

虚拟参考站(Virtual Reference,Station,VRS)技术是由 Trimble 公司提出,并体现在其核心网络差分软件 GNSSNet 中。VRS 的基本原理就是综合利用各参考站的观测数据,通过建立精确的大气延迟模型,在用户移动站附近产生一个物理上不存在的虚拟参考站。由于虚拟参考站一般通过流动站用户接收机的单点定位解来建立,故该点与用户站构成的基线长度一般在十几米之内。这样就可以在用户站与虚拟参考站之间形成超短基线,从而按照常规差分解算的模式进行定位。图 12.4 为 VRS 系统的示意图,其定位流程可以表述为:

(1) 各个参考站连续采集观测数据,实时传输到数据处理与控制中心,进行网络计算。

（2）控制中心在线解算 GNSS 参考站网内各基线的载波相位整周模糊度值。

（3）数据处理中心利用参考站网的载波相位观测值，计算每条基线上的双差综合误差，并据此建立电离层延迟、对流层延迟等与距离相关的大气延迟模型。

（4）移动站用户将通过单点定位得到的概略坐标，通过无线移动数据链路以 NMEA 格式发送给控制中心。控制中心经过处理，在该位置创建一个虚拟参考站。

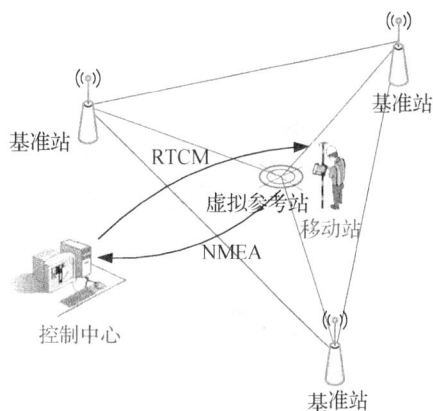

图 12.4　VRS 系统示意图

图片来源：自绘

（5）控制中心选取主参考站，并根据主参考站、用户及 GNSS 卫星的相对几何关系，通过内插大气延迟模型得到移动站与主参考站间的空间相关误差。再根据计算模型生成虚拟参考站的虚拟观测值。

（6）控制中心把虚拟观测值作为网络差分改正信息，按照 RTCM 标准差分电文格式，在 NTRIP（Networked Transport of RTCM via Internet Protocol）协议的基础上发送给移动站用户。

（7）用户移动站同时接收到 GNSS 观测值，与虚拟参考站构成短基线，通过常规 RTK 计算模型进行差分解算，从而确定用户位置。

12.3.2　大气延迟误差内插方法

VRS 技术通过内插的方式，合理利用网内各基线大气延迟误差，实现区域大气延迟误差建模。如图 12.5 所示，数据中心收到流动站用户发来的用户近似位置 V，数据中心需在点 V 处生成虚拟观测量。点 V 距参考站 3 最近，选参考站 3 为主参考站。在生成虚拟观测量前，需内插出点 V 处的误差改正数。

在通过章节 12.2.2 所述的局域 CORS 网解算方法分离并提取与主

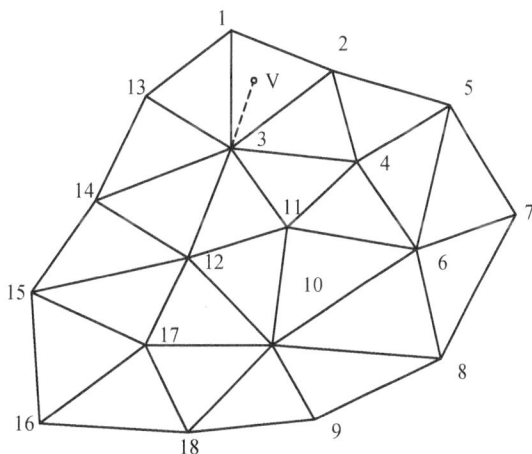

图 12.5　虚拟点与 CORS 网的关系

图片来源：自绘

参考站 3 有关的基线的双差对流层、电离层改正数后,拟合出误差计算模型。采用该模型可分别内插出主参考站 3 与虚拟站 V 间的双差电离层、对流层误差改正数。这里介绍几种主要的误差改正数内插模型。

（1）线性组合法

线性组合法通过平面坐标 (X,Y) 的线性组合形式建立双差对流层、电离层改正数模型。假设区域内存在一个虚拟站 V 和 n 个参考站,利用线性组合模型可以建立虚拟站 V 与参考站坐标之间的表达式。现以图 12.5 为例,选取参考站 3 为主站,将各参考站和虚拟站 V 与主参考站 3 之间的坐标差表示为:

$$
\begin{pmatrix} 1 & 1 & 1 & \cdots & 1 \\ \Delta X_{13} & \Delta X_{23} & 0 & \cdots & \Delta X_{n3} \\ \Delta Y_{13} & \Delta Y_{23} & 0 & \cdots & \Delta Y_{n3} \end{pmatrix} \begin{pmatrix} a_1 \\ a_2 \\ \vdots \\ a_n \end{pmatrix} = \begin{pmatrix} 1 \\ \Delta X_{V3} \\ \Delta Y_{V3} \end{pmatrix} \tag{12.7}
$$

令

$$
\boldsymbol{B} = \begin{pmatrix} 1 & 1 & 1 & \cdots & 1 \\ \Delta X_{13} & \Delta X_{23} & 0 & \cdots & \Delta X_{n3} \\ \Delta Y_{13} & \Delta Y_{23} & 0 & \cdots & \Delta Y_{n3} \end{pmatrix} \quad \boldsymbol{\alpha} = \begin{pmatrix} a_1 \\ a_2 \\ \vdots \\ a_n \end{pmatrix} \quad \boldsymbol{L} = \begin{pmatrix} 1 \\ \Delta X_{V3} \\ \Delta Y_{V3} \end{pmatrix} \tag{12.8}
$$

式(12.7)可以简写为:

$$
\boldsymbol{B\alpha} = \boldsymbol{L} \tag{12.9}
$$

在 $\boldsymbol{\alpha}^{\mathrm{T}} \boldsymbol{\alpha} = \min$ 的约束下,可得

$$
\boldsymbol{\alpha} = \boldsymbol{B}^{\mathrm{T}} (\boldsymbol{B}\boldsymbol{B}^{\mathrm{T}})^{-1} \boldsymbol{L} \tag{12.10}
$$

进一步可得虚拟站 V 与主参考站 3 间的双差电离层、对流层延迟值:

$$
\begin{cases} \Delta \nabla A_{V3}^{pq} = a_1 \Delta \nabla A_{13}^{pq} + a_2 \Delta \nabla A_{23}^{pq} + a_4 \Delta \nabla A_{43}^{pq} + \cdots + a_n \Delta \nabla A_{n3}^{pq} \\ \Delta \nabla \delta T_{V3}^{pq} = a_1 \Delta \nabla \delta T_{13}^{pq} + a_2 \Delta \nabla \delta T_{23}^{pq} + a_4 \Delta \nabla \delta T_{43}^{pq} + \cdots + a_n \Delta \nabla \delta T_{n3}^{pq} \end{cases} \tag{12.11}
$$

（2）线性内插法

线性内插法采用类似于平面拟合的方式构建区域大气延迟模型。以图 12.5 为例,选定虚拟站附近 $n+1$ 个参考站,其中参考站 3 为主参考站,剩余 n 个站为副参考站,则可以构成如下表达式:

$$\begin{cases} \Delta \nabla A_{13}^{pq}+V_{13}^{pq}=a_1 \Delta X_{13}+a_2 \Delta Y_{13} \\ \Delta \nabla A_{23}^{pq}+V_{23}^{pq}=a_1 \Delta X_{23}+a_2 \Delta Y_{23} \\ \qquad\qquad\vdots \\ \Delta \nabla A_{n3}^{pq}+V_{n3}^{pq}=a_1 \Delta X_{n3}+a_2 \Delta Y_{n3} \end{cases} \tag{12.12}$$

将上式写成矩阵形式：

$$\begin{pmatrix} V_{13}^{pq} \\ V_{23}^{pq} \\ \vdots \\ V_{n3}^{pq} \end{pmatrix} = \begin{pmatrix} \Delta X_{13} & \Delta Y_{13} \\ \Delta X_{23} & \Delta Y_{23} \\ \vdots & \vdots \\ \Delta X_{n3} & \Delta Y_{n3} \end{pmatrix} \begin{pmatrix} a_1 \\ a_2 \end{pmatrix} - \begin{pmatrix} \Delta \nabla A_{13}^{pq} \\ \Delta \nabla A_{23}^{pq} \\ \vdots \\ \Delta \nabla A_{n3}^{pq} \end{pmatrix} \tag{12.13}$$

上式中可以简写为：

$$V=Ba-L \tag{12.14}$$

其中：

$$V=\begin{pmatrix} V_{13}^{pq} \\ V_{23}^{pq} \\ \vdots \\ V_{n3}^{pq} \end{pmatrix} \quad B=\begin{pmatrix} \Delta X_{13} & \Delta Y_{13} \\ \Delta X_{23} & \Delta Y_{23} \\ \vdots & \vdots \\ \Delta X_{n3} & \Delta Y_{n3} \end{pmatrix} \quad a=\begin{pmatrix} a_1 \\ a_2 \end{pmatrix} \quad L=\begin{pmatrix} \Delta \nabla A_{13}^{pq} \\ \Delta \nabla A_{23}^{pq} \\ \vdots \\ \Delta \nabla A_{n3}^{pq} \end{pmatrix} \tag{12.15}$$

利用最小二乘可得：

$$a=(B^{\mathrm{T}}B)^{-1}B^{\mathrm{T}}L \tag{12.16}$$

解算出系数向量 a 后，虚拟站 V 与参考站 3 间的双差电离层延迟参数可表示为：

$$\Delta \nabla A_{V3}^{pq}=a_1 \Delta X_{V3}+a_2 \Delta Y_{V3} \tag{12.17}$$

同理可得虚拟站 V 与参考站 3 间的双差对流层延迟：

$$\Delta \nabla \delta T_{V3}^{pq}=a_1' \Delta X_{V3}+a_2' \Delta Y_{V3} \tag{12.18}$$

在线性插值法中，待定系数是各类误差的函数，而在线性组合法中，待定系数只是坐标差的函数，并没有包含误差信息，这是它们之间的一个重要区别。

（3）低阶曲面模型

该方法就是建立一个平面或低阶曲面来拟合多参考站间的空间相关误差。拟合函数可以是一次的，也可以是二次的，其变量可以是两个（平面坐标），也可以是 3 个

（平面坐标与高程）。相关模型如下：

$$\Delta\nabla A_{13}^{pq}=\alpha_1\Delta X+\alpha_2\Delta Y+\alpha_3 \tag{12.19}$$

$$\Delta\nabla A_{13}^{pq}=\alpha_1\Delta X+\alpha_2\Delta Y+\alpha_3\Delta X^2+\alpha_4\Delta Y^2+\alpha_5\Delta X\Delta Y+\alpha_6 \tag{12.20}$$

$$\Delta\nabla A_{13}^{pq}=\alpha_1\Delta X+\alpha_2\Delta Y+\alpha_3\Delta H+\alpha_4 \tag{12.21}$$

式中，ΔX 和 ΔY 为各个参考站与主参考站 3 之间的平面坐标值之差，ΔH 为高程差，α_i 为拟合系数。同理可以写出对流层拟合模型。

由于低阶曲面模型的次数和变量个数不同，导致内插系数不同，但它们的处理过程相同，都可以采用最小二乘平差法进行计算。通过上述方法，可分别内插出参考站 3 与点 V 之间的双差电离层、对流层误差。

在 VRS 网中，内插 V 点的空间误差时，通常希望使用网内较多的参考站的信息。但是，对于与流动站相距较远的参考站，将其引入反而可能会降低定位精度。所以，在很多情况下，只选用在流动站所在的三角形中的 3 个参考站进行内插，效果反而更好。

12.3.3 虚拟观测值的生成方法

图 12.6 为参考站与虚拟站空间关系图。用户 U 是动态的，而用户近似点 V 是不动的或变化频率很低。这样可以先虚拟出 V 点的有关观测值，然后将 V 点看成参考站，以其虚拟观测值与流动站观测值形成双差，从而解算出 V、U 间的基线向量。

这里的关键是如何根据内插出的误差，分别生成点 V 处 $L1$、$L2$ 频率的虚拟观测量。

根据式（12.1）可推出参考站 3 与点 V 的虚拟双差观测量方程：

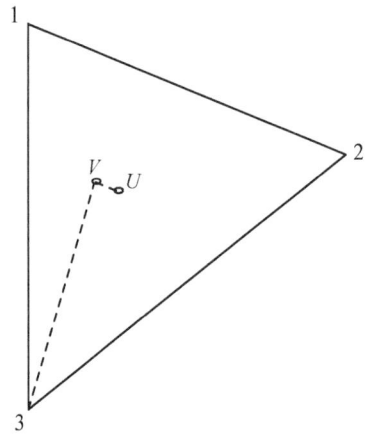

图 12.6 参考站与虚拟站空间关系图

图片来源：自绘

$$\begin{cases}\Delta\nabla\varphi_{V3,1}^{pq}=\dfrac{f_1}{c}\Delta\nabla\rho_{V3}^{pq}-\dfrac{\Delta\nabla A_{V3}^{pq}}{cf_1}+\dfrac{f_1}{c}\Delta\nabla\delta T_{V3}^{pq}-\Delta\nabla N_{V3,1}^{pq}\\[3mm]\Delta\nabla\varphi_{V3,2}^{pq}=\dfrac{f_2}{c}\Delta\nabla\rho_{V3}^{pq}-\dfrac{\Delta\nabla A_{V3}^{pq}}{cf_2}+\dfrac{f_2}{c}\Delta\nabla\delta T_{V3}^{pq}-\Delta\nabla N_{V3,2}^{pq}\end{cases} \tag{12.22}$$

这里需要声明的是，卫星坐标需用广播星历计算，以便与用户使用的卫星星历一致。虽然这样会引入卫星轨道误差，但在与用户进行双差时，这些误差会被大大削弱。

顾及到式（12.4），式（12.22）进一步有：

$$\begin{cases} \Delta \nabla \varphi_{V3,1}^{pq} = \dfrac{f_1}{c} \Delta \nabla \rho_{V3}^{pq} + \Delta \nabla R_{V3,1}^{pq} - \Delta \nabla N_{V3,1}^{pq} \\[3mm] \Delta \nabla \varphi_{V3,2}^{pq} = \dfrac{f_2}{c} \Delta \nabla \rho_{V3}^{pq} + \Delta \nabla R_{V3,2}^{pq} - \Delta \nabla N_{V3,2}^{pq} \end{cases} \tag{12.23}$$

由于点 V 处的整周模糊度可以为任何整数,这里设同一颗卫星在参考站 3 与点 V 处的整周模糊度相等。可得:

$$\Delta \nabla N_{V3,1}^{pq} = \Delta \nabla N_{V3,2}^{pq} = 0 \tag{12.24}$$

基于式(12.23),进一步有:

$$\begin{cases} \nabla \varphi_{V,1}^{pq} - \nabla \varphi_{3,1}^{pq} = \dfrac{f_1}{c} \Delta \nabla \rho_{V3}^{pq} + \Delta \nabla R_{V3,1}^{pq} \\[3mm] \nabla \varphi_{V,2}^{pq} - \nabla \varphi_{3,2}^{pq} = \dfrac{f_2}{c} \Delta \nabla \rho_{V3}^{pq} + \Delta \nabla R_{V3,2}^{pq} \end{cases} \tag{12.25}$$

将式(12.25)分解成站间单差方程

$$\begin{cases} \begin{cases} \varphi_{V,1}^{p} - \varphi_{3,1}^{p} = \dfrac{f_1}{c} \Delta \rho_{V3}^{p} + \Delta R_{V3,1}^{p} + \Delta_{V3,1} \\[3mm] \varphi_{V,1}^{q} - \varphi_{3,1}^{q} = \dfrac{f_1}{c} \Delta \rho_{V3}^{q} + \Delta R_{V3,1}^{q} + \Delta_{V3,1} \end{cases} \\[10mm] \begin{cases} \varphi_{V,2}^{p} - \varphi_{3,2}^{p} = \dfrac{f_2}{c} \Delta \rho_{V3}^{p} + \Delta R_{V3,2}^{p} + \Delta_{V3,2} \\[3mm] \varphi_{V,2}^{q} - \varphi_{3,2}^{q} = \dfrac{f_2}{c} \Delta \rho_{V3}^{q} + \Delta R_{V3,2}^{q} + \Delta_{V3,2} \end{cases} \end{cases} \tag{12.26}$$

式中,$\Delta_{V3,1}$、$\Delta_{V3,2}$ 为跟接收机有关误差的单差结果。

又由于

$$\begin{cases} \Delta R_{V3,1}^{q} = \Delta R_{V3,1}^{p} - \Delta \nabla R_{V3,1}^{pq} \\[3mm] \Delta R_{V3,2}^{q} = \Delta R_{V3,2}^{p} - \Delta \nabla R_{V3,2}^{pq} \end{cases} \tag{12.27}$$

则式(12.26)可写成

$$\begin{cases} \begin{cases} \varphi_{V,1}^{p} = \dfrac{f_1}{c} \Delta \rho_{V3}^{p} + \Delta R_{V3,1}^{p} + \varphi_{3,1}^{p} + \Delta_{V3,1} \\[3mm] \varphi_{V,1}^{q} = \dfrac{f_1}{c} \Delta \rho_{V3}^{q} + \Delta R_{V3,1}^{p} - \Delta \nabla R_{V3,1}^{pq} + \varphi_{3,1}^{q} + \Delta_{V3,1} \end{cases} \\[10mm] \begin{cases} \varphi_{V,2}^{p} = \dfrac{f_2}{c} \Delta \rho_{V3}^{p} + \Delta R_{V3,2}^{p} + \varphi_{3,2}^{p} + \Delta_{V3,2} \\[3mm] \varphi_{V,2}^{q} = \dfrac{f_2}{c} \Delta \rho_{V3}^{q} + \Delta R_{V3,2}^{p} - \Delta \nabla R_{V3,2}^{pq} + \varphi_{3,2}^{q} + \Delta_{V3,2} \end{cases} \end{cases} \tag{12.28}$$

式中，$\Delta R^p_{V3,1}$、$\Delta R^p_{V3,2}$ 虽然是未知数，但因为 p 卫星为参考卫星的角色，使得点 V 的所有观测量都包含这些量，而在后面用户进行双差时会被消去；$\Delta_{V3,1}$、$\Delta_{V3,2}$ 虽然也未知，但可以认为点 V 虚拟接收机端在两个频率上的误差与点 3 接收机的相应量相等。这里假设 $\Delta R^p_{V3,1} = \Delta R^p_{V3,2} = \Delta_{V3,1} = \Delta_{V3,2} = 0$，可得点 V 处 L1、L2 频率的虚拟观测量：

$$
\begin{cases}
\begin{cases}
\varphi^p_{V,1} = \dfrac{f_1}{c}\Delta\rho^p_{V3} + \varphi^p_{3,1} \\[2mm]
\varphi^q_{V,1} = \dfrac{f_1}{c}\Delta\rho^q_{V3} - \Delta\nabla R^{pq}_{V3,1} + \varphi^q_{3,1} \\[2mm]
\cdots \\[2mm]
\varphi^s_{V,1} = \dfrac{f_1}{c}\Delta\rho^s_{V3} - \Delta\nabla R^{ps}_{V3,1} + \varphi^s_{3,1}
\end{cases} \\[10mm]
\begin{cases}
\varphi^p_{V,2} = \dfrac{f_2}{c}\Delta\rho^p_{V3} + \varphi^p_{3,2} \\[2mm]
\varphi^q_{V,2} = \dfrac{f_2}{c}\Delta\rho^q_{V3} - \Delta\nabla R^{pq}_{V3,2} + \varphi^q_{3,2} \\[2mm]
\cdots \\[2mm]
\varphi^s_{V,2} = \dfrac{f_2}{c}\Delta\rho^s_{V3} - \Delta\nabla R^{ps}_{V3,2} + \varphi^s_{3,2}
\end{cases}
\end{cases}
\tag{12.29}
$$

可以看出，VRS 虚拟观测值与主参考站的观测值、几何配置值以及 VRS 与主参考站间的双差误差改正数有关。对于移动用户而言，应用 VRS 虚拟观测值进行差分解算与常规差分定位一样，仍然需要计算整周模糊度。

12.3.4　用户流动站实时解算

流动站主要由接收机、手簿和通信模块组成。通信模块用于 GNSS 接收机与 CORS 系统数据中心的数据通信。CORS 系统数据中心通过网络服务器向网络 RTK 流动站用户提供差分改正服务。CORS 系统接入分为设备连接、连接网络、接入系统三个步骤。

（1）设备连接。设备的连接就是将通信数据链与 GNSS 接收机连接起来。

（2）连接网络。网络 RTK 作业需要登录系统的网络服务器以获取差分改正信息，因此网络 RTK 流动站必须接入互联网。根据选择的不同通信数据链（如 GPRS、CDMA 等），接入网络的方式会有所不同。

（3）接入系统。在连接好设备，并通过通信数据链登录互联网后，用户接下来就需要进行 GNSS 数据观测,并登录系统网络服务器以获取差分改正信息,从而获取高精度的定位服务。

在接入系统时,用户一般都要先到系统的数据中心进行登记注册,以获取用户名、密码、接入卡或接入授权。一般而言,如果数据中心提供 CDMA 或 GPRS 通信模式的接入,用户只需从管理中心获取用户名、密码、网络服务器地址、服务端口号等信息,配置并保存后即可接入系统。对于用户端的接入电话号码(GPRS 的或 CDMA 的手机号码)无要求。当然,也有的系统通过移动营运商进行相关绑定,这时候就只有特定的电话号码才可以被接入系统。

流动站用户接收到数据中心发送的点 V 虚拟观测量后,将其与流动站接收机接收到的载波观测量进行双差处理。设此时的参考卫星为卫星 q(可以酌情任选),由于 V、U 之间的距离很短,故电离层、对流层、轨道误差的双差残差可以忽略不计。对于卫星 s 于是有:

$$\begin{cases} \Delta\nabla\varphi_{VU,1}^{qs} = \dfrac{f_1}{c}\Delta\nabla\rho_{VU}^{qs} - \Delta\nabla N_{VU,1}^{qs} \\ \Delta\nabla\varphi_{VU,2}^{qs} = \dfrac{f_2}{c}\Delta\nabla\rho_{VU}^{qs} - \Delta\nabla N_{VU,2}^{qs} \end{cases} \tag{12.30}$$

利用上式即可进行 V、U 间短基线向量解算。

12.4　PPP-RTK 算法

在网络 RTK 技术中,VRS 技术被广泛认为是一种成功的实现方式。然而,VRS 技术要求用户向数据中心提供自身的概略坐标以生成虚拟观测值,具有双向通信要求,这引起了部分用户对隐私和安全性的担忧;同时,对数据中心的并发处理能力提出了高要求,特别是在用户数量快速增长的情况下,VRS 技术的广泛应用受到限制。

与此不同,PPP 技术能够有效避免双向通信问题,用户只需利用单向播发的精密产品即可实现单台接收机的精密定位。然而,目前的精密产品只能解决 PPP 用户的星端星历和星端时钟误差问题,而对于传播路径端的大气延迟问题,则通常采用气象模型改正、参数估计和观测值组合等方式来处理。但经验模型误差和较多的未知参数导致了 PPP 定位精度收敛缓慢。

为了有效利用大气延迟的空间相关性,区域 CORS 成了 PPP 技术解决大气延迟难题的突破口。借鉴网络 RTK 技术利用 CORS 网实现区域大气延迟误差分离的思路,在 PPP 的基础上发展了 PPP-RTK 技术。

12.4.1　PPP-RTK 基本原理

PPP-RTK 的概念最早是由 Wubbena 等在 2005 年提出的,其主要思想是利用 CORS 数据解算分别得到电离层、对流层延迟,再进行大气延迟建模生成信息增强产品,单向播发给用户,实现基于 PPP 模型的快速精密定位。

在 PPP 模式下的主要系统误差中,星端的轨道时钟误差问题已经得到有效解决(如利用 IGS 提供的精密星历和钟差)。在这种情况下,定位精度收敛至厘米级需要数十分钟。然而,要想将收敛时间缩短至几分钟乃至秒级,传播路径端的大气延迟这类系统误差问题不可忽视,传统的 PPP 技术中仍没有行之有效的解决方案。

为解决这一问题,PPP-RTK 技术在 PPP 模式的基础上,借鉴网络 RTK 解决系统误差问题的思路,利用 CORS 解算数据为 PPP 的传播路径大气延迟提供改正。这种信息增强模式可以显著缩短定位精度的收敛时间。图 12.7 为 PPP-RTK 技术的基本原理示意图。

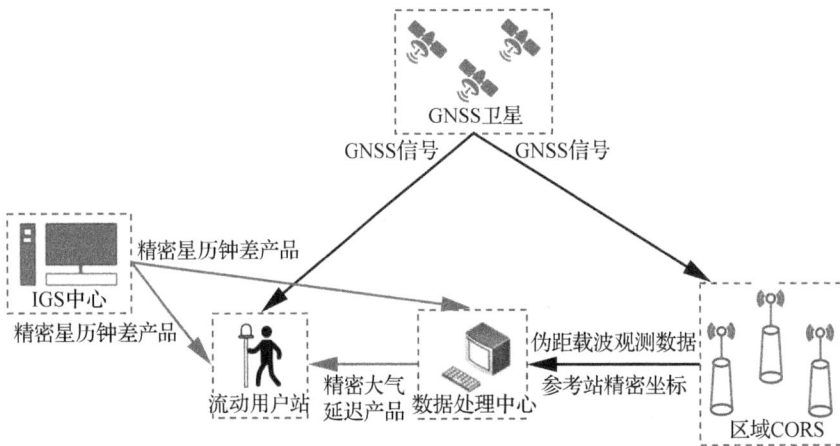

图 12.7　PPP-RTK 原理示意图

图片来源:自绘

PPP-RTK 服务端采用非差非组合 PPP 模式,利用区域 CORS 坐标稳定且精确已知的优势,估计对流层延迟、电离层延迟参数。服务端将各参考站的大气延迟参数解算出来以后,再利用大气延迟的空间相关性分别进行区域建模,生成对流层和电离层产品;最后以单向广播的形式播发给区域 CORS 服务范围内的 PPP 流动用户。

PPP-RTK 用户端为了使用服务端提供的配套产品,需采用与服务端相同的非差非组合 PPP 模式。用户端在接收到服务器播发的大气延迟增强信息后,可为自身非差非组合 PPP 解算过程中的大气延迟误差提供高精度先验信息,从而大幅缩短参数估计时间,显著提高定位精度的收敛速度。

下面将分别介绍 PPP-RTK 技术的服务端大气延迟产品生成方法和用户端定位解算方法。

12.4.2　服务端大气延迟产品生成方法

PPP-RTK 服务端生成精密大气延迟产品的步骤是:首先,利用非差非组合 PPP 模型对区域内各参考站的大气延迟参数进行估计。在实现 PPP 固定解后,可以提取参考站处高精度的对流层延迟和电子总量。然后,基于上述提取的数据,采用拟合或插值的方式进行大气延迟的区域建模,获得模型参数。最后,将模型参数作为大气延迟产品播发给 PPP 用户。

(1) 大气延迟精密提取

PPP-RTK 的服务端采用非差非组合 PPP 固定解策略提取精准的大气延迟信息。在非差非组合 PPP 函数模型中,将斜路径电离层参数和天顶对流层延迟参数作为待估量保留在观测方程中。相应的伪距和载波相位原始观测方程为:

$$P_{r,i}^s = \rho_r^s + c\delta t_r - c\delta t^s + \delta T_r^s + \frac{A}{f_i^2} + b_{r,i} + b_i^s + \lambda_i \delta\varphi'^s + \lambda_i \delta\varphi''^s_r + \varepsilon_{P,r,i}^s$$

$$\lambda_i \varphi_{r,i}^s = \rho_r^s + c\delta t_r - c\delta t^s + \delta T_r^s - \frac{A}{f_i^2} - \lambda_i(N_{r,i} - B_{r,i} - B_i^s) + \lambda_i \delta\varphi'^s + \lambda_i \delta\varphi''^s_r + \varepsilon_{L,r,i}^s$$

$$(12.31)$$

式中,各符号含义与式(9.25)相同,此处不再赘述。

式(12.31)中,利用 9.4.1 节中关于 PPP 非差非组合策略的理论和方法对部分参数进行合并;利用相关模型计算出相对论效应、相位中心偏差和对流层延迟中的干延迟部分,将模型改正后的常数项合并,记为 $\widetilde{m}_r^s$;将对流层湿延迟投影至参考站天顶方向,写成天顶对流层湿延迟与映射函数的乘积形式,则式(12.31)可表示为:

$$P_{r,i}^s = \rho_r^s + c\delta\bar{t}_r - c\delta\bar{t}^s + M_{r,\text{wet}}^s \text{ZTD}_{r,\text{wet}} + \frac{1}{f_i^2}\bar{A} + \widetilde{m}_r^s + \varepsilon_{P,r,i}^s$$

$$\lambda_i \varphi_{r,i}^s = \rho_r^s + c\delta\bar{t}_r - c\delta\bar{t}^s + M_{r,\text{wet}}^s \text{ZTD}_{r,\text{wet}} - \frac{1}{f_i^2}\bar{A} - \lambda_i \bar{N}_{r,i}^s + \widetilde{m}_r^s + \varepsilon_{L,r,i}^s \quad (12.32)$$

式中,各符号含义与式(9.37)相同,此处不再赘述。

服务端利用式(12.32)所示的非差非组合 PPP 模型进行解算,其中参考站的坐标精确已知,卫星轨道和钟差采用 IGS 精密星历,因而星地距离 ρ_r^s 和卫星钟差 $\delta \bar{t}^s$ 已知。待估参数为等效接收机钟差 $\delta \bar{t}_r$、等效电离层参数 $\bar{A}$、天顶对流层湿延迟 $\text{ZTD}_{r,\text{wet}}^s$ 以及等效模糊度参数 $\bar{N}_{r,i}^s$。则误差方程可列为:

$$v_{P,r,i}^s = c\delta\bar{t}_r + M_{r,\text{wet}}^s \text{ZTD}_{r,\text{wet}} + \frac{1}{f_i^2}\bar{A} - (P_{r,i}^s - \rho_r^s - \widetilde{m}_r^s + c\delta\bar{t}^s)$$

$$v_{\varphi,r,i}^s = c\delta\bar{t}_r + M_{r,\text{wet}}^s \text{ZTD}_{r,\text{wet}} - \frac{1}{f_i^2}\bar{A} - \lambda_i \bar{N}_{r,i}^s - (\lambda_i\varphi_{r,i}^s - \rho_r^s - \widetilde{m}_r^s + c\delta\bar{t}^s)$$

$$(12.33)$$

同步观测多颗卫星,可写出类似式(12.33)的误差方程。将所有误差方程表达成矩阵形式:

$$\begin{pmatrix} v_{P,r,i}^1 \\ v_{\varphi,r,i}^1 \\ \vdots \\ v_{P,r,i}^n \\ v_{\varphi,r,i}^n \end{pmatrix} = \begin{pmatrix} c & M_{r,\text{wet}}^1 & \frac{1}{f_i^2} & \cdots & 0 & 0 & \cdots & 0 \\ c & M_{r,\text{wet}}^1 & -\frac{1}{f_i^2} & \cdots & 0 & -\lambda_i & \cdots & 0 \\ \vdots & \vdots & \vdots & & \vdots & \vdots & & \vdots \\ c & M_{r,\text{wet}}^n & 0 & \cdots & \frac{1}{f_i^2} & 0 & \cdots & 0 \\ c & M_{r,\text{wet}}^n & 0 & \cdots & -\frac{1}{f_i^2} & 0 & \cdots & -\lambda_i \end{pmatrix} \begin{pmatrix} \delta\bar{t} \\ \text{ZTD}_{r,\text{wet}} \\ \bar{A}_r^1 \\ \vdots \\ \bar{A}_r^n \\ \bar{N}_{r,i}^1 \\ \vdots \\ \bar{N}_{r,i}^n \end{pmatrix} -$$

$$\begin{pmatrix} (P_{r,i}^1 - \rho_r^1 - \widetilde{m}_r^1 + c\delta\bar{t}^1) \\ (\lambda_i\varphi_{r,i}^1 - \rho_r^1 - \widetilde{m}_r^1 + c\delta\bar{t}^1) \\ \vdots \\ (P_{r,i}^n - \rho_r^n - \widetilde{m}_r^n + c\delta\bar{t}^n) \\ (\lambda_i\varphi_{r,i}^n - \rho_r^n - \widetilde{m}_r^n + c\delta\bar{t}^n) \end{pmatrix} \qquad (12.34)$$

进一步,将式(12.34)写为向量形式:

$$\boldsymbol{V} = \boldsymbol{B}\hat{\boldsymbol{X}} - \boldsymbol{L} \qquad (12.35)$$

其中,系数矩阵 $\boldsymbol{B}$、待估参数 $\hat{\boldsymbol{X}}$ 和观测向量 $\boldsymbol{L}$ 分别为:

$$B = \begin{pmatrix} c & M_{r,\text{wet}}^1 & \dfrac{1}{f_i^2} & \cdots & 0 & 0 & \cdots & 0 \\ c & M_{r,\text{wet}}^1 & -\dfrac{1}{f_i^2} & \cdots & 0 & -\lambda_i & \cdots & 0 \\ \vdots & \vdots & \vdots & & \vdots & \vdots & & \vdots \\ c & M_{r,\text{wet}}^n & 0 & \cdots & \dfrac{1}{f_i^2} & 0 & \cdots & 0 \\ c & M_{r,\text{wet}}^n & 0 & \cdots & -\dfrac{1}{f_i^2} & 0 & \cdots & -\lambda_i \end{pmatrix}$$

$$\hat{X} = \begin{pmatrix} \bar{\delta t} \\ \text{ZTD}_{r,\text{wet}} \\ \bar{A}_r^1 \\ \vdots \\ \bar{A}_r^n \\ \bar{N}_{r,i}^1 \\ \vdots \\ \bar{N}_{r,i}^n \end{pmatrix} \quad L = \begin{pmatrix} (P_{r,i}^1 - \rho_r^1 - \widetilde{m}_r^1 + c\bar{\delta t}^1) \\ (\lambda_i \varphi_{r,i}^1 - \rho_r^1 - \widetilde{m}_r^1 + c\bar{\delta t}^1) \\ \vdots \\ (P_{r,i}^n - \rho_r^n - \widetilde{m}_r^n + c\bar{\delta t}^n) \\ (\lambda_i \varphi_{r,i}^n - \rho_r^n - \widetilde{m}_r^n + c\bar{\delta t}^n) \end{pmatrix} \tag{12.36}$$

利用最小二乘方法,可解得待估参数 $\hat{X}$。

值得注意的是,由式(9.36)可知,式(12.36)中的等效模糊度参数 $\bar{N}_{r,i}^s$ 失去了整数特性,若直接进行参数估计只能得到 PPP 浮点解。服务端需利用章节 9.4.2 所述的 OSB 产品改正星端硬件延迟,利用星间单差消除接收机端硬件延迟,恢复星间单差模糊度整数特性后,再利用模糊度固定的相关方法实现星间单差模糊度固定解。最后利用固定的星间单差模糊度进行约束,获得更高精度的大气延迟参数估计结果。

取卫星 p 为参考卫星,对于卫星 q,等效电离层参数 $\bar{A}$ 单差为:

$$\nabla \bar{A}_r^{pq} = \bar{A}_r^p - \bar{A}_r^q \tag{12.37}$$

值得注意的是,所得的星间单差电离层参数 $\nabla \bar{A}_r^{pq}$ 中仍含有星端硬件延迟的残余部分。

（2）大气延迟内插与建模

如何通过上述提取的精准大气延迟信息,为用户提供相应的高精度大气延迟产品,是大气延迟区域建模主要解决的关键问题。服务端利用大气延迟的空间相关性,采用插值或曲面拟合的方式对大气延迟进行建模。

以低阶曲面模型为例。服务端在利用星间单差电离层参数进行电离层建模时,需对每颗卫星单独建模,这样星端硬件延迟对每颗卫星的模型来说是一个常数,可被低阶曲面模型中的常数项吸收合并。

对于式(12.37)中获得的星间单差等效电离层参数 $\nabla\overline{A}_r^{pq}$,构建如下低阶曲面模型:

$$\nabla\overline{A}_r^{pq}=a_0^q+a_1^q(lat_r^q-lat_0)+a_2^q(lon_r^q-lon_0) \tag{12.38}$$

式中,lat_r^q、lon_r^q 为卫星信号穿刺点纬度、经度;lat_0、lon_0 为参考穿刺点纬度、经度;a_0^q、a_1^q、a_2^q 为卫星 q 的电离层模型各项系数。

服务端利用区域 CORS 中的 n 个参考站,可构建如下方程:

$$\begin{cases} \nabla\overline{A}_1^{pq}+V_1^{pq}=a_0^q+a_1^q(lat_1^q-lat_0)+a_2^q(lon_1^q-lon_0) \\ \nabla\overline{A}_2^{pq}+V_2^{pq}=a_0^q+a_1^q(lat_2^q-lat_0)+a_2^q(lon_2^q-lon_0) \\ \vdots \\ \nabla\overline{A}_n^{pq}+V_n^{pq}=a_0^q+a_1^q(lat_n^q-lat_0)+a_2^q(lon_n^q-lon_0) \end{cases} \tag{12.39}$$

将式(12.39)写成矩阵形式:

$$\begin{pmatrix} V_1^{pq} \\ V_2^{pq} \\ \vdots \\ V_n^{pq} \end{pmatrix}=\begin{pmatrix} 1 & (lat_1^q-lat_0) & (lon_1^q-lon_0) \\ 1 & (lat_2^q-lat_0) & (lon_2^q-lon_0) \\ & \vdots & \\ 1 & (lat_n^q-lat_0) & (lon_n^q-lon_0) \end{pmatrix}\begin{pmatrix} a_0^q \\ a_1^q \\ a_2^q \end{pmatrix}-\begin{pmatrix} \nabla\overline{A}_1^{pq} \\ \nabla\overline{A}_2^{pq} \\ \vdots \\ \nabla\overline{A}_n^{pq} \end{pmatrix} \tag{12.40}$$

式(12.40)可以简写为:

$$V=Ba-L \tag{12.41}$$

其中:

$$B=\begin{pmatrix} 1 & (lat_1^q-lat_0) & (lon_1^q-lon_0) \\ 1 & (lat_2^q-lat_0) & (lon_2^q-lon_0) \\ \vdots & \vdots & \vdots \\ 1 & (lat_n^q-lat_0) & (lon_n^q-lon_0) \end{pmatrix} \quad a=\begin{pmatrix} a_0^q \\ a_1^q \\ a_2^q \end{pmatrix} \quad L=\begin{pmatrix} \nabla\overline{A}_1^{pq} \\ \nabla\overline{A}_2^{pq} \\ \vdots \\ \nabla\overline{A}_n^{pq} \end{pmatrix} \tag{12.42}$$

利用最小二乘可得模型系数：

$$u - (B^{\top}B)^{-1}B^{\top}L \tag{12.13}$$

对每颗卫星采用上述方式进行单独建模，获得每颗卫星的模型参数。服务端在提供电离层产品模型系数 a_0^q、a_1^q、a_2^q 时，需告诉用户选用的参考卫星 p，以及电离层模型所对应的卫星 q。用户在与服务器端拥有共视参考卫星 p 的情况下，才能使用其发布的产品。

天顶对流层湿延迟的改正模型也采用如式(12.38)的形式进行建模。天顶对流层湿延迟 $ZTD_{r,\text{wet}}$ 可表达为：

$$ZTD_{r,\text{wet}} = b_0 + b_1(lat_r - lat_0) + b_2(lon_r - lon_0) \tag{12.44}$$

对区域 CORS 各站可建如式(12.44)的模型，利用最小二乘可解得模型系数。

服务端将区域大气延迟模型参数 a_0^q、a_1^q、a_2^q 和 b_0、b_1、b_2 播发给用户。

12.4.3* 用户端定位解算方法

用户端可以通过网络或其他方式接收服务端播发的区域大气延迟精密产品，利用该产品形成虚拟观测值，在 PPP 定位方程中增加虚拟观测方程。

以某一用户站 r 的 PPP 为例。用户采用与服务端相同的 PPP 模型，如式(12.31)所示，利用相关模型改正相对论效应、相位中心偏差和对流层干延迟后，对于该用户观测到的两颗卫星 p、q，可列出载波与伪距观测方程：

$$\begin{cases} P_{r,i}^{p} = \rho_r^p + c\delta\bar{t}_r - c\delta\bar{t}^p + M_{r,\text{wet}}^p ZTD_{r,\text{wet}} + \dfrac{1}{f_i^2}\bar{A}_r^p + \tilde{m}_r^p + \varepsilon_{P,r,i}^p \\[2mm] \lambda_i\varphi_{r,i}^p = \rho_r^p + c\delta\bar{t}_r - c\delta\bar{t}^p + M_{r,\text{wet}}^p ZTD_{r,\text{wet}} - \dfrac{1}{f_i^2}\bar{A}_r^p - \lambda_i\bar{N}_{r,i}^p + \tilde{m}_r^p + \varepsilon_{L,r,i}^p \\[2mm] P_{r,i}^{q} = \rho_r^q + c\delta\bar{t}_r - c\delta\bar{t}^q + M_{r,\text{wet}}^q ZTD_{r,\text{wet}} + \dfrac{1}{f_i^2}\bar{A}_r^q + \tilde{m}_r^q + \varepsilon_{P,r,i}^q \\[2mm] \lambda_i\varphi_{r,i}^q = \rho_r^q + c\delta\bar{t}_r - c\delta\bar{t}^q + M_{r,\text{wet}}^q ZTD_{r,\text{wet}} - \dfrac{1}{f_i^2}\bar{A}_r^q - \lambda_i\bar{N}_{r,i}^q + \tilde{m}_r^q + \varepsilon_{L,r,i}^q \end{cases} \tag{12.45}$$

式中符号含义与式(12.32)相同，此处不再赘述。

对式(12.45)中 ρ_r^p 和 ρ_r^q 进行线性化，在用户站 r 近似位置 $(x_{r,0},y_{r,0},z_{r,0})$ 处泰勒展开后忽略高阶项，可表示为：

$$
\begin{cases}
P^p_{r,i}=(l^p \quad m^p \quad n^p)\begin{pmatrix}\delta x_r\\ \delta y_r\\ \delta z_r\end{pmatrix}+\rho^p_{r,0}+c\delta\bar{t}_r-c\delta\bar{t}^p+M^p_{r,\mathrm{wet}}\mathrm{ZTD}_{r,\mathrm{wet}}+\dfrac{1}{f^2_i}\bar{A}^p_r+\widetilde{m}^p_r+\varepsilon^p_{P,r,i}\\[2ex]
\lambda_i\varphi^p_{r,i}=(l^p \quad m^p \quad n^p)\begin{pmatrix}\delta x_r\\ \delta y_r\\ \delta z_r\end{pmatrix}+\rho^p_{r,0}+c\delta\bar{t}_r-c\delta\bar{t}^p+M^p_{r,\mathrm{wet}}\mathrm{ZTD}_{r,\mathrm{wet}}-\dfrac{1}{f^2_i}\bar{A}_r{}^p-\lambda_i\bar{N}^p_{r,i}+\widetilde{m}^p_r+\varepsilon^p_{L,r,i}\\[2ex]
P^q_{r,i}=(l^q \quad m^q \quad n^q)\begin{pmatrix}\delta x_r\\ \delta y_r\\ \delta z_r\end{pmatrix}+\rho^q_{r,0}+c\delta\bar{t}_r-c\delta\bar{t}^q+M^q_{r,\mathrm{wet}}\mathrm{ZTD}_{r,\mathrm{wet}}+\dfrac{1}{f^2_i}\bar{A}^q_r+\widetilde{m}^q_r+\varepsilon^q_{P,r,i}\\[2ex]
\lambda_i\varphi^q_{r,i}=(l^q \quad m^q \quad n^q)\begin{pmatrix}\delta x_r\\ \delta y_r\\ \delta z_r\end{pmatrix}+\rho^q_{r,0}+c\delta\bar{t}_r-c\delta\bar{t}^q+M^q_{r,\mathrm{wet}}\mathrm{ZTD}_{r,\mathrm{wet}}-\dfrac{1}{f^2_i}\bar{A}_r{}^q-\lambda_i\bar{N}^q_{r,i}+\widetilde{m}^q_r+\varepsilon^q_{L,r,i}
\end{cases}
\tag{12.46}
$$

式中，l^p、m^p、n^p 和 l^q、m^q、n^q 为站星距离对测站近似位置的偏导数；$\rho^p_{r,0}$ 和 $\rho^q_{r,0}$ 为卫星到测站近似位置的站星距离。

令：

$$
\boldsymbol{u}^p_r=(l^p \quad m^p \quad n^p),\boldsymbol{u}^q_r=(l^q \quad m^q \quad n^q),\boldsymbol{X}_r=\begin{pmatrix}\delta x_r\\ \delta y_r\\ \delta z_r\end{pmatrix}
\tag{12.47}
$$

则式(12.46)可简写为：

$$
\begin{cases}
P^p_{r,i}=\boldsymbol{u}^p_r\boldsymbol{X}_r+\rho^p_{r,0}+c\delta\bar{t}_r-c\delta\bar{t}^p+M^p_{r,\mathrm{wet}}\mathrm{ZTD}_{r,\mathrm{wet}}+\dfrac{1}{f^2_i}\bar{A}^p_r+\widetilde{m}^p_r+\varepsilon^p_{P,r,i}\\[2ex]
\lambda_i\varphi^p_{r,i}=\boldsymbol{u}^p_r\boldsymbol{X}_r+\rho^p_{r,0}+c\delta\bar{t}_r-c\delta\bar{t}^p+M^p_{r,\mathrm{wet}}\mathrm{ZTD}_{r,\mathrm{wet}}-\dfrac{1}{f^2_i}\bar{A}_r{}^p-\lambda_i\bar{N}^p_{r,i}+\widetilde{m}^p_r+\varepsilon^p_{L,r,i}\\[2ex]
P^q_{r,i}=\boldsymbol{u}^q_r\boldsymbol{X}_r+\rho^q_{r,0}+c\delta\bar{t}_r-c\delta\bar{t}^q+M^q_{r,\mathrm{wet}}\mathrm{ZTD}_{r,\mathrm{wet}}+\dfrac{1}{f^2_i}\bar{A}^q_r+\widetilde{m}^q_r+\varepsilon^q_{P,r,i}\\[2ex]
\lambda_i\varphi^q_{r,i}=\boldsymbol{u}^q_r\boldsymbol{X}_r+\rho^q_{r,0}+c\delta\bar{t}_r-c\delta\bar{t}^q+M^q_{r,\mathrm{wet}}\mathrm{ZTD}_{r,\mathrm{wet}}-\dfrac{1}{f^2_i}\bar{A}_r{}^q-\lambda_i\bar{N}^q_{r,i}+\widetilde{m}^q_r+\varepsilon^q_{L,r,i}
\end{cases}
\tag{12.48}
$$

用户端通过网络等方式接收服务端播发的信息增强产品，获得电离层模型参数 a^q_0、a^q_1、a^q_2，利用式(12.38)计算出了星间单差斜径等效电离层参数 $\nabla\widetilde{A}^{pq}_{r,i}$，其方差为

σ_I^2。则可得虚拟观测方程：

$$\nabla\widetilde{A}_{r,i}^{pq}=\overline{A}_r^p-\overline{A}_r^q+\varepsilon_I \tag{12.49}$$

式中，ε_I 表示星间单差电离层参数虚拟观测值的随机误差。

同理，用户端获得对流层模型参数 b_0、b_1、b_2，利用式(12.44)计算出了天顶对流层湿延迟 $\widetilde{\text{ZTD}}_{r,\text{wet}}$，其方差为 σ_Z^2。则对流层虚拟观测方程为：

$$\widetilde{\text{ZTD}}_{r,\text{wet}}=\text{ZTD}_{r,\text{wet}}+\varepsilon_Z \tag{12.50}$$

式中，ε_Z 表示对流层湿延迟虚拟观测值的随机误差。

用户站 r 同步观测多颗卫星，利用 IGS 提供的精密轨道和钟差产品，根据式(12.48)、式(12.49)和式(12.50)可列出误差方程：

$$
\begin{cases}
v_{P,r,i}^p=(\boldsymbol{u}_r^p\boldsymbol{X}_r+c\delta\bar{t}_r+M_{r,\text{wet}}^p\text{ZTD}_{r,\text{wet}}+\dfrac{1}{f_i^2}\overline{A}_r^p)-(P_{r,i}^p+c\delta\tilde{t}^p-\tilde{\rho}_{r,0}^p-\widetilde{m}_r^p) \\[2mm]
v_{L,r,i}^p=(\boldsymbol{u}_r^p\boldsymbol{X}_r+c\delta\bar{t}_r+M_{r,\text{wet}}^p\text{ZTD}_{r,\text{wet}}-\dfrac{1}{f_i^2}\overline{A}_r^p-\lambda_i\hat{N}_{r,i}^p)-(\lambda_i\varphi_{r,i}^p+c\delta\tilde{t}^p-\tilde{\rho}_{r,0}^p-\widetilde{m}_r^p) \\[2mm]
v_{P,r,i}^1=(\boldsymbol{u}_r^1\boldsymbol{X}_r+c\delta\bar{t}_r+M_{r,\text{wet}}^1\text{ZTD}_{r,\text{wet}}+\dfrac{1}{f_i^2}\overline{A}_r^1)-(P_{r,i}^1+c\delta\tilde{t}^1-\tilde{\rho}_{r,0}^1-\widetilde{m}_r^1) \\[2mm]
v_{L,r,i}^1=(\boldsymbol{u}_r^1X_r+c\delta\bar{t}_r+M_{r,\text{wet}}^1\text{ZTD}_{r,\text{wet}}-\dfrac{1}{f_i^2}\overline{A}_r^1-\lambda_i\overline{N}_{r,i}^1)-(\lambda_i\varphi_{r,i}^1+c\delta\tilde{t}^1-\tilde{\rho}_{r,0}^1-\widetilde{m}_r^1) \\[2mm]
\vdots \\[2mm]
v_{P,r,i}^n=(\boldsymbol{u}_r^n\boldsymbol{X}_r+c\delta\bar{t}_r+M_{r,\text{wet}}^n\text{ZTD}_{r,\text{wet}}+\dfrac{1}{f_i^2}\overline{A}_r^n)-(P_{r,i}^n+c\delta\tilde{t}^n-\tilde{\rho}_{r,0}^n-\widetilde{m}_r^n) \\[2mm]
v_{L,r,i}^n=(\boldsymbol{u}_r^n\boldsymbol{X}_r+c\delta\bar{t}_r+M_{r,\text{wet}}^n\text{ZTD}_{r,\text{wet}}-\dfrac{1}{f_i^2}\overline{A}_r^n-\lambda_i\overline{N}_{r,i}^n)-(\lambda_i\varphi_{r,i}^n+c\delta\tilde{t}^n-\tilde{\rho}_{r,0}^n-\widetilde{m}_r^n) \\[2mm]
v_I^{p1}=(\overline{A}_r^p-\overline{A}_r^1)-\nabla\widetilde{A}_{r,i}^{p1} \\[2mm]
\vdots \\[2mm]
v_I^{pn}=(\overline{A}_r^p-\overline{A}_r^n)-\nabla\widetilde{A}_{r,i}^{pn} \\[2mm]
v_Z=\text{ZTD}_{r,\text{wet}}-\widetilde{\text{ZTD}}_{r,\text{wet}}
\end{cases} \tag{12.51}
$$

式中，$c\delta\tilde{t}^n$ 表示 IGS 精密钟差；$\tilde{\rho}_{r,0}^n$ 表示 IGS 精密轨道计算的站星距离。

将式(12.51)写成矩阵形式为：

$$
\begin{pmatrix} v_{P,r,i}^p \\ v_{L,r,i}^p \\ v_{P,r,i}^1 \\ v_{L,r,i}^1 \\ \vdots \\ v_{P,r,i}^n \\ v_{L,r,i}^n \\ v_I^{p1} \\ \vdots \\ v_I^{pn} \\ v_Z \end{pmatrix}
=
\begin{pmatrix}
\boldsymbol{u}_r^p & c & M_{r,\text{wet}}^p & \dfrac{1}{f_i^2} & 0 & \cdots & 0 & 0 & 0 & \cdots & 0 \\
\boldsymbol{u}_r^p & c & M_{r,\text{wet}}^p & -\dfrac{1}{f_i^2} & 0 & \cdots & 0 & -\lambda_i & 0 & \cdots & 0 \\
\boldsymbol{u}_r^1 & c & M_{r,\text{wet}}^1 & 0 & \dfrac{1}{f_i^2} & \cdots & 0 & 0 & 0 & \cdots & 0 \\
\boldsymbol{u}_r^1 & c & M_{r,\text{wet}}^1 & 0 & -\dfrac{1}{f_i^2} & \cdots & 0 & 0 & -\lambda_i & \cdots & 0 \\
\vdots & \vdots & \vdots & \vdots & \vdots & \ddots & \vdots & \vdots & \vdots & & \vdots \\
\boldsymbol{u}_r^n & c & M_{r,\text{wet}}^n & 0 & 0 & \cdots & \dfrac{1}{f_i^2} & 0 & 0 & \cdots & 0 \\
\boldsymbol{u}_r^n & c & M_{r,\text{wet}}^n & 0 & 0 & \cdots & -\dfrac{1}{f_i^2} & 0 & 0 & \cdots & -\lambda_i \\
O_{1\times3} & 0 & 0 & 1 & -1 & \cdots & 0 & 0 & 0 & \cdots & 0 \\
\vdots & \vdots & \vdots & \vdots & \vdots & & \vdots & \vdots & \vdots & & \vdots \\
O_{1\times3} & 0 & 0 & 1 & 0 & \cdots & -1 & 0 & 0 & \cdots & 0 \\
O_{1\times3} & 0 & 1 & 0 & 0 & \cdots & 0 & 0 & 0 & \cdots & 0
\end{pmatrix}
\cdot
$$

$$
\begin{pmatrix} \boldsymbol{X}_r \\ \delta \bar{t}_r \\ \text{ZTD}_{r,\text{wet}} \\ \overline{A}_r^p \\ \overline{A}_r^1 \\ \vdots \\ \overline{A}_r^n \\ \overline{N}_{r,i}^p \\ \overline{N}_{r,i}^1 \\ \vdots \\ \overline{N}_{r,i}^n \end{pmatrix}
-
\begin{pmatrix}
P_{r,i}^p + c\tilde{\delta t}^p - \tilde{\rho}_{r,0}^p - \widetilde{m}_r^p \\
\lambda_i \varphi_{r,i}^p + c\tilde{\delta t}^p - \tilde{\rho}_{r,0}^p - \widetilde{m}_r^p \\
P_{r,i}^1 + c\tilde{\delta t}^1 - \tilde{\rho}_{r,0}^1 - \widetilde{m}_r^1 \\
\lambda_i \varphi_{r,i}^1 + c\tilde{\delta t}^1 - \tilde{\rho}_{r,0}^1 - \widetilde{m}_r^1 \\
\vdots \\
P_{r,i}^n + c\tilde{\delta t}^n - \tilde{\rho}_{r,0}^n - \widetilde{m}_r^n \\
\lambda_i \varphi_{r,i}^n + c\tilde{\delta t}^n - \tilde{\rho}_{r,0}^n - \widetilde{m}_r^n \\
\nabla \widetilde{A}_r^{p1} \\
\vdots \\
\nabla \widetilde{A}_r^{pn} \\
\widetilde{\text{ZTD}}_{r,\text{wet}}
\end{pmatrix}
\tag{12.52}
$$

进一步,将式(12.52)写为矩阵形式:

$$
\boldsymbol{V} = \boldsymbol{B}\hat{\boldsymbol{X}} - \boldsymbol{L} \tag{12.53}
$$

利用最小二乘方法,可解得待估参数 $\hat{\boldsymbol{X}}$。

$$\hat{X} = (B^{\mathrm{T}} P_{LL} B)^{-1} B^{\mathrm{T}} P_{LL} L \tag{12.54}$$

式中，P_{LL} 为 L 的权矩阵。

特别需要注意的是，用户端需采用与服务端一致的 PPP 模型，其定位解算策略也与服务端保持一致，以保障整套 PPP-RTK 系统的自洽性。

相对于 VRS 技术，PPP-RTK 技术存在三个主要优势：其一，大气延迟细分为不同参数分别进行提取和建模，模型更加精细，产品精度更高；其二，模型参数产品可以实现单向广播，无需双向通信，保护了用户隐私；其三，VRS 技术中仅利用用户附近的三个参考站进行建模，而 PPP-RTK 利用数个参考站共同建模，参考站数量更多。PPP 技术、NRTK-VRS 技术和 PPP-PTK 技术的异同总结如表 12.2 所示。

表 12.2　PPP、NRTK-VRS、PPP-RTK 技术的异同

	PPP	NRTK-VRS	PPP-RTK
作业范围	全球	局域	局域或全球
站间距	—	一般不超过 50 km	数百千米甚至以上
支撑用户数量	不限	有限	不限
通信方式	广播/单向	双向	广播/单向
收敛速度	>30 min	数秒	数十秒
定位误差	>1 dm	厘米级	厘米级

表格来源：自制

12.5* 信息增强服务方式

12.5.1 信息增强服务分类

GNSS 信息增强服务按照增强信息播发方式的不同，可以分为地基增强系统（Ground Based Augmentation System，GBAS）和星基增强系统（Satellite Based Augmentation System，SBAS）两类。

前文介绍 VRS 技术利用移动通信或互联网等地面设施实现服务器端与用户端之间的通信，属于地基增强系统（GBAS）。地基增强服务的特点是数据中心在生成相应的信息增强产品后，通过移动网络、互联网等地面通信链路与用户进行数据通信。GBAS 具有针对性强、定位精度高、系统提供的信息增强服务稳定等优势。然而，地基增强技术对网络稳定性要求较高，运营成本也较高，这限制了其推广和应用。

为了摆脱 GBAS 通信方式的限制，发展出了星基增强系统（SBAS）。

SBAS 技术的基本思路是：利用若干位置精确已知的参考站跟踪观测 GNSS 信号，获得伪距和载波相位原始观测值并传输给主控站；主控站的数据处理中心对原始观测值中的各类系统误差进行修正，计算相对于广播星历的卫星轨道、钟差改正数和大气延迟改正数，生成信息增强产品，并将其传输至地面上行注入站（GUS）；GUS 利用上行通信链路将数据注入 GEO 卫星；最后，GEO 卫星利用卫星信号将增强电文播发给用户。全球范围内的用户在接收到卫星电文后，可解码获得改正信息，对广播星历进行改正，同时获得大气延迟改正信息，从而提高定位精度。

传统的 SBAS 致力于为伪距单点定位用户提供信息增强服务。数据处理中心基于广播星历和参考站坐标获得伪距残差，利用伪距残差估算相对于广播星历的精密轨道、钟差改正数，利用几何无关组合提取电离层延迟，并通过电离层建模获得电离层格网产品。这些产品连同轨道、钟差改正数一起，通过 GEO 卫星播发给伪距单点定位终端，从而实现伪距单点定位精度的提升。然而，随着载波相位精密单点定位技术的逐步成熟，SBAS 也开始朝着能够为全球 PPP 终端提供信息增强服务的方向发展，如我国的 PPP-B2b 服务。

由此可见，SBAS 与 GBAS 主要的不同之处在于：SBAS 利用 GEO 卫星播发的电文进行数据通信，避免了对稳定网络的依赖，通信方式的限制性更小，服务范围更大，可达数百千米，甚至全球。因而，相较于 GBAS 主要服务于靠近通信基站的陆路设备应用，SBAS 可以服务于航空、航海或偏远地区的应用，应用范围更广。

由于星基增强服务具有上述特点和优势，从 20 世纪 90 年代开始，世界各国先后发展了自己的星基增强系统，其中有美国的 WAAS、欧洲的 EGNOS，日本的 MSAS，俄罗斯的 SDCM。我国基于北斗的 BDSBAS 也于 1997 年开始建设，其空间部分由 3 颗 GEO 卫星组成（分别位于 $80°E$、$110°E$ 及 $140°E$），地面部分包含数十个连续运行参考站、1 个主控站及数个注入站。

截至 2020 年 8 月，BDSBAS 利用 B1c 频点和 B2b 频点，分别为 GPS 单频和双频多星座用户提供伪距单点定位增强服务。自 2020 年 8 月 PPP-B2b 信号接口控制文件正式公布以后，B2b 频点的电文用于为 PPP 提供信息增强服务，因而又称 PPP-B2b。在 GEO 卫星播发的 B2b 信号电文中，主要包含卫星精密轨道改正数、卫星精密钟差改正数和卫星码偏差 DCB 改正数等。用户根据 PPP-B2b 信号接口文件（ICD）的说明对信号进行解析，获取其播发的星基增强改正数据，再配合相应观测数据和广播星历，即可利用编码在 B2b 信号中的信息增强产品实现 PPP。

12.5.2 星基增强系统组成及功能

　　星基增强系统通常由三部分组成，分别为地面段、空间段和用户终端。如图 12.8 所示，空间部分包括 GEO、MEO 和 IGSO。地面部分除了包括参考站网和数据处理主控站外，还需利用上行注入站将数据处理中心计算得到的增强信息传输给 GEO 卫星。GEO 卫星除了发送测距码、载波这类基本导航信息外，同时还向用户发送包含增强信息的导航电文。用户端则同时接收卫星的基本导航信息和 GEO 广播的信息增强信息电文，进行定位解算、完好性分析等。

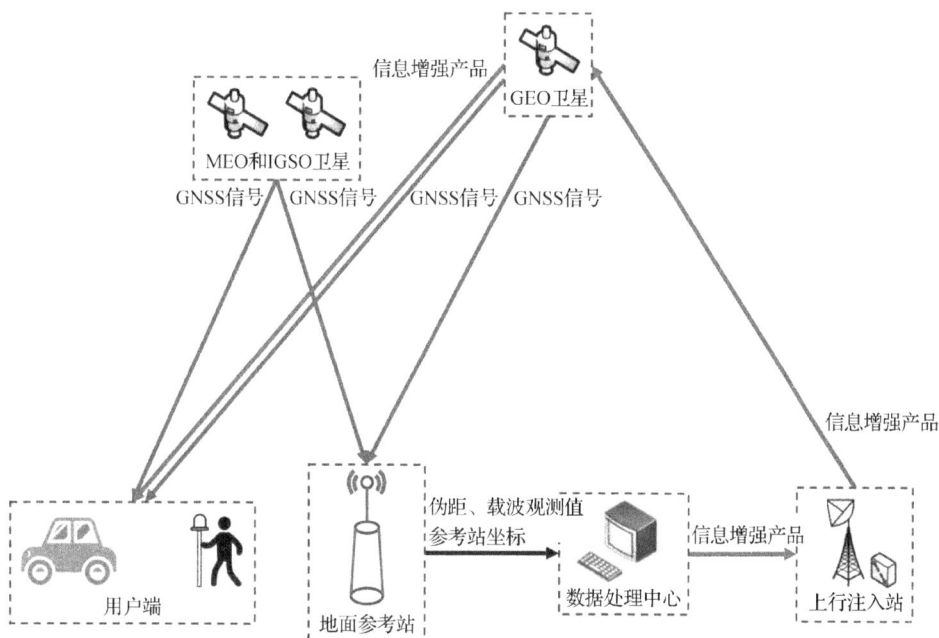

图 12.8　星基增强系统的组成

图片来源：自绘

（1）地面段

　　地面段主要包括地面参考站网、数据处理主控站和上行注入站（GUS）。地面段的主要任务是持续跟踪 GNSS 卫星，采集伪距和载波观测数据，解算误差改正数，并生成增强信息电文数据，同时利用上行注入站将电文数据上注给空间部分的 GEO 卫星。

　　地面参考站网要求参考站坐标精确已知，配置高精度、高稳定度的原子钟，能够接收视界范围内所有的导航信号及地球静止轨道卫星播发的信号，开展导航信号质量评估。

数据处理主控站是 SBAS 的核心单元。数据中心需根据参考站网络接收的原始数据和参考站精密坐标,估算精密轨道、精密钟差、大气延迟等改正数和对应方差,生成信息增强电文。其主控站数据中心的数据处理流程如下:

首先,由星基增强系统中各参考站对卫星进行同步跟踪观测,获取伪距、载波原始观测数据,并连同参考站精确坐标等信息一并传输至主控站数据处理中心。

然后,数据处理中心对各个参考站同一时刻的观测数据进行预处理(主要包括相位平滑伪距、周跳探测、粗差剔除、伪距残差解算等)。数据处理中心采用单点定位模型,利用原始观测数据、测站精密坐标、广播星历数据和其他必要产品,解算得到卫星的精密轨道钟差改正信息、大气延迟误差等信息,并对大气延迟进行建模,生成信息增强产品。

接着,主控站将计算好的增强信息传输至上行注入站。

最后,注入站利用 C 频段将增强信息发送至 GEO 卫星。

SBAS 地面通信需利用具有高标准、高可靠、宽带宽、高冗余、大数据交换能力的通信网络,配置满足系统通信安全要求的通信网络设备,建立 SBAS 地面段各个环节的双向通信链路。

(2)空间段

SBAS 的信号传输部分主要为 GEO 卫星,其按照航空无线电技术委员会(RTCA)的格式利用 L 频段将接收的增强信息下行转发给用户。主要播发测距信号、精密信息增强产品以及系统完好性信息三个分量。测距信号与 GPS L1 C/A 信号类似,可以改善民用航空用户的可用性;精密信息增强产品包括卫星的精密轨道、时钟以及大气延迟等误差的改正数。SBAS 增强信号接口特征主要包括载波频率、电文结构、通信协议以及增强信息数据等内容。我国 BDSBAS 的信号接口可以参照文件《北斗星基增强系统空间信号接口规范 第 1 部分:单频增强服务信号 BDSBAS-B1c》和《北斗星基增强系统空间信号接口规范　第 2 部分:双频增强服务信号 BDSBAS-B2a》。

(3)用户终端

用户端主要为 GNSS 接收机,其需同时接收 GNSS 卫星观测信号和 SBAS 提供的增强电文信号,获取测距码、载波等基本导航信息及 GEO 卫星播发的增强信息。用户基于增强电文中的改正信息,对卫星坐标、钟差和大气延迟进行修正,再通过单点定位模型,完成定位解算等计算分析,提升定位精度。

12.6* 北斗 B2b 星基增强服务

12.6.1 PPP－B2b 星基增强服务概述

2020 年 7 月 31 日,北斗三号全球卫星导航系统 BDS－3 正式开通,这为传统 BDS 星基增强服务的发展提供了新的平台。2020 年 8 月,PPP－B2b 信号接口控制文件正式公布,标志着 PPP－B2b 服务正式开通,这为实时 PPP 应用推广提供了新的机遇。目前,PPP－B2b 星基增强服务可以提供中国及周边地区的实时 PPP 服务。

目前,BDS－3 的地球同步轨道卫星播发的 PPP－B2b 信息主要有五种类型:卫星掩码、卫星轨道改正数、码间偏差改正数、卫星钟差改正数和用户测距精度指数。其中,卫星掩码是以二进制信息表示卫星号及其可用性;轨道、钟差和码偏差改正数用于直接修正;用户测距精度指数用于表示星历误差。已有的 PPP－B2b 信息类型定义如表 12.3 所示,用于区分不同帧的电文数据域的信息内容。

表 12.3 PPP－B2b 服务信息增强电文

电文类型	电文内容	更新间隔/s	名义有效时间/s
1	卫星 PRN 掩码	48	—
2	卫星轨道改正数和用户测距精度指数	48	96
3	GNSS 卫星码间偏差 DCB 改正数	48	86 400
4	GNSS 卫星钟差改正数	6	12
5	用户测距精度指数	—	96
6	钟差改正数与轨道改正数组合 1	—	96
7	钟差改正数与轨道改正数组合 2	—	96
8～62	预留内容	—	—
63	空白信息	—	—

表格来源:自制

当前一般可接收到的信息类型有 1、2、3、4 和 63,从表 12.3 可以看出,卫星掩码、卫星轨道改正数及用户测距精度指数和码间偏差改正数更新较慢,为 48 s 更新一次;卫星钟差改正数更新较快,6 s 更新一次。每种信息类型的实际更新间隔比名义有效时间短,这意味着更新间隔超出有效时间的改正信息数据质量无法保证。随着 PPP－B2b 服务性能的改进,将会支持更多的 GNSS 系统,也可能提供更多的信息类型。

PPP－B2b 信号主要提供 BDS－3 与 GPS 双系统精密轨道钟差产品。在 PPP－B2b 产品精度方面,不同时段的评估结果表明,卫星轨道在切向、法向和径向的精度分别约为 0.3 m、0.3 m、0.1 m；卫星钟差的均方根误差为 2～4 ns，卫星钟差标准差为 0.2～0.3 ns。

12.6.2 PPP－B2b 信息增强产品使用方法

PPP－B2b 产品使用方法主要包含精密轨道恢复、精密钟差恢复和码间偏差修正。

PPP－B2b 精密轨道产品是对广播星历进行的改正。因此，需要首先由广播星历获得粗略的卫星轨道位置 $\boldsymbol{X}_{brdc}$，而后利用 PPP－B2b 产品对卫星位置进行修正，获得精密的卫星位置。

由北斗三号 PPP－B2b 服务的空间信息接口控制文件可知，PPP－B2b 服务所播发的 BDS－3、GPS 轨道改正数为：

$$\delta\boldsymbol{O}_{\text{B2b}}=(\delta O_r \quad \delta O_a \quad \delta O_c)^{\text{T}} \tag{12.55}$$

其中，δO_r、δO_a、δO_c 分别为轨道坐标系下的径向、切向、法向 3 个方向上的轨道改正分量。

而根据 GPS 播发的传统导航电文 LNAV 或 BDS－3 B1c 信号播发的民用导航电文 CNAV1 计算出的卫星位置 $\boldsymbol{X}_{brdc}=(X \quad Y \quad Z)^{\text{T}}_{brdc}$ 是位于地心地固坐标系（ECEF）下的。因此，北斗三号 PPP－B2b 所播发的轨道改正数必须转换到地心地固坐标系下，其所用的转换向量为：

$$\begin{cases} \boldsymbol{e}_r=\dfrac{\boldsymbol{r}}{|\boldsymbol{r}|} \\[2mm] \boldsymbol{e}_c=\dfrac{\boldsymbol{r}\times\dot{\boldsymbol{r}}}{|\boldsymbol{r}\times\dot{\boldsymbol{r}}|} \\[2mm] \boldsymbol{e}_a=\boldsymbol{e}_c\times\boldsymbol{e}_r \end{cases} \tag{12.56}$$

式中，$\boldsymbol{r}$ 和 $\dot{\boldsymbol{r}}$ 分别为由广播星历计算出的卫星位置矢量和卫星速度矢量；$\boldsymbol{e}_r$、$\boldsymbol{e}_a$、$\boldsymbol{e}_c$ 为方向单位矢量，分别对应径向、切向、法向。

转换到地心地固坐标系下的 PPP－B2b 轨道改正数为：

$$\delta\boldsymbol{X}^{\text{sat}}_{\text{ECEF}}=(\boldsymbol{e}_r \quad \boldsymbol{e}_a \quad \boldsymbol{e}_c)\cdot\delta\boldsymbol{O}_{\text{B2b}} \tag{12.57}$$

式中，$\delta\boldsymbol{X}^{\text{sat}}_{\text{ECEF}}$ 表示地心地固坐标系下的卫星轨道改正数矢量。

进而，北斗三号 PPP－B2b 精密卫星轨道计算方法为：

$$\boldsymbol{X}_{\text{perc}}=\boldsymbol{X}_{\text{brdc}}-\delta\boldsymbol{X}^{\text{sat}}_{\text{ECEF}} \tag{12.58}$$

式中，$\boldsymbol{X}_{\text{brdc}}$ 表示广播星历计算出的卫星位置；$\boldsymbol{X}_{\text{perc}}$ 表示 PPP－B2b 产品改正后的精密卫星位置。

北斗三号 PPP－B2b 服务所播发的钟差改正数是相对于广播星历钟差的改正参数。北斗三号 PPP－B2b 精密卫星钟差的计算方法为：

$$\delta t_{\text{perc}} = \delta t_{\text{brdc}} - C_0/c \tag{12.59}$$

式中，δt_{perc} 为经过改正得到的北斗三号 PPP－B2b 精密卫星钟差；δt_{brdc} 为采用 GNSS 卫星广播星历计算得到的卫星钟差改正数；C_0 表示北斗三号 PPP－B2b 电文中的卫星钟差改正数；c 为真空中的光速。

此外，在处理卫星观测数据时，会用到多种频率的信号，各观测值中包含着一个与卫星信号跟踪模式有关的偏差。因此，在进行各类信号同步处理时，需要消除卫星码间偏差 DCB^s 的影响。修正后伪距观测值的表达式为：

$$\overline{P}_{\text{sig}} = P_{\text{sig}} - \text{DCB}^s \tag{12.60}$$

式中，P_{sig} 为伪距观测值。

PPP 用户在利用上述方法计算获得精密产品后，其定位解算方法与使用 IGS 产品相近，先前章节已详细介绍，这里不再赘述。但与 IGS 服务相比，PPP－B2b 服务无需依赖网络，用户可在没有网络支持的情况下，仅利用接收机独立完成 PPP 解算，具备更灵活的应用场景。

值得注意的是，PPP－B2b 提供了精密轨道、钟差、星端伪距硬件延迟改正产品，但不提供星端相位硬件延迟改正产品。因而，非差非组合 PPP 用户仅利用 PPP－B2b 产品无法解决模糊度中的星端相位硬件延迟问题，如式（9.36）所示，故不能实现模糊度固定，其定位精度仅可达分米级。

◇第十三章
GNSS 测量控制网设计与外业施测

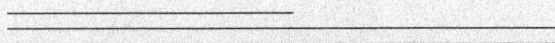

GNSS 测量控制网建立是一项技术复杂、要求严格的工作。实施工作的原则是在满足用户精度与可靠度要求的前提下,尽可能减少人力与物力的投入。因此,对各阶段工作必须精心设计、精心组织与实施。按照 GNSS 测量实施的工作程序,可分为以下几个步骤:技术设计、仪器检验、选点埋石、外业观测、基线解算与检核、网平差、坐标转换以及技术总结。本章主要介绍 GNSS 测量控制网的设计与施测,而 GNSS 数据处理将在第十四章详细介绍。

13.1 GNSS 控制测量的概念及模式

13.1.1 GNSS 控制测量的概念

为了限制误差积累,使测绘成果满足一定的精度要求,在碎部测量前必须进行控制测量。由于受到测量手段的限制,传统的控制测量被分解为两维的平面控制测量和一维的高程控制测量两部分。对于平面控制测量,主要采用测角量边的方式形成三角网、边角网或导线等几何图形,通过解算这些几何图形,最终获得各控制点的平面或椭球面坐标;对于高程控制测量,主要采用水准测量方式构成水准网,通过平差计算,最终获得各点的高程。

虽然传统控制测量技术的理论和方法非常成熟,但其具有人力物力投入大、受气候和地形影响严重、作业周期长等难以克服的缺点。GNSS 定位技术的出现使得控制测量技术发生了革命性的变化。目前,GNSS 以其精度高、速度快、费用省、操作简便、可以直接获得三维位置等优良特性,被广泛应用于控制测量中。

应用 GNSS 卫星定位技术开展的控制测量叫作 GNSS 控制测量,其控制点叫

GNSS 控制点。其技术思路是,按照一定的观测模式和技术规定,将 GNSS 接收机安置在 GNSS 控制点上,通过载波相对定位技术,测得控制点间的精确相对位置。如果知道一个点的坐标,便可方便获得另一点的坐标;如果有多个点,可构成网状结构,通过数据处理,得到各个点的坐标。

13.1.2　GNSS 控制测量的模式

GNSS 控制测量具有网观测和点观测两种模式。

（1）网观测模式

要理解 GNSS 控制测量网观测模式,需回忆一下水准网的测量原理。如图 13.1 所示,为了获得图中各水准点的高程,首先按一定的技术要求将水准点连成网状,然后利用水准仪测得网中各路线的高差,最后通过平差获得各点的高程。如果在这个网中没有已知水准点,可以采用秩亏自由网平差;如果有一个及以上已知水准点,可以采用约束平差。

如图 13.2 所示,如果将图 13.1 的水准点换成 GNSS 控制点,将水准网换成 GNSS 控制网,利用两台 GNSS 接收机分别安置在控制网相邻两点上,进行载波相对定位,可获得两点间的相对三维高精度坐标增量(也即基线向量)。通过这种方式可完成网中各基线测量,形成基线向量网,最后通过平差获得各点的三维坐标。这种由 GNSS 载波相对定位获得的基线构成的基线向量网,称为 GNSS 控制网,简称 GNSS 网。采用 GNSS 控制网来获得点位坐标的观测方法称作 GNSS 网观测模式。

由上述可见,GNSS 控制网和水准网的基本技术思路是一致的,最大的不同在于水准网是一维的,而 GNSS 控制网是三维的。

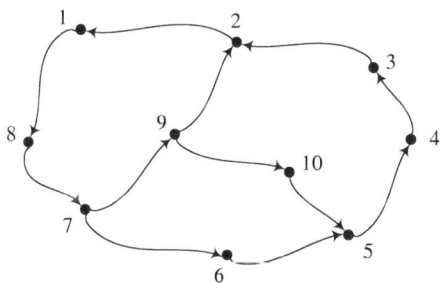

图 13.1　水准网示意图

图片来源:自绘

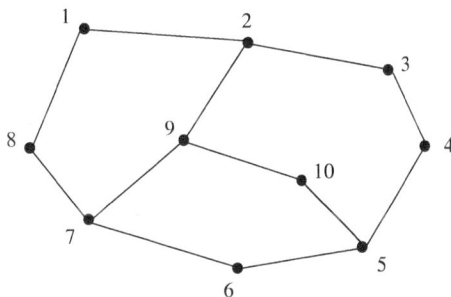

图 13.2　GNSS 控制网示意图

图片来源:自绘

（2）点观测模式

当前高精度的 GNSS 定位已可以在数千千米距离范围内达到 10^{-9} 级精度,这为

GNSS 网观测方法带来了新的变革。在 2002 年国家测绘局组织的"国家空间数据基础框架工程前期试验设计"项目研究中,对基于连续运行参考站的 GNSS 布网方案进行了试验和研究,结果表明,采用连续运行参考站支持下的 GNSS 单点观测布网方案进行国家高精度 GNSS 点的测定,不仅可以保证国家高精度 GNSS 网的精度要求,而且由于各 GNSS 接收机之间不必保持同步观测,可使作业效率得到提高。

基于 A 级点、区域卫星连续运行基准站或临时连续运行基准站的 GNSS 单点布网,实际上采用的依然是载波相对定位技术,只不过不是测 GNSS 控制点间的高精度基线向量,而是测 GNSS 控制点相对于 A 级点、区域卫星连续运行基准站或临时连续运行基准站的高精度基线向量。从理论上说,如果控制网中每一个控制点相对于 A 级点、区域卫星连续运行基准站或临时连续运行基准站都能达到较高的精度,则控制网中任意一对控制点形成的基线也能达到较高的相对精度。这种利用单台 GNSS 接收机获取卫星观测数据,联合卫星导航定位基准站进行数据解算的观测方法称为 GNSS 点观测模式。

由于需连续观测时间(一般 3 h 以上)较长、采用双频接收机、采用高精度 GNSS 解算软件(如 GAMIT、BERNESE 等),GNSS 网布设采用点观测模式在工程中并不多见,实际工作中采用最多的还是 GNSS 网观测模式。但在以下几种情况下,GNSS 控制网部分点可以考虑采用点观测模式:

①当布设较大型的控制网或距离较长的铁路、公路等 GNSS 控制网时,可以选部分点进行点观测,以构成整个 GNSS 网的骨干控制点,从而达到控制误差积累的目的。

②当 GNSS 网基线解算起始点没有精确的 WGS-84 坐标时,若采用伪距定位结果作为起算点,由起算点坐标误差对基线相对误差的影响可达 10^{-6}。当 GNSS 基线较长且精度要求较高时,可采用点观测模式,为该 GNSS 控制网获得一个厘米级精度的起算点。

13.2　GNSS 测量控制网的技术设计

GNSS 测量控制网的技术设计的目的是制定切实可行的技术方案,保证测量成果符合技术标准并满足甲方要求,同时获得最佳的社会效益和经济效益。GNSS 测量控制网的技术设计是指导 GNSS 控制网测量的技术依据,因此,每个测量项目作业前都应做技术设计。

13.2.1　资料的收集与踏勘

(1) 资料收集

在进行技术设计前,需收集与整理现有的测绘资料。需要收集整理的资料主要包括以下几方面：

①各举图件，如测区 1∶1 万～1∶10 万比例尺地形图、交通图等，测区总体建设规划和近期发展方面的资料；

②测区及周边地区可利用的已知点的成果资料，如控制点的点之记、坐标、高程、技术总结以及采用的坐标系统和高程系统，卫星定位连续运行基准站的资料；

③测区的地质、地形、地貌、气象、交通、通信等资料；

④有关的规范、规程等。

（2）测区踏勘

资料收集完成后，还应到实地踏勘，了解实地情况，为技术设计书的编写提供依据。通过实地踏勘，结合该项任务的目的，主要了解以下情况：

①已知控制点的分布情况。测区或测区附近三角点、导线点、水准点、GNSS 点等各类控制点的等级、数量以及点位标志保存状况，必要情况下重新绘制点之记。

②实地交通状况。了解铁路、公路以及乡村道路分布及通行情况。

③水系分布情况。了解江河、湖泊、水渠、码头、桥梁的分布情况以及水路交通情况等。

④居民点分布情况。了解测区内城镇、乡村居民点的分布、食宿、供电情况，了解当地风俗、禁忌、地方方言以及治安情况。

⑤植被情况。森林、草原和农作物的分布及面积，特别注意高大植被、高秆农作物对 GNSS 测量的影响情况。

⑥合适点位初选。根据控制网的用途与等级，对合适设点区域在地图上做标记，为下一步图上选点提供第一手资料。

对点位分布有特殊要求的区域需重点进行勘查。

13.2.2　GNSS 控制网等级确定

类似于传统控制测量，为了达到测量精度和可靠性要求，同时又考虑到作业周期和经费上的节约，《全球导航卫星系统（GNSS）测量规范》（GB/T 18314—2024）（简称《规范》）将 GNSS 测量按照精度和用途分为 A、B、C、D、E 五个等级，并对每个等级的技术环节做了具体要求。

（1）等级的精度指标

A 级 GNSS 网由卫星导航定位基准站构成，其精度应不低于表 13.1 的要求；B、

C、D 和 E 级 GNSS 网的精度应不低于表 13.2 的要求。

表 13.1 　 A 级网精度要求

级别	坐标年变化率中误差		相对精度	地心坐标各分量年平均中误差/mm
	水平分量/(mm/a)	垂直分量/(mm/a)		
A	2	3	$1×10^{-8}$	0.5

表格来源：自制

表 13.2 　 B、C、D 和 E 级 GNSS 测量等级精度

级别	点位中误差		相邻点基线分量中误差		相邻点间平均距离/km
	水平分量/mm	垂直分量/mm	水平分量/mm	垂直分量/mm	
B	5	10	5	10	50
C	10	15	10	20	15
D	15	30	20	40	5
E	15	30	20	40	2

表格来源：自制

需要说明的两点：

①用于建立国家二等大地控制网和三、四等大地控制网的 GNSS 测量，在满足 B、C 和 D 的精度要求的基础上，其相对精度还应分别不低于 $1×10^{-7}$、$1×10^{-6}$ 和 $1×10^{-5}$。

②各级 GNSS 网点相邻点的 GNSS 测量大地高差的精度，应不低于表 13.1、表 13.2 规定的各级相邻点基线垂直分量的要求。

（2）等级的选择

《规范》对各等级网的用途也作了明确规定。

①用于建立国家一等大地控制网，进行全球性的地球动力学研究、地壳形变测量和精密定轨等的 GNSS 测量，应满足 A 级 GNSS 测量的精度要求。

②用于建立国家二等大地控制网，建立地方或城市坐标基准框架、区域性的地球动力学研究、地壳形变测量、局部形变监测和各种精密工程测量等的 GNSS 测量，应满足 B 级 GNSS 测量的精度要求。

③用于建立三等大地控制网，以及建立区域、城市和工程测量的基本控制网等的 GNSS 测量，应满足 C 级 GNSS 测量的精度要求。

④用于建立四等大地控制网的 GNSS 测量和中（小）城市、城镇以及测图、地籍、土地信息、房产、物探、勘测、建筑施工等控制测量的 GNSS 测量，应满足 D、E 级 GNSS 测量的精度要求。

在测量工作中,应在充分理解测量任务目的、精度要求以及经费的基础上,根据上述各等级适用范围,确定本 GNSS 控制网的测量等级。随着经济及科技的发展,GNSS 测量应用范围越来越广,一些特殊工程测量精度也越来越高。《规范》对各种工程的 GNSS 控制网都作出明确的等级规定是很困难的。在这种特殊工程下,技术人员可根据《规范》,针对具体测量任务,就高选择 GNSS 网等级。

各级 GNSS 测量均以两倍中误差作为极限误差。

13.2.3　测量基准设计

GNSS 测量基准设计是 GNSS 测量的一项重要工作,这与 GNSS 载波相对定位技术的特点以及 GNSS 测量成果需与历史资料衔接有关。一般来说,测量基准设计主要包括起算点设计及成果坐标系统设计两部分。

（1）起算点设计

在解算 GNSS 控制网各基线向量时,需固定基线的一个端点在 WGS-84 坐标系中的三维坐标,该固定点的坐标精度会对基线解算精度产生影响。其影响估算一般采用经验公式:

$$\frac{\delta b}{b} \approx \frac{\delta s}{\rho} \tag{13.1}$$

其中,δb 为起算点误差带来的基线误差,b 为基线长,δs 为起算点误差,ρ 为星地之间的距离。

若起算点误差大于 20 m,则由此带来的基线相对误差大于 10^{-6}。因此,起算点设计对提高解算精度具有重要的意义。《规范》规定,A 级 GNSS 网应不少于 5 个,且分布均匀的 IGS 站的坐标为起算点;B 级 GNSS 网应以不少于 5 个,且分布均匀的 A 级 GNSS 网点或 IGS 站为起算点;C、D、E 级 GNSS 网应以不少于 3 个,且分布均匀,以所在网等级高一级及以上的网点为起算点。

（2）成果坐标系统设计

GNSS 测量成果应采用 2000 国家大地坐标系。然而,为了与历史资料、既往工程相衔接,一般都要求给出各 GNSS 点在已有工程坐标系下的曲面或平面坐标。同时,GNSS 测得的高程属于大地高程系统,而我国使用的高程系统是正常高程系统,因此还需将各 GNSS 点的高程从大地高转换到正常高。

《规范》规定,为求定 GNSS 点在某一参考坐标系中的坐标,应与该参考坐标系中的原有控制点进行联测,联测的总点数不应少于 3 个。这些联测点称为公共点,即这些点既具有测量目标坐标系下的坐标,又作为 GNSS 控制网的一部分测得了在 WGS－84 坐标系下的坐标。利用这些公共点,使 WGS－84 坐标系与测量目标坐标系产生了联系,进而实现各 GNSS 点成果从 WGS－84 坐标系转换到目标坐标系下。

一般来说,在目标坐标系的成果需要的是平面坐标,因此通常还需要确定采用的参考椭球、中央子午线、纵横坐标的加常数、坐标系的投影面等技术指标。

对于 GNSS 点的高程从大地高转换到正常高,《规范》做了如下技术规定:

①A、B 级网应逐点联测高程,C 级网应根据区域似大地水准面精化要求联测高程,D、E 级网可依据具体情况联测高程。

②A、B 级网点的高程联测精度应不低于二等水准测量精度,C 级网点的高程联测精度应不低于三等水准测量精度,D、E 级网点按四等水准测量或与其精度相当的方法进行高程联测。

通过高程联测,形成高程公共点,然后利用一定的算法完成各 GNSS 点的高程从大地高到正常高的转换。

13.2.4 图上选点及命名

由于 GNSS 网的范围一般都比较大,只有在图上进行设计才能更好地把握整体情况,图上选点便是其中一个重要环节。图上选点一般在测区 1∶1 万～1∶10 万比例尺的地形图上进行。

(1) 图上选点

首先应根据测量任务要求以及选用的 GNSS 控制网等级,概略确定 GNSS 点的个数、密度,然后再在图上进行选点并标出。

根据基准设计的原则,在图上确定起算点和公共点。根据收集到的已知点资料,结合实地踏勘情况,明确哪些已知点可以使用,并将这些已知点标在图上。如果已知点较多,可根据测量任务需要以及地形情况舍去部分已知点。需要注意的是,已知点应均匀分布且能覆盖全测区。

选点时需注意以下几个方面:

①用于国家一等大地控制网时,其点位应均匀分布,覆盖我国国土。在满足条件的情况下,点位宜布设在国家一等水准路线附近或国家一等水准网的结点处。

②用于国家二等大地控制网时,应综合考虑应用服务和对国家一、二等水准网的大尺度稳定性监测等因素。点位应在均匀分布的基础上,尽可能与国家一、二等水准

网的结点、已有国家高等级 GNSS 点、地壳形变监测点、基本验潮站等重合。

③用于二等大地控制网布设时,应满足国家基本比例尺测图的需求,并结合水准测量、重力测量技术,精化区域似大地水准面。

④D、E 级网点应有 1～2 个方向通视,以方便后期常规测绘仪器的使用。

⑤GNSS 点应均匀分布,相邻点间距离最长不宜超过该网平均点间距的 2 倍,最短不宜小于该网平均点间距的 2/3。

⑥GNSS 点位应满足施测要求。

（2）GNSS 点的命名

GNSS 控制网内各 GNSS 点均应进行命名和编号。命名和编号需遵循以下几个原则:

①GNSS 点应以该点所在地命名,无法区分时可在点名后加注(一)、(二)等予以区别。少数民族地区应使用规范的音译汉语名,在译音后可附上原文。

②新旧点重合时,应采用旧点名,不得更改。如原点位所在地名称已变更,应在新点名后以括号注明旧点名。如与水准点重合时,应在新点名后以括号注明水准点等级和编号。

③点名书写应准确正规,一律以国务院公布的简化汉字为准。

④当对 GNSS 点编制点号时,应整体考虑,统一编号,点号应唯一,且适于计算机管理。

⑤采用卫星导航定位基准站的,已有的站点名称和代码可直接采用,新建的站点名称和代码按照 GB/T 35767 要求执行。

13.2.5　GNSS 网形设计

完成图上选点后,需要用线将点连起来,构成如图 13.2 所示的 GNSS 网。这些线即是待测的基线向量。该网形设计的合理性直接关系到测量结果的精度、可靠性以及作业效率。为了提高观测成果的精度与可靠性,GNSS 网中各基线间应能形成一定的网形,构成一定的检核条件。

（1）GNSS 测量的几个基本概念

①观测时段:测站上开始接收卫星信号到停止接收的连续观测时间间隔称为观测时段,简称时段。

②同步观测:两台或两台以上接收机同时对同一组卫星进行的观测。

③同步观测环:三台或三台以上接收机同步观测所获得的基线向量构成的闭合环,简称同步环。如图 13.3 所示,由 $N(N \geqslant 2)$ 台 GNSS 接收机同步观测可得到基线边条数:

$$J = \frac{N(N-1)}{2} \tag{13.2}$$

由这 J 条基线中任意几条构成的闭合环都属于同步环。可见,随着接收机数量的增加,同步环的数量也急剧增加。

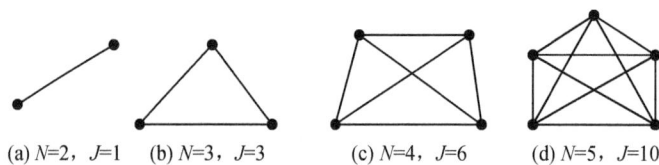

(a) $N=2$,$J=1$ (b) $N=3$,$J=3$ (c) $N=4$,$J=6$ (d) $N=5$,$J=10$

图 13.3　N 台接收机同步观测图形

图片来源:自绘

④独立基线:线性无关的一组观测基线。在同步观测得到的 J 条基线中,相互独立的边为:

$$DJ = N - 1 \tag{13.3}$$

即这 DJ 条边间相互不能表达,也不能构成任何检核条件。在 J 条基线边中,DJ 条独立基线的选择有一定的任意性。参加同步观测的接收机数量越多,选择的方式也越多,如图 13.4 所示。

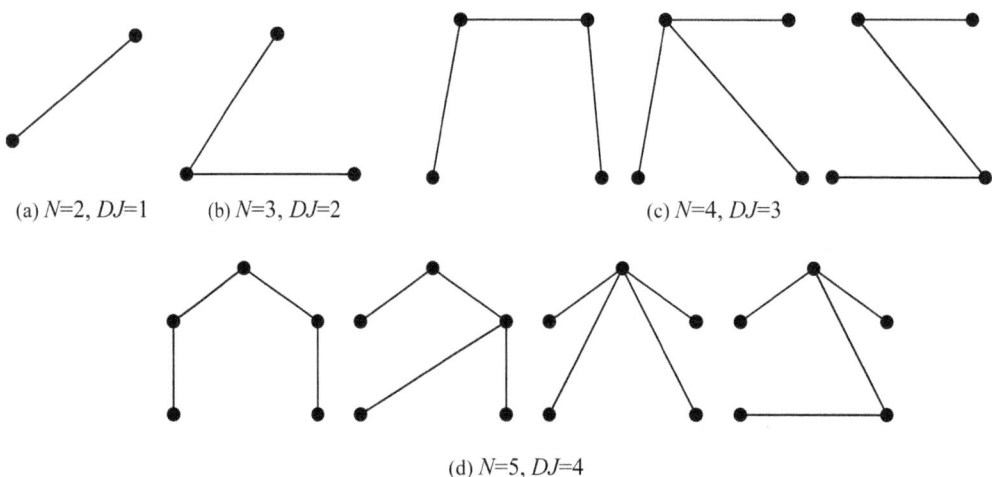

(a) $N=2, DJ=1$ (b) $N=3, DJ=2$ (c) $N=4, DJ=3$

(d) $N=5, DJ=4$

图 13.4　N 台接收机同步观测图形中独立基线的选择

图片来源:自绘

⑤异步环(独立观测环):由非同步观测获得的基线向量构成的闭合环,简称独立环或异步环。

⑥重复基线(复测基线):同一条 GNSS 边若观测了多个时段,可得到多个基线结果,这种基线称为重复基线(或复测基线)。

（2）GNSS 网形设计

在进行 GNSS 网形设计时,既不能脱离实际的应用需求,盲目地追求不必要的高精度和高可靠性,也不能为追求高效率和低成本,而放弃对质量的要求。对于 GNSS网,由于点间不需通视,且 GNSS 网对于基线间的夹角不做任何要求,这给 GNSS 网的网形带来了很大的方便与灵活性。

同步环中各基线是由同步观测数据解算得到的,理论上,同步环的闭合差应为零。因此,即使测量中有点位架设误差、观测中有观测误差,同步环也不能发现。可见,同步环不具备检核观测误差的条件。因此,图 13.2 的 GNSS 网中各闭合环不能由同步环构成。

由于异步环是由不同时段观测数据解算得的基线构成,它们间不能相互表达。当在某一个时段某一站观测数据有问题或仪器架设误差较大时,异步环闭合差一般会较大,由此可以检核观测误差。因此,图 13.2 中的 GNSS 网中各环均必须是异步环。

异步环的边数越多,环内误差相互抵消的可能性越大,这样不利于真实体现基线误差,降低了网的可靠性。因此,《规范》对各级 GNSS 网最简异步环的边数做了规定。《规范》规定,各级 GNSS 网最简异步环的边数应不大于表 13.3 中的相应限值,异步环间应边连接。

表 13.3　最简异步环或附合路线的边数限值

级别	B	C	D	E
异步环的边数/条	6	6	8	10

表格来源:自制

完成 GNSS 网形设计后,应根据测量等级,对该网的点位精度进行估算,对该网的可靠性进行分析,不断优化。在保证精度、可靠性的前提下,实现最佳的工作效率和经济效益。

13.2.6　技术设计书的编写

完成上述设计后,应编写技术设计书,形成书面材料。设计书的内容主要包括以下内容：

（1）任务概述：包括项目来源、目的、任务量、时间要求、测区范围和行政隶属等情况。

（2）测区自然地理情况：根据需要说明与设计方案或作业有关的测区自然地理概况，内容可包括测区地理特征、居民地、交通、气候情况和困难类别等。

（3）已有资料情况：说明已有资料的数量、形式、施测年代、采用的坐标系统、高程系统，资料的主要质量情况和评价、利用的可能性和利用方案等。

（4）引用文件：说明专业技术设计书编写中所引用的标准、规范和其他技术文件。文件一经引用，便构成专业技术设计书内容的一部分。

（5）主要技术指标：说明项目成果的坐标系、高程基准、投影方法、精度或技术等级以及其他主要技术指标。

（6）选点与埋标：GNSS 点布设的基本要求，点位标志的类型、规格，埋设要求，以及点的编号等。

（9）布网方案：控制网等级、网形以及精度估算和可靠性分析等。

（8）仪器设备：规定 GNSS 接收机的类型、数量、精度指标以及对仪器校准和检定的要求，规定测量和计算所需的专业应用软件和其他配置。

（9）GNSS 网的观测：观测的基本程序与观测的基本要求，包括观测纲要、时间、时段等；外业观测时的具体操作规程，包括仪器参数的设置（如采样率、截止高度角等）、对中精度、整平精度、天线高的量测方法及精度要求等。

（10）观测数据处理：包括数据的下载、基线解算的软件、方法，对基线解算的要求、外业观测的成果检核，如同步环、异步环、重复基线的闭合差的限差要求，三维无约束平差、约束平差、坐标转换等数据处理软件与方法。

（11）补测与重测：规定重测、补测的条件、要求和方法。

（12）其他要求：拟定所需的交通工具、主要物资及其供应方式、通信联络方式，以及人员的配备。

（13）验收与上交资料：项目完成后需要提交的成果及其资料内容和要求。

技术设计书一般需进行内部验证、委托评审、报任务委托单位审批等过程。技术设计书一经批准，不得随意更改。

13.3　GNSS 外业选点与埋石

技术设计书获得批准后，即可进行外业实地选点和埋石工作。

13.3.1　外业选点

外业实地选点工作的任务是根据一定的技术要求,将图上设计的点位在实地确定下来。由于 GNSS 测量不需要点间通视,且网的结构也较灵活,因此实地选点工作较常规测量要简便得多。

（1）准备工作

选点人员在实地选点前,应收集有关布网任务与测区的资料,包括测区 1∶50 000 或更大比例尺的地形图、交通图,以及已有的各类控制点、卫星定位连续运行基准站的资料等。选点人员应充分了解和研究测区情况,特别是交通、通信、供电、气象、地质及大地点等情况。

准备好临时标示点位的竹签、木桩或铁钉,以及彩色油漆;准备好书写点名、点号等信息的毛笔等物品。

（2）点位的基本要求

由于 GNSS 测量是通过 GNSS 接收机对 GNSS 卫星发射的信号进行观测,因此其点位相较常规测量的点位会有一些特殊的要求。对于一个 GNSS 点,其点位的基本要求如下:

①周围便于安置接收设备和操作,视野开阔,视场内障碍物的高度角不宜超过 $15°$。

②远离大功率无线电发射源（如电视台、电台、微波站等）,其距离应大于 200 m;远离高压输电线和微波无线电传送通道,其距离应大于 50 m。

③附近不应有强烈反射卫星信号的物件（如大型建筑物、大面积水域、沙地等）。

④交通方便,并有利于其他测量手段扩展和联测。

⑤地面基础稳定,易于标石的长期保存。

⑥充分利用符合要求的已有控制点。

⑦应尽可能使测站附近的局部环境（地形、地貌、植被等）与周围的大环境一致,以减少气象元素的代表性误差。

⑧A 级 GNSS 点的点位还应符合《全球导航卫星系统连续运行基准站网技术规范》(GB/T 28588)的有关规定。

（3）辅助点与方位点

为了对高等级点进行维护,并在将来再利用时对其进行稳定性检核,非基岩的 A、

B级 GNSS 点的附近宜埋设辅助点,并测定其与该点的距离和高差,精度应优于 5 mm。

另外,对于不同用途的控制点,还应考虑其建成后的利用问题。如对于一些工程控制网,其作用是为工程的施工放样服务,而施工放样目前所采用的仪器为常规测量仪器,因此仍需保证 GNSS 点至少有两点直接通视。《规范》规定,各级 GNSS 网点可视需要设立与其通视的方位点。方位点应目标明确、观测方便,方位点距网点的距离一般不小于 300 m。

(4)选点作业

选点作业时需注意以下事项:

①选点人员应按照技术设计书进行踏勘,并在实地按上述"点位的基本要求"选定点位,并在实地加以标定。

②当利用旧点时,应检查旧点的稳定性、可靠性和完好性,以及觇标是否安全可用,符合要求后方可利用。

③需要水准联测的 GNSS 点,应实地踏勘水准路线情况,选择联测水准点并绘出联测路线图。

④不论是新选定的点或利用旧点(包括辅助点与方位点),均应实地按照要求绘制点之记,其内容要求在现场做详细记录,不得追记。

⑤A、B级 GNSS 网点在其点之记中应填写地质概要、构造背景及地形地质构造略图。

⑥A级 GNSS 网点的点位周围有高于 10°的障碍物时,应绘制点的环视图。

⑦一个网区选点完成后,应绘制 GNSS 网选点图。

⑧优先选择有水准、重力并置的卫星导航定位基准站作为 A 级 GNSS 网点。

(5)选点资料整理

选点结束后,应提交下列资料:

①GNSS 网点之记及点的环视图。

②GNSS 网选点图。

③选点工作总结。

13.3.2 埋石

各级 GNSS 点均应埋设具有中心标志的标石或标志,以精确标定点位。点的标志与标石必须稳定、坚固,以利于长久保存与利用。

（1）标石

GNSS 点标石分为天线墩、基本标石和普通标石。天线墩又分为基岩天线墩、岩石天线墩、土层天线墩等 3 种类型;基本标石又分为基岩标石、普通基本标石、冻土基本标石、固定沙丘基本标石等 4 种类型;普通标石又分为岩层普通标石、普通标石、建筑物上标石等 3 种类型。各种类型的标石应设有中心标志,基岩和基本标石的中心标志应用铜或不锈钢制作,普通标石的中心标志可用铁或坚硬的复合材料制作,标志中心应刻有清晰、精细的十字丝或嵌入不同颜色金属(铜或不锈钢)制作的直径小于 0.5 mm 的中心点。各种天线墩应安置强制对中装置,强制对中装置的对中误差不应大于 1 mm。用于区域似大地水准面精化的 GNSS 点,其标志还应满足水准测量的要求。

A 级 GNSS 点标石与相关设施的技术要求按《全球导航卫星系统连续运行基准站网技术规范》(GB/T 28588)的有关规定执行。B 级 GNSS 点应埋设天线墩;C、D、E 级 GNSS 点在满足标石稳定、易于长期保存的前提下,可根据具体情况选用。

（2）埋石作业

埋石作业应注意如下事项:

①标石应用混凝土灌制,在有条件的地区,也可用整块花岗岩、青石等坚硬石料凿制,但其规格应不小于同类标石的规定。

②埋设天线墩、基岩标石、基本标石时,应现场浇筑混凝土。普通标石可预先制作,然后运往各点埋设。

③埋设标石时,须使各层标志中心严格在同一铅垂线上,其偏差不应大于 2 mm。

④利用旧点时,应首先确认该点标石完好,并符合相应规格和埋石要求,且能长期保存。必要时需要挖开标石侧面查看标石情况。如遇上标石被破坏,可以以下标石为准重埋上标石。

⑤方位点应埋设普通标石,并加适当注记,以便与控制点相区分。

⑥埋石所占土地,应经土地使用者或管理部门同意,并办理相应手续。新埋设标石时应办理测量标志委托保管书,一式三份,分别交标石保管单位或个人、上交和存档各一份。利用旧点时需对委托保管书进行核实,若委托保管情况不落实应重新办理。

⑦B、C 级 GNSS 网点标石埋设后,至少需经过一个雨季,冻土地区至少需经过一个冻解期,基岩或岩层标石至少需经过一个月后,方可用于观测。

（3）标石外部整饰

B、C、D、E 级 GNSS 点混凝土标石灌制时,均应在标石上表面压印控制点的类级、埋设年代,B、C 级 GNSS 点还应在标石侧面压印"国家设施 请勿碰动"字样。

B 级 GNSS 点标石埋设后,宜在周围砌筑混凝土方井或圆井护框,护框高 0.2 m,内径根据情况而定,但至少不小于 0.6 m。

荒漠或平原不易寻找的控制点还需在其近旁埋设指示牌。

（4）关键工序控制

在标石建造的施工现场,应拍摄下列照片:
①钢筋骨架照片,应能反映骨架捆扎的形状和尺寸。
②标石坑照片,应能反映标石坑和基座坑的形状和尺寸。
③基座建造后照片,应能反映基座的形状及钢筋骨架或预制涵管安置是否正确。
④标志安置照片,应能反映标志安置是否平直、端正。
⑤标石整饰照片,应能反映标石整饰是否规范。
⑥标石埋设位置远景照片,应能反映标石埋设位置的地物、地貌景观。

（5）埋石后应上交的资料

埋石结束后,应上交以下资料:
①GNSS 点之记。
②测量标志委托保管书。
③标石建造拍摄的照片。
④埋石工作总结。

13.4 GNSS 控制网施测前准备

13.4.1 仪器的选择与检验

（1）仪器的选择

用于 GNSS 控制网测量的 GNSS 接收机必须选择测量型接收机。由于 GNSS 控制网测量采用的是载波相对定位技术,为了有效控制电离层误差,对选用的单频或双频接收机也有相应的规定。同时,为了提高作业效率,《规范》对各级 GNSS 网的同步观测接收机数也做了相应的要求。A 级网测量 GNSS 接收机的选用按《全球导航卫星系统连续运行基准站网技术规范》(GB/T 28588)的有关规定执行,B、C、D、E 级 GNSS 网的 GNSS 接收机的选择按表 13.4 规定执行。

表 13.4 GNSS 接收机的选用

级别	B	C	D、E
频段	多模多频	多模多频/单模多频	单模多频/多模单频
观测量至少有	载波相位、伪距	载波相位、伪距	载波相位、伪距
同步观测接收机数	≥4	≥3	≥2
天线要求	扼流圈、抗干扰	大地型	大地型

表格来源:自制

(2) 仪器的检验

对于选定的接收机,在参加作业之前,首先应对其性能与可靠性进行检验,合格后才可使用。GNSS 接收机的检验分为 a、b 两类,a 类为新购置的和修理后的 GNSS 接收机的检定,b 类为使用中的 GNSS 接收机的定期检定。对于不同的类别,检定的项目有所不同,具体如表 13.5 所示。

表 13.5 接收机检定项目

检定项目	检定类别	
	a	b
接收机系统检视	+	+
接收机通电检验	+	+
内部噪声水平测试	+	+
接收机天线相位中心稳定性测试	+	-
接收机野外作业性能及不同测程精度指标的测试	+	-
接收机频标稳定性检验和数据质量的评价	+	+
接收机高低温性能测试	+	-
GNSS 接收机附件检验	+	+
数据后处理软件验收和测试	+	-
接收机综合性能的评价	+	-

表格来源:自制

表 13.5 中,"+"代表必检项目,"-"代表可检可不检项目;b 类各项目的检定周

期一般不超过一年。

《规范》规定：

①新购置的 GNSS 接收机，以及当接收机天线受到强烈撞击，或更新接收机部件后，或更新天线后的接收机，应按规定进行全面检验后使用。

②不同类型的接收机参加共同作业时，应在已知基线上进行比对测试，超过相应等级限差时不得使用。

③天线或基座的圆水准器、光学对中器、天线高量尺，在作业期间至少1个月检校一次。

考虑到 b 类各项目的检验是 GNSS 网测量使用仪器的必检项目，且其检定周期一般不超过一年。下面将 b 类各项目的检验内容给予介绍，详细检验过程及其他检验请参阅《全球定位系统(GPS)测量型接收机检定规程》(CH 8016)。

①GNSS 接收机检视项目

a) GNSS 接收机及天线外观是否良好，型号是否正确，主机与配件是否齐全。

b) 需固紧的部件是否有松动和脱落。

c) 设备使用手册和后处理软件手册是否齐全。

d) 后处理存储介质数量是否齐全。

②GNSS 接收机通电检验

GNSS 接收机与电源正确连接，然后进行以下检验。

a) 电源信号灯工作是否正常。

b) 按键和显示系统工作是否正常。

c) 利用自测试命令检测仪器工作是否正常。

d) 检验接收机锁定卫星时间的快慢，接收信号的信噪比及信号失锁情况。

③接收机系统内部噪声水平测试

此项测试可根据具体情况采用以下两种方法之一进行，并尽可能采用零基线测试方法。

a) 零基线测试方法：用零基线测试时，对 1.5 h 观测值，基线分量及长度应在1 mm 以内，接收机内部噪声水平应满足厂商的指标。

b) 超短基线测试方法：用超短基线测试时，对 1.5 h 观测值，基线分量与地面测量值之差应小于仪器固定误差，接收机内部噪声水平应满足厂商的指标。

④GNSS 接收机频标稳定性检验和数据质量的评价

GNSS 接收机频标的稳定性(主要是短期频率稳定特性)，对观测数据的质量有着重大的影响，主要表现为观测值残差大小和噪声水平，周跳出现的频率，特别是半周跳出现的频率。它是考核接收机性能和潜在可达到的精度水平的一个重要指标。对于高精度 GNSS 测量和地球动力学研究方面的应用,频标稳定性及其对观测值噪声的影响分析将具有更为重要的意义。

考核的主要指标为:数据的噪声水平、周跳出现的频率、低仰角情况下(例如:15°~25°)数据质量的变化、低仰角情况下多路径效应的影响。

检验方法:通过对较长观测时间段、不同测程的观测数据进行残差统计分析,确定数据的平均噪声水平、周跳出现的频率,以及低仰角条件下观测数据质量的变化和多路径效应的影响。在没有专门的标准测试软件之前,可暂时使用高精度 GNSS 分析软件完成此项工作。

⑤GNSS 接收机附件检验项目

a) 电池、电缆和充电机的检验,包括电池电容量的检验、电缆型号及接头是否配套和完好、充电器功能是否完好。

b) 天线连接件及天线高量尺的检验,包括天线与基座连接件是否完好及配套、基座光学对中器的检验、天线或基座圆水准器的检验、天线高量尺是否完好及尺长精度。

c) 数据转录设备及软件检验,包括 GNSS 接收机数据传输接口配件及软件是否齐全,数据传输性能是否正常。

d) 气象测试仪表检验,一般应送气象部门检验,其检验内容应包括通风干湿表的检验、空盒气压表的检验。

13.4.2　同步环扩展及作业调度设计

GNSS 接收机准备好后,即可着手进行作业调度设计,即如何合理安排几台 GNSS 接收机,高效地完成 GNSS 控制网的施测工作。结合 13.2 节介绍的网形设计,外业实施阶段需根据仪器、人员、交通等实际情况确定同步环的扩展方式,并制订相应的作业调度计划。

(1) 同步环扩展方式

同步图形扩展是指 GNSS 网以同步图形的形式连接扩展,进而构成具有一定数量独立环的布设形式。首先,多台接收机在不同测站上进行同步观测。完成一个时段的同步观测后,又迁移到其他测站进行同步观测,每次同步观测都可以形成一个同步图形。在测量过程中,不同的同步图形间需有公共点相连。根据连接形式的不同,可分为:点连式、边连式、网连式。

①点连式

是指通过一个公共点将相邻的同步图形连接在一起。实际操作中,通常保持连接点的 GNSS 接收机不动,其他接收机迁移到下一个同步图形点。点连式的布网方案的优点是:作业效率高,图形扩展迅速。但由于不能形成重复基线,其检核条件相对较弱。图 13.5 为 4 台接收机的点连式形式。

②边连式

就是通过一条边将相邻的同步图形连接在一起。实际操作中,通常保持连接边上的两台 GNSS 接收机不动,其他接收机迁移到下一个同步图形点。图 13.6 为 4 台接收机的边连式布设形式。与点连式相比,边连式观测作业方式可以形成较多的重复基线,具有较好的检核条件,但作业效率相对较低。

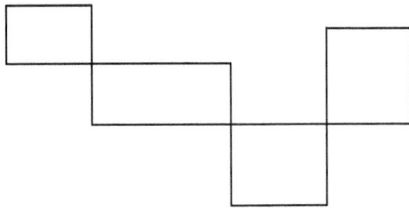

图 13.5　4 台接收机的点连式

图片来源:自绘

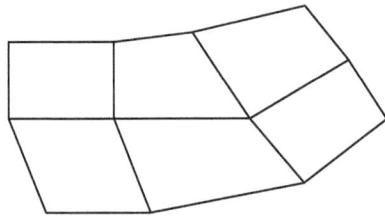

图 13.6　4 台接收机的边连式

图片来源:自绘

③网连式

就是相邻的同步图形间有 3 个及以上的公共点,相邻图形间有一定的重叠。显然,这种扩展方式需要有 4 台及以上的接收机。采用这种形式所测设的 GNSS 网具有很强的检核条件,但作业效率很低,一般仅适用于精度要求较高的控制网。

（2）作业调度安排

为了检核 GNSS 测量误差,防止出现粗差,GNSS 控制网网形设计的各环需均为异步环。异步环是由不同同步环中的独立基线构成的。因此,在任何异步环中,必然会出现一个测站有两次及以上观测时段的现象。为了提高网的精度和可靠性,《规范》对采用网观测模式的每站观测时段数做了规定,如表 13.6 所示。

表 13.6　各等级网观测时段数规定

等级	B	C	D	E
观测时段数	≥3	≥2	≥1.6	≥1.6
注 1:A 级网观测按 GB/T 28588 的有关规定执行。 注 2:观测时段≥1.6,指每站至少观测一个时段,其中二次设站点数不少于 GNSS 网总点数的 60%。				

表格来源:自制

因此,必须合理选择同步图形扩展方式,合理安排测量调度,才能以尽可能高的效率完成 GNSS 控制网异步环的测量。

作业调度者需根据测区地形和交通状况、采用的 GNSS 作业方法以及设计的基线最短观测时间等因素综合考虑，编制观测调度表。在作业过程中，可根据具体情况做必要调整。

假设图 13.2 的 GNSS 控制网为 D 级网，采用甲、乙、丙 3 台 GNSS 接收机进行观测。表 13.7 即为该网施测的一种调度安排。

表 13.7　同步环及调度表

时段	接收机			保留的独立基线
	甲	乙	丙	
1	8	1	2	8 - 1,1 - 2
2	9	3	2	9 - 2,2 - 3
3	4	3	5	3 - 4,4 - 5
4	10	6	5	5 - 6,5 - 10
5	10	9	7	9 - 10,9 - 7
6	8	6	7	6 - 7,7 - 8

表格来源：自制

施测完该网需 6 个时段，每个站均至少观测了一个时段，其中 2、3、5、6、7、8、9、10 站设站了两次，所有点共观测了 18 个（时段、站），平均每个点观测 1.8 个时段，满足《规范》要求。

13.5　GNSS 控制网的外业观测

准备工作就绪后，即可以进行外业观测了。外业观测数据的质量决定了基线的解算精度，也进一步决定了控制网的精度。同时，外业观测劳动强度大、人力物力投入多，应采取一定的措施保证数据采集质量，尽量避免返工重测。

13.5.1　基本技术规定

GPS 测量与常规测量一样，在外业观测过程中必须满足一些基本技术要求。A 级 GNSS 网观测技术要求按 GB/T 28588 的有关规定执行，B、C、D、E 级 GNSS 网观测基本技术规定应符合表 13.8 的要求。

表 13.8　GNSS 网观测基本技术规定

项　目	级　别			
	B	C	D	E
卫星截止高度角/°	15	15	15	15
同时观测有效同系数卫星数	≥4	≥4	≥4	≥4
有效观测卫星总数	≥20	≥6	≥4	≥4
时段长	≥23 h	≥4 h	≥60 min	≥40 min
采样间隔/s	30	15～30	5～15	5～15
注1:计算有效观测卫星总数时,应将各时段的有效观测卫星总数扣除期间的重复的卫星数。 注2:观测时段长度,应为开始记录数据到结束记录的时间段。 注3:采用基于卫星导航定位基准站点观测模式时,可连续观测,但观测时间段应不低于规定的各时段观测时间的和。				

表格来源:自制

B、C、D、E 级 GNSS 网测量可不观测气象元素,而只记录天气状况。雷电、风暴等恶劣天气时,不宜进行 GNSS 观测。

13.5.2* GNSS 观测作业

作业操作人员应熟悉该类型 GNSS 的性能、硬件连接、软件操作等,作业前需进行专门培训,考核合格后才可上岗操作。

(1) GNSS 观测主要流程

测站仪器安置操作主要流程一般为:

①准备好三脚架、天线墩或觇标。将三脚架打开,安置在测点上方,高度适中,一般应距地面 1.5 m 以上;检验各螺旋是否拧紧,以防三脚架观测工程中歪倒;将三脚架的脚在地上踩紧。若是使用天线墩,则打开天线墩护盖;若是使用贴标,则准备好觇标仪器台。

②设备连接。将 GNSS 天线安置在三脚架、天线墩或觇标上,正确连接天线、主机、操作面板、电源之间的连接线,防止线路连接错误而损坏仪器。B 级 GNSS 测量时,天线定向标志线应指向正北,考虑当地磁偏角修正后,其定向误差应不大于±5°。对于定向标志不明显的接收机天线,可预先设置标记,每次按此标记安置仪器。

③整平对中。利用基座,对天线进行对中整平,对中误差不应大于 1 mm;天线集成体上的圆水准气泡必须居中。没有圆水准气泡的天线,可调整天线基座脚螺旋,使在天线互为 120°方向上量取的天线高互差小于 3 mm。

④开机预热。GNSS 接收机在开始观测前,应进行预热和静置,具体要求按接收机操作手册进行。预热期间,应观察 GNSS 接收机热启动是否正常,软件运行是否正常,参数设置是否正确,并量取天线高。

⑤开始观测。联系参与同步观测的其他测站接收机操作员,约定开机时间,大致同时启动观测程序,进行数据采集,并填写"GNSS 测量观测手簿"。

⑥结束观测。观测时段长满足要求且观测期间各项观测指标满足要求后,联系参与同步观测的其他测站接收机操作员,约定结束观测,退出接收机观测程序,结束观测。再次量取天线高,两次量高之差不应大于 3 mm,取平均值作为最后天线高。若差值超限,应查明原因,提出处理意见并记入测量手簿记事栏。

⑦关机迁站。经检查,所有规定作业项目已全面完成,并符合要求,记录与资料完整无误后,按顺序关闭电源、断开连接线、拆分设备装箱,恢复测点标石、天线墩或觇标的保护原状,确认没有设备、附件等物品落下后,按照调度安排,迁往下一站。

（2）天线高的量测方法

①天线墩上天线高量测

用天线高量测杆或小钢尺,从厂家规定的天线高量测基准面,在彼此相隔 120°的三个位置分别量取至天线墩中心标志面的垂直距离,互差应小于 2 mm,取平均值为天线高 H。

②三脚架上天线高测定

对于备用专用测高标尺的接收设备,将标尺插入天线的专用孔中,下端对准中心标志,直接读出天线高(或需加一常数)。

对于其他接收设备,可采用倾斜测量方法,从三脚架的三个空档(互成 120°),测量天线高量测基准面至中心标志的距离,互差应小于 3 mm,取平均值为 L,天线底盘半径为 R,则可得天线高:

$$H=\sqrt{L^2-R^2} \tag{13.4}$$

③觇标仪器台上天线高测定

按照①的方法量取天线高量测基准面至仪器台上表面的高差 H',再量取仪器台的厚度 H'',再用钢尺不同部位量取仪器台下表面至中心标志面的高差 3 次,其互差不应大于 5 mm,取平均值为最终结果 H''',则天线高为:

$$H=H'+H''+H''' \tag{13.5}$$

（3）GNSS 观测作业的要求

作业时应满足以下作业要求:

①观测组必须严格遵守调度命令,按规定的时间进行作业。

②检查接收机电源电缆和天线等各项连接无误后,方可开机。

③开机后,经检验有关指示灯与仪表显示正常后,方可进行自测试并输入测站、采样间隔等控制信息。

④接收机启动前与作业过程中,应随时逐项填写测量手簿中的记录项目。

⑤接收机开始记录数据后,观测员可通过专用功能键和选择菜单,查看测站信息、接收卫星数、卫星号、卫星健康状况、信噪比、相位测量残差、实时定位结果及其变化、存储介质记录和电源情况。如发现异常,应作记录,并及时报告调度者。

⑥每时段观测开始时与结束前各记录一次观测卫星号、天气状况、实时定位经纬度和大地高、PDOP 值等。须观测记录气象元素的高等级 GNSS 网点,每时段气象观测应不少于 2 次,一次在时段开始时,一次在时段结束时。

⑦每时段观测前后应各量取天线高一次,两次量高之差不应大于 3 mm,取平均值作为最后天线高。

⑧除特殊情况外,不宜进行偏心观测。若实施偏心观测时,应测定归心元素。

⑨观测员要细心操作,观测期间防止接收设备震动,更不得移动,要防止人员和其他物体碰动天线或阻挡信号。

⑩观测期间,不得在天线附近 50 m 以内使用电台,不得在天线附近 10 m 以内使用对讲机。

⑪天气太冷时,接收机应适当保暖;天气太热,接收机应避免阳光直接照晒,确保接收机正常工作。

⑫在一个时段观测过程中,不允许进行以下操作:接收机关闭又重新启动、进行自测试、改变卫星高度角、改变数据采样间隔、改变天线位置、按动关闭文件和删除文件等功能键。

13.5.3* 外业成果记录

外业观测过程中,所有的观测数据和资料都应妥善记录。GNSS 测量的观测记录与常规测量有所不同,它包括两部分:由接收机完成的观测记录与由人工完成的手簿记录。

(1) 观测记录

观测记录主要由接收机自动完成,即将 GNSS 卫星信号与外业设置的测站控制信息以及接收机工作状态等记录在存储介质上。记录的内容包括:

①观测数据,包括原始观测数据、标准格式数据(如 RINEX 格式数据)。

②对应观测值的 GNSS 时间。

③测站和接收机初始信息,包括测站名、测站号、观测单元号、时段号、近似坐标及高程、天线及接收机型号和编号、天线高和天线高量测方式、观测日期、采样间隔、卫星截止高度角。

外业观测中接收机内存储介质上的数据文件及时拷贝成一式两份,并在外存储介质外面适当处制贴标签,注明网区名、点名、点号、观测单元号、时段号、文件名、采集日期、测量手簿编号等。两份存储介质应分别保存在专人保管的防水、防静电的资料箱内。接收机内所存数据文件卸载到外存储介质之前,不应进行剔除、删改或编辑。

(2) 手簿记录

在接收机启动前与作业过程中,应随时逐项填写测量手簿中的记录项目。GNSS测量手簿记录内容包括:

①点号、点名。

②图幅编号:填写点位所在的 1:50 000 地形图图幅中的编号。

③观测记录员。

④时段号、观测日期:每个测站时段号按顺序连续编写,如 01、02、03…,观测时间填写年月日,并打一斜线填写年积日。

⑤接收机型号及编号、天线类型及编号:应填写全称,主机及天线编号(S/N、P/N)从主机及天线上查取。

⑥存储介质及编号、备份存储介质及编号。

⑦原始数据文件名、标准格式数据文件名。

⑧近似纬度、经度、高程,近似经纬度填至 1′,近似高程填至 100 m。

⑨采样间隔、开始记录时间、结束记录时间:采样间隔填写接收机实际设置的数据采样率。

⑩站时段号、日时段号。

⑪天线高及其测定方法:绘出天线高量测方法略图,测定值取至 0.001 m。

⑫点位略图:按点附近地形地物绘制,应有 3 个标定点位的地物,比例尺大小视具体情况确定。

⑬测站作业记录:有效观测卫星数、PDOP 值等,B 级网每 4 h 记录一次,C 级网每 2 h 记录一次,D、E 级网观测开始与结束时各记录一次。

⑭记事:填写开机时的天气状况,记载是否进行偏心观测以及记载在手簿,以及整个观测过程中出现的重要问题、出现时间和处理情况。

手簿记录应注意以下事项：

①观测前和观测过程中应按要求及时填写各项内容，书写要认真仔细，字迹清晰、工整、美观。

②记录一律使用铅笔，不应刮、涂改、转抄、追记。如有读、记错误，可整齐划掉，将正确数据写在上面并注明原因。其中天线高、气象读数等原始记录不应连环涂改。

③测量手簿应事先连续编印页码并装订成册，不应缺损。

13.5.4* 仪器维护

对于观测成果质量来说，仪器起着至关重要的作用。施测期间，由于工作条件较差，如果对仪器不用心维护，可能会对仪器带来损伤，影响观测数据质量，甚至无法进行观测。施测仪器的维护需注意以下几个方面：

（1）GNSS接收机等仪器应指定专人保管。不论采用何种运输方式，均应有专人押运，并应采取防震措施，不得碰撞、倒置或重压。

（2）作业期间，应严格遵守技术规定和操作要求。未经允许，非作业人员不得擅自操作仪器。

（3）接收机应注意防震、防潮、防晒、防尘、防蚀、防辐射。电缆线不应扭曲，不应在地面拖拉、碾砸，其接头和连接器应保持清洁。

（4）作业结束后，应及时擦净接收机上的水汽和尘埃，并及时将仪器存放在仪器箱内。仪器箱应置于通风、干燥、阴凉处。当箱内干燥剂呈粉红色时，应及时更换。

（5）仪器交接时，应按规定的一般检视项目进行检查，并填写交接情况记录。

（6）接收机使用外接电源前，应检查电源电压是否正常，电池正负极切勿接反。

（7）当天线置于楼顶、高标及其他设施的顶端作业时，应采取加固措施。雷雨天气时，应有避雷设施或停止观测。

（8）接收机在室内存放期间，室内应定期通风。每隔1～2个月应通电检查一次，接收机内电池要保持充满电状态，外接电池应按要求按时充放电。

（9）不得擅自拆卸接收机各部件，天线电缆不得擅自切割、改装、改变型号或接长。如发生故障，应认真记录并报告有关部门，请专业人员维修。

◇第十四章
GNSS 测量控制网数据处理

完成 GNSS 外业施测后,需对观测数据进行处理,得到各控制点的坐标。GNSS 控制测量是先利用观测数据得到各基线向量,然后再利用基线向量得到各点的坐标。

14.1 观测数据粗加工与预处理

GNSS 接收机采集的是伪距、载波相位和卫星星历等数据。因而要想得到有实用意义的定位成果,需要对采集到的数据进行一系列的处理。数据处理的第一项工作就是基线解算,获得异步环中相邻点间的坐标增量。

从读取观测数据到计算出基线,历经以下四个阶段:数据的粗加工、数据的预处理、双差方程构建、基线向量解算。

14.1.1 数据粗加工

GNSS 测量数据的粗加工包括数据传输和数据分流两个内容。把数据从接收机传输至计算机的同时,将各类数据按照类别特性归入不同的数据文件中,完成数据的分流。其中最主要的是生成四个数据文件:

(1)观测文件

内含观测历元、C/A 码伪距、载波相位、积分多普勒计数、信噪比等,其中最主要的是伪距和载波相位观测值。

(2)星历参数文件

包括所有被测卫星的轨道位置信息,根据这些信息可以计算出任一时刻的卫星在地固坐标系下的坐标。

（3）电离层参数和 UTC 参数文件

电离层参数可用于改正观测值的电离层影响，UTC 参数则用于将 GNSS 时间修正成 UTC 时间。

（4）测站信息文件

其中包括测站的基本信息和本测站上的观测情况，例如：测站名、测站号、测站的概略坐标、接收机号、天线号、天线高、观测的起止时间、记录的数据量、初步定位结果等。

14.1.2　数据预处理

GNSS 测量数据预处理的目的是：对数据进行平滑滤波检验，剔除粗差，删除无效和无用数据；统一数据文件格式，将各类接收机的数据文件加工成彼此兼容的标准化文件；GNSS 卫星轨道方程的标准化，一般用多项式拟合观测时段内的星历数据；探测并修复整周跳变，使观测值复原；对观测值进行各种模型改正，如大气延迟模型改正。

预处理所采用的模型和方法的优劣，将直接影响最终成果的质量，因而是提高 GNSS 测量作业效率和精度的重要环节。目前，GNSS 测量数据的预处理大致包括以下四项内容：

（1）GNSS 卫星轨道方程的标准化

在 GNSS 数据处理中，要多次进行卫星坐标的计算，而卫星的广播星历每小时播发一组独立的星历参数，使得计算工作十分繁杂。卫星轨道方程标准化的主要目的，是以统一的格式提供观测时段内被测卫星的轨道位置，从而使卫星轨道计算简便，并且在观测时段内是连续轨道。

GNSS 卫星轨道方程的标准化，通常采用以时间为变量的多项式进行拟合处理。将已知的多组不同历元的星历参数所对应的卫星位置 $P_i(t)$ 表达为时间 t 的多项式形式：

$$P_i(t) = \sum_{j=0}^{n} a_{ij} t^j \tag{14.1}$$

式中，$P_i(t)$ 分别是 X、Y、Z 坐标的多项式函数；$a_{ij}(i=X,Y,Z;j=0,1,\cdots,n)$ 是多项式系数；t 为时间变量。

利用多项式拟合法求解各系数 a_{ij}，并记入标准化星历文件，此后就可以用它们来计算任意时刻的卫星位置。通常多项式的拟合阶数 n 取 $8\sim10$。这种用多项式拟合来计算 GNSS 卫星坐标的方法具有速度快、占用内存少的特点。

在实际拟合计算时，应考虑 t 的单位问题。如果 t 以秒为单位，则 t_n 与 1 相比是一非常大的数字，可能会导致计算机计算溢出，因而需进行时间单位的规格化。在 GNSS 数据处理中引进一个相对的规格化的时间单位。取观测区段的开始时刻为 -1，结束时刻为 $+1$，所对应的实际时刻为 t_1 和 t_m，则介于 t_1、t_m 之间的任意时刻 t_i 的定义值为：

$$\tilde{t}_i = \frac{2t_i - (t_1 + t_m)}{t_m - t_1} \tag{14.2}$$

引进相对时间后，要注意轨道拟合与其后的轨道计算所用参数和定义区间的一致性。同时，当 t_i 的绝对值大于 1，即越出其定义区间 $[-1,1]$ 时，利用多项式（14.1）计算卫星位置，可能导致严重的外推误差，所以不应将标准化方程用于外推卫星位置。

需要指出的是，多项式拟合时引进了规格化的时间，在实际轨道计算时也应使用规格化的时间。

（2）卫星时钟多项式的拟合和标准化

与星历参数和轨道方程标准化相类似的问题，也出现在卫星时钟参数上。由于卫星时钟改正数也来自每小时更新一次的广播星历，所以当观测时段跨越一个或若干个世界时整点时，每一颗卫星将有两组或两组以上的星钟改正数。在数据处理中，要求我们提供整个观测时段内被测卫星连续、唯一且充分平滑的时钟改正多项式。

对卫星时钟进行时间改正有两个目的：一是确定真正的信号发射时间以便计算该时刻的卫星轨道位置；二是将各测站对各卫星的时间基准统一起来以估算它们之间的相对钟差。前一目的因卫星运动速度不足 4 km/s，当时间改正达 $\pm0.25\ \mu\mathrm{s}$ 时，位置改正已不足 ±1 mm，因而十分容易满足；后一目的则要求时间多项式拟合的数学精度优于 ±0.2 ns，以便精确探测整周跳变，估算整周模糊度。

设 t_s 为卫星电文发射时的时间，其对应的 GNSS 标准时间为 t，Δt_s 为卫星钟差改正数，其多项式表达形式为：

$$\Delta t_s = a_0 + a_1(t - t_0) + a_2(t - t_0)^2 \tag{14.3}$$

由多个参考历元的卫星钟差，利用最小二乘法原理求定多项式系数 a_i，再由式（14.3）计算任一时刻的钟差。比如对于 GPS 系统，因为 GPS 时间定义区间为一个星期，即 604 800 s，故当 $t-t_0 > 302\ 400$（t_0 属于下一 GPS 周）时，t 应减去 604 800；当

$t-t_0 < 302\,400$（t_0 属于上一 GPS 周）时，t 应加上 604 800。

（3）初始整周模糊度的预估和整周跳变的修复

确定整周模糊度的初值以作为平差时整周模糊度的近似值。大多数采用伪距观测值估算整周模糊度的初值。

周跳是 GNSS 载波定位中的常见现象，其会严重影响定位结果的精确度，因此需对周跳进行准确探测与修复。周跳探测与修复的方法很多，具体请见第十一章相关内容。

（4）观测值文件的标准化

各种接收机提供的记录数据项彼此不相同，同一数据项也可能存在一些出入。例如，观测时刻这个记录项，可能采用接收参考历元的值，也可能是经过改正归算至 GNSS 时间系统的值；又如，相位观测值可能以周为单位，也可能以半周为单位，这就给后续数据处理带来极大的不便。为了保证后续工作的顺利进行，对进入平差的观测值文件必须进行规格化、标准化。观测值文件标准化包括以下内容：

①记录格式标准化。经数据解码分流等处理后，提供的观测值文件是不必因接收机类型差异而再另作处理的"净化"数据。记录格式标准化意味着所有 GNSS 预处理输出文件都采用相同的存取方式、记录类型，同类型记录有相同的长度。

②记录类型标准化。文件是由记录组成的，标准化文件对文件中的类型数量、类型代码以及每一种类型的记录都是确定的。

③记录项目标准化。每种类型的记录中含有的数据项也是确定的，各数据项的格式也是确定的。如果某数据项不存在或暂缺，则应以某种特定数据如"0"或空格填上，并有标志加以说明。

④采样密度标准化。不同类接收机甚至同类接收机采样间隔可能不同，标准化后应将数据采样间隔统一成一标准长度。这一标准长度应满足两个条件：一是最大间隔原则，即标准长度应大于或等于外业采样间隔最长的标准值；二是公倍数原则，即标准长度是任一测站任一接收机采样间隔的整数倍。采样密度标准化后，数据量将成倍地减少，故也称为数据压缩。数据压缩工作应在周跳修复完成后进行。

⑤数据单位标准化。数据文件中各数据都有量纲和单位，同一数据项的量纲和单位应当统一。例如，载波相位观测值可统一以周为单位。

目前，GNSS 观测值文件标准化尚无统一的方案，因而任何处理软件应提供详细的数据文件技术标准，遵守这些标准，用户才能进行正常的处理工作并获得可靠的结果。

14.2 控制网基线解算

14.2.1 双差方程构建

经过预处理后,观测值作了必要的修正,成为"净化"的数据,并提供了卫星轨道、时钟参数的标准表达式,完成了周跳探测与修复,估算了整周模糊度初值。接下来需要利用这些预处理后的载波观测值列出误差方程。

为了既能消除一些系统误差,又能利用整周模糊度的整周特性,目前普遍采用站星二次差分模型。对于测站 k、s 和卫星 p、q,在任一历元的双差观测值误差方程为

$$v_{ks}^{pq}=a_{ks}^{pq}\delta\hat{X}_{ks}+b_{ks}^{pq}\delta\hat{Y}_{ks}+c_{ks}^{pq}\delta\hat{Z}_{ks}-\nabla\Delta\hat{N}_{ks}^{pq}-w_{ks}^{pq} \tag{14.4}$$

式中符号含义同式(10.34)。

当一个历元在测站 k、s 上同时观测了 S 颗卫星,对一个频率观测值,则可列出($S-1$)个误差方程,相应要引入($S-1$)颗双差模糊度未知数,即该历元共有($S-1$)+3 个未知数。若测站 k、s 对所有 S 颗卫星进行了 n 个历元连续观测,则总共有 $m=n(S-1)$ 个误差方程。

将所有误差方程写成矩阵形式

$$\boldsymbol{V}=\boldsymbol{B}\hat{\boldsymbol{X}}-\hat{\boldsymbol{N}}-\boldsymbol{W}=(\boldsymbol{B} \quad -\boldsymbol{E})\begin{pmatrix}\hat{\boldsymbol{X}}\\\hat{\boldsymbol{N}}\end{pmatrix}-\boldsymbol{W} \tag{14.5}$$

式中

$$\begin{cases}\boldsymbol{V}=(v_1,v_2,\cdots,v_m)^{\mathrm{T}}\\\hat{\boldsymbol{X}}=(\delta\hat{X},\delta\hat{Y},\delta\hat{Z})^{\mathrm{T}}\\\hat{\boldsymbol{N}}=(\nabla\Delta\hat{N}_1,\nabla\Delta\hat{N}_2,\cdots,\nabla\Delta\hat{N}_{S-1})^{\mathrm{T}}\\\boldsymbol{W}=(w_1,w_2,\cdots,w_m)^{\mathrm{T}}\end{cases},\quad\boldsymbol{B}=\begin{pmatrix}a_1 & b_1 & c_1\\a_2 & b_2 & c_2\\\vdots & \vdots & \vdots\\a_m & b_m & c_m\end{pmatrix}$$

14.2.2 基线向量解算

设双差观测值相应的权阵为 $\boldsymbol{P}$,对式(14.5)利用最小二乘法可得实数解

$$\begin{pmatrix}\hat{\boldsymbol{X}}\\\hat{\boldsymbol{N}}\end{pmatrix}=\left[\begin{pmatrix}\boldsymbol{B}^{\mathrm{T}}\\-\boldsymbol{E}\end{pmatrix}\boldsymbol{P}(\boldsymbol{B} \quad -\boldsymbol{E})\right]^{-1}\begin{pmatrix}\boldsymbol{B}^{\mathrm{T}}\\-\boldsymbol{E}\end{pmatrix}\boldsymbol{PW} \tag{14.6}$$

将解算结果代入式(14.5),算得 $\boldsymbol{V}$,进而可得单位权方差:

$$\hat{\delta}_0^2 = \frac{\boldsymbol{V}^{\mathrm{T}} \boldsymbol{P} \boldsymbol{V}}{(n-1)(S-1)-3} \tag{14.7}$$

相应的方差矩阵

$$\begin{pmatrix} \boldsymbol{D}_{\hat{X}\hat{X}} & \boldsymbol{D}_{\hat{X}\hat{N}} \\ \boldsymbol{D}_{\hat{N}\hat{X}} & \boldsymbol{D}_{\hat{N}\hat{N}} \end{pmatrix} = \hat{\delta}_0^2 \left[\begin{pmatrix} \boldsymbol{B}^{\mathrm{T}} \\ -\boldsymbol{E} \end{pmatrix} \boldsymbol{P} (\boldsymbol{B} \quad -\boldsymbol{E}) \right]^{-1} \tag{14.8}$$

对于双差模糊度 $\boldsymbol{N}$,其真值应为整数,但实际求得的是实数 $\hat{N}$,需要通过整数最小二乘法找到最佳整数向量 $\check{\boldsymbol{N}}_{\mathrm{ILS}}$,并对其进行正确性检验。如果没有通过,则维持实数解(精度较低);如果通过,则可得精度达厘米级甚至毫米级的基线向量整数解。

$$\check{\boldsymbol{X}} = \hat{\boldsymbol{X}} - \boldsymbol{D}_{\hat{X}\hat{N}} \boldsymbol{D}_{\hat{N}\hat{N}}^{-1} (\hat{\boldsymbol{N}} - \check{\boldsymbol{N}}_{\mathrm{ILS}}) \tag{14.9}$$

及相应方差矩阵

$$\boldsymbol{D}_{\check{X}\check{X}} = \boldsymbol{D}_{\hat{X}\hat{X}} - \boldsymbol{D}_{\hat{X}\hat{N}} \boldsymbol{D}_{\hat{N}\hat{N}}^{-1} \boldsymbol{D}_{\hat{N}\hat{X}} \tag{14.10}$$

并进一步得到基线向量

$$\left. \begin{aligned} \Delta X_{ks} &= \Delta X_{ks}^0 + \delta \check{X}_{ks} \\ \Delta Y_{ks} &= \Delta Y_{ks}^0 + \delta \check{Y}_{ks} \\ \Delta Z_{ks} &= \Delta Z_{ks}^0 + \delta \check{Z}_{ks} \end{aligned} \right\} \tag{14.11}$$

14.2.3 基线解算质量提升

在进行基线解算前,需要对一些参数进行设置,对一些改正模型进行选择。在基线解算后,如果基线精度不高,还需对相关结果进行分析,对参数重新设置,重新解算,进而得到更好的结果。

(1)观测值残差分布合理性分析

平差处理时假定观测值仅存在偶然误差。当存在系统误差或粗差时,处理结果将有偏差。当残差分布中出现突然的跳跃或尖峰时,则表明存在粗差,可能周跳处理未成功。

(2)验后单位权方差因子分析

理论上,载波相位观测值精度为 1% 周,即观测误差应在毫米级。对验后单位权方差与理论值是否有显著性差异进行检验。检验未通过的原因,其一可能是观测值的问题；其二可能是起算数据的问题。据此可以分析观测值是否有问题。

（3）模糊度固定 Ratio 值分析

该值总是大于等于1，值越大，可靠性越高；该值大小取决于多种因素，既与观测值的质量有关，也与观测条件的优劣有关。

（4）参考星和组星优选

随机软件基线解算一般自动选择高度角较大的某颗卫星作为参考星，但实际情况中此星未必是最优星，或许还会存在严重问题，因此有必要根据相位差分的残差曲线和卫星高度角的变化来判断参考星的选择是否有问题。

（5）观测时段裁减

根据外业观测手簿的记录及自动解算结果提供的残差信息来分析，对数据质量较差的观测时段进行裁减。在裁减时段时须注意确保有效的时段长度，以求解整周模糊度参数。

（6）大气延迟模型选择

大气延迟包括对流层延迟、电离层延迟。由于大气的变化非常复杂，现有的改正模型有多种，至于采用何种模型更切合实际，要视具体情况来选择。

（7）卫星高度角设置

更高的高度角，数据质量可能比较好，但观测值数量将减少。应根据具体情况设置合适的高度角。

（8）观测值残差限值设置

观测值残差一般用三倍中误差法（3 Rms）作为限值。实际情况可根据测站情况、测区情况进行适当调整。

14.2.4　基线解算要求

（1）A、B级 GNSS 网基线数据处理应采用高精度数据处理专用的软件；C、D、E级 GNSS 网基线解算可采用随接收机配备的商用软件。

（2）A、B级 GNSS 网基线精处理应采用精密星历；C级及以下各级 GNSS 网基线处理时,可采用广播星历。

（3）B、C、D、E 级 GNSS 网的 GNSS 观测值均应加入对流层延迟修正,可直接使用标准气象参数作为对流层延迟修正模型中的气象参数。

（4）基线解算,按同步观测时段为单位进行;按多基线解时,每个时段需提供一组独立基线向量及其完整的方差－协方差阵;按单基线解时,应提供每条基线分量及其方差－协方差阵。

（5）B、C 级 GNSS 网,基线解算可采用双差解、单差解、非差解;D、E 级 GNSS 网根据基线长度允许采用不同的数据处理模型;但长度小于 15 km 的基线,应采用双差固定解;长度大于 15 km 的基线可在双差固定解和双差浮点解中选择最优结果。

14.3* 观测成果的检核与重测

GNSS 外业观测成果的检核是确保外业观测质量、提高观测精度的重要环节。一般将每天的观测数据及时下载到计算机进行基线解算,然后进行外业数据的各种检核,发现不合格的数据,根据情况及时重测或补测。

14.3.1 检核内容

（1）数据删除率

同一时段删除的观测值个数与获取的观测值总数的比值不宜大于 10%。

（2）同步环闭合差

三边同步环中只有两个同步边成果可以视为独立的成果,第三个边成果应为其余两边的代数和。由于模型误差和处理软件的内在缺陷,第三边处理结果与前两边的代数和常不为零,称为同步环闭合差。

B、C、D、E 级 GNSS 网同步环各坐标分量闭合差值应满足:

$$\begin{cases} W_x = \sum_{i=1}^{3} \Delta x_i \leqslant \dfrac{\sqrt{3}}{5}\sigma \\[2mm] W_y = \sum_{i=1}^{3} \Delta y_i \leqslant \dfrac{\sqrt{3}}{5}\sigma \\[2mm] W_z = \sum_{i=1}^{3} \Delta z_i \leqslant \dfrac{\sqrt{3}}{5}\sigma \end{cases} \tag{14.12}$$

式中，σ 为基线测量中误差，单位为毫米（mm）。对于长度为 d（单位为 km）的基线，则有：

$$\sigma = \sqrt{a^2 + (bd)^2} \tag{14.13}$$

其中 a、b 按表 14.1 选用。

表 14.1　精度分级

级别	固定误差 a/mm	比例误差系数 b/mm
B	≤3	≤1
C	≤5	≤3
D	≤10	≤10
E	≤10	≤20

表格来源：自制

对于四站或更多站同步观测而言，应用上述方法检查一切可能的三边环闭合差。

（3）复测基线长度差

进行 B 级 GNSS 网基线外业预处理和 C、D、E 级 GNSS 网基线处理时，若某基线向量被多次重复观测，则任意两次长度较差 d_s 应满足：

$$d_s \leqslant 2\sqrt{2}\sigma \tag{14.14}$$

（4）外业异步环闭合差及附合路线闭合差

$$\begin{cases} W_x = \sum_{i=1}^{n} \Delta x_i \leqslant 3\sqrt{n}\sigma \\[2mm] W_y = \sum_{i=1}^{n} \Delta y_i \leqslant 3\sqrt{n}\sigma \\[2mm] W_z = \sum_{i=1}^{n} \Delta z_i \leqslant 3\sqrt{n}\sigma \\[2mm] W = \sqrt{W_x^2 + W_y^2 + W_z^2} \leqslant 3\sqrt{3n}\sigma \end{cases} \tag{14.15}$$

式中，n 为闭合环或附合路线边数，W_x、W_y、W_z 为各坐标分量闭合差。

（5）精处理后基线分量及边长重复性

A、B 级 GNSS 网基线处理后应计算基线的分量及边长的重复性。重复性定义为：

$$R_c = \left[\frac{\dfrac{n}{n-1} \cdot \displaystyle\sum_{i=1}^{n} \dfrac{(C_i - C_m)^2}{\sigma_{C_i}^2}}{\displaystyle\sum_{i=1}^{n} \dfrac{1}{\sigma_{C_i}^2}} \right]^{1/2} \tag{14.16}$$

式中，n 为同一基线的总观测时段数，C_i 为一个时段基线的某一分量或边长，$\sigma_{C_i}^2$ 为 C_i 的方差，C_m 为各 C_i 的加权平均值。

（6）B 级网基线各时段较差

B 级 GNSS 网同一基线各分量不同时段的较差应满足：

$$\begin{cases} d_{\Delta x} \leqslant 3\sqrt{2} R_{\Delta x} \\ d_{\Delta y} \leqslant 3\sqrt{2} R_{\Delta y} \\ d_{\Delta z} \leqslant 3\sqrt{2} R_{\Delta z} \\ d_s \leqslant 3\sqrt{2} R_s \end{cases} \tag{14.17}$$

式中 R 值按式（14.16）计算。

（7）B 级 GNSS 网基线精处理后，异步环闭合差或附合路线坐标分量闭合差应满足下列条件

$$\begin{cases} W_x \leqslant 3\sigma_{W_x} \\ W_y \leqslant 3\sigma_{W_y} \\ W_z \leqslant 3\sigma_{W_z} \end{cases} \tag{14.18}$$

式中

$$\begin{cases} \sigma_{W_x}^2 = \displaystyle\sum_{i=1}^{r} \sigma_{\Delta x(i)}^2 \\ \sigma_{W_y}^2 = \displaystyle\sum_{i=1}^{r} \sigma_{\Delta y(i)}^2 \\ \sigma_{W_z}^2 = \displaystyle\sum_{i=1}^{r} \sigma_{\Delta z(i)}^2 \end{cases} \tag{14.19}$$

$\sigma_{c(i)}$（c 为 $\Delta x, \Delta y, \Delta z$）为环线中第 i 条基线 c 分量的方差，由基线处理时输出。

14.3.2 外业重测和补测相关规定

在外业观测过程中,当出现不合格的数据情况时,应根据具体情况进行重测与补测。

(1)未按施测方案要求,外业缺测、漏测,或数据处理后,观测数据不满足规范规定,有关成果应及时补测。

(2)允许舍弃在重测基线边长较差、同步环闭合差、独立环或附合路线闭合差检验中超限的基线,而不必进行该基线或该基线有关的同步图形的重测;但应保证舍弃基线后的独立环所含基线数不超过表 13.3 的规定,否则应重测该基线有关的同步图形。

(3)由于点位不满足 GNSS 测量要求而造成一个测站多次重测仍不能满足各种限差检核要求时,经主管部门批准,可以布设新点重测或者舍弃该点。

(4)对需补测或重测的观测时段或基线,要具体分析原因,在满足表 13.8 要求的前提下,尽量安排一起进行同步观测。

(5)补测少量点时可采用点观测模式。点观测模式等级选择需结合站点间距确定,平均站点间距大于 15 km 的,需按照 C 级及以上等级观测。

14.4 控制网无约束平差

GNSS 控制网异步环基线均合格后,即可进行无约束平差。无约束平差的含义是:在一个控制网平差中,不引入外部基准,或者虽然引入外部基准,但不应引起观测值的变形和改正。

无约束平差的目的:

(1)根据无约束平差的结果,判别 GNSS 网中是否有较差基线。如发现含有较差的基线,需要进行相应的处理,必须使得最后用于构网的所有基线向量均满足质量要求。

(2)调整各基线向量观测值的权,使得它们相互匹配。

进行 GNSS 控制网观测时,施测了多个同步环,使得构建异步环的独立基线选择余地比较大。选取基线时一般遵循以下原则:

(1)必须选取相互独立的基线,否则平差结果会与真实的情况不相符合;

(2)所选取的基线应构成闭合的几何图形;

(3)选取质量好的基线向量,基线质量的好坏可以依据异步环闭合差及重复基线较差来判定;

(4)选取能构成边数较少的异步环的基线向量;

（5）选取边长较短的基线向量。

以三维基线向量及其相应方差—协方差阵作为观测信息，以一个点的三维坐标为起算依据，进行无约束平差。无约束平差流程如图 14.1 所示。

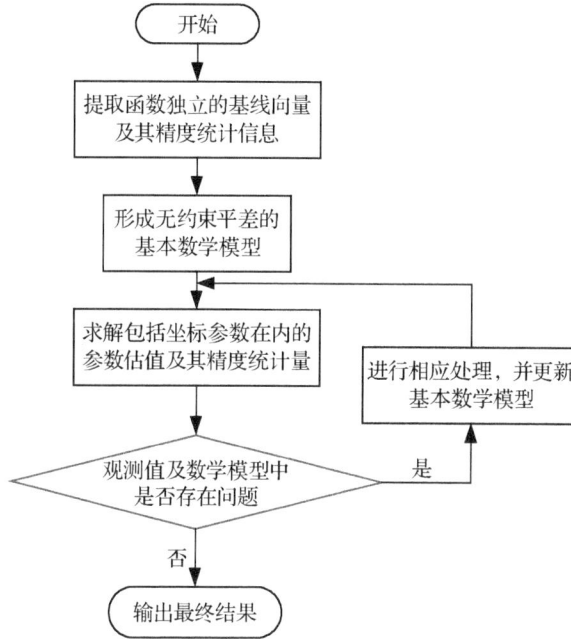

图 14.1　无约束平差流程

图片来源：自绘

对于任意两点 i、j 的基线向量，其观测值为 $(\Delta X_{ij}, \Delta Y_{ij}, \Delta Z_{ij})$，相应的基线向量观测值的改正数为 $V_{\Delta X_{ij}}$、$V_{\Delta Y_{ij}}$、$V_{\Delta Z_{ij}}$；X^0、Y^0、Z^0 以及 $\mathrm{d}X$、$\mathrm{d}Y$、$\mathrm{d}Z$ 分别为点坐标近似值及其改正值，则基线向量观测方程为

$$\Delta X_{ij} + V_{\Delta X_{ij}} = (X_j^0 + \mathrm{d}X_j) - (X_i^0 + \mathrm{d}X_i)$$

$$\Delta Y_{ij} + V_{\Delta Y_{ij}} = (Y_j^0 + \mathrm{d}Y_j) - (Y_i^0 + \mathrm{d}Y_i) \tag{14.20}$$

$$\Delta Z_{ij} + V_{\Delta Z_{ij}} = (Z_j^0 + \mathrm{d}Z_j) - (Z_i^0 + \mathrm{d}Z_i)$$

移项可得

$$V_{\Delta X_{ij}} = -\mathrm{d}X_i + \mathrm{d}X_j - (\Delta X_{ij} + X_i^0 - X_j^0)$$

$$V_{\Delta Y_{ij}} = -\mathrm{d}Y_i + \mathrm{d}Y_j - (\Delta Y_{ij} + Y_i^0 - Y_j^0) \tag{14.21}$$

$$V_{\Delta Z_{ij}} = -\mathrm{d}Z_i + \mathrm{d}Z_j - (\Delta Z_{ij} + Z_i^0 - Z_j^0)$$

写成矩阵形式

$$\begin{pmatrix} V_{\Delta X_{ij}} \\ V_{\Delta Y_{ij}} \\ V_{\Delta Z_{ij}} \end{pmatrix} = \begin{pmatrix} -1 & 0 & 0 \\ 0 & -1 & 0 \\ 0 & 0 & -1 \end{pmatrix} \begin{pmatrix} dX_i \\ dY_i \\ dZ_i \end{pmatrix} + \begin{pmatrix} 1 & 0 & 0 \\ 0 & 1 & 0 \\ 0 & 0 & 1 \end{pmatrix} \begin{pmatrix} dX_j \\ dY_j \\ dZ_j \end{pmatrix} - \begin{pmatrix} \Delta X_{ij} + X_i^0 - X_j^0 \\ \Delta Y_{ij} + Y_i^0 - Y_j^0 \\ \Delta Z_{ij} + Z_i^0 - Z_j^0 \end{pmatrix}$$

$$\tag{14.22}$$

令

$$\boldsymbol{V}_{ij} = \begin{pmatrix} V_{\Delta X_{ij}} \\ V_{\Delta Y_{ij}} \\ V_{\Delta Z_{ij}} \end{pmatrix}, d\boldsymbol{X}_i = \begin{pmatrix} dX_i \\ dY_i \\ dZ_i \end{pmatrix}, d\boldsymbol{X}_j = \begin{pmatrix} dX_j \\ dY_j \\ dZ_j \end{pmatrix}, \boldsymbol{L}_{ij} = \begin{pmatrix} \Delta X_{ij} + X_i^0 - X_j^0 \\ \Delta Y_{ij} + Y_i^0 - Y_j^0 \\ \Delta Z_{ij} + Z_i^0 - Z_j^0 \end{pmatrix}$$

式(14.21)可简记为

$$\boldsymbol{V}_{ij} = -\boldsymbol{E} d\boldsymbol{X}_i + \boldsymbol{E} d\boldsymbol{X}_j - \boldsymbol{L}_{ij} \tag{14.23}$$

很显然,$\boldsymbol{L}_{ij}$ 为常数项。设基线向量观测值的权阵为 $\boldsymbol{P}_{ij} = \boldsymbol{D}_{ij}^{-1}$,所有基线向量误差方程写出矩阵形式

$$\boldsymbol{V} = \boldsymbol{B} d\boldsymbol{X} - \boldsymbol{L} \quad \boldsymbol{P} = \boldsymbol{D}^{-1} \tag{14.24}$$

由于缺少基准,上式最小二乘的法方程秩亏。平差中引进基准的方法有两种:一种是取网中任意一点的伪距定位坐标或已知坐标作为网的位置基准;另一种是选中心基准,即全网坐标改正数加和为零。这里固定某一点坐标,也即 $d\boldsymbol{X}_j = 0$。利用最小二乘法,由式(14.24)可得坐标改正数

$$d\boldsymbol{X} = (\boldsymbol{B}^{\mathrm{T}} \boldsymbol{P} \boldsymbol{B})^{-1} \boldsymbol{B}^{\mathrm{T}} \boldsymbol{P} \boldsymbol{L} \tag{14.25}$$

坐标改正数加上坐标近似值即可得各控制点坐标。另外,将坐标改正数代入式(14.24),可得基线向量观测值改正数 $\boldsymbol{V}$。

得到估值后要对平差结果进行精度评定。验后单位权中误差为

$$\hat{\sigma}_0 = \sqrt{\frac{\boldsymbol{V}^{\mathrm{T}} \boldsymbol{P} \boldsymbol{V}}{3m - 3n + 3}} \tag{14.26}$$

式中,m 为网中基线向量个数,n 为网内总点数。坐标改正数 $d\boldsymbol{X}$ 的方差为

$$\boldsymbol{D}_{d\boldsymbol{X}} = \hat{\sigma}_0^2 (\boldsymbol{B}^{\mathrm{T}} \boldsymbol{P} \boldsymbol{B})^{-1} \tag{14.27}$$

无约束平差后,输出各点的三维坐标、各基线向量及其改正数和其精度。基线分量的改正数绝对值($V_{\Delta x}$、$V_{\Delta y}$、$V_{\Delta z}$)应满足:

$$V_{\Delta x} \leqslant 3\sigma$$

$$V_{\Delta y} \leqslant 3\sigma \tag{14.28}$$

$$V_{\Delta z} \leqslant 3\sigma$$

式中，σ 由式（14.13）算得。

14.5　坐标系转换

在已建有工程控制网的地区进行 GNSS 测量定位时，需要将由 GNSS 测定的地心坐标系下的点位坐标纳入工程坐标系下，这就需要进行坐标转换。

14.5.1　我国常用坐标系统

（1）1954 年北京坐标系

20 世纪 50 年代，在我国天文大地网建立初期，鉴于当时的历史条件，采用了克拉索夫斯基椭球元素，并与苏联 1942 年普尔科沃坐标系进行联测，通过计算建立了我国大地坐标系，定名为 1954 年北京坐标系。

几十年来，我国按 1954 年北京坐标系完成了大量的测绘工作。在该坐标系下，实施了天文大地网局部平差，通过高斯-克吕格投影，得到点的平面坐标，测制了各种比例尺的地形图。这一坐标系在我国经济建设和国防建设的各个领域中发挥了巨大的作用。

（2）1980 年西安坐标系

为了进行全国天文大地网整体平差，采用了新的椭球元素并进行了新的定位与定向。1978 年以后，建立了 1980 年国家大地坐标系。该坐标系的大地原点设在我国中部——陕西省咸阳市泾阳县永乐镇，因此又称为 1980 年西安坐标系。

1980 年西安坐标系为参心坐标系。椭球短轴 Z 轴平行于由地球地心指向 1968.0 地极原点（JYD）的方向；大地起始子午面平行于格林尼治平均天文子午面，X 轴在大地起始子午面内与 Z 轴垂直指向经度零方向；Y 轴与 ZOX 面垂直并构成右手坐标系。在实践中，1980 年西安坐标系为二维坐标系统。

（3）CGCS2000 国家大地坐标系

CGCS2000 是我国最新采用的国家大地测量坐标系统。属于地心大地坐标系统，该系统以 ITRF97 参考框架为基准，参考框架历元为 2000.0。在定义上，CGCS2000 坐标系与 WGS-84 坐标系是一致的，即关于坐标系原点、尺度、定向及定向演变的定义都是相同的。两个坐标系使用的参考椭球也非常相近，唯有扁率有微小差异。而在实际点位表示时，仅考虑椭球的差异，两者的结果基本是一致的。

2000 国家大地坐标系由空间大地网和地面网联合体现。全国 GPS 一、二级网以及全国地壳运动监测网和若干相互的区域网合计约 2 500 个点通过联合平差合成统一的空间大地网,用作地心坐标系的框架;然后将全国空间大地网与全国天文大地网在空间网框架中进行联合平差,实现包括大约 50 000 点的地心坐标系。

（4） 地方独立坐标系

我国许多城市和矿区基于实用、方便的目的,将地方独立测量控制网建立在当地平均海拔高程面上,并以当地子午线作为中央子午线进行高斯投影求得平面坐标。

地方独立坐标系隐含着一个与当地平均海拔高程对应的参考椭球。该椭球的中心、轴向和扁率与国家参考椭球相同,其长半径则有一个改正量。我们将参考椭球称为地方参考椭球。

14.5.2　空间三维直角坐标转换

两个不同空间三维直角坐标系统之间的坐标转换如图 14.2 所示。

如果 A 坐标系先后绕 Z 轴旋转 ω_z、绕 Y 轴旋转 ω_y、绕 X 轴旋转 ω_x,实现与 B 坐标系各轴平行后,再进行坐标平移$(\Delta X , \Delta Y , \Delta Z)$,可实现两坐标系重合。点 i 在坐标系 A 中的坐标到坐标系 B 中的转换公式为

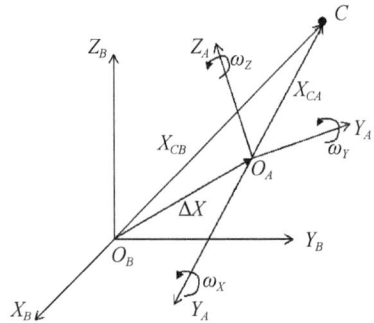

图 14.2　三维直角坐标系转换示意图

图片来源:自绘

$$\begin{pmatrix} X \\ Y \\ Z \end{pmatrix}_{Bi} = \begin{pmatrix} \Delta X \\ \Delta Y \\ \Delta Z \end{pmatrix} + (1+k)\boldsymbol{R}(\omega_Z)\boldsymbol{R}(\omega_Y)\boldsymbol{R}(\omega_X)\begin{pmatrix} X \\ Y \\ Z \end{pmatrix}_{Ai} \tag{14.29}$$

式中

$$\boldsymbol{R}(\omega_Z) = \begin{pmatrix} \cos\omega_Z & \sin\omega_Z & 0 \\ -\sin\omega_Z & \cos\omega_Z & 0 \\ 0 & 0 & 1 \end{pmatrix}$$

$$\boldsymbol{R}(\omega_Y) = \begin{pmatrix} \cos\omega_Y & 0 & -\sin\omega_Y \\ 0 & 1 & 0 \\ \sin\omega_Y & 0 & \cos\omega_Y \end{pmatrix}$$

$$\boldsymbol{R}(\omega_X) = \begin{pmatrix} 1 & 0 & 0 \\ 0 & \cos\omega_Y & \sin\omega_Y \\ 0 & -\sin\omega_X & \cos\omega_X \end{pmatrix}$$

为了简化计算,当 ω_X、ω_Y、ω_Z 为微小量时,取 $\cos\omega \approx 1$,$\sin\omega \approx 0$,进而可得

$$\begin{pmatrix} X \\ Y \\ Z \end{pmatrix}_{Bi} = \begin{pmatrix} \Delta X \\ \Delta Y \\ \Delta Z \end{pmatrix} + (1+k)\begin{pmatrix} X \\ Y \\ Z \end{pmatrix}_{Gi} + \begin{pmatrix} 0 & \omega_Z & -\omega_Y \\ -\omega_Z & 0 & \omega_X \\ \omega_Y & -\omega_X & 0 \end{pmatrix}\begin{pmatrix} X \\ Y \\ Z \end{pmatrix}_{Ai} \tag{14.30}$$

进行坐标转换前,需先求出坐标系统之间的转换参数 Δx、Δy、Δz、w_X、w_Y、w_Z、k。对式(14.30)整理可得

$$\begin{pmatrix} X \\ Y \\ Z \end{pmatrix}_{Bi} = \begin{pmatrix} X \\ Y \\ Z \end{pmatrix}_{Ai} + \begin{pmatrix} 1 & 0 & 0 & 0 & -Z & Y & X \\ 0 & 1 & 0 & Z & 0 & -X & Y \\ 0 & 0 & 1 & -Y & X & 0 & Z \end{pmatrix}_{Ai}\begin{pmatrix} \Delta X \\ \Delta Y \\ \Delta Z \\ \omega_X \\ \omega_Y \\ \omega_Z \\ 1+k \end{pmatrix} \tag{14.31}$$

转换参数一般是利用公共点的两套坐标值基于式(14.31)求解所得。每个公共点有三个坐标分量,可以列三个观测方程。式(14.31)中有七个未知参数,因此至少需要知道三个公共点。对观测方程利用最小二乘法,可计算求得七个坐标转换参数。求得转换参数后,再利用式(14.30)对其他控制点的坐标进行转换。

14.5.3　二维直角坐标转换

三维坐标转换需要知道公共点在工程坐标系(B 坐标系)的三维直角坐标。然而,在实际工作中,很多情况下只知道公共点在工程坐标系中的平面坐标 x_B,y_B。因此,我们经常把各 GNSS 点坐标进行如下变换:$X,Y,Z \xrightarrow{\text{归化}} B,L,H \xrightarrow{\text{高斯投影}} x_A,y_A$。这样,对每个公共点在二维平面上可列出坐标转换方程:

$$\begin{pmatrix} x \\ y \end{pmatrix}_B = \begin{pmatrix} \Delta x \\ \Delta y \end{pmatrix} + (1+m)\begin{pmatrix} \cos\alpha & \sin\alpha \\ -\sin\alpha & \cos\alpha \end{pmatrix}\begin{pmatrix} x \\ y \end{pmatrix}_A \tag{14.32}$$

可进一步写成

$$
\begin{pmatrix} x \\ y \end{pmatrix}_B = \begin{pmatrix} 1 & 0 & x & y \\ 0 & 1 & y & -x \end{pmatrix}_A \begin{pmatrix} a \\ b \\ c \\ d \end{pmatrix} \tag{14.33}
$$

式中:$a = \Delta x$,$b = \Delta y$,$c = (1+m)\cos\alpha$,$d = (1+m)\sin\alpha$。

由式(14.33)可见,4 个参数至少需要 2 个公共点。但对于国家坐标系,我们还是要注意投影变形及点位移动问题。

通过坐标转换方法得到的公共点新坐标与原坐标通常会不一致,存在坐标残差。

14.6 GNSS 控制网约束平差

除了上述通过坐标转换求得各控制点在工程坐标系下的坐标外,还可以通过控制网约束平差获得。更概括地说,如果 GNSS 控制网中有已知坐标、已知边长、已知角度等已知信息,均可进行控制网约束平差,得到最优估计。

GNSS 网的约束平差中所采用的观测量为 GNSS 基线向量,但与无约束平差不同的是,在平差过程中引入了会使 GNSS 网的尺度和方位发生变化的外部起算数据。只要在网平差中引入了边长、方向或两个以上(含两个)的起算点坐标,就可能会使 GNSS 网的尺度和方位发生变化。

三维约束平差的流程如下:

(1) 利用最终参与无约束平差的基线向量形成观测方程,观测值的权阵采用在无约束平差中经过调整后最终确定的观测值权阵;

(2) 利用已知点、已知边长、已知方位等信息,形成约束条件方程;

(3) 对所形成的数学模型进行求解,得出待定参数的估值和观测值的平差值、观测值的改正数以及相应的精度。

实现网平差,首先需列出观测方程。参考式(14.30),先列出各点坐标转换方程,对于点 i 有

$$
\begin{pmatrix} X \\ Y \\ Z \end{pmatrix}_{Bi} = \begin{pmatrix} \Delta X \\ \Delta Y \\ \Delta Z \end{pmatrix} + (1+k) \begin{pmatrix} X \\ Y \\ Z \end{pmatrix}_{Ai} + \begin{pmatrix} 0 & \omega_Z & -\omega_Y \\ -\omega_Z & 0 & \omega_X \\ \omega_Y & -\omega_X & 0 \end{pmatrix} \begin{pmatrix} X \\ Y \\ Z \end{pmatrix}_{Ai}
$$

$$=\begin{pmatrix}\Delta X\\ \Delta Y\\ \Delta Z\end{pmatrix}+\begin{pmatrix}X\\ Y\\ Z\end{pmatrix}_{Ai}+\begin{pmatrix}0 & -Z & Y & X\\ Z & 0 & -X & Y\\ -Y & X & 0 & Z\end{pmatrix}_{Ai}\begin{pmatrix}\omega_X\\ \omega_Y\\ \omega_Z\\ k\end{pmatrix}$$

$$(14.34)$$

整理可得

$$\begin{pmatrix}X\\ Y\\ Z\end{pmatrix}_{Ai}=\begin{pmatrix}X\\ Y\\ Z\end{pmatrix}_{Bi}-\begin{pmatrix}\Delta X\\ \Delta Y\\ \Delta Z\end{pmatrix}-\begin{pmatrix}0 & -Z & Y & X\\ Z & 0 & -X & Y\\ -Y & X & 0 & Z\end{pmatrix}_{Ai}\begin{pmatrix}\omega_X\\ \omega_Y\\ \omega_Z\\ k\end{pmatrix}\quad(14.35)$$

同理，对于 j 点有

$$\begin{pmatrix}X\\ Y\\ Z\end{pmatrix}_{Aj}=\begin{pmatrix}X\\ Y\\ Z\end{pmatrix}_{Bj}-\begin{pmatrix}\Delta X\\ \Delta Y\\ \Delta Z\end{pmatrix}-\begin{pmatrix}0 & -Z & Y & X\\ Z & 0 & -X & Y\\ -Y & X & 0 & Z\end{pmatrix}_{Aj}\begin{pmatrix}\omega_X\\ \omega_Y\\ \omega_Z\\ k\end{pmatrix}\quad(14.36)$$

以上两式相减，并考虑到基线向量误差，可得基线 ij 的误差方程

$$\begin{pmatrix}\Delta X\\ \Delta Y\\ \Delta Z\end{pmatrix}_{Aij}+\begin{pmatrix}v_{\Delta X}\\ v_{\Delta Y}\\ v_{\Delta Z}\end{pmatrix}_{Aij}=\begin{pmatrix}X\\ Y\\ Z\end{pmatrix}_{Bj}-\begin{pmatrix}X\\ Y\\ Z\end{pmatrix}_{Bi}-\begin{pmatrix}0 & -\Delta Z & \Delta Y & \Delta X\\ \Delta Z & 0 & -\Delta X & \Delta Y\\ -\Delta Y & \Delta X & 0 & \Delta Z\end{pmatrix}_{Aij}\begin{pmatrix}\omega_X\\ \omega_Y\\ \omega_Z\\ k\end{pmatrix}$$

$$=\begin{pmatrix}-1 & 0 & 0 & 1 & 0 & 0 & 0 & -\Delta Z & \Delta Y & \Delta X\\ 0 & -1 & 0 & 0 & 1 & 0 & \Delta Z & 0 & -\Delta X & \Delta Y\\ 0 & 0 & -1 & 0 & 0 & 1 & -\Delta Y & \Delta X & 0 & \Delta Z\end{pmatrix}_{Aij}\begin{pmatrix}X_{Bi}\\ Y_{Bi}\\ Z_{Bi}\\ X_{Bj}\\ Y_{Bj}\\ Z_{Bj}\\ \omega_X\\ \omega_Y\\ \omega_Z\\ k\end{pmatrix}$$

$$=B_{ij}\hat{X}\qquad(14.37)$$

对每一个基线向量都可以列出如式(14.37)的形式。其中,对于公共点,由于在 B 坐标系中坐标已知,将已知坐标代入,相应去掉该点的坐标未知数。

若已知点 k、s 间的距离 R_{ks},则可得

$$R_{ks}=\sqrt{(X_{Bk}-X_{Bs})^2+(Y_{Bk}-Y_{Bs})^2+(Z_{Bk}-Z_{Bs})^2} \tag{14.38}$$

式(14.38)可化成约束方程:

$$\mathbf{C}_{ks}\hat{X}-\mathbf{W}_{ks}=0 \tag{14.39}$$

式中:$\mathbf{C}_{ks}$ 为系数矩阵,$\mathbf{W}_{ks}$ 为常数项。

对于所有基线,将误差方程和约束方程联立,可得:

$$\begin{cases} V=B\hat{X}-L \\ C\hat{X}-W=0 \end{cases} \tag{14.40}$$

利用含有约束条件的最小二乘方法解算该方程,可得各点在工程坐标系下的坐标。将解算得到的 $\hat{X}$ 代入式(14.40),可得改正数 V。

基线分量改正数与无约束平差结果的相应改正数的较差绝对值($dV_{\Delta x}$、$dV_{\Delta y}$、$dV_{\Delta z}$)应满足:

$$dV_{\Delta x}\leqslant 2\sigma$$
$$dV_{\Delta y}\leqslant 2\sigma \tag{14.41}$$
$$dV_{\Delta z}\leqslant 2\sigma$$

GNSS 网平差后,其精度应符合表 13.2 的规定。

另外,在进行 GNSS 网平差时,如果所采用的观测值不仅包括 GNSS 基线向量,而且包含边长、角度、方向和高差等地面常规观测量,这种平差被称为联合平差。由于这种情况目前已很少发生,本书不做详细介绍,感兴趣的读者可以参考相关文献。

14.7* 成果整理与验收

14.7.1 成果整理和技术总结编写

外业技术总结应包括下列各项内容:

(1) 测区范围与位置,自然地理条件,气候特点,交通及电信、供电等情况。

(2) 任务来源、测区已有测量成果、项目名称、施测目的和基本精度要求。

(3) 施测单位、施测起讫时间、作业人员数量、技术状况。

（4）作业技术依据。

（5）作业仪器类型、精度以及检验和使用情况。

（6）点位观测条件的评价、埋石与重合点情况。

（7）联测方法、完成各级点数与补测、重测情况，以及作业中存在问题的说明。

（8）外业观测数据质量分析与数据检核情况。

内业技术总结应包含以下各项内容：

（1）项目概况，包括项目名称、来源、主要工作内容及承担单位。

（2）采用的技术依据、测绘基准、技术指标等。

（3）资料收集情况。

（4）基线解算，包括采用的起算点及选取依据、所采用的软件、星历、坐标系统、历元、基线解算结果的检验。

（5）网平差，包括起算点的分析、平差方案等。

（6）误差检验及相关参数和平差结果的精度估计等。

（7）上交成果中尚存问题和需要说明的其他问题、建议或改进意见。

（8）各种附表与附图。

外业技术总结和内业技术总结可合并编写。

14.7.2 成果验收与上交资料

交送验收的成果，包括观测记录的存储介质及其备份，内容与数量应齐全、完整无损，各项注记、整饰应符合要求。检查与验收工作完成后应编制报告。提交的资料包括下列各项：

（1）测量任务书（或合同书）、技术设计书。

（2）点之记、环视图、测量标志委托保管书（或土地使用协议书）、选点和埋石资料。

（3）接收设备、气象及其他仪器的检验资料。

（4）A级GNSS网提交站点信息表，B、C、D、E级GNSS网提交外业观测记录、测量手簿及其他记录。

（5）数据处理中生成的文件、资料和成果表。

（6）GNSS网展点图。

（7）技术总结和成果验收报告。

◇第十五章
GNSS 高程测量

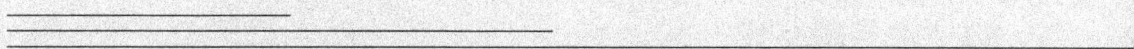

GNSS 以其精度高、速度快、经济方便等优点,在布设各种形式的控制网、变形监测网及精密工程测量等诸多方面都得到了迅速而广泛的应用。国内外大量实践证明,GNSS 平面相对定位精度已达到了 1×10^{-7},甚至更高,这是常规地面测量技术难以比拟的。但是 GNSS 高程测量的精度还不够高,限制了其在工程领域的应用。这一方面是由于 GNSS 大地高自身测量精度不足,另一方面则是因为高精度的高程异常求定较为困难。本章将介绍几种常见的高程系统以及它们之间的差异,几种大地高高程的转换方法(高程异常的求定),并分析 GNSS 高程测量误差来源及提高高程测量精度的方法。

15.1 高程系统

高程系统是指相对于不同性质的起算面(大地水准面、似大地水准面、椭球面等)所定义的高程体系。高程系统是采用不同的基准面来表示地面点的高低,或者对水准测量数据采取不同的处理方法而产生的不同系统,分为正高、正常高和大地高等系统。基本高程基准面有两种:一是大地水准面,它是正高的基准面;二是椭球面,它是大地高程的基准面。此外,为了克服正高不能精确计算的困难,还采用正常高,以似大地水准面为基准面,它与大地水准面非常接近。

15.1.1 参考基准面

在了解高程系统之前,首先要理解两个关于地球形状的概念——大地水准面和参考椭球面(体)。

（1）大地水准面

大地水准面这一概念最早由德国数学家利斯廷（Johann Benedict Listing）于 1873 年提出。由于地球形状不规则，为了描述地球的形状，测量学上首先需要确定的是"大地水准面"。它是在地球重力作用下，假设静止的海面向陆地和岛屿延伸，形成一个封闭的曲面，这个曲面就是大地水准面。大地水准面是一个重力等位面，可以认为物体如果在这个面上运动或发生位移，重力是不做功的。但是由于重力分布不均匀，大地水准面和完美椭球面之间存在一定差异，其包裹的空间也并非一个规则的几何体。大地水准面通常被认为是地球的真实轮廓，它所包围的形体称为大地体。因为大地体的形状和大小非常接近实际地球的形状和大小，并且位置比较稳定。因此，在大范围的区域内，一般选取大地水准面作为外业测量成果的共同基准面。

（2）似大地水准面

大地水准面是最接近地球整体形状的重力位水准面，也是正高系统的高程基准面。但是由于正高与大地水准面的确定涉及地球内部密度问题，在实践中难以实现。苏联地球物理学家、测量学家莫洛金斯基在研究地球形状理论时，针对大地水准面无法精确确定的问题，引入了一个辅助面，即似大地水准面。似大地水准面定义如下：从地面点沿正常重力线量取正常高所得端点构成的封闭曲面。它是一个与大地水准面十分接近的曲面，在海洋上两者完全重合、而在大陆上有 2～4 m 的差异。

莫洛金斯基理论作为现代大地测量的里程碑，可以应用地面测量数据直接确定地球表面形状，而不需要对地球密度作任何假设。在这一理论体系中所构建的正常高系统，将似大地水准面作为该系统的高程起算面。需要注意的是，似大地水准面只是通过一定的数学关系对应于地面的一个几何曲面，它既不是具有物理意义的水准面，也不是对所有空间各点都唯一的高程起算面。

（3）参考椭球面

为了地图制图的方便，人们设计出"旋转椭球体"这个概念来拟合大地水准面所包围的不规则球体。旋转椭球体由长半轴、短半轴、扁率共同定义。截至目前，人们已经发展了多个不同的旋转椭球体，比如克拉索夫斯基椭球体、美国 WGS - 84 椭球体、1975 年国际大地测量学和地球物理学联合会（IUGG）推荐的椭球体等。数学法则定义的椭球体通常整体上对地球大地水准面拟合较好。此时，这一椭球面将被作为测量计算的基准面，该基准面被称为参考椭球面。

在实际应用中，还有一个定位的问题，即各国可能考虑让这个椭球体处于一个特定位置,以实现对该国范围内的地表面拟合最优。大地坐标系的基本参考面就是经过椭球定位后的参考椭球面。WGS - 84 大地坐标系采用的是 WGS - 84 椭球体,它力求在全球范围内整体拟合最优。我国此前的 1980 西安大地坐标系采用了 IUGG 推荐的椭球体,以保证在我国地表拟合最优。1980 西安坐标系在中国经济建设、国防建设和科学研究中发挥了巨大作用。但是由于其局部坐标系的局限性,2008 年中国全面启用了 CGCS 2000 大地坐标系,它和 WGS - 84 大地坐标系一样,属于地心大地坐标系。

15.1.2 高程系统的分类

GNSS 高程测量中经常涉及的三种高程系统:正高高程系统、正常高高程系统、大地高高程系统。图 15.1 示意了这三种高程系统的定义。

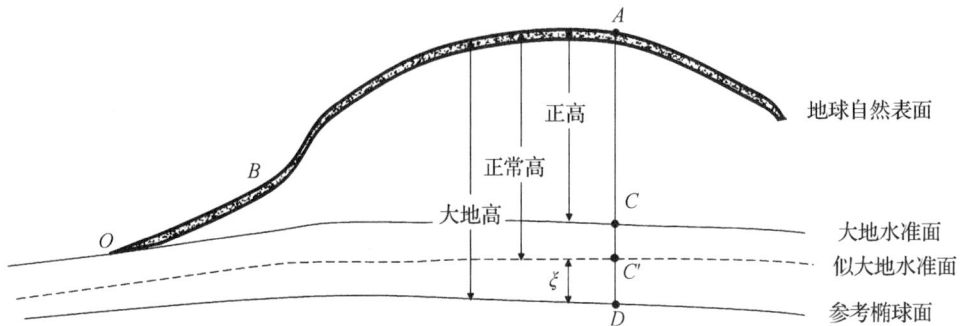

图 15.1 高程系统

图片来源:自绘

（1）正高高程系统

正高高程系统是以大地水准面为高程基准面,地面上任意一点的正高高程是该点沿垂线方向至大地水准面的距离。如图 15.1 所示,A 点的正高为:

$$H_{\text{正}}^{A} = \int_{CA} \mathrm{d}H = \frac{1}{g_m^A} \int_{OBA} g \, \mathrm{d}h \tag{15.1}$$

式中,g_m^A 为 A 点铅垂线上 AC 线段间的重力平均值;$\mathrm{d}h$ 和 g 分别为沿 OBA 路线所测得的水准高差和重力值。

由于 g_m^A 并不能精确测定,也不能由公式推导出来,所以,严格说来,地面点的正高高程不能精确求得。通常采用近似方法求正高的近似值,A 点的近似正高计算公式为:

$$H_{\text{近}}^{A} = \frac{1}{\gamma_m^A} \int_{OBA} \gamma \, \mathrm{d}h \tag{15.2}$$

式中，γ 表示正常重力值，r_m^A 是平均值。

正常重力值并不考虑地球内部质量密度分布的不规则现象，因此，它仅随纬度的不同而变化，计算公式为：

$$\gamma = \gamma_{45}(1 - \alpha\cos 2\varphi + \cdots) \tag{15.3}$$

式中，γ_{45} 为纬度 45°处的正常重力值，φ 为某点的纬度，α 为常数，$\alpha \approx 0.002\ 6$。

由于地球内部质量分布并不是均匀的，因此，正常重力值 γ 与实测重力值 g 并不相同，在某些地区（如我国西部高山地区）差异很大，因此，近似正高在这些地区会受到较大的歪曲。

（2）正常高高程系统

以似大地水准面为基准面的高程系统称为正常高高程系统。正常高高程计算公式为：

$$H_{常}^A = \frac{1}{\gamma_m^A}\int_{OBA} g\,\mathrm{d}h \tag{15.4}$$

由式（15.4）与式（15.1）比较可知，正高高程无法精确求得，但正常高高程可以精确求得。在式（15.4）中，g 可由重力测量结果求得，$\mathrm{d}h$ 可由水准测量的结果求得，而 γ_m^A 可由正常重力公式计算求得。

似大地水准面极为接近大地水准面，正常高数值与正高也极为接近，又能严格求得（其数值也不随水准路线而异，具有唯一性），故在实际工作中具有重要意义。在平均海平面上，由于观测高差 $\mathrm{d}h = 0$，正常高与正高均为 0，此时似大地水准面与大地水准面重合。这说明大地水准面的高程零点，对于似大地水准面也是适用的。因此，我国统一采用正常高系统计算地面点高程。

为了确定似大地水准面，需要长期观测海水面水位升降，计算得到平均海水面，这项工作称为验潮，进行这项工作的场所称为验潮站。根据各地的验潮结果表明，不同地点平均海平面之间还存在着差异。因此，对于一个国家来说，应该根据一个验潮站所求得的平均海水面作为全国高程的统一基准起算面。我国历史上测算了多个高程基准起算面，形成了多个高程基准，不同部门、不同时期、不同地区往往有所区别，主要有：1956 年黄海高程系（已废止）、1985 国家高程基准、吴淞高程系等。因此，在使用高程时必须注意所属的高程系统。

我国目前采用的是 1985 国家高程基准，它是利用青岛大港验潮站 1952 年至 1979 年的观测资料所计算的黄海平均海平面，作为全国高程的统一起算面。

（3）大地高高程系统

以参考椭球面为高程基准面的高程系统称为大地高高程系统。正高和正常高的基准线为铅垂线,即重力方向,具有明确的物理意义。而大地高的基准线为椭球面的法线,没有实际的物理意义,不能直接应用。因而不能选为国家高程控制网的高程系统。

GNSS 系统对空间坐标的描述,采用了地心大地坐标系,地面点在三维大地坐标系中的几何位置是以大地经度、大地纬度和高程表示的。这里的高程就是采用的大地高高程。需要注意的是,GNSS 求解出的大地高和卫星系统的椭球参数直接相关,求解时要注意使用的坐标系和椭球。例如,GPS 测量所求得的高程是相对于 WGS - 84 参考椭球而言的,而我国目前使用的椭球为 CGCS 2000 椭球。

大地高程可直接由卫星大地测量方法测定,也可由几何和物理大地测量相结合的方法来测定。

(4) 大地高转换为正常高的方法

我国地形图上的高程采用的是正常高高程系统,标定的是目标地物距离似大地水准面的铅垂距离;而 GNSS 测量得到的高程为目标地物距离参考椭球面的法线距离。即便我们忽略法线和铅垂方向存在的差异,这两个距离的起算基准面也不是同一个面。因此,在同一个位置,使用 GNSS 测出来的高程与地形图上读出来的高程数值可能(通常)是不一致的。这使得 GNSS 测量在工程中的应用受到了极大的限制,因此,将大地高转换为正常高是 GNSS 高程测量工作的必要步骤和研究重点。

在普通地面测量中,点的正常高一般是通过水准测量求得的。水准测量所得的两点间高差,加上正常水准面不平行改正和重力异常改正后,即为两点间的正常高高差。水准测量是当前公认的最精密的高程测量技术之一。GNSS 测量所得的大地高必须转换为正常高后才能在工程测量中应用。将 GNSS 大地高转换为正常高的方法有:利用地球重力场模型法、数学模型拟合法、联合平差转换法、神经网络方法等。

15.2 GNSS 高程测量误差来源

从上面的讨论可以看出,GNSS 测量正常高的精度主要受两方面因素的影响:一是高程异常的求定精度,二是大地高自身的测定精度。

15.2.1 影响 GNSS 大地高测量精度因素

(1) 卫星实际分布状况

卫星实际分布状况是影响 GNSS 高程测量精度的一个重要因素。在平面定位时,可以通过卫星预报和观测时间段的选择来保证卫星呈基本对称分布,进而减弱或者消除站卫距离中的偏差、卫星信号传播过程中引发的延迟误差以及其他误差对平面位置的影响。但是,无论怎样选择,被观测的卫星均处在地平面之上,对于高程来说呈不对称的分布状态,因此很多系统误差难以得到很好的消除,这对于高程测量精度有重要的影响。

(2) 对流层延迟改正的残差因素

对流层延迟改正的残差问题是影响 GNSS 高程测量精度的另一个重要因素。在高程测量中,如果对流层延迟改正不完善,就会产生一定的误差,而高程分量的精度主要受到这个方面的影响,尤其对短基线造成的影响更为明显。

(3) 其他因素

除了上述影响因素外,GNSS 高程测量精度还受到以下因素的影响:①接收机天线相位中心偏差;②电离层延迟改正后的残余误差;③天线高的测量误差;④起算点坐标误差;⑤星历误差等。

15.2.2 提高 GNSS 高程测量精度方法

(1) 提升大地高测量精度

GNSS 高程测量精度受到大地高测量精度的影响,而大地高的测量精度又受到若干因素的影响。因此,要提高大地高测量精度,首先应提高局部 GNSS 基线解算的起算点精度;其次应提高 GNSS 卫星星历精度,即在事后处理中采用精密星历;然后应选择卫星数量充足、位置分布合理的观测时段;最后应提高对流层延迟改正的精度。

(2) 采用有效且适用的高程异常求定方法

对于一般 GNSS 用户来说,希望获得一种使用方法简单且效果较佳的方法来计算高程异常。众多研究表明,采用多项式函数拟合法(曲面拟合法、平面拟合法)来转换 GNSS 高程,能取得比较理想的结果。虽然神经网络方法在不少研究中取得了较好的表现,但是实现方法较为复杂。必要时,应采用多种方法进行比较,并通过已知点来评定高程拟合的精度。

(3) 采用适当的数据处理方法

在确定有效的高程异常求定方法后,还应选择恰当的数据处理方法。如:①应依据观测区似大地水准面的变化情况,选定一定数量的已知点,并尽量做到分布合理。②依据不同的观测区,选择适用的拟合模型。如对于高度差大于 100 m 的观测区,应进行地形修正;对于不同趋势地区的观测区,应采取分区计算的方法。

15.3 GNSS 高程转换方法概述

GNSS 测量是在地心大地坐标系中进行的,所提供的高程为相对于椭球体的大地高,记为 $H_{大}$。我国在实际工程应用中,采用以似大地水准面为基准的正常高高程系统,记为 $H_{常}$。根据 15.1 节的内容可知,两者存在以下关系:

$$\xi = H_{大} - H_{常} \tag{15.5}$$

式中,ξ 表示 A 点的高程异常(见图 15.1)。

由式(15.5)可很清楚地看出,如果知道某点的高程异常值 ξ,则可很方便地将该点的 GNSS 高程(大地高)转化为正常高高程。因此,高程转换的关键点就在于高程异常的精确获取。

目前,GNSS 高程转换方法(即高程异常的求定方法)一般有以下几种:

(1) 地球重力场模型法

高程异常是地球重力场的参数。利用地球重力场模型,根据点位信息,可以直接求得该点的高程异常值。具体地说,地面点的高程异常是根据重力场长波分量、已知点大地水准面差距、斯托克斯方程数字积分的长波分量的球谐函数表达式和地面重力测量结果等来计算的。在一定区域内,只要有足够数量的重力测量数据,就可以比较精确地求定该区域的高程异常值。

高程异常 ξ 的精度取决于已知局部重力场的精度、该区域地面重力测量结果的密度和精度,以及在已知重力点之间插值求重力时所用的高程数据的精度等。对于实施水准测量比较困难的丘陵和山区,利用重力测量方法是比较实用且可靠的方法。目前,在我国已布设重力观测网的绝大部分区域,用此方法一般可达到分米级的精度。然而,由于我国部分地区缺乏精确的重力资料,用此法求得的地面点的高程异常 ξ 精度较低,不能满足高精度工程的要求。

(2) 数学模型拟合法

该法的主要思路是将部分 GNSS 点布设在高程已知的水准点上,或通过水准联测求得部分 GNSS 点的正常高高程,使得这些点同时具有 $H_{大}$ 和 $H_{常}$。在某一区域内,如果有一定数量的已知点(GNSS 大地高和正常高均已知),则已知点的高程异常值就可根据式(15.5)计算得到。然后,再用一个函数来模拟该区域的似大地水准面的高度,这样就可以用数学内插的方法求解区域内任一点的高程异常 ξ 值。此时,如果在区域内某点上通过 GNSS 测量得到了 $H_{大}$,就可以用模拟好的数学模型求解该点的 ξ,进而求得该点的正常高。根据数学模型的不同,有加权平均法、多面函数法、曲面拟合法等方法。在数学模型拟合法的基础上,又有数学模型抗差估计法、数学模型优化方法等。

①加权平均法

所谓加权平均法,就是由内插点周围部分已知点的高程异常加权平均求得该点的高程异常。设在内插点周围选 n 个已知点,高程异常为 $\xi_i(i=1,2,\cdots,n)$,对应的权为 P_i,则内插点 j 的高程异常为:

$$\xi_j = \frac{[P\xi]}{[P]} \tag{15.6}$$

式中,$[P\xi] = \sum_{i=1}^{n}(P_i\xi_i)$,$[P] = \sum_{i=1}^{n}P_i$。

式(15.6)中的权 P_i 可根据已知点至内插点的水平距离来计算:

$$P_i = \frac{1}{(\rho_i + \varepsilon)^2} \tag{15.7}$$

式中,ρ_i 为已知点 i 至内插点 j 的水平距离;ε 为一小正数,以防止权函数的分母趋于 0,通常 ε 取 0.01,单位与 d_i 单位相同。当已知点离内插点较近时,P_i 就大,对内插点贡献大;当已知点离内插点较远时,P_i 就小,对内插点的贡献小。此法要求各 P_i 不要相差过大。

②多面函数法

多面函数法是由美国的 Hardy 提出的。其基本思想是,任何数学表面和任何不规则的圆滑表面,总可以用一系列有规则的数学表面的总和以任意精度逼近,其方程为:

$$\xi(x,y) = \sum_{i=1}^{n}\alpha_i Q(x,y,x_i,y_i) \tag{15.8}$$

式中,α_i 为待定参数;$Q(x,y,x_i,y_i)$ 是 x 和 y 的二次核函数。

常用的二次核函数为:

$$Q(x,y,x_i,y_i) = [(x-x_i)^2 + (y-y_i)^2 + d^2]^k \tag{15.9}$$

式中,d 为任意常数,称为光滑因子;k 取 0.5 时为正双曲线函数,k 取 -0.5 时为倒双曲函数。

这种方法要求的 n 个已知点应为高程异常显著点。

③曲面拟合法

该法的主要思路是利用 n 个已知点（高程异常值已知），用一个平面（一次多项式）或二次曲面（二次多项式）的数学模型来拟合高程异常。

平面拟合的方程为：

$$\xi(x,y) = a_0 + a_1 x + a_2 y \qquad (15.10)$$

式中，(x,y) 为点的平面坐标；a_i 为模型系数。

若采用二次曲面，则方程为：

$$\xi(x,y) = a_0 + a_1 x + a_2 y + a_3 x^2 + a_4 xy + a_5 y^2 \qquad (15.11)$$

对于平面拟合，区域内已知点个数应不少于 3 个；对于二次曲面拟合，已知点不少于 6 个。一般来说，若已知点个数足够多，则二次曲面拟合的精度要高于平面拟合的精度。

在平原地区，似大地水准面的变化是非常平缓的。在 15 km^2 范围内，一般只有 0.1～0.2 m 的起伏。如果同时具有 $H_大$ 和 $H_常$ 的点能保证 4～6 km 的密度，则用二次曲面法拟合的高程异常精度一般可达到厘米级。

（3）联合平差法

当测区内具有天文大地测量、重力测量、水准测量及 GNSS 测量等多种观测数据时，可以用整体平差模型将这些观测数据进行联合平差，最终可求得地面点的平面坐标及（正常高）高程的最优无偏估值。此种方法综合了上述几种方法的优点，是将 GNSS 大地高转换为正常高的最可靠方法。即使在测区内控制点分布不均时，联合平差法求取正常高高程也是十分有效的。联合平差法求取正常高的精度仍取决于已知点的分布情况、已知数据的精度以及所建立的平差模型的优化程度等。

（4）神经网络方法

人工神经网络（Artificial Neural Networks，ANNs），有时也简称为神经网络（NNs），是一种模仿动物神经网络行为特征，进行分布式并行信息处理的数学模型。这种网络依靠系统的复杂程度，通过调整内部大量节点之间相互连接的关系，从而达到处理信息的目的。

从 20 世纪 80 年代以来，许多领域（包括工程界）的科学家掀起了研究人工神经元网络的高潮，并已取得了众多突破性的进展。神经网络的研究内容相当广泛，反映了多学科交叉技术领域的特点。在 GNSS 高程拟合领域，应用较多的神经网络模型包括 BP 神经网络、RBF 神经网络等。目前,BP 神经网络用于 GNSS 高程拟合时已经具备了相当良好的精度,尤其当测区内已知的 GNSS 水准点分布较均匀且数量较少时,BP 神经网络拟合法可作为首选拟合方法。

15.4* 转换 GNSS 高程的二次曲面拟合法

众多研究表明,在范围不大的区域,采用二次曲面拟合法来转换 GNSS 高程,能取得比较理想的结果。

15.4.1 计算模型

由地球重力场理论可知,大地水准面外部的实际重力位 W,可分解为正常重力位 U 和异常位(扰动位)T,即

$$T = W - U \tag{15.12}$$

相应于似大地水准面,由布隆斯公式知

$$\xi = T/\gamma \tag{15.13}$$

式中,ξ 为高程异常,γ 为正常重力值。

在一定范围内,大地水准面比较平缓,扰动位可看作是平面坐标 X、Y 的函数:$T = T(X, Y)$,把其展开成:

$$T(X,Y) = T_0 + \frac{\partial T_0}{\partial X}\Delta X + \frac{\partial T_0}{\partial Y}\Delta Y + \frac{1}{2}\frac{\partial^2 T_0}{\partial X^2}\Delta X^2 + \frac{1}{2}\frac{\partial^2 T_0}{\partial Y^2}\Delta Y^2 + \frac{\partial^2 T_0}{\partial X \partial Y}\Delta X \Delta Y + \varepsilon \tag{15.14}$$

式中,T_0 为参考点的扰动位。

由参考点的垂线偏差和垂线偏差变化率关系式,并顾及在小范围内正常重力变化可以忽略不计,则:

$$\xi = A_0 + \zeta_0 \Delta X + \eta_0 \Delta Y + \frac{1}{2}\zeta_0' \Delta X^2 + \frac{1}{2}\eta_0' \Delta Y^2 + \theta_0' \Delta X \Delta Y + \varepsilon \tag{15.15}$$

可进一步表达为:

$$\xi(X,Y) = a_0 + a_1 \Delta X + a_2 \Delta Y + a_3 \Delta X^2 + a_4 \Delta X \Delta Y + a_5 \Delta Y^2 + \varepsilon \tag{15.16a}$$

$$\Delta X = X - X_0 \tag{15.16b}$$

$$\Delta Y = Y - Y_0 \tag{15.16c}$$

式中,X_0、Y_0 是参考点坐标,一般取为重心坐标。

设某 GNSS 水准联测点 P_i，其拟合残差为 v_i，则有：

$$v_i = a_0 + a_1 \Delta X_i + a_2 \Delta Y_i + a_3 \Delta X_i^2 + a_4 \Delta X_i \Delta Y_i + a_5 \Delta Y_i^2 - \xi_i \qquad (15.17)$$

若有 n 个已知点，其构成的误差方程式为：

$$\boldsymbol{V} = \boldsymbol{BX} - \boldsymbol{\xi} \qquad (15.18)$$

式中：

$$\underset{n \times 1}{\boldsymbol{V}} = (v_1 \quad v_2 \quad \cdots \quad v_n)^{\mathrm{T}} \qquad (15.19a)$$

$$\underset{6 \times 1}{\boldsymbol{X}} = (a_0 \quad a_1 \quad \cdots \quad a_5)^{\mathrm{T}} \qquad (15.19b)$$

$$\underset{n \times 1}{\boldsymbol{\xi}} = (\xi_1 \quad \xi_2 \quad \cdots \quad \xi_n)^{\mathrm{T}} \qquad (15.19c)$$

$$\underset{n \times b}{\boldsymbol{B}} = \begin{pmatrix} 1 & \Delta x_1 & \Delta y_1 & \Delta x_1^2 & \Delta x_1 \Delta y_1 & \Delta y_1^2 \\ 1 & \Delta x_2 & \Delta y_2 & \Delta x_2^2 & \Delta x_2 \Delta y_2 & \Delta y_2^2 \\ \vdots & \vdots & \vdots & \vdots & \vdots & \vdots \\ 1 & \Delta x_n & \Delta y_n & \Delta x_n^2 & \Delta x_n \Delta y_n & \Delta y_n^2 \end{pmatrix} \qquad (15.19d)$$

按最小二乘法可求得拟合系数 $\boldsymbol{X}$ 为：

$$\boldsymbol{X} = (\boldsymbol{B}^{\mathrm{T}} \boldsymbol{B})^{-1} \boldsymbol{B}^{\mathrm{T}} \boldsymbol{\xi} \qquad (15.20)$$

采用二次曲面拟合时，至少应有 6 个已知点。当已知点少于 6 个时，可采用平面函数拟合。在实际工作中，应根据 GNSS 水准联测点的分布情况选用不同方案进行计算。

15.4.2 实例分析

某市 D 级 GNSS 网（位于平坦地区，区域面积约为 $300 \ \mathrm{km}^2$）共布设了 96 个观测点，其中 44 个 GNSS 点进行了三等水准联测。对上述 44 个点进行了粗差检测，发现 4 个粗差点，剔除这 4 个粗差点，用余下的 40 个点进行试验，如图 15.2 所示。GNSS 水准测量成果如表 15.1 所示。在图 15.2 中，选用其中 10 个均匀分布于整个区域的点作为已知点构成样本集（或

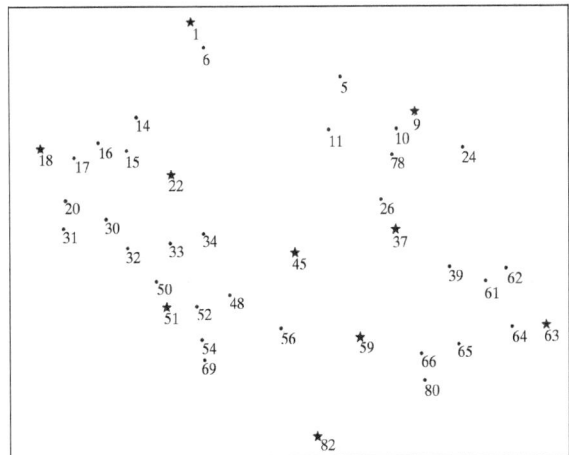

图 15.2 某市 D 级 GNSS 网水准联测点位置图

图片来源：自绘

称学习集,见图 15.2 中的五星点),其他 30 个点作为测试集(或称检验集),用来检验各种方法的拟合效果。

表 15.1 GNSS 水准测量成果表　　　　　　　　　　单位:mm

点号	X	Y	高程异常	点号	X	Y	高程异常
1	3 603 896.338	488 554.991	8.230 5	20	3 595 071.005	484 001.081	8.247 4
18	3 597 602.072	483 112.170	8.192 7	26	3 595 110.463	495 582.217	8.635 0
82	3 583 394.689	493 247.948	8.591 4	30	3 594 147.421	485 461.822	8.295 9
63	35 88911.922	501 631.873	8.732 3	32	3 592 708.478	486 271.827	8.341 2
9	3 599 474.072	496 795.052	8.514 3	34	3 593 421.633	489 031.863	8.396 1
51	3 589 780.327	487 658.722	8.404 2	39	3 591 736.098	498 086.561	8.619 0
45	3 592 458.486	492 333.502	8.491 5	50	3 591 054.737	487 311.743	8.387 8
37	3 593 597.532	496 071.596	8.561 6	52	3 589 809.665	488 760.289	8.426 2
22	3 596 342.743	487 810.764	8.332 0	54	3 588 152.720	488 971.778	8.439 7
59	3 588 187.786	494 796.664	8.577 4	56	3 588 699.983	491 872.914	8.503 5
14	3 599 206.341	486 605.780	8.252 4	6	3 602 651.747	489 060.306	8.260 2
80	3 586 122.185	497 178.121	8.656 1	10	3 598 614.425	496 160.498	8.502 9
31	3 593 665.841	483 924.860	8.265 9	15	3 597 556.828	486 241.427	8.264 8
24	3 597 682.256	498 583.115	8.585 5	16	3 597 965.501	485 193.728	8.231 0
48	3 590 354.599	489 991.618	8.442 0	17	3 597 197.998	484 300.026	8.222 5
69	3 587 135.391	489 049.313	8.454 4	62	3 591 680.037	500 142.093	8.665 2
11	3 598 570.057	493 658.873	8.448 3	64	3 588 772.738	500 350.962	8.696 8
33	3 592 960.050	487 814.048	8.371 4	65	3 587 910.500	498 432.824	8.674 6
61	3 591 056.924	499 399.464	8.654 6	66	3 587 443.650	497 057.646	8.637 0
5	3 601 210.272	494 100.825	8.433 6	78	3 597 313.657	495 982.869	8.531 0

表格来源:自制

为了进行分析比较,分别采用平面拟合(一次多项式)和二次曲面拟合(二次多项式)对上例进行了模拟,参见计算公式(15.10)、式(15.11)、式(15.16)等。两种方法的模拟结果如表 15.2 和表 15.3 所示。很显然,二次曲面拟合的效果要优于平面拟合方法。

表 15.2　平面拟合法(一次多项式)结果　　　　　　　　　　　　　单位:mm

点号	高程异常偏差 $\Delta\xi=\xi_0-\xi$	点号	$\Delta\xi$	点号	$\Delta\xi$	点号	$\Delta\xi$
1	−22.8	14	−8.3	20	1.4	6	−19.7
18	−2.6	80	−10.1	26	11.1	10	5.7
82	−11.9	31	5.5	30	4.2	15	−6.2
63	−8.7	24	19.3	32	13.3	16	−10.1
9	11.8	48	−2.5	34	10.1	17	−6.0
51	9.1	69	−4.7	39	−4.1	62	−7.9
45	15.1	11	10.7	50	15.8	64	−15.0
37	8.5	33	9.4	52	5.0	65	−1.1
22	9.2	61	−7.9	54	−5.8	66	−11.0
59	−7.7	5	15.9	56	−5.4	78	23.0
学习中误差 $n_1=10$ $m_1=\pm11.9\text{ mm}$		检验中误差 $n_2=30$ $m_2=\pm10.7\text{ mm}$					

表格来源:自制

表 15.3　二次曲面拟合法(二次多项式)结果　　　　　　　　　　　单位:mm

点号	高程异常偏差 $\Delta\xi=\xi_0-\xi$	点号	$\Delta\xi$	点号	$\Delta\xi$	点号	$\Delta\xi$
1	−2.3	14	−4.6	20	−6.3	6	−6.6
18	−0.5	80	3.1	26	−0.5	10	−5.9
82	2.9	31	−5.9	30	−6.3	15	−7.9
63	0.3	24	4.7	32	0.5	16	−9.1
9	0.0	48	−13.3	34	−1.3	17	−6.9
51	−4.0	69	−12.8	39	−9.9	62	−12.0
45	4.6	11	2.4	50	2.3	64	−7.5
37	−1.8	33	−2.7	52	−6.9	65	6.8
22	2.7	61	−10.5	54	−15.6	66	−3.9
59	−7.5	5	12.1	56	−11.4	78	10.9
学习中误差 $n_1=10$ $m_1=\pm3.4\text{ mm}$		检验中误差 $n_2=30$ $m_2=\pm8.1\text{ mm}$					

表格来源:自制

15.5* 转换 GNSS 高程的神经网络方法

15.5.1 神经网络的基本原理

（1）人工神经元网络的基本概念

人工神经元网络是基于生理学上的真实人脑神经网络的结构和功能，以及若干基本特性的某种理论抽象、简化和模拟，构成了一种信息处理系统。据现在的了解，大脑的学习过程就是神经元之间连接强度随外部激励信息自适应变化的过程，大脑处理信息的结果再由神经元的状态表现出来。

（2）简化的神经元数学模型

人工神经元的结构模型如图 15.3 所示。图中，$x_1, x_2, \cdots, x_n$ 为输入信号，μ_i 为神经元内部状态，θ_i 为阈值，w_{ij} 为 μ_i 到 μ_j 连接的权值，$f(x)$ 为激发函数，y_i 为输出，则上述模型可以描述为：

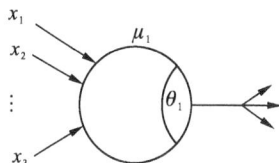

图 15.3　神经元结构的数学模型

图片来源：自绘

$$\sigma_i = \sum_j w_{ij} x_j - \theta_i \tag{15.21}$$

$$\mu_i = g(\sigma_i) \tag{15.22}$$

$$y_i = h(u_i) = f(\sigma_i) = f\left(\sum_j w_{ij} x_j - \theta_i\right) \tag{15.23}$$

$$f = hg \tag{15.24}$$

每一个神经元的输入接收前一级神经元的输出。因此，对神经元 i 的总作用 σ_i 为所有输入的加权之和减去阈值，此作用引起神经元 i 的状态变化，而神经元 i 的输出 y_i 为其当前状态 σ_i 的函数。

15.5.2 神经网络 BP 算法

Minsky 和 Papert 在 1969 年出版的 *Perceptron* 一书中提出的论点曾使许多人对神经网络的研究失去了信心，但仍有许多学者坚持这一方向的研究。Rumelhart、McClelland 和他们的同事们于 1985 年发展了 BP 网络学习算法，实现了 Minsky 的多层网络设想。其实，早在 1974 年，Webos 就在他的论文中提出了 BP 学习理论。

BP 网络不仅有输入层节点、输出层节点,而且有隐含层节点(隐层可以是一层或多层),如图 15.4 所示。对于输入信号,要先向前传播到隐节点,经过激活函数后,再将隐节点的输出信息传播到输出节点,最后给出输出结果。节点的激活函数通常选择标准 Sigmoid 型函数:

$$f(x) = \frac{1}{1+e^{-x}} \tag{15.25}$$

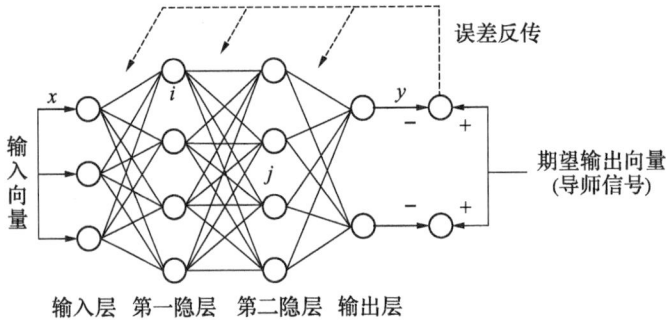

图 15.4　BP 网络模型结构

图片来源:自绘

BP 算法的主要思想是把学习过程分为两个阶段:

第一阶段(正向传播过程):输入信息通过输入层,经隐含层逐层处理并计算每个单元的实际输出值。

第二阶段(反向传播过程):若在输出层未能得到期望的输出值,则逐层递归地计算实际输出与期望输出之差值(即误差),以便根据此差调节权值。具体地说,可对每一个权重计算出接收单元的误差值与发送单元的激活值的乘积。因为这个乘积和误差对权重的(负)微商成正比(又称梯度下降算法),把它称作权重误差微商。权重的实际改变可由权重误差微商按各个模式分别计算出来。

这两个过程的反复运用,使得误差信号逐渐减小。实际上,当误差达到人们所希望的要求时,网络的学习过程就结束。

15.5.3　转换 GNSS 高程的改进 BP 算法

(1) 五层 BP 网络结构

根据工程应用的特点,构造了用于转换 GNSS 高程的五层 BP 神经网络结构,如图 15.5 所示。网络共设五层,分别为输入转换层、输入层、隐含层、输出层和输出转换层。网络只设有一个隐含层,但另外增加了一个输入数据转换层和一个输出数据转换层。增加设置这两个转换层是必要的,因为采用标准 Sigmoid 激活函数的神经网络,其标准输入、输出数据限定范围为[0,1]。而实际工程应用中的参数取值范围各异,如 GNSS 高程转换中的坐标参数(X,Y),其数值都非常大,需要将其转换为[0,1]区间内的值。另外,输出结果接近 0 或接近 1 的区域是网络的饱和区,因此,输出数据范围可设定为[0.2,0.8]或[0.1,0.9],可避开网络的饱和区。

输入转换层和输出转换层的计算公式因工程而异,具体应用时,应通过编程实现自动转换。

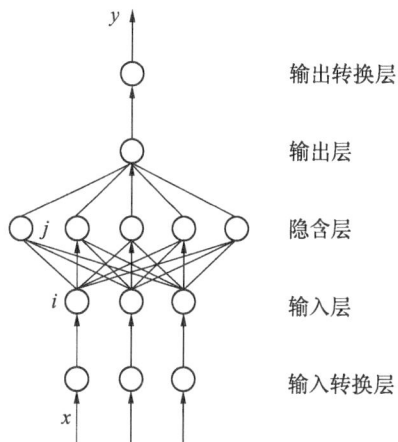

图 15.5　五层 BP 神经网络结构

图片来源:自绘

(2)"混合转换法"方法思路

上文已经介绍了转换 GNSS 高程的二次曲面拟合法(简称 CFM)和常规神经网络模拟法(简称 NNM),上述两种方法的特点如表 15.4 所示。

表 15.4　CFM 方法与 NNM 方法优缺点比较表

方　法	优　点	缺　点
CFM	1. 计算简单、方便; 2. 若已知点数据中含有粗差,利用抗差估计法,可减小粗差对平差结果的影响	1. 所采用的二次曲面与水准面不完全贴合; 2. 拟合精度受到一定的限制
NNM	1. 并不采用某一确定的几何曲面,在一定情况下能减少几何模型误差; 2. 拟合精度较高	1. 计算复杂,计算时间长; 2. 初始权值对结果和收敛影响大; 3. 没有发现粗差的能力

表格来源:自制

由表 15.4 可知,CFM 和 NNM 都有优点。为充分利用两者的优点,一些学者构建了转换 GNSS 高程的新方法——"混合转换法",简记为 CFM&NNM。该方法的具体计算过程为:

①假设区域共有 n 个点,其中 n_1 个已知点($H_大$ 和 $H_常$ 均已知),则待定点(已知 $H_大$,待求 $H_常$)的个数 $n_2=n-n_1$;已知点个数最好大于等于 8。

②根据 n_1 个已知点信息,利用 CFM 拟合出所有 GNSS 点的高程异常 ξ。

③计算 n_1 个已知点的高程异常误差:

$$\Delta\xi=\xi_0-\xi \tag{15.26}$$

式中，ξ_0 为高程异常已知值，计算公式为：

$$\xi_0 = H_大 - H_常 \tag{15.27}$$

④此时，再将上述 n_1 个已知点的所有信息构成学习集样本：

$$(x_i, y_i, \xi_i, \Delta\xi_i) \quad i = 1, 2, n \tag{15.28}$$

其中，x、y、ξ 作为输入单元参数，$\Delta\xi$ 作为输出单元参数；用图 15.5 所示的五层 BP 神经网络模拟法（NNM）来模拟高程异常误差 $\Delta\xi$，即利用 n_1 个学习集样本对该 BP 网络进行训练。经反复试验，隐含层节点数取 15 为佳。

⑤用训练好的神经网络对 n_2 个待求点进行计算，可得各点的高程异常误差 $\Delta\xi$，从而计算出其正常高高程。

$$H_常 = H_大 - \xi_0 = H_大 - (\xi + \Delta\xi) \tag{15.29}$$

式中，ξ 为 CFM 拟合的高程异常值，$\Delta\xi$ 为 NNM 模拟得出的高程异常误差。故称此法为 CFM&NNM。

（3）实例分析

对于 15.4 节的工程实例数据，分别用"常规 BP 算法"和"混合转换法"进行模拟计算，计算结果分别如表 15.5 和表 15.6 所示。说明如下：①"常规 BP 算法"的网络结构为：$2\times15\times1$，输入层单元数取 2，分别为坐标值 x、y，隐含层单元数取 15（通过大量试算得到），输出层单元数取 1（为高程异常 ξ）。②"混合转换法"的网络结构为：$3\times15\times1$，输入层单元数取 3，分别为 x、y、ξ（ξ 是二次曲面拟合的结果），隐含层单元数取 15（通过大量试算得到），输出层单元数取 1（为高程异常偏差 $\Delta\xi = \xi_0 - \xi$）。

表 15.5 常规 BP 算法拟合结果 单位：mm

点号	高程异常偏差 $\Delta\xi = \xi_0 - \xi$	点号	$\Delta\xi$	点号	$\Delta\xi$	点号	$\Delta\xi$
1	2.4	14	−1.7	20	−4.1	6	−3.1
18	3.9	80	5.5	26	−2.8	10	−9.1
82	3.1	31	−4.5	30	−5.6	15	−5.8
63	3.8	24	12.9	32	0.4	16	−5.9
9	−3.3	48	−12.9	34	−2.4	17	−3.6
51	−3.6	69	−10.0	39	−7.7	62	−8.9
45	3.8	11	0.2	50	2.0	64	−3.9

续表

点号	高程异常偏差 $\Delta\xi=\xi_0-\xi$	点号	$\Delta\xi$	点号	$\Delta\xi$	点号	$\Delta\zeta$
37	−2.6	33	−3.4	52	−6.3	65	12.3
22	3.0	61	−7.2	54	−13.6	66	−0.4
59	−3.9	5	10.7	56	−8.8	78	7.8
学习中误差： $n_1=10$ $m_1=\pm3.3$ mm		检验中误差： $n_2=30$ $m_2=\pm6.8$ mm					

表格来源：自制

表 15.6　混合转换法拟合结果　　　　单位：mm

点号	高程异常偏差 $\Delta\xi=\xi_0-\xi$	点号	$\Delta\xi$	点号	$\Delta\xi$	点号	$\Delta\xi$
1	−1.3	14	−3.8	20	−4.4	6	−5.6
18	1.9	80	0.6	26	−4.6	10	−8.7
82	1.3	31	−4.0	30	−5.9	15	−7.2
63	−1.6	24	0.5	32	−0.5	16	−7.9
9	−2.3	48	−9.8	34	−4.2	17	−5.2
51	−2.3	69	−2.2	39	−0.5	62	−3.3
45	2.3	11	0.6	50	0.6	64	−7.5
37	−1.3	33	−5.0	52	−3.5	65	7.5
22	2.1	61	−2.1	54	−5.6	66	−2.0
59	0.6	5	12.0	56	−1.5	78	7.2
学习中误差： $n_1=10$ $m_1=\pm1.8$ mm		检验中误差： $n_2=30$ $m_2=\pm5.4$ mm					

表格来源：自制

　　为便于进行分析比较，我们将四种方法的拟合结果一并列于表15.7，从表中可以清楚看出，"混合转换法"拟合效果最好。

333

表 15.7　四种方法的拟合结果

拟合方法	平面拟合法	二次曲面拟合法（CFM）	常规 BP 算法（NNM）	混合转换法（CFM&NNM）
学习中误差 $n_1=10$	±11.9 mm	±3.4 mm	±3.3 mm	±1.8 mm
检验中误差 $n_2=30$	±10.7 mm	±8.1 mm	±6.8 mm	±5.4 mm

表格来源：自制

　　将表 15.6 与表 15.3 仔细比较可知，混合转换法（CFM&NNM）的模拟结果确实比二次曲面拟合法（CFM）有明显改善，如高程异常偏差绝对值大于 10 mm 的点，二次曲面拟合法共有 8 个，而混合转换法只有 1 个。但对于面积更大、地形复杂的地区，混合转换法的应用效果还有待检验。

　　需要说明的是，混合转换法与二次曲面拟合法、常规 BP 算法一样，都是数值逼近方法，GNSS 高程的逼近精度受已知点的数量和分布状况的影响，更受大地水准面不规则变化的影响。因此为提高 GNSS 高程的精度，尚需从理论与实践上做进一步的研究。

◇第十六章*
GNSS 工程应用

16.1　GNSS 在智慧高速公路建设中的应用

在新基建浪潮的推进下,智慧高速公路已成为我国基础设施建设的热点之一。GNSS 集精密定位、导航、授时等多功能于一体,能够提供高精度的位置服务,在智慧高速公路建设中有着广泛的应用。

16.1.1　公路勘测首级控制网建设

（1）GNSS 公路勘测首级控制网的概念

在测区范围内建立的最高一级的控制网称为首级控制网;而最低一级的、直接为测图而建立的控制网称为图根控制网。公路设计前期的首要工作就是确定控制点,建立首级控制网以及进行控制测量。建立首级控制网是一个重要的步骤,同时也可能是公路设计过程中最具挑战性的环节之一。

和其他 GNSS 工程控制网的建立类似,GNSS 公路勘测首级控制网采用静态测量模式其主要步骤如下:技术设计、仪器检验、踏勘选点、埋石、外业测量、基线处理与检核、网平差、坐标转换、技术总结。

（2）GNSS 公路勘测首级控制网的特点

公路勘测的范围一般呈条带状,因此首级控制网的布设范围也呈条带状。由于公路建设涉及桥梁、隧道等构造物,加之需要考虑与常规全站仪进行联测,因此,GNSS

公路勘测首级控制网的平均边长相对较短,其主要特点如下:

①平面精度要求较高,需达到$(1\times10^{-6}\sim2\times10^{-6})$的相对定位精度。

②与传统三角测量或导线测量相比,要求作业速度快、工作效率高。

③按照公路勘测规程要求,每隔 5 km 左右布设一对相互通视的点(这对点间距约 300 m)。

④为了减少投影变形,尽量采用测区平均子午线作为中央子午线,即一般采用独立坐标系,以满足长度变形值小于 2.5 cm/km 的规范要求。

(3) GNSS 公路勘测首级控制网建立关键技术

①起算坐标的确定方法

在公路勘测首级控制网建立过程当中,往往周围没有高等级的起算点,因此一般采用以下几种方法来确定 WGS-84(或 CGCS 2000)起算大地坐标。

(a) 取网中观测时间最长的点,计算其伪距单点定位的平均值(常用方法)。这个值与 WGS-84 准确坐标存在固定偏差,但是可以通过后续的坐标转换参数给予吸纳。

(b) 与 1 到 2 个 IGS 跟踪站进行联测,通过长基线解算的方法求得。

(c) 将高等级 GNSS 控制点纳入首级控制网中。

(d) 取网中观测时间最长的点,用精密单点定位(PPP)获得。

②工程投影变形的处理

在 GNSS 内业数据处理时,为使后续使用方便,必须设法消除或削弱高斯投影变形对最后坐标成果的影响。《公路勘测规程》中规定,当测区偏离中央子午线的距离大于 15 km 时,必须考虑长度变形的影响。工程投影变形的处理方法主要有:常规处理方法、尺度强制约束法、投影面重新选择法。

常规处理工程投影变形的方法是以测区平均子午线为中央子午线,将平面已知点进行换带计算,然后进行二维约束平差。尺度强制约束法的基本思路是:在 GNSS 二维约束平差时,若高斯平面上有两个点位精度可靠的点(A、B),这两点地面实际平距为 D_{ab};以 A 点坐标为起点,保持 T_{ab} 坐标方位角不变,将 D_{ab} 强制作为高斯平面上的距离,重新计算 B 点的坐标,并以新坐标进行二维约束平差,从而求得整网待定点的坐标。投影面重新选择法的基本思路是:将地面水平距离归化到椭球面上的距离改正数与椭球面上距离投影到高斯平面上的距离改正数之和约束为零,反算得到椭球投影面高度,进而实现工程投影变形的限制。

③内业平差时的基线优化

在利用 GNSS 建立公路勘测首级控制网时,由于控制网本身的特性决定了独立异步环的边长可能较为悬殊(有几十千米,也有几百米)。若按常规方法将所有合格的基线一同进行平差,可能会将长基线误差传递到短基线上,从而影响短基线的相对定位精度。

优化处理的实质是在内业平差处理时,将形成异步环的较长边仅用于基线成果的检核,而不纳入网平差计算的范畴。在不损失观测值精度的前提下,这种方法能较大幅度地提高整个 GNSS 网的点位精度。

16.1.2 网络 RTK 道路放样

利用地基增强系统的网络 RTK 可以实现区域范围内静态毫米级、动态厘米级的高精度定位。目前,网络 RTK 已经广泛应用于高速公路建设(或改扩建)的施工测量中,如临时控制点的测设、道路中线及边线的放样、河塘清淤测量、软基桩位放样等。

(1) RTK 道路放样内容

道路放样是道路工程施工中的一个重要环节,其目的是按照设计图纸的要求,在实地进行道路中心线、边线、纵横断面以及结构物位置等的测定工作。道路放样的内容主要包括以下几个方面:

①中心线放样。设置中心桩(或称中线桩),并在地面上标记出中心线,从而确定道路设计中心线的实际位置。

②边线放样。根据中心线和设计的道路宽度,确定道路的两侧边线。设置边线桩,并标记出道路的边界。

③横断面放样。沿着道路中心线按一定间距(如 20 m 或 50 m)设置横断面。测量每个横断面的地面高程,并与设计高程相比较,确定填挖方量。对于有特殊设计要求的横断面(如超高、加宽等),要按设计要求进行放样。

④纵断面放样。根据设计图纸上的纵断面图,确定道路的纵坡、竖曲线等。在地面上标出设计纵坡和变坡点的位置。

⑤结构物放样。对桥梁、涵洞、通道等结构物进行位置放样,确定结构物的细部位置,如桥墩、桥台、涵洞进出口等。

⑥辅助设施放样。包括排水系统(如边沟、截水沟、排水沟等)、标志标线、护栏、照明等设施的放样。

⑦施工控制桩放样。为了便于施工过程中的质量控制,设置施工控制桩。施工控制桩通常设置在不易被破坏的位置,并能够长期保存。

（2）网络 **RTK** 使用流程

①RTK 测量手簿设置

在 RTK 外业测量时，需要与 CORS 系统保持网络通信。首先，向提供 CORS 服务的单位申请一个 RTK 账户。开始测量前，在手簿中设置网络协议/数据链、服务器地址、网络端口、源列表，以及账户密码等信息。在测量过程中，确保手簿的移动网络或 Wi‑Fi 信号良好。

②区域转换参数的测定

RTK 测量得到的点坐标与工程坐标系下的坐标之间可能存在一些系统性的偏差，一般通过坐标转换参数进行改正。

③RTK 测量与放样

用户携带 RTK 接收机、手簿和测杆开始测量与放样，手簿中装有用于采集数据和放样的软件，根据指示进行操作即可。

④RTK 测量精度评定

事后，可将 RTK 接收机中的数据导出，进行精度评定。一般从内符合误差和外符合误差两个方面评定测量精度，外符合精度评定需要若干个已知点。

（3）坐标转换参数的测定

①线路已知点的要求

坐标转换一般采用七参数法，至少需要 3 个已知点。已知点应尽可能分布在测区两端、中间及线路两侧，点位覆盖的范围应尽可能地包含整个测区，并有一定数量的校核点。已知点的可靠性尤为重要，最好利用设计院提供的并经过施工复测的高等级控制点，还要确保其没有下沉或者人为破坏。已知点间的水准测量最好与线路沉降观测单位进行合作，定期进行二等水准精密测量，以确保已知点高程的可靠性。考虑到RTK 的特性，已知点位附近应该没有遮挡或其他干扰，尽可能选择地势开阔、周围电磁干扰小、稳定可靠的点。

②采集数据要求

RTK 的作业过程并不复杂，但也应认真细心，以保证数据的准确性。比较常见的注意事项如下：

（a）测杆圆水准气泡校准。测杆圆水准气泡不居中将影响测量精度。使用前可借助全站仪在两个互相垂直的水平方向进行精确校准。

（b）测杆配合三角撑使用。在控制点上测量时应使用三角撑固定测杆，尽量避免手扶，减少人员操作误差。

(c) 测杆高度设置。一般建议将 RTK 设备的杆高设置到 180 cm 以上,并时刻注意手簿上反馈的 GNSS 信号强弱及信号稳定情况。测量过程中如果更改杆高,务必在手簿中同步修改。测量人员手持手簿时,应注意不要遮挡接收信号天线。

(d) 坐标稳定采集。RTK 平面位置精度较高,浮动差一般在 10 mm 以内,基本可达 3～5 mm。高程浮动差在 15 mm 左右。尽量在坐标数据浮动差较小时采集数据,数据采集时的浮动差越小,越有利于提高测量点位的精度。

(e) 保证测量结果为坐标固定解。内符合精度在 1 cm 之内时,取 1～2 min 平均值作为坐标测量结果。

③转换参数的计算

根据已知点上的两套坐标(RTK 测量结果和工程坐标系下的已知值)计算转换参数。可用手簿上的菜单程序计算,也可用商业软件计算。

④转换参数的校核

每次使用 RTK 进行施工放样前,都要做好点校验工作。校核控制点的选取与数据采集工作与上同。校核点至少需要 1 至 2 个点,且校核点与计算转换参数的已知点不能重合。对比坐标及高程数据,平面位置偏差一般应在 10 mm 以内,高程位置偏差一般应在 20 mm 以内。校核测量无误后,方可进行工程测量与放样。

16.1.3　GNSS 应用于形变监测

(1) 滑坡的监测方法

滑坡是指在一定环境下,斜坡岩土体在重力的作用下,由于内外因素的影响,沿着坡体内一个(或几个)软弱面(带)发生剪切下滑的现象。滑坡是一种危害极大的地质灾害。对于高速公路而言,除了突发滑坡直接破坏线路、路基、桥梁、隧道外,缓慢移动的滑坡也会造成路基和线路上拱、下沉、外挤、挡墙变形及侧沟破坏。

滑坡监测是预防滑坡的一个重要环节。滑坡变形监测方法很多,但大体上可分成两种类型。一种是采用特殊的变形观测专用仪器,如应变仪、倾斜仪、流体静力水准仪等,直接测定斜坡的地应力变化、斜坡倾斜以及垂直位移;另一种就是采用精密大地测量方法测定坡体的水平与垂直位移。应用 GNSS 定位技术监测滑坡变形,属于精密大地测量方法。

GNSS 定位技术监测滑坡体的水平与垂直位移,通常包括布设监测网、数据采集、数据处理与分析等 3 个作业阶段。

布设滑坡监测网通常可以采用自定义的滑坡监测坐标系。滑坡监测坐标系的设计,可假定一点坐标作为位置基准;假定一条边的方位角作为方向基准;精确测定一条边的长度作为尺度基准。

在实际工作中,通常假定一个基准点坐标作为位置基准。基准点应埋设在滑坡体外的基岩上,基准点的个数不应少于 2 个。基准点之间的边长,通常可采用高精度的全站仪精确测定,并以此作为监测网的尺度基准。边长测量精度一般不应低于 $1×10^{-6}$,以此保证坐标系统具有优于 1 mm 的分辨率。为了检验基准点的稳定性,还应定期复测边长。监测网的方向基准,通常可选用滑坡体主轴线的方位,这样使坐标系统的 x 轴方向与滑坡位移方向大体一致,为分析、研究滑坡变形带来方便。

变形监测点应沿着滑坡体的主轴线及其两侧均匀布设。在选埋基准点与监测点观测墩时,应注意选择具有良好的天空观测环境的地点。

通常处于蠕变阶段的滑坡体,其位移量是比较小的。如果希望能分辨 3 mm 以上的水平位移量,那么监测网平差后的点位精度就应当优于 ±2 mm。要达到这一精度,不但要求各基准点和监测点有良好的天空观测环境,并且要保证足够的观测时间,通常采用 15 s 采样率,需要 1~3 h 的观测时间。在观测设备上需选用双频或多频 GNSS 接收机,并配备扼流圈天线。

应用 GNSS 观测数据研究滑坡体的垂直位移时,通常采用监测点的大地高变化量作为它的垂直位移量。由于 GNSS 在垂直分量上的观测精度较差,通常要比水平分量的精度低 1 倍,因此应用 GNSS 研究滑坡体垂直位移时,其分辨率也降低 1 倍。即如果水平位移的设计分辨率为 3 mm,那么垂直位移的分辨率就是 6 mm。

由于滑坡体面积一般不大,因此不论是基准点还是监测点,相邻点间的边长一般在数十米到数百米之间。为了削弱 GNSS 基准误差对监测结果带来的影响,最好已知网中一点的精确坐标,并以此作为解算 GNSS 基线的起算点。如果网中没有已知坐标的点,且联测国家已知点也很困难,那么就要求作为解算 GNSS 基线的起算点至少要观测 6 h。

(2) GNSS 滑坡监测应用案例

2022 年至 2023 年,在建的 G0615 线久治至马尔康段高速公路项目某段典型高边坡,位于海拔 3 000 m 以上,属于高寒高海拔季节性冻土区。开挖后局部易产生楔状掉块或垮塌,坡表覆盖层易发生坍塌,运营期间受冻融循环影响,存在坍塌风险。

根据区域自然条件及该边坡自身特点,选用 GNSS 自动监测技术进行坡体表面位移监测。设计 1 个监测断面,在每级边坡平台布置监测点,对边坡进行 24 h 不间断监测;在工程区外视野良好的稳定区内布设 GNSS 基准点;在坡顶布置温湿度计及降雨量计。监测点布设如图 16.1 所示。

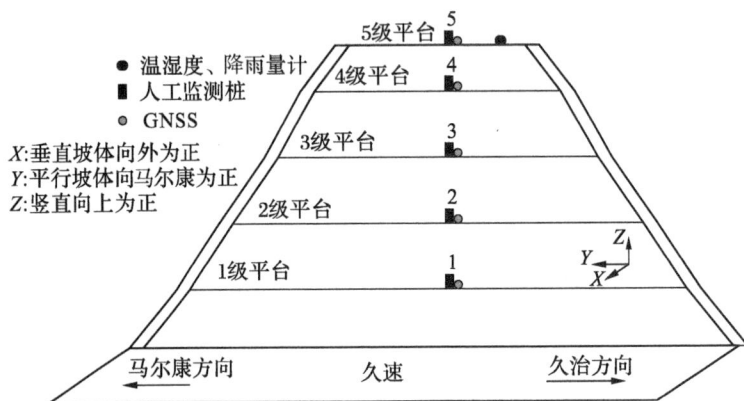

图 16.1　监测点布设

图片来源：自绘

基于 GNSS 实时性、自动化的特点，实现了边坡位移的全面实时监测。图 16.2 为 2022 年 12 月至 2023 年 6 月边坡在 X 方向的累计位移变化曲线。通过将形变量与每日降雨量、温度等变化情况对比，还能研究分析影响各级边坡形变的因素。

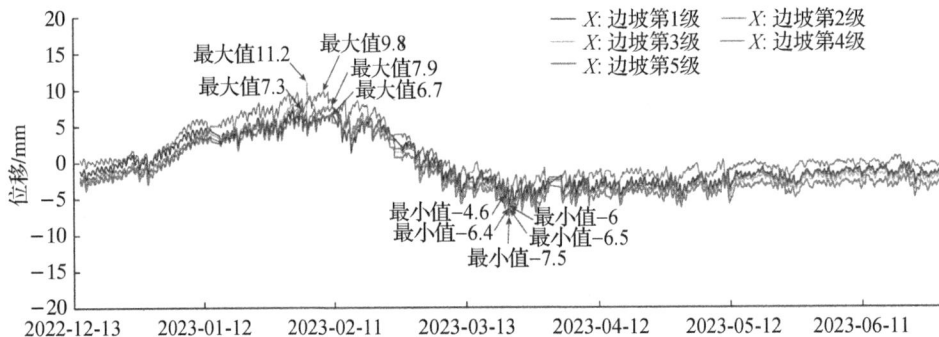

图 16.2　各级边坡 X 方向累计位移变化曲线

图片来源：自绘

16.2　GNSS 在水深测量中的应用

水运交通信息化建设与水下地形测量息息相关，目前我国沿海沿江的水下地形测量大多采用 GNSS 水深测量系统进行。

16.2.1　GNSS 水深测量的基本原理

如图 16.3 所示，GNSS 水深测量系统一般采用 GNSS 进行水上平面定位，利用验潮站实时内插观测瞬间的水位,利用超声波测深仪进行水深测量。测得的水深在施加吃水、声速、水位等改正和编辑后,归算到某一深度基准面后,与平面定位数据融合后在成图软件上进行水下地形图的绘制。

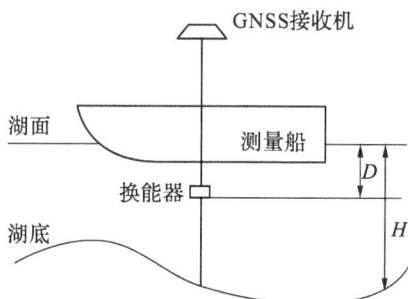

图 16.3 单波束测深仪测深原理

图片来源:自绘

GNSS 在水深测量系统中的角色有两种:

(1) 水深测量中只进行平面定位。此时定位精度要求 1 m 左右,最高在大比例尺 1∶500 的时要求达到 0.5 m 精度。一般用伪距差分 RTD 即可达到,我国沿海布设了 20 多个差分信标台,作用距离约 300 km,伪距定位精度可达亚米级。

(2) 进行平面定位的同时进行水位测量。此时 GNSS 定位精度需要达到厘米级,一般用相位差分 RTK 才能达到。水深测量部分有以下三种实现方法:

①原始测量方法。利用测深杆、测绳、测锤等工具进行水深测量。虽然是原始测量方法,但其应用仍然非常广泛,尤其是在浅水区的测量中。

②单波束测深仪。测深仪往水下发射超声波,超声波经过水底反射回仪器,通过测定从发射到接收的时间延迟,乘声速并除以 2,即可得到水下深度。

③多波束测深仪。多波束系统是一套复杂的综合性测深系统,具备高精度、高效率的优点,相比传统的单波束测深手段,在测量范围、测量效率以及精度方面都有着无可比拟的优点,在现代海洋工程中被广泛应用。多波束测深系统能一次测出在垂直航向的垂面内的几十甚至上百个水底待测点的水深值,或者一条一定宽度的全覆盖水深条带,能快速、精确地测出沿航线方向一定宽度范围内水下目标的形状、大小和高低起伏变化,从而比较可靠地得到水底地形地貌。

16.2.2 GNSS 水深测量系统的组成

由于多波束测深仪远比单波束测深仪复杂,此处以单波束测深仪为例介绍 GNSS 水深测量系统的组成。

GNSS 水深测量系统主要由以下 4 个部分组成:GNSS 接收机(包括天线和主

机)、数字化测深仪、便携式计算机、电源。各部分的连接关系如图 16.4 所示。

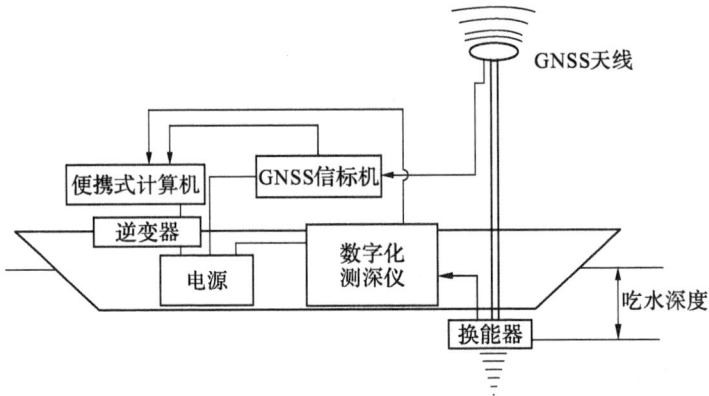

图 16.4　GNSS 水深测量系统的组成

图片来源：自绘

GNSS 为测量船提供精确的平面坐标及高程信息。

换能器作为一种实现电能与声能相互转换的关键装置，可分为发射换能器和接收换能器，它们分别承担着脉冲信号的发射与接收任务。

在数字化测深仪的构成中，通常包括脉冲触发器、计时器、发射系统等组件。其测深流程如下：

（1）脉冲触发器按照设定的脉冲重复频率产生触发脉冲，以此控制计时器的计时和发射系统的工作；发射系统则负责生成具有适当功率和宽度的电脉冲，并将其传输至发射换能器。

（2）发射换能器将电脉冲转换成超声波脉冲，并向海底发射，海底反射回来的超声波回波被接收换能器捕获，并转换为电信号传输至接收系统。

（3）接收系统对来自接收换能器的回波信号进行放大处理，然后送至数字测深仪，计时装置计算超声波脉冲的传播时间 t，并据此计算出水深 h，最终将测量结果输出或以适当方式显示。

在图 16.4 所示的系统中，数字化测深仪的测量结果和 GNSS 定位结果传输至便携式计算机中，进行数据处理和显示，可实现水下地形图的实时测绘。

电源系统供给各部分所需要的工作电源。逆变器则承担着将船电转换为测深仪工作电源的任务，而实际的电源系统可能包含更为复杂的设计和配置。

16.2.3　GNSS 水深测量系统的应用

用 GNSS 水深测量系统进行水下地形图测量成图时，要按照国家标准和规范执行。

（1）高程转换

水深测量经常涉及高程系统之间的转换,常用几个高程转换关系如下:

$$废黄河＝吴淞－1.763 \text{ m} \tag{16.1}$$

$$56\text{ 黄海}＝废黄河－0.138 \text{ m} \tag{16.2}$$

$$吴淞＝56\text{ 黄海}＋1.901 \text{ m} \tag{16.3}$$

$$85\text{ 黄海}＝56\text{ 黄海}－0.029 \text{ m} \tag{16.4}$$

在长江下游地区,经常涉及吴淞高程系统和黄海高程系统,它们之间的差距在 1.9 m 左右。而 85 黄海高程与 56 年黄海高程之间存在 3 cm 左右的差值。

（2）GNSS 水下地形测量的主要工作

GNSS 水下地形测量的主要工作可以分为两个阶段。

第一个阶段是外业数据采集阶段,主要包括前期准备工作和数据采集。前期准备工作需要完成仪器的安装与调试、区域坐标转换参数的确定、测深线的布置等。测深线要根据地形图的比例尺和河床的走向进行布置。比例尺越大,测深线之间的实际间距就越小;河床有转弯时,要增加测深线。验潮测深时,在没有水尺的地方,还需要设置临时水尺;无验潮测深则无须设置。数据采集主要是在陆上记录水位、船上记录数据(自动化程度很高)。

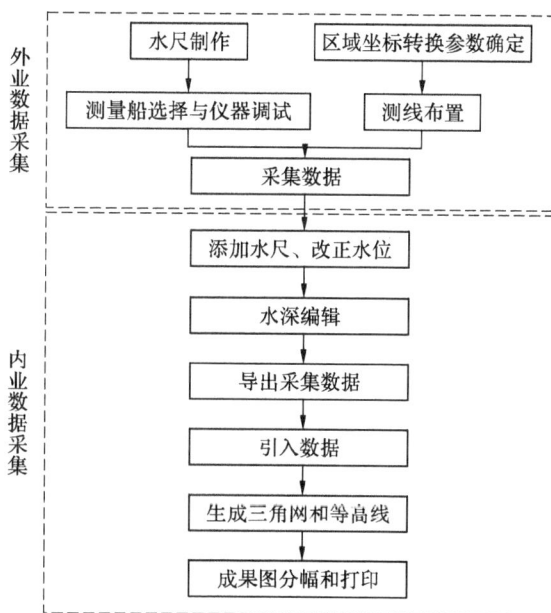

图 16.5　GNSS 水深测量流程

图片来源:自绘

第二个阶段是内业数据整理阶段。主要任务包括:采集数据的导出、采集数据的引入、岸边线的绘制、等深线的生成、等深线的编辑及图形分幅和打印等。具体流程如图 16.5 所示。

（3）无验潮水深测量

RTK 技术可实时得到厘米级精度的 GNSS 天线三维坐标,但高程数据基于地心大地坐标系中的高程,属于大地高程系统,而水深测量一般采用水准高程。如果能够将地心大地坐标系坐标转换成水准高程中的标高,则可直接确定泥面的标高,无需验潮数据,这种方法被称为 RTK 无验潮水深测量,其具体原理如图 16.6 所示。

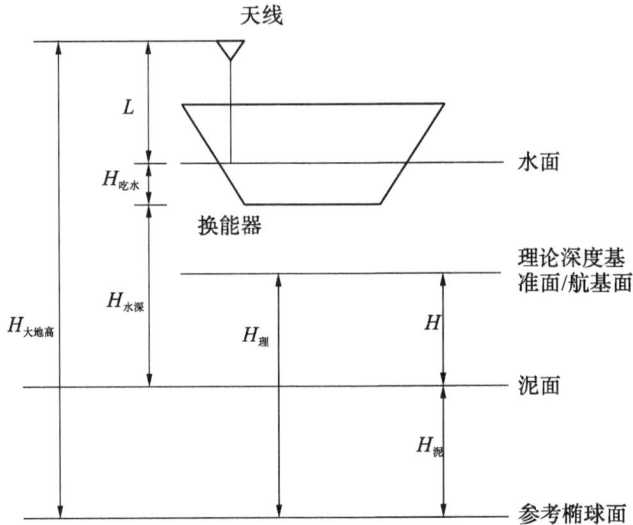

图 16.6　水深测量高程示意图

图片来源:自绘

泥面相对于参考椭球面的高程为:

$$H_{泥}=H_{大}-L-H_{吃水}-H_{水深} \tag{16.5}$$

泥面相对于理论深度基准面的高程为:

$$
\begin{aligned}
H=H_{理}-H_{泥} &=H_{理}-(H_{大}-L-H_{吃水}-H_{水深}) \\
&=(H_{理}-H_{大})+L+H_{吃水}+H_{水深}
\end{aligned} \tag{16.6}
$$

若将式(16.6)中的理论深度基准面当作似大地水准面,$H_{理}$ 就是似大地水准面与椭球面之间的高程差,即高程异常值 ξ,所以式(16.6)可写为:

$$H=L+H_{吃水}+H_{水深}-H_{大}+\xi \tag{16.7}$$

其中:$H_{水深}$ 可通过测深仪测得;$H_{大}$ 可通过 RTK 接收机测得;$H_{吃水}$ 为换能器的动吃水;L 为天线到水面的高度,可在外业观测前测得。所以只要已知 ξ 值,则可实时获得水下地形点在理论基准面下的深度 H。

从式(16.7)中不难看出,水下地形点的理论基准面下的深度 H 未涉及瞬时海面高度参数,不包括涌浪及潮位参数,因此消除了传统水深归算的主要误差参数。而增加的高程异常参数可通过模型计算以相当高的精度获得。因此,基于高精度网络RTK 的无验潮水深测量方法相比传统有验潮方法,具有精度高、方便、快捷和简单等特点。

16.3　GNSS 组合导航应用

在开阔环境下,GNSS 在定位精度和可靠性方面均可满足大部分需求。但在城市建筑物密集区域、隧道、地下空间等 GNSS 信号受限区域,GNSS 定位精度较差,甚至无法定位。因此,需结合其他定位方式,以实现更好的导航定位效果。

16.3.1　DR 定位

航位推算(Dead Reckoning,DR):在车辆运动过程中,利用传感器获取车辆在运动过程中的移动方向和距离等相对位置信息,结合相对位置信息和初始位置计算车辆位置的方式称为航位推算。

航位推算的优点在于自主导航,定位结果不会受到外界干扰。但是定位结果误差会随着时间累积,最终可能会导致结果发散。航位推算需要用到的常用传感器包括:码盘(如车辆里程计、获取运动距离)、惯性传感器(如陀螺仪、加速度计等,获取运动方向)。

DR 定位原理如下:在连续两个时刻内,车载传感器可获得车辆的移动距离 s 和两时刻位置的方位角 θ。初始时刻车辆位置为 (X_n, Y_n),则下一时刻的位置计算公式为:

图 16.7　航位推算计算图示
图片来源:自绘

$$\begin{cases} X_{n+1} = X_n + s\cos\theta \\ Y_{n+1} = Y_n + s\sin\theta \end{cases} \tag{16.8}$$

依次类推,即可获得车辆任意时刻的位置。航位推算的缺点在于:各点的点位误差不独立,方位角累积误差对后续点的影响较大。

16.3.2　GIS/MM 定位

地理信息系统(Geo-Information System,GIS):在计算机软硬件的支持下,对整个或部分地球表层(包括大气层)空间中的有关地理分布数据进行采集、储存、管理、运算、分析、显示和描述的技术系统。GIS 系统可以为地图匹配技术提供充足的电子地图资源。

地图匹配(Map-Matching,MM):将已知车辆行驶的数学特征与地图数据库中的道路特征相比较,进而确定车辆的位置和行驶轨迹并校正车辆的定位误差。

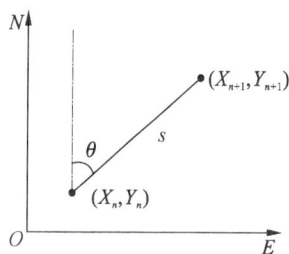

地图匹配的意义在于：①以图像形式表达的导航信息更容易为用户理解；②利用电子地图，可以实现最短路径搜索等一系列复杂功能；③地图匹配也可以提高定位性能，使定位结果更加准确、平滑。

GNSS与地图匹配算法主要有以下几种类型：

（1）几何匹配算法。主要依据GNSS定位值与道路网段之间的几何相关性来完成匹配。

（2）概率匹配算法。给定车辆在某一路段上的概率，根据道路网的拓扑关系推算出下一时刻车辆在各条路段上的概率，将其中概率最高的一条路段作为相匹配路段。

（3）紧组合匹配算法。将地图中的道路网信息施加于GNSS定位计算中，从而使GNSS定位点的误差得到降低，能被更容易、更准确地匹配到地图上。

（4）综合匹配算法。通过一定方式将多种匹配测量信息综合起来，以全面、正确地确定出一条最相匹配的路段。

16.3.3　GNSS/DR/GIS/MM组合定位原理

考虑各定位方式的特点，GNSS/DR/MM/GIS组合定位可采用如图16.8所示的方式。

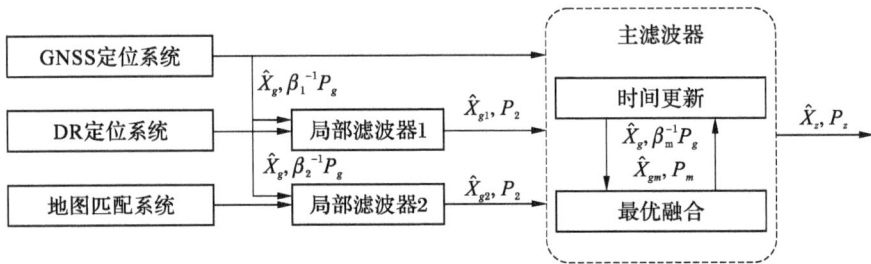

图16.8　航位推算计算图示

图片来源：自绘

GNSS定位精度高且提供绝对位置信息，将其定位值作为主滤波器；DR推算值和地图匹配结果作为局部滤波器。GNSS定位信息动态分配至每一局部滤波器中进行滤波计算，之后主滤波器接受各局部滤波器的信息并进行联合滤波计算。最后，主滤波器将结果反馈至各局部滤波器，并进行迭代计算，计算完成后输出定位结果。

16.4　GNSS在车路协同自动驾驶中的应用

车路协同系统是一种先进的交通管理理念，它通过集成多种前沿技术和传感设备,使得车辆与道路设施之间能够实现高效的信息交互与协同工作。这套系统的核心在于优化交通资源的使用,提升道路安全水平,并有效缓解交通拥堵现象。

16.4.1 系统组成和技术手段

车路协同系统主要由三个部分构成:智能车载系统、智能路侧系统,以及连接两者的通信平台。

智能车载系统集成了 GNSS、陀螺仪、激光雷达、视觉传感器以及毫米波雷达等多种设备,这些设备共同协作,以确保车辆能够准确地了解自身状态并感知周围环境。与此同时,智能路侧系统通过视频监控、射频识别(RFID)及超宽带(UWB)技术,持续监测交通流量,记录路面状况及任何异常情况。通信平台在整个系统中起到桥梁作用,它不仅实现了路侧设备与车载单元之间的高效数据交换,还促进了车辆间的直接通信。这种多方面的信息交流为实现智能交通系统的即时响应与决策支持提供了坚实基础。

16.4.2 GNSS 应用情况与特点

GNSS 技术因其成熟度高、可靠性强且能提供全天候实时定位服务而在车路协同系统中占据重要地位。然而,由于 GNSS 信号在某些环境下容易受阻,例如在高楼大厦密集的城市环境中或隧道内,其定位精度会受到影响。为此,通常采用 GNSS 与惯性导航系统(INS)等其他定位技术相结合的方式,以弥补单一技术的不足,确保定位的准确性和可靠性。

图 16.9 为车载系统的组合导航方案,其核心在于充分利用 GNSS 与其他定位手段各自的优势,确保车路协同自动驾驶系统能够实现高可靠性和高精度的动态定位。具体来说,在不同的地理环境中,我们可以采取差异化的定位策略:

在开阔区域,GNSS 信号质量较高,定位效果较为理想。在这种环境下,GNSS 可以作为主要的定位手段,而其他定位信息(如视觉传感器的数据)则作为辅助信息,用于增强定位的稳定性和可靠性。即使 GNSS 信号偶尔出现波动或中断,辅助信息也可以帮助系统维持连续且精确的位置感知。

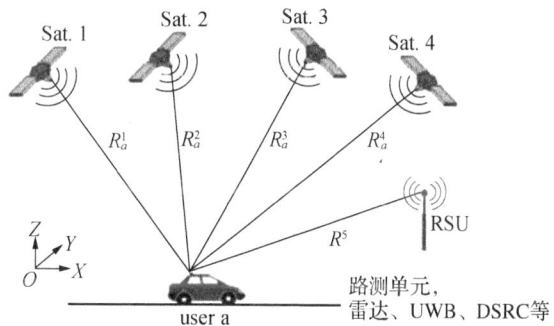

图 16.9 组合导航

图片来源:自绘

在城市峡谷区域,尽管 GNSS 依然是重要的定位手段之一,但由于高楼大厦造成的信号反射或多路径效应,其定位精度可能会受到影响。为了弥补这一缺陷,系统通常会采用 GNSS 与多种传感器技术相结合的方式来进行定位。这种方法能够有效提高定位的准确性,并确保在复杂城市环境中的导航性能。

在隧道区域,由于 GNSS 信号无法穿透到地下空间,因此无法获得 GNSS 定位结果。在此类环境中,可利用 5G 基站的毫米波测距、航位推算、视觉信息等其他辅助信息来提高定位的可靠性,确保即使在完全没有 GNSS 信号的情况下,车辆仍然能够准确地确定自己的位置和方向。

此外,车路协同系统设计还需要考虑不同环境之间的无缝切换能力,这意味着系统不仅要能在不同类型的环境中维持高水平的定位精度,还要确保在车辆从一种环境过渡到另一种环境时,能够平稳且无感地切换定位方法。为了实现这一点,车路协同系统必须具备高度智能化的决策机制,包括智能切换模型、融合算法优化、冗余与容错设计、实时更新与反馈等机制。

16.4.3 GNSS 在车路协同中的发展趋势

在车路协同技术不断进步的大背景下,GNSS 动态高精度定位技术作为自动驾驶的核心支撑之一,也呈现一些较为明显的发展趋势:

(1) 应用范围的扩展

GNSS 技术的应用不再局限于为车辆提供精确的位置信息,也开始为路侧基础设施提供精细且实时的位置服务。这种双向的信息共享不仅优化了交通管理效率,还促进了更安全的道路环境构建。

(2) 车载系统的技术迭代

为了提高定位精度和可靠性,车载系统将集成多个 GNSS 接收机,并配合视觉传感器、毫米波雷达等先进的感知设备,建立一个多层次的环境感知网络。这样的组合不仅增强了车辆对周围环境的理解,还提升了定位的准确性。

(3) 路侧基础设施的优化

为了增强车辆与基础设施之间的互动,路侧将部署集成激光雷达、GNSS 连续观测站和 5G 通信节点的技术控制单元(TCU)。这些单元不仅能实时监控交通状况,还能与邻近车辆进行高效的数据交换,及时传递路况信息,增强驾驶辅助功能。

（4）通导云控一体化

车路协同系统正在向多终端融合的方向发展，即将 5G 通信、GNSS 高精度导航、区域云计算平台及自动化控制系统整合，创建一个无缝连接的信息生态系统。这种高度集成的系统架构不仅能够实现数据的快速传输与处理，还能够支持更复杂的自动化控制逻辑，进一步提升自动驾驶的安全性和效能。

16.5　GNSS 在低空导航中的应用

随着无人机技术和相关基础设施的快速发展，低空经济正在成为推动经济社会发展的新动力。所谓低空经济，是指依托于低空空间（通常指海拔 1 000 m 以下）开展的各项经济活动，包括但不限于无人机物流配送、农业监测、空中摄影以及公共安全服务等领域。

低空经济依托于支持低空飞行活动的各类航天器，包括无人机、电动垂直起降飞行器（eVTOL）、直升机、固定翼飞机等。其中，无人机技术凭借其灵活性高、成本低廉、应用场景广泛等优势，成为推动低空经济发展的重要力量。无论采用何种航天器，精确可靠的定位和导航能力都是低空经济活动的基础。GNSS 作为一项关键的空间信息技术，在低空导航的发展中扮演着至关重要的角色。

16.5.1　低空导航环境的特点

GNSS 凭借其高精度、实时性等特点，成为当前应用最为广泛的时空基准提供方式。然而，GNSS 的定位原理决定了其对信号接收的高度依赖性，因此定位精度与所处环境高度相关。而低空经济活动则面临更为复杂、独特的空间场景。

（1）密集的城市建筑

城市环境是低空经济活动的主要展开场景之一。然而，低空导航仍然要面临密集建筑的干扰问题，尤其是经济活动越密集的地方，往往也面临着更密集的城市建筑群，导致 GNSS 信号频繁减弱、丢失。此外，建筑物之间的狭窄通道可能会引发多径效应，影响定位精度，而多变的建筑物位置关系增加了识别和处理多径效应的难度。

（2）复杂的电磁环境

城市中的各种电子设备会产生较多的干扰信号，可能影响 GNSS 接收机的正常工作。有意的干扰或欺骗(如 GNSS 欺骗)在某些情况下也可能发生。

（3）动态变化的环境

低空飞行器(如无人机)在飞行过程中可能会遇到突然出现的障碍物或变化的气象条件,飞行路径的变化要求系统能够快速响应并重新计算新的位置。

（4）高度受限的空间

低空经济活动往往在一定的高度范围内进行,这意味着飞行器需要精确的高度控制。在某些情况下,高度限制可能比水平位置更为严格,而 GNSS 在高程方向的精度差于平面精度,这对 GNSS 定位提出了新的要求。

（5）多样化的应用需求

不同的应用场景(如物流配送、农业监测、空中摄影等)对 GNSS 的精度、可靠性、更新频率等有不同的要求。例如,物流配送可能需要更高精度的位置信息来确保货物准确送达;地理信息采集等行业中,空中摄影不仅要求图像质量高,还需要较高的更新频率以保证拍摄位置的准确性。

16.5.2　无人机导航定位方案

低空经济下的导航系统主要由地面基础设施(如机场起降点)、机载系统(如航电和飞控系统)、卫星导航系统以及相关的 GNSS 增强技术共同构成。

地面基础设施不仅为无人机提供了起飞和降落的物理空间,还承载了一部分导航信息传输的功能。机载系统集成了多种传感器和技术,如雷达、激光雷达、视觉传感器以及惯性导航系统,它们共同提升了无人机的感知能力和自主水平。卫星导航系统通过接收来自 GNSS 卫星的信号来确定无人机的位置,而诸如星基增强系统(SBAS)和地基增强系统(GBAS)等技术进一步增强了定位的精确度。特别是网络 RTK 技术,它已经成为无人机行业中广泛应用的一种增强方式,显著提高了定位精度和可靠性。

现有较为成熟的无人机导航方案基本上是 GNSS 与 INS 相结合的组合导航系统。该组合利用了 GNSS 提供全局定位的优点,并结合了 INS 在短时间内快速响应和定姿的能力,从而确保无人机能够在复杂多变的环境中保持稳定导航和高精度定位。

为了实现精准导航和自主避障,现代无人机导航技术正在采用多种传感器融合的方法,其中视觉增强技术是最常见的解决方案之一。通过集成摄像头和其他感知设备,无人机可以利用视觉感知环境信息,扩展无人机的应用范围。

16.5.3　案例：山地果园无人机植保作业

无人机技术已经被广泛应用于农情监测、农业植保等领域。此处以某山地果园的无人机植保作业为例介绍其应用方案。

与平原相比，丘陵山地不仅地形起伏多变，且田块碎小、形状各异。丘陵山地多以经济林果为主栽对象，果树沿坡地等高线种植，果树行多为曲线，与大田作物相比覆盖率较低，因此，对航迹控制精度要求较高。在 GNSS 导航过程中，如果以果树行首尾位置的经纬度为定位点导航，无人机以两定位点之间的直线飞行，则会错过其中不在直线航迹上的果树，无法实现植保作业的果树遍历飞行要求。相反，如果以单株果树为定位点，则定位点过密，同时受 GNSS 系统刷新频率限制，以及无人机在飞行过程中受到的速度、侧风等因素的干扰，极容易错过当前目标点，导致无人机需要反复移动以到达目标点。因此，该方式极易浪费作业时间和能量，降低作业效率，同时无人机飞行轨迹控制算法的要求过高，在控制率以及控制精度上具有较高的挑战性。

本方案中采用 RTK 导航进行作业行间切换引导，使用机器视觉技术计算无人机与作业行中心线的偏航角，进而结合 PID 控制算法调整无人机作业航迹，以实现山地果园无人机植保作业航迹的高精度控制。控制系统整体结构如图 16.10 所示。

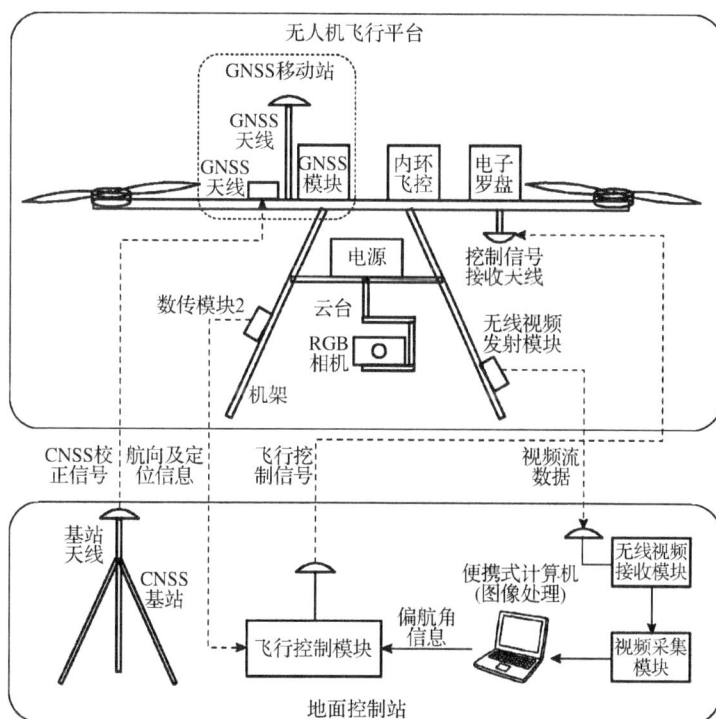

图 16.10　控制系统整体结构图

图片来源：自绘

整个控制系统是在无人机内环飞控实现其自身的稳定以及控制其俯仰、偏航、横滚、升降等动作的基础上运行的。GNSS 移动站同时接收基站和卫星信号,实时解算定位信息,并通过数传模块发送至地面控制站的飞行控制模块。飞行控制模块接收到无人机定位信息后计算并发送相应的控制指令给无人机飞行平台,实现无人机的GNSS 导航。RGB 相机采集视频信息并通过无线视频发射模块实时发送,经视频采集模块传输至便携式计算机。由便携式计算机对图像进行处理以得到作业果树行趋势线及偏航角,将偏航角信息发送给飞行控制模块,飞行控制模块计算并发出控制指令实现无人机的视觉导航。作业时由 GNSS 导航进行果园作业行间切换,视觉导航进行行内无人机航迹控制,从而实现无人机山地果园作业时的航迹控制。

最终实测结果表明,该航迹控制系统可完成作业行间的 GNSS 导航控制及作业行中的视觉导航控制。在自然条件下,航迹控制系统的误差范围为 $-47 \sim 42$ cm,平均误差为 -9 cm。系统控制精度较高,可满足无人机山地果园植保作业的精准控制要求。

参 考 文 献

［1］ CHEN D Z，YE S R，ZHOU W，et al. A double-differenced cycle slip detection and repair method for GNSS CORS network［J］. GPS Solutions，2016，20(3)：439-450.

［2］ GAO R，LIU Z Z，ODOLINSKI R，et al. Improving GNSS PPP-RTK through global forecast system zenith wet delay augmentation［J］. GPS Solutions，2024，28(2)：66.

［3］ GAO R，YE F，LIU Y，et al. Optimizing ZWD estimation strategies for enhanced PPP-RTK performance［J］. GPSSolutions，2024，28(2)：86.

［4］ GEBRE-EGZIABHER D，GLEASON S. GNSS applications and methods ［M］. Massachusetts：Artech House，2009.

［5］ GE M，GENDT G，ROTHACHER M，et al. Resolution of GPS carrier-phase ambiguities in precise point positioning（PPP）with daily observations［J］. Journal of Geodesy，2008，82(7)：389－399.

［6］ GENG J H，ZENG R，GUO J. Assessing all-frequency GPS/Galileo/BDS PPP-RTK in GNSS challenging environments［J］. GPS Solutions，2023，28(1)：5.

［7］ HOU P Y，ZHANG B C. Decentralized GNSS PPP-RTK［J］. Journal of Geodesy，2023，97(7)：72.

［8］ HUJ H，ZHANG X H，LI P，et al. Multi-GNSS fractional cycle bias products generation for GNSS ambiguity-fixed PPP at Wuhan University ［J］. GPS Solutions，2019，24(1)：15.

［9］ JI S Y，ZHENG Q L，WENG D J，et al. Single epoch ambiguity resolution of small-scale CORS with multi-frequency GNSS［J］. Remote sensing，2022，14(1)：13.

［10］ KAPLAN E D，HEGARTY C. Understanding GPS/GNSS：principles and applications［M］. 3rd ed. Boston：Artech house，2017.

[11] LI P, ZHANGX H, REN X D, et al. Generating GPS satellite fractional cycle bias for ambiguity-fixed precise point positioning［J］. GPS Solutions, 2016, 20(4)：771-782.

[12] Marques H A, Monico J F G, Aquino M. RINEX_HO：second-and third-order ionospheric corrections for RINEX observation files［J］. GPS Solutions, 2011, 15(3)：305-314.

[13] SHU B, HE Y H, WANG L, et al. Real-time high-precision landslide displacement monitoring based on a GNSS CORS network［J］. Measurement, 2023, 217：113056.

[14] TAKAMATSU N, MURAMATSU H, ABE S, et al. New GEONET analysis strategy at GSI：daily coordinates of over 1300 GNSS CORS in Japan throughout the last quarter century［J］. Earth, Planets and Space, 2023, 75(1)：49.

[15] TAO J, LIU J N, HU Z G, et al. Initial assessment of the BDS-3 PPP-B2b RTS compared with the CNES RTS［J］. GPS Solutions, 2021, 25(4)：131.

[16] ZHANG B C, HOU P Y, ODOLINSKI R. PPP-RTK：from common-view to all-in-view GNSS networks［J］. Journal of Geodesy, 2022, 96(12)：102.

[17] ZHANG W H, WANG J L. Integrity monitoring scheme for single-epoch GNSS PPP-RTK positioning［J］. Satellite Navigation, 2023, 4(1)：10.

[18] ZHU Y B, TANG H L, WANG Z P, et al. Performance evaluation of tropospheric correction model for GBAS in China［J］. GPS Solutions, 2024, 28(3)：109.

[19] 查九平, 张宝成, 刘腾, 等. BDS-3 PPP-B2b 精密轨道辅助非差非组合 PPP-RTK［J］. 测绘学报, 2023, 52(9)：1449-1459.

[20] 陈俊平, 张益泽, 周建华, 等. 分区综合改正：服务于北斗分米级星基增强系统的差分改正模型［J］. 测绘学报, 2018, 47(9)：1161-1170.

[21] 陈伟荣. 基于区域 CORS 增强的实时 PPP 关键技术研究［D］. 南京：东南大学, 2016.

[22] 董大南，陈俊平，王解先. GNSS 高精度定位原理[M].北京:科学出版社,2018.

[23] 独知行，刘智敏. GPS 测量实施与数据处理[M]. 2 版. 北京:测绘出版社,2017.

[24] 范录宏，皮亦鸣，李晋. 北斗卫星导航原理与系统[M].北京:电子工业出版社,2020.

[25] 高成发，胡伍生. 卫星导航定位原理与应用[M].北京:人民交通出版社,2011.

[26] 黄丁发，冯威，李剑锋，等. 高精度实时位置服务的格网化 VRS 技术[J].测绘学报,2022,51(8):1717-1724.

[27] 黄丁发，李成钢，吴耀强，等. GPS/VRS 实时网络改正数生成算法研究[J]. 测绘学报,2007(3):256-261+339.

[28] 黄丁发，张勤，张小红，等. 卫星导航定位原理[M]. 武汉:武汉大学出版社,2015.

[29] 黄伦文，孟宪伟. 基于北斗 3 号 PPP-B2b 信号的精密单点定位精度分析[J]. 大地测量与地球动力学,2021,41(5):516-519.

[30] 金双根，吴学睿，邱辉,等. GNSS 反射测量原理与应用[M]. 北京:国防工业出版社,2021.

[31] 李博峰，苗维凯，陈广鄂. 多频多模 GNSS 高精度定位关键技术与挑战[J].武汉大学学报(信息科学版),2023,48(11):1769-1783.

[32] 李森，陈积旭，李刚. 基于 GNSS 的北京市地面沉降监测研究[J].北京测绘,2017,31(5):73-76,87.

[33] 李星星. GNSS 精密单点定位及非差模糊度快速确定方法研究[D]. 武汉:武汉大学,2013.

[34] 李征航，黄劲松. GPS 测量与数据处理[M]. 2 版. 武汉:武汉大学出版社,2010.

[35] 刘经南，叶世榕. GPS 非差相位精密单点定位技术探讨[J].武汉大学学报(信息科学版),2002,27(3):234-240.

[36] 刘西凤，袁运斌，霍星亮，等. 电离层二阶项延迟对 GPS 定位影响的分析模型与方法[J]. 科学通报,2010,55(12):1162-1167.

[37] 刘洋，杨光，程晓晖，等. 基于城市 CORS 的快速单点定位增强服务与应

用[J]. 测绘学报，2024，53(9)：1706－1714.

[38] 蒲亚坤. 大规模 GNSS 网络 RTK 理论算法与应用研究[D]. 武汉：中国科学院大学(中国科学院精密测量科学与技术创新研究院)，2023.

[39] 申丽丽. 支持海量用户的北斗/GPS 多频网络 RTK 关键技术研究[D]. 武汉：武汉大学，2020.

[40] 时小飞. 基于网络 RTK 的无验潮水深测量系统及其应用研究[D].南京：东南大学，2015.

[41] 舒宝，刘晖，王利，等. 区域参考站网支撑的 PPP 和 RTK 一体化服务及其性能[J]. 测绘学报，2022，51(9)：1870－1880.

[42] 宋伟伟，赵新科，楼益栋，等. 北斗三号 PPP-B2b 服务性能评估[J]. 武汉大学学报(信息科学版)，2023，48(3)：408－415.

[43] 孙博文，匡团结，梁永，等. 铁路带状 CORS 的 VRS 内插模型研究[J]. 测绘通报，2024(S1)：91－95.

[44] 谭述森. 北斗系统创新发展与前景预测[J]. 测绘学报，2017，46(10)：1284－1289.

[45] 汪登辉. GNSS 地基增强系统非差数据处理方法及应用[D]. 南京：东南大学，2017.

[46] 王爱生. GNSS 测量数据处理[M]. 徐州：中国矿业大学出版社，2010.

[47] 王博. 卫星导航定位系统原理与应用[M].北京：科学出版社，2018.

[48] 王晨辉，郭伟，孟庆佳，等. 基于虚拟参考站的 GNSS 滑坡变形监测方法及性能分析[J].武汉大学学报(信息科学版)，2022，47(6)：990－996.

[49] 王东，范叶满，薛金儒，等. 基于 GNSS 与视觉融合的山地果园无人机航迹控制[J].农业机械学报，2019，50(4)：20－28.

[50] 徐绍铨，张华海，杨志强，等. GPS 测量原理及应用[M]. 4 版. 武汉：武汉大学出版社，2017.

[51] 宣善钦，邵先锋. 基于 BP 神经网络和二阶多项式的高程异常拟合精度分析[J]. 山西建筑，2020，46(17)：168－171.

[52] 闫博. 基于 CORS 系统的 RTK 技术在山区公路测量中的应用[J].长江工程职业技术学院学报，2022，39(1)：9－13.

[53] 闫忠宝. 非组合 PPP-RTK 关键技术与方法研究[D]. 武汉：武汉大学，2023.

[54] 杨元喜,郭海荣,何海波. 卫星导航定位原理[M].北京:国防工业出版社,2021.

[55] 姚宜斌,冯鑫滢,彭文杰,等. 基于 CORS 的区域大气增强产品对实时 PPP 的影响[J].武汉大学学报(信息科学版),2019,44(12):1739－1748.

[56] 喻思琪. 多频多系统 GBAS 完好性监测与评估方法研究[D]. 武汉:武汉大学,2019.

[57] 袁运斌,侯鹏宇,张宝成. GNSS 非差非组合数据处理与 PPP-RTK 高精度定位[J]. 测绘学报,2022,51(7):1225－1238.

[58] 张宝成,柯成,查九平,等. 非差非组合 PPP-RTK:模型算法、终端样机与实测结果[J].测绘学报,2022,51(8):1725－1735.

[59] 张宝成,欧吉坤,袁运斌,等. 利用非组合精密单点定位技术确定斜向电离层总电子含量和站星差分码偏差[J].测绘学报,2011,40(4):447－453.

[60] 张春良,刘红,向丽,等. 高边坡 GNSS 自动化监测技术应用[J]. 路基工程,2024(4):165－170.

[61] 张绍成. 基于 GPS/GLONASS 集成的 CORS 网络大气建模与 RTK 算法实现[D]. 武汉:武汉大学,2010.

[62] 张小红,李星星,李盼. GNSS 精密单点定位技术及应用进展[J].测绘学报,2017,46(10):1399－1407.

[63] 张小红,左翔,李盼. 非组合与组合 PPP 模型比较及定位性能分析[J].武汉大学学报(信息科学版),2013,38(5):561－565.

[64] 张岩. 北斗星基增强系统电离层完好性关键技术研究[D]. 长沙:国防科技大学,2020.

[65] 赵庆. 基于低轨星座与参考站联合增强的 GNSS 多频精密单点定位关键技术研究[D].南京:东南大学,2021.

[66] 中国卫星导航系统管理办公室. 北斗卫星导航系统发展报告(4.0版)[R]. 北京:中国卫星导航系统管理办公室,2019.

[67] 中国卫星导航系统管理办公室. 北斗卫星导航系统公开服务性能规范(3.0版)[R]. 北京:中国卫星导航系统管理办公室,2016.

[68] 中国卫星导航系统管理办公室. 北斗卫星导航系统 空间信号接口控制文

件 公开服务信号(2.0 版)[R/OL]. [2013 - 12 - 27]. http://www. beidou. gov. cn/zt/zcfg/201710/P020171202709829311027. pdf.

[69] 中华人民共和国国务院新闻办公室. 中国北斗卫星导航系统白皮书(中文版)[R/OL]. [2016 - 06 - 16]. http://www. scio. gov. cn/zfbps/ndhf/2016n/202207/t20220704_130481. html.

[70] 周忠谟,易杰军,周琪. GPS 卫星测量原理与应用[M]. 2 版. 北京:测绘出版社,1997.